园林专业技术管理人员培训教材

园林绿化必备知识

浙江省建设厅城建处
杭州蓝天职业培训学校　编

中国建筑工业出版社

图书在版编目(CIP)数据

园林绿化必备知识/浙江省建设厅城建处，杭州蓝天职业培训学校编．—北京：中国建筑工业出版社，2005
（园林专业技术管理人员培训教材）
ISBN 978-7-112-07406-8

Ⅰ．园… Ⅱ．①浙…②杭… Ⅲ．园林—绿化—工程施工—技术培训—教材 Ⅳ．TU986.3

中国版本图书馆 CIP 数据核字（2005）第 098973 号

责任编辑：郑淮兵 杜 洁 黄居正
责任设计：董建平
责任校对：刘 梅 张 虹

园林专业技术管理人员培训教材
园林绿化必备知识
浙江省建设厅城建处
杭州蓝天职业培训学校 编

*

中国建筑工业出版社出版、发行（北京西郊百万庄）
各地新华书店、建筑书店经销
廊坊市海涛印刷有限公司印刷

*

开本：787×1092 毫米 1/16 印张：21$\frac{1}{2}$ 字数：520千字
2005 年 10 月第一版 2017 年 8 月第九次印刷
定价：**47.00** 元
ISBN 978-7-112-07406-8
（13360）

版权所有 翻印必究
如有印装质量问题，可寄本社退换
（邮政编码 100037）

《园林专业技术管理人员培训教材》

编委会名单

主　任： 张启翔

副主任： 王早生　方　建　陈　付　施奠东　胡京榕
　　　　　陈相强　金石声　单德聪　朱解民

编　委： 张启翔　王早生　方　建　陈　付　施奠东
　　　　　胡京榕　陈相强　金石声　单德聪　朱解民
　　　　　周国宁　俞仲辂　王永辉　黄模敏　吕振锋
　　　　　陈建军

序

  中央提出要构建和谐社会，而惟有人与自然的和谐才能促进人与人的和谐，惟有人与生态的和谐才能达成人与社会的和谐。园林建设是生态建设的重要组成部分，是创造人与自然和谐的重要手段。

  搞好园林建设，必须培养一大批懂技术、会管理的专门人才，使之既具备专业知识，又具有实践技能。为此，我们编写了《园林专业技术管理人员培训教材》。该教材是在园林绿化岗位培训的基础上，结合我国研究建立职业水平认证制度编撰而成，编写过程中聘请了园林植物、施工等方面的专家，几易其稿，以求既保证科学性，又具有很强的实用性。该系列教材是对从事园林施工管理、园林绿化质量检查、园林施工材料管理、园林施工安全管理及园林绿化预算等相关人员开展岗位培训及职业水平认证的培训用书，可供高、中等职业院校实践教学使用，也适合园林行业管理人员自学。

  编写《园林专业技术管理人员培训教材》是一次新的尝试，力求体现园林行业的新特点、新要求，突出职业能力培养，注重适用与实效，符合现行标准、规范和新技术要求，在国内出版尚属首次。虽经多方调研并多次征求意见，但仍需要在教学和实践中不断探索和完善。

  期望该系列培训教材能为提高园林行业从业人员素质、管理水平和工程质量作出贡献。

编委会
2005 年 9 月

目　　录

绪论 ·· (1)

第一章　园林简史 ·· (5)
　　第一节　中国古代园林发展史 ·· (6)
　　第二节　我国传统园林艺术特点 ·· (10)
　　第三节　外国园林发展概况及其造园特点 ·· (12)
　　第四节　园林绿地功能及城镇园林绿地系统 ··· (17)

第二章　园林绿化工程概论 ·· (28)
　　第一节　园林绿化工程的概念 ·· (28)
　　第二节　园林绿化工程的内容 ·· (28)
　　第三节　中国传统园林建筑类型 ·· (39)
　　第四节　园林绿化工程常用术语 ·· (39)

第三章　园林绿化基本知识 ·· (42)
　　第一节　园林绿化概论 ··· (42)
　　第二节　城市绿地系统 ··· (44)
　　第三节　园林规划与设计 ·· (47)
　　第四节　园林工程 ··· (50)
　　第五节　风景名胜区 ·· (51)

第四章　园林绿化常用植物 ·· (53)
　　第一节　针叶树（裸子植物） ·· (53)
　　第二节　落叶阔叶乔木 ··· (66)
　　第三节　常绿阔叶乔木 ··· (100)
　　第四节　落叶阔叶灌木 ··· (115)
　　第五节　常绿阔叶灌木 ··· (132)
　　第六节　藤本植物 ··· (149)

第七节　竹类 ………………………………………………………… (159)
　　第八节　宿根、球根花卉 ……………………………………………… (163)
　　第九节　地被植物 ……………………………………………………… (168)
　　第十节　草坪植物 ……………………………………………………… (171)
第五章　园林制图基础知识 ……………………………………………… (175)
　　第一节　制图标准及规格 ……………………………………………… (175)
　　第二节　几何作图 ……………………………………………………… (182)
　　第三节　投影作图基本知识 …………………………………………… (187)
　　第四节　正投影和三面投影体系的建立 ……………………………… (188)
　　第五节　体的投影 ……………………………………………………… (202)
　　第六节　轴测投影 ……………………………………………………… (223)
　　第七节　剖面图和断面图 ……………………………………………… (229)
　　第八节　透视投影的基本知识 ………………………………………… (235)
　　第九节　透视图的基本画法 …………………………………………… (237)
　　第十节　群体景物的透视图画法 ……………………………………… (249)
　　第十一节　透视作图中的几个具体问题 ……………………………… (254)
第六章　园林设计图与施工图 …………………………………………… (260)
　　第一节　造园要素的画法 ……………………………………………… (260)
　　第二节　园林设计图制图实例 ………………………………………… (274)
　　第三节　园林施工图的概念 …………………………………………… (293)
　　第四节　怎样看建筑总平面图 ………………………………………… (316)
第七章　文明施工与环境保护 …………………………………………… (319)
　　第一节　文明施工 ……………………………………………………… (319)
　　第二节　施工现场环境保护 …………………………………………… (331)
参考文献 …………………………………………………………………… (335)

绪　　论

进入 21 世纪，人类希冀与自然达成更高的精神默契。园林艺术凝聚了人类美化自然、与自然交流的永恒体验，带着梦中的天地、理性的浪漫、情感的自然、内心的庭院、户外的厅堂……向我们走来。

一、园林泛谈

古代传说中，不论是西王母的"瑶池仙境"，基督教的"伊甸园"，还是佛教的"西方极乐世界"，都是人们根据人间的优美自然环境加以艺术修饰，再经过口头流传并付诸于文字描述，不断地完善这些场景，直到使人感觉到美的极致，令人仰慕。现实中，人们最早在布建祭祀场所时追寻探求各种美境，继而拥有权势的人在其生活的空间加以效仿。人们在生产、生活的空间一直在尽其所能地利用自然因素来改善自己的现实生存环境，追求着浑然天成的环境美。园林艺术经过漫长的历史发展到今天，已成为全世界人民共享、共识、共同研讨的自然科学与人文科学相结合的学科。

何谓园林？还是让我们从"园"字说起吧。为"园"字的古老写法，其中：○表示围墙、范围，引申为建筑；土表示土，引申为山石；○表示井，引申为水体；丫表示芽，引申为植物。

可见，园林即在一定的地段范围内，运用山水地貌、建筑构筑物和道路广场、植物及动物等素材，根据功能要求、经济技术条件和艺术布局等创作而成的以绿色植物为主体的艺术环境。

时至今日，园林的范畴不仅包括城镇中星罗棋布的大小公园、庭院和由纵横交错的绿化网络所组成的绿地系统，而且还包括对广袤大地上一切原有的风景资源的保护、利用和游赏条件的合理安排。现代园林的使用价值不仅在于供人游赏和美化环境，而且应该体现在保障人类理想的生存条件方面发挥尽可能大的作用，或者说发挥园林在改善物质环境方面的效能，以有利于生态系统的良性循环。当然，在改善环境的气候、卫生状况，提供优美的户外游憩场所，或作为一种审美对象，甚至成为一件艺术珍品等不同的使命方面，不同类型的园林各有其不同的主要功能。无论何种园林绿地，在实现了其主要功能效益的同时，如何尽可能多地发挥其他方面的有益作用，也是需要园林建设者经常思考的问题。

中国园林文化历史悠久，是世界三大园林发源地（中国、西亚和希腊）之一，在园林规划建设方面积淀了许多优秀的文化内涵，以及造景的成功经验（图 0-1～图 0-8），这些宝贵的民族遗产无疑应予以珍视。然而，随着人类思想文化、生活方式的变化和科学技术的发展，园林的内容和形式必须在继承传统的基础上不断创新，才能适应时代的发展。

二、园林规划设计的含义

"规"者，规则、规矩之意；"划"者，计划、策划之意；"设"者，陈设、设置之意；

"计"者，计谋、策略之意。园林规划设计，就是园林绿地建设之前的筹划谋略，是将待建园林的功能、目的、创意落实在图纸上的创作过程，它受经济条件的制约和艺术法则的指导。

图 0-1　北京颐和园之万寿山

图 0-2　北京北海之白塔

图 0-3　苏州拙政园之小飞虹

图 0-4　苏州留园之冠云峰

图 0-5 承德避暑山庄之烟雨楼

图 0-6 苏州网师园之射鸭廊

图 0-7 杭州西湖之曲院风荷

图 0-8 番禺余荫山房之临池别馆

园林规划建设中往往会碰到许多问题，如建园的立意和特点，园地现状条件的把握，园林绿地的内容、形式和布局，山水地形的处理方法，出入口与园林道路的设置，主要园林建筑的形式，园林植物的合理选择与配置等。此外，还要解决好近期和远期、局部和整体的关系，以及要考虑园林的造价及投资的合理使用、今后园区的服务经营等有关问题。

三、园林五大员培训的意义

园林建设工程发展到今天，它的含义和范围已经有更新的拓展。在1999年6月的北京第20届世界建筑师大会上，建筑界已达成一个共识：建筑与环境，尤其是与园林艺术相结合而形成的景观被提高到相应的位置上，提出要将建筑、城市镶嵌在绿色环境中。99昆明世界园艺博览会更是将世界各国的园林精品展现在世人面前的一场盛会。在改革开放的今天，时代已给予园林建设事业以充分发展的空间与舞台。人们在绿色和花的海洋中感受着生活环境质量的提高，真真切切地享受到园林绿化事业给人们带来的种种益处。

目前，园林事业的发展已不再是栽花、铺草、种树等一些小工程，而是集建筑、掇山、理水、铺地、绿化、景观、照明等为一体的大型综合性园林建设工程。它们往往是需要多个子项目、多个工种协同、较长的建设周期才能完成的。因而在园林建设工程中各个岗位，如施工员、预算员、材料员、质检员、安全员等五大员，执行各种技术规范、规章制度、各岗位的操作程序等，均在园林建设施工中运用并求得完善。事实上，园林绿化事业已发展成为一门新兴而又极有发展前途、充满生机的绿色产业，吸引了许多人的关注。然而，园林建设事业与其他的新兴事业一样，有许多做法尚不规范，特别是在五大员的岗位上，都是工民建中的土建、市政的五大员来从事园林建设项目施工的。根据新时期园林绿化事业发展需要和市场经济建设竞争的需要，也是为提高城市园林绿化企业专业管理人员素质、保证园林工程建设、管理水平的提升需要，进行园林行业五大员岗位培训，对提高园林建设、创造更大效益、规范园林建设市场、共同推进园林事业的发展有着深远的意义。

第一章 园林简史

园林是人类社会发展到一定阶段的产物。世界园林有东方、西亚和欧洲三大流派。由于文化传统的差异，东西方园林发展的进程也不相同。中国园林已有数千年的发展历史，有优秀的造园艺术传统及造园文化传统，它从崇尚自然的思想出发，发展形成了以山水园林为骨架的人文自然山水。西方古典园林以意大利台地园和法国园林为代表，把园林看作是建筑的附属和延伸，强调轴线、对称，发展形成了具有几何图案美的规则式园林。到了近、现代，东西方文化交流增多，园林风格互相融合渗透，又形成了混合式园林和自由式园林。

园林在我国古代，又称作园、囿、苑、庭园、别业、山庄等。园林是在一定的地段范围内，利用、改造自然山水地貌或者创造人工山水地貌，结合植物的栽植和建筑的布局，从而构成一个可供人们观赏、游览、休息、居住的艺术环境。创造、营建这种环境的全过程我们称之为"造园"。造园是关系地理学、地质学、气象学、植物学、生态学、建筑学，乃至哲学、文学、绘画、动物学等多种学科的综合性的艺术创作。造园艺术在我国不仅有着悠久的历史，而且也取得了辉煌的成就。中国园林以自己特有的风格，在世界文明史中独树一帜，久负盛名。

园林的规模有大有小，内容有繁有简，但其所包含的基本要素主要有以下几种，即土、山、水、石、路、树、屋、景、情。景是指景观、景象、景致，情是指情调、感情、意境。造园就是要把土、山、水、石、路、树、屋组合成为有机的整体，从而创造出丰富多彩的园林景观，给人们以赏心悦目的美的享受。

所谓园林建筑，是指园林中的建(构)筑物部分。它不仅包括屋宇、道路，而且还包括叠山、理水、建筑小品及各种工程设施。因此，有没有园林建筑或者园林建筑的多寡，是区别园林与自然风景区的主要标志。

园林建筑是造园手段中运用最为灵活，也是最积极的一个因素。园林建筑不仅要具有使用价值，而且还要具有观赏价值，其观赏价值就某种意义上讲也是一种使用价值。

园林建筑区别于其他建筑的特点主要表现在它对园林景观的创造起着非常重要的作用。如点景、观景、划分园林空间及引导游览路线等。

在我国现存的大量古典园林中，园林建筑主要表现为明清两代或明清以前古代建筑。皇家园林使用官式建筑，私家园林使用民式建筑。官式建筑庄严宏伟，地域性不强，而民式建筑则灵活秀丽，地域性较强。

本篇由于篇幅所限，又鉴于大家解决园林工程项目对园林建筑特别是对传统园林建筑缺乏了解，故重点介绍古典园林建筑，尤其是明清建筑。介绍古典园林建筑，实际上就是介绍古代建筑，因为古典园林建筑几乎囊括了全部古代建筑的基本内容。对于现代园林建筑，由于流派较多，这里就不作详细介绍了，只是对园林建筑小品作一梗概。如有不足之处，可在教学当中加以补充。

第一节 中国古代园林发展史

一、中国古代建筑的发展

中国古代建筑的发展,历史悠久,源远流长。其发展历史,大致可以分为以下几个阶段:原始社会时期、奴隶社会时期和封建社会时期。

1. 原始社会、奴隶社会时期

在距今约50万年以前,原始人便利用天然岩洞作为居住处所。距今5万年以前,我国原始社会开始进入母系氏族公社时期,黄河中游的氏族部落利用黄土层在整体的土穴上用木架和草泥建造简单的穴居或浅穴居,后来发展为地面上的房屋并形成群落。公元前21世纪,我国出现了第一个王朝——夏。奴隶社会开始形成和发展,至春秋时代结束为止,前后共1600年。其间,中国建筑有了长足的发展。主要表现在商朝已有较成熟的夯土技术,后期曾建造了规模相当宏大的宫室及陵墓。西周以后,春秋时代统治阶级营建了很多以宫室为中心的大小城市,城墙用夯土筑成,宫室多建在高大的夯土台上。原来简单的木构架,经商周以来的不断发展和改进,已成为中国建筑的主要结构方式。奴隶社会奠定了中国高台建筑的基础。

2. 封建社会时期及历史文化背景

我国大致在战国时代进入了封建社会。这个时期,城市规模比以前扩大,高台建筑更加发达,并且出现了砖和彩画。秦灭六国以后,秦朝修筑了规模空前的宫殿、陵墓、万里长城、驰道及水利工程。西汉建都长安,高台建筑更是盛行。东汉的建筑已大量使用斗栱,木构楼阁业已出现并逐步增多,砖石建筑也发展起来,中国古代建筑作为一个独特的体系,此时已基本形成。北魏建都洛阳,统治阶级利用道教和佛教作为精神统治工具,出现了大量的宗教建筑特别是佛教建筑,兴建了许多寺、塔、石窟和精美的雕塑与壁画。隋朝统一全国以后,建都大兴(今西安),城市规模更加宏大。唐朝在隋都城的基础上继续营建,成为当时世界上最大的城市。从唐代遗存下来的陵墓、木构殿堂、石窟、塔、桥及城市宫殿的遗址中,可以看出,无论其布局或造型都已具有较高的艺术水平和技术水平,雕塑、壁画十分精美。唐代是中国封建社会前期建筑发展的高峰,是中国建筑发展的成熟阶段。宋代、辽金时代,宫殿、寺庙等为统治阶级服务的建筑群在布局上出现了许多新的手法,艺术形象趋于柔和绚丽,建筑装修、彩画和家具基本定型。另外,木、砖、石结构建筑也有不少新的发展,并制订出以"材"为标准的模数制,使木构建筑的设计与施工达到一定程度的规格化和程式化。公元12世纪初,北宋崇宁二年(公元1103年),由李诫(字明仲)编修,由国家颁布的工程做法专著《营造法式》面世。《营造法式》是总结宋以前建筑工程经验的重要文献,对以后历朝历代的建筑发展影响很大。元灭宋后,设大都(今北京)为首都,这个时期,喇嘛教、伊斯兰教的建筑逐步影响到全国各地,中亚各民族的艺术也对中国建筑发生了影响,这时的宫殿、寺庙、塔及雕塑等都呈现出许多新的趋向。明清时期,资本主义在中国已经萌芽,封建社会逐步走向解体。在建筑方面,明代制砖手工业相当发达,这个时期除增建了规模宏大的长城、南北二京及中都以外,其他县城的城墙也都改用砖包砌,大量民间建筑也多使用砖瓦。官式建筑已完全程式化、定型化。有些组群建筑的布局和形象颇富于变化,民间建筑的类型与数量增多,质量也有所提高,各少数民族的建筑也有了发展。公元1733年，清代雍正皇帝颁布《工部工程做法则例》，把所有建筑固定为27种具体的房屋，每种房屋的大小、尺寸、比例及用料均作了明确的规定。《工部工程做法则例》是继宋《营造法式》之后建筑工程经验的总结，但是从另一方面，也导致了建筑艺术的僵化。明、清建筑是继汉、唐、宋之后，中国封建社会时期建筑发展的最后一个高潮。

二、中国古代园林的发展

1. 皇家园林

（1）秦代皇家宫苑

秦始皇好大喜功，在位之日，土木之事不息。秦代园林中最为知名的上林苑，北起渭水，南至终南山，东到宜春苑，西达沣河，建朝宫于苑中，其前殿即阿房宫。据说"规恢三百余里，离宫别馆，弥山跨谷，辇道相属"，规模十分惊人（《三辅黄图》）。除苑中恢宏的建筑外，对自然景观也十分重视。不仅"表南山之颠以为阙"、"络樊川以为池"，还修建了许多人工湖泊，如牛首池、镐池等。山明水秀，景色宜人，基本脱离了先秦在园林初创期的那种"蓄草木、养禽兽"的单一模式。

（2）汉代皇家宫苑

西汉初在修复长乐宫后不久即建筑了未央宫，作为朝宫及帝后居所。宫中园林在西掖庭宫之西，有沧池，是园中主要景观。池中筑渐台（即水中之台），池西有大殿名白虎殿。白虎是"西方之兽"（《礼记·曲礼上》），殿建在西部，显出五行方位之说的影响。史载未央宫也有兽圈、鼋圈并有用以观兽之楼观。皇帝行躬耕之礼的"弄田"也设于未央，可能也在园中。

（3）隋唐皇家园林

隋代是一个国富民强的昌盛时代，文学艺术充满生机，儒教、佛教、道教都很活跃，因此，园林的发展也相应地进入一个全盛时期。隋代洛阳的西苑是当时著名的皇家园林。西苑的规模很大，以周围十余里的大湖作为主体。湖中三岛高出水面，上建台、观、楼、阁。大湖的周围又有许多小湖，其间又以渠道相连通。苑内有十六院，即十六处独立的建筑群，它们的外面以"龙鳞渠"串联起来，园中有园。苑内大量栽植异花奇木，饲养动物。唐代长安大明宫、华清宫、兴庆宫也是当时著名的皇家园林。华清宫在长安城东面的临潼县，利用骊山风景和温泉进行造园。骊山北坡为苑林区，山麓建置宫廷区和衙署，是我国历史上最早的一座宫苑分置，兼作政治活动的行宫御苑。

（4）明清皇家园林

盛清康乾时代，在北京西北郊建成了称为"三山五园"的大片皇家园林群，以圆明园规模最大。但是，包括圆明园在内的北京园林在1860年英法联军、1900年八国联军两次侵略战争中受到了严重的破坏。圆明园完全被毁。清漪园又经重修，还比较完整，即今颐和园。在承德保存着离宫避暑山庄，规模也相当大。

与私家园林相比，皇家园林有以下几个主要特点：①规模都很大，以真山真水为造园要素，损低益高，十分注意与原有地形地貌的密切配合，更加注重选址，造园手法近于写实。如避暑山庄，周围40km，面积达八千多亩，园内有平原区、湖泊区和山峦区。其中山峦区占去全园4/5的面积，山高都在几十米以上。圆明园、颐和园也动辄数千亩，比起私家园林只有十几二十亩，假山高度不过5～8m，显然是大得多了。尺度的差异是决定皇园造园手法与私家园林不同的重要因素之一。而以苏州园林为代表的私家园林规模远不及皇园，又多居闹市，掇山通泉全为人工，以师法自然、写其真趣的手法，使人仿佛置身于真林泉中，重在写意。②皇家园林里几乎都有宫殿，集中的宫殿区常在园林入口处，用于听政，供居住用的殿堂则散布在园内。故皇家园林的功能内容和活动规模，都比私家园林丰富和盛大得多。③皇家园林的艺术风格与私家园林也有明显差异，前者虽然没有正式宫殿那样庄严隆重，但仍十分富丽华采，飞丹流金，一片皇家气象。若以绘画作比，或可拟于北宗金碧。此外，北方建筑都较凝重平实，与江南建筑的清秀灵巧不同，北方皇家园林受地方风格影响，也具有同样的倾向，与上述皇家气象恰可并行不悖。

但不论皇家园林私家园林，都写实写意，这"天然"二字实在是二者共同遵行的基本原则，是从不被忽视的。皇家园林仍运用了一整套中国园林构图手法，如对景、借景、隔景、透景等，其起承转合、含蓄委婉的精神，皆息息相通。清代的皇家园林更是有意地向私家园林学习，皇园中许多局部或园中小园，甚至是对江南私家园林大意的模仿。

2. 私家园林

西汉以来，中国开始出现私家园林，这是园林史上的大事，以后经魏晋的演化，从贵戚富户之园向士人园转化，再历唐宋之发展而蔚为大观，成为与皇家园林并列的中国两大园林系统之一。两汉私家园林，造园手法多效法皇家园林，水平在皇家园林以下。到了唐宋，规模当然仍远不及皇家园林，而造园水平已在皇家园林以上。到了明清，以私园的精微细腻，窈窕曲折，已远超皇室，皇家园林转而要向私家园林取法了。

中国园林作为自然风景式园林的特点已经确立。公元3世纪到6世纪的两晋南北朝是中国园林发展史上的一个转折时期。由于文人和士大夫受到政治动乱及佛教、道教思想的影响，大都崇尚玄谈、寄情山水，游山玩水成为一时风尚。讴歌自然景物与田园风光的诗文涌现文坛，山水画作为独立的画种也开始萌芽。对自然景物内在规律的揭示和探索，促进了自然风景式园林向更高水平上发展。官僚士大夫以隐逸野居为高雅，他们不满足一时的游山玩水，要求身居馆堂而又能长期地享用、占有大自然的山林野趣。《洛阳伽蓝记》记载了北魏首府洛阳的显贵"擅山海之富，居山川之饶，争修园宅，互相竞夸。崇门丰室，洞户连房。飞馆生风，重楼起雾。高室芳树，家家而筑。花林曲池，园园而有。莫不桃李夏绿，竹柏冬青。"私家造园之盛，于此可见一斑。

与前代相比，唐代是私家园林大发展的时代。私家园林园主主要不外贵族和官僚，前者为皇亲国戚，虽身份高贵但不见得饱有才学；后者多进士出身，有高度文化修养，本身可能就是诗人或画家。因园主不同，私家园林的风格有所差别。大致说来，贵族园林偏重于华丽富贵，官僚而兼文人的园林则在意趣上更高一筹，尤其是经过他们的擘划，偏重于自然淡泊，拳石篑土，寄托情怀，往往小中见大，力求体观天地人生的真趣。

唐代园林以长安、洛阳两地为中心。大致上，唐代前期长安私园较多，后期转向洛阳。尤其在文宗年间，在洛阳几乎同时出现了好几座著名的文人私园。

江南私家园林与北方皇家园林相比，有以下几个特点：①规模较小，曲折有致。江南私园一般只有几亩至十几亩，大者也不过五六十亩，小者仅一亩半亩而已，故有"一拳代山，一勺代水"之喻。造园家的主要构思是"小中见大"，即在有限的范围内运用含蓄、扬抑、曲折、暗示等手法来启动人的主观再创造，造成一种似乎深邃不尽的景致，扩大人们对于实际空间的感受，仿佛延展了园林的实际范围。整座园林开合多变，处处有令人留连的景观,时时有使人难忘的变换。人们在其中漫游,获得了大量蕴含着情感的美的信息,情绪随之而起丰富的变化,忘却了有限,似乎自己已融合进自然的广阔天地中去了。园林设计要求尽量延长人在园中留连的时间。如果说北京午门广场加长纵深距离和天坛加长从入口到丹陛桥的距离,化空间为时间,以充分激化人的感情,那么,园林中的这种处理就是化时间为空间,同样深化了人的感情。②"有水园亭活"(司马光《小圃睡起》)。私家园林的构成方法,大多都离不开水,并以水面为中心,四周散布建筑,构成一个个景点,几个景点围合而成景区。景点、景区之间互相对比呼应,而成全园。③园主都是官僚(或退隐官僚)而兼地主或富商,在以修身养性、闲适自娱为园林主要功能的同时,又加进了如享乐、宴客等其他功能。④园主多具有较高文化修养,不少人是文人学士出身,能诗会画,善于品评,他们自有一套士大夫的价值观和品鉴标准,以清高风雅、淡素脱俗为生活的或至少是精神生活的最高追求。园林的风格也以此为上,充溢着浓浓的书卷气。若以绘画作比,江南私家园林应更近于南宗山水。

三、古代园林艺术特点及造园手法

秦汉掀起的中国造园第一次高潮,不仅表现为数量多和规模大,也表现为造园手法的丰富和风格上的创新,其最重要者当属空间的组织。

秦汉宫苑规模异常宏大,最大的西汉上林苑占地超过 3500km^2,控制如此巨大的空间是一个颇费功力的课题。秦代的办法是"令咸阳之旁二百里内,宫观二百七十,复道甬道相连",的确显示出一种前所未有的宏伟气魄。但复道、廊道等线型建筑的长度过大,不免造成单调的感觉,削弱建筑群体的表现力,因而到汉代已很少使用,代之而起的是苑中苑的"大分散,小聚合"式布局,园林的空间组织有了新的进步。

园林尺度之大还同秦汉艺术追求宏大的时代风尚有关。初建大一统帝国的秦汉两代,一种宏伟、雄浑的时代精神和美学理想贯穿在文化艺术的各个方面。秦灭六国,不仅政治上建立了空前统一的中央集权,也促成国家财富的集中,"凭藉富强,益为奢靡"。西汉初年亟需恢复生产力,虽仍以"非令壮丽无以重威"的指导思想兴建宫室,但对于"奢言淫乐而先侈靡"的苑囿建设尚持谨慎态度。

汉代的艺术主题又表现了人对客观世界的征服。世俗享乐的生活、祭礼求仙的迷狂,以至笼盖天地的宏伟气魄,也都与此时代思想有关。娱人的主题能在园林中充分发展开,也得益于这种现实与想像空间的充盈。晋人皇甫谧《三都赋序》中评论汉赋说:"不率典言,并务恢张。其文博诞空类,大者罩天地之表,细者入毫纤之内;岁充车连驷,不足以载;广厦接榱,不容以居也",正是西汉宫苑艺术风格之写照。

四、古代园林景观构成

尽管秦汉皇家宫苑已将自然山水作为造园要素,但真正确立自然山水园的形态,并继续发展下去,却始于魏晋士人园林。得益于山水审美的变化、山水主题士人艺术的发展,是魏晋园林的显著特点之一。

在南朝士人的闲逸生活中,自然山水本身的丰富内涵被逐渐发掘,于是摆脱了长期以来在艺术中只作为寓意象征、气氛烘托和背景衬托的地位,成为独立的审美对象。围绕山水情结的产生,文学、绘画、音乐、书法、园林等士人艺术获得了同步发展,且相互促进、互为表里。园林建筑的发展也愈加丰富,且注意到了与周围山水等自然景观的关系。台虽已丧失先秦至西汉那样的神圣意义,也不再有巨大的体量,但加上多样的建筑,如殿、堂、楼、观、阁、榭等，与山水配合，却极大丰富了景观。建筑之间往往连以飞阁驰道。《洛阳伽蓝记》记魏文帝西游园："（凌云）台下有碧海曲池，台北有宣慈观，去地十丈。观东有灵芝钓台，累木为之，出于海中，去地二十丈。风生户牖，云起梁栋，丹楹刻桷，图写列仙。刻石为鲸鱼，背负钓台，既如从地踊出，又似空中飞下。钓台南有宣光殿，北有嘉福殿，西有九龙殿，殿前九龙吐水成一海。凡四殿，皆有飞阁向灵芝台往来。"

佛教建筑如佛塔精舍等也出现于园林之中，《南齐书·文惠太子传》记太子的玄圃园，已出现"楼观塔宇"。东晋孝武帝"初奉佛法，立精舍于殿内，引诸沙门以居之"（顾炎武《历代宅京记》）。《世说新语·栖逸》曰："康僧渊在豫章，去郭数十里，立精舍。"谢灵运的庄园也出现精舍，曾赋诗《石壁精舍还湖中作》。谢玄田居"山中有三精舍，高甍凌虚，垂檐带空"（《水经注》）。

园林中的植物除了通常的竹、松、兰、芙蓉等，还有众多果树。潘岳《金谷集作诗》："前庭树沙棠，后园植乌卑。灵囿繁石榴，茂林列芳梨。"南朝时的士族庄园中果树种类更多，反映庄园经济的一个重要方面。谢灵运《山居赋》云："杏坛柰园，橘林栗圃，桃李多品，梨枣殊所。枇杷林檎，还谷映渚。椹流芳于回峦，柿被实于长浦。"

五、古代园林空间特色

魏晋南北朝园林又一显著的特征是园林规模渐小，同时形成纡徐委曲的空间。

尽管不少士族庄园别墅规模依然可观，如石崇金谷园、孔灵符庄园和谢灵运的山居，但普遍而论，魏晋园林在规模上与秦汉园林已不可同日而语。前者无论皇家园林还是私家园林的那种超常规模已不再，尤其在南方，出现了更多小规模的私家园林。刘禹锡咏南朝陈尚书令江总宅园，"池台竹树三亩余"而已（张敦颐《六朝事迹编类》）。规模小，除经济因素外，也与江南地狭人众有关，究其文化方面则决定于士人的生活行为与游览方式。

魏晋士人们大多追求安稳、舒适的生活。当时社会上层以牛车为主要交通工具，亦好步行，衣服则讲究宽衣博带，此与士人服药的习惯也有关系。士大夫为养生调息，好服五石散，其药性燥烈，服后须大量饮酒，并宽衣裸袒、缓行散步以消释之，谓之"行散"、"行药"。乘着酒兴与药力的作用，缓步登临于山野林间，对景色从容观赏，捕捉细微的感受，同秦汉那种纵马疾驰、狩猎于广原之间的格调，自然大相径庭。

第二节 我国传统园林艺术特点

中国传统园林有独特的风格，有高度的文化艺术价值，它对外国造园也有一定影响。据史载，在唐朝，中国的园林艺术已随文化一起传到朝鲜和日本。18世纪，中国园林被介绍到英国，如在伦敦郊外的皇家植物园——邱园（Kew Garden）不仅采用了中国式的自然布局，还建有中国式的宝塔和桥。

中国园林艺术是伴随着诗歌、绘画艺术而发展起来的，因而它表现出诗情画意的内涵，我国人民又有着崇尚自然、热爱山水的风尚，所以又具有师法自然的艺术特征。

一、造园之始，意在笔先

这是由中国文学艺术移植而来的。意，可视为意志、意念或意境，对内足以抒己，对外足以感人，它强调了在造园之前必不可少的意匠构思，也就是明确指导思想、造园意图。

二、相地合宜，构园得体

凡营造园林，必按地形、地势、地貌的实际情况，考虑园林的性质、规模，强调园有异宜，构思其艺术特征和园景结构。只有合乎地形骨架的规律，才有构园得体的可能。

三、因地制宜，随势生机

通过相地，可以取得正确的构园选址。然而在一块土地上，要想协调多种景观的关系，还要靠因地制宜、随势生机和随机应变的手法进行合理布局，这是中国造园艺术的又一特点，也是中国画论中经营位置原则之一。

四、巧于因借，精在体宜

"因"者，可凭借造园之园，"借"者，藉也。景不限内外，所谓"晴峦耸秀，绀宇凌空；极目所至，俗则屏之，嘉则收之，不分町疃，尽为烟景……"。这种因地、因时借景的做法，大大超越了有限的园林空间。用现代语言来说，就是汇集所有的外围环境的风景要素，拿来为我所用，取得事半功倍的艺术效果。

五、欲扬先抑，柳暗花明

在造园时，运用影壁、假山、水景等作为入口障景，利用树丛作隔景，创造地形变化来组织空间的渐进发展，利用道路系统的曲折前进，园林景物的依次出现，利用虚实院墙的隔而不断，利用园中园、景中景的形式等，都可以创造引人入胜的效果。它无形中延长了游览路线，增加了空间层次，给人们带来柳暗花明、绝路逢生的无穷情趣。

六、起始开合，步移景异

起始开合、步移景异就是创造不同大小类型的空间，通过人们在行进中的视点、视线、视距、视野、视角等随机安排，产生审美心理的变迁，通过移步换景的处理，增加引人入胜的吸引力。风景园林是一个流动的游赏空间，善于在流动中造景，这也是中国园林的特色之一。

七、小中见大，咫尺山林

小中见大，就是调动景观诸要素之间的关系，通过对比、反衬，造成错觉和联想，达到扩大空间感，形成咫尺山林的效果。这多用于较小园林空间的私家园林。

中国园林特别是江南私家园林，往往因土地限制，面积较小，故造园者运筹帷幄，小中见大，咫尺山林，巧为因借。近借毗邻，远借山川，仰借日月，俯借水中倒影，园路曲折迂回。利用廊桥花墙分隔成几个相对独立而又串连贯通的空间，此谓园中有园。故园虽小而不见其小，景物有限而联想无限。

八、虽由人作，宛自天开

无论是寺观园林、皇家园林还是私家庭园，造园者顺应自然、利用自然和仿效自然的主导思想始终不移。认为只要"稍动天机"，即可做到"有真为假，作假成真"。无怪乎外国人称中国造园为"巧夺天工"。纵观我国古代造园的范例，巧就巧在顺应天然之理、自然之规。用现代语言描述，就是遵循客观规律，符合自然秩序，撷取天然精华，布局顺理成章。如清代北京的圆明园，就是运用了中国古典园林掇山和理水的手法，它一方面继承了北方园林的优秀传统，另一方面又广泛吸收了江南园林的精华，成为一座具有极高艺术水平的大型人工山水园。

九、文景相依，诗情画意

中国园林艺术之所以流传中外，经久不衰，一是符合自然规律的人文景观，二是具有符合人文情意的诗画文学。"文因景成，景借文传"的说法是有道理的。正是文景相依，才更有生机。同时，也因为古人造园，寓情于景，人们游园又触景生情，到处充满了情景交融的诗情画意，才使中国园林深入人心，流芳百世。

十、胸有丘壑，统筹全局

写文章要胸有成竹，而造园者必须胸有丘壑，把握总体，合理布局，贯穿始终。只有统筹兼顾，一气呵成，才有可能创造出一个完整的风景园林体系。造园者必须从大处着眼摆布，小处着手理微，利用隔景、分景、障景划分空间，又用主副轴线对称关系突出主景，用回游线路组织游览，还用统一风格和意境序列贯穿全园。这种原则同样适用于现代风景园林的规划工作，只是现代园林的形式与内容都有较大的变化幅度，应适应现代生活节奏的需要。

第三节 外国园林发展概况及其造园特点

一、外国古代园林

外国古代园林，就其历史的悠久程度，风格特点对世界园林有深远的影响方面来看，具有代表性的有东方的日本庭园、古埃及与西亚园林、欧洲古代园林。

1. 日本庭园

日本气候湿润多雨，山明水秀，日本民族崇尚自然，喜好户外活动，为造园提供了良好的客观条件。中国的文化艺术传入日本后，经过长期实践和创新，形成了日本独特的园林艺术。

日本历史上早期虽有掘池筑岛、在岛上建造宫殿的记载，但主要是为了防御外敌和防范火灾。后来，在中国文化艺术的影响下，庭园中出现了游赏的内容。钦明天皇十三年（552年），佛教东传，中国园林对日本的影响扩大。日本宫苑中开始造须弥山、架设吴桥等，朝廷贵族纷纷建造宅园。20世纪60年代，平城京考古发掘表明，奈良时代的庭园已有曲折的水池，池中设石岛，池边置叠石，池岸和池底敷石块，环池疏布屋宇。平安时代前期庭园要求表现自然，贵族别墅常采用以池岛为主题的"水石庭"。到平安时代后期，贵族邸宅已由过去具有中国唐朝风格的左右对称形式发展成为符合日本习俗的"寝殿造"形式。这种住宅前面有水池，池中设岛，池上架桥，池周布置亭、阁和假山，是按中国蓬莱海岛（一池三山）的概念布置而成的。在镰仓时代和室町时代，武士阶层掌握政权后，武士宅园仍以蓬莱海岛式庭园为主。由于禅宗很兴盛，在禅与画的影响下，枯山水式庭园（图1-1）发展起来。这种庭园规模一般较小，园内以石组为主要观赏对象，而用白砂耙纹象征水面和水池，或者配置以简素的树木。桃山时期园林建筑多为武士家的书院庭园和随茶道发

图 1-1 日本京都龙安寺枯山水庭园

展而兴起的茶室和茶庭。江户时期发展了草庵式茶亭和书院式茶亭，特点是在庭园中各茶室间用"回游道路"和"露路"联通，一般都设在大规模园林之中，如修学院离宫、桂离宫(图1-2)等。明治维新以后，随着西方文化的输入，在欧美造园思想的影响下，日本庭园出现了新的转折。一方面，庭园从特权阶层私有专用转为开放公有，国家开放了一批私园，也新建了大批公园。另一方面，西方的园路、喷泉、花坛、草坪等也开始在庭园中出现，使日本园林除原有的传统手法外，又增加了新的造园技艺。

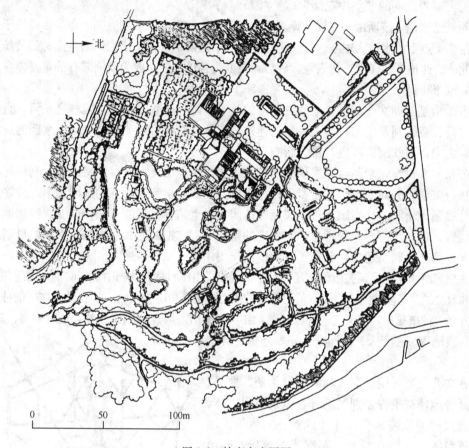

图1-2 桂离宫庭园图

日本庭园的种类主要有林泉式、筑山庭、平庭、茶庭和枯山水庭。

2. 古埃及与西亚园林

埃及与西亚邻近，埃及的尼罗河流域与西亚的幼发拉底河、底格里斯河流域同为人类文明的两个发源地，园林出现也最早。

埃及早在公元前4000年就跨入了奴隶制社会，到公元前28至23世纪，形成法老政体的中央集权制。法老(即埃及国王)死后都兴建金字塔作王陵，成为墓园。金字塔工程浩大、宏伟、壮观，反映出当时埃及科学与工程技术已很发达。金字塔四周布置规则对称的林木；中轴为笔直的祭道，控制两侧均衡；塔前留有广场，与正门对应，形成庄严肃穆的气氛。奴隶主的私园把绿荫和湿润的小气候作为追求的主要目标，因而树木和水池是园中的主要内容。

西亚地区的叙利亚和伊拉克也是人类文明的发祥地之一。早在公元前3500年时，已经出现了高度发达的古代文化。奴隶主在宅园附近建造各式花园，作为游憩观赏的乐园。奴隶主的私宅和花园一般都建在幼发拉底河沿岸的谷地草原上，引水注园。花园内筑有水池或水渠，道路纵横方直，花草树木充满其间，布置非常整齐美观。基督教《圣经》中记载的伊甸园被称为"天国乐园"，它就建在叙利亚首都大马士革城附近。在公元前2000年的巴比伦、大马士革等西亚广大地区有许多美丽的花园。尤其距今3000年前新巴比伦王国宏大的都城，有无数宫殿，这些宫殿不仅异常华丽壮观，而且还在宫殿上建造了被誉为世界七大奇观之一的"空中花园"（悬空园）。

西亚巴比伦、波斯由于气候干燥，便非常重视水的利用，波斯庭园的布局多以位于十字形道路交叉点上的水池为中心。这一手法被阿拉伯人继承下来，成为伊斯兰园林的传统，流行于北非、西班牙、印度，传入意大利后，演变为各种水法，成为欧洲园林的重要内容。

3. 欧洲园林

古希腊是欧洲文化的发源地。古希腊的建筑、园林开欧洲建筑、园林之先河，直接影响着罗马、意大利及法国、英国等国的建筑、园林风格。后来英国将中国山水园的意境融入造园之中，对欧洲造园也有很大影响。

公元前3世纪，希腊哲学家伊壁鸠鲁在雅典建造了历史上最早的文人园，利用此园对门徒进行讲学。公元5世纪，希腊人渡海东游，从波斯学到了西亚的造园艺术，最终发展成了柱廊园。希腊的柱廊园改进了波斯在造园布局上结合自然的形式，而变成喷水池占据中心位置，使自然符合人的意志、有秩序的整形园。它把西亚和欧洲两个系统的早期庭园形式与造园艺术联系起来，起到了过渡桥的作用。

古罗马继承希腊庭园艺术的布局特点，发展成了山庄园林。欧洲中世纪时期，封建领主的城堡和教会的修道院中建有庭园。修道院中的园地同建筑功能相结合，如在教士住宅的柱廊环绕的方庭中种植花卉，在医院前辟设药圃，在食堂厨房前辟设菜圃。此外，还有果园、鱼池、游憩的园地等。在今天，欧洲一些国家还保存有这种传统。

在文艺复兴时期，意大利的佛罗伦萨、罗马、威尼斯等地建造了许多别墅园林。以别墅为主体，利用意大利的丘陵地形，开辟成整齐的台地，逐层配置灌木，并把它修剪成图案式的植坛，顺山势利用各种水法（流泉、瀑布、喷泉等），外围是树木茂密的林园。这种园林统称为意大利台地园。台地园在地形整理、植物修剪艺术和水法技法等方面都有很高的成就。

法国继承和发展了意大利的造园艺术。1638年法国 J·布阿依索写成《论造园艺术》（Traite du Jardinage）。他认为"如果不加以条理化和安排整齐，那么，人们所能找到的最完美的东西都是有缺陷的。"17世纪下半叶，法国造园家勒诺特提出要"强迫自然接受匀称的法则"。他主持设计的凡尔赛宫苑（图1-3），根据法国这一地区地势

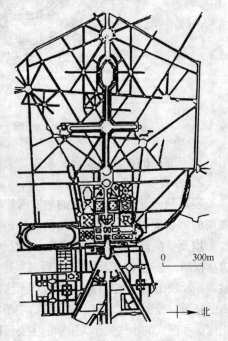

图1-3 法国凡尔赛宫苑平面图

较平坦的特点，开辟大片草坪、花坛、河渠，创造了宏伟华丽的园林风格，被称为勒诺特风格，后各国竞相效仿。

18世纪欧洲文学艺术领域中兴起了浪漫主义运动。在这种思潮的影响下，英国开始欣赏纯自然之美，重新恢复传统的草地、树丛，于是产生了自然风景园。初期的自然风景园对自然美的特点还缺乏完整的认识。18世纪中叶，中国造园艺术传入英国。18世纪末，英国造园家雷普顿认为自然风景园不应任其自然，而要加工，以充分显示自然的美而隐藏它的缺陷。他并不完全排斥规则式布局，在建筑与庭园相接地带也使用行列栽植的树木，并利用当时从美洲、东亚等地引进的花木，丰富园林色彩，把英国自然风景园推进了一大步。

自17世纪开始，英国把贵族的私园开放为公园。18世纪以后，欧洲其他国家也纷纷效法。

二、外国近代、现代园林

外国近代、现代园林沿着公园、私园两条线发展，而以城市公园、私园为主体，并且与城市绿化、生态平衡、环境保护逐渐结合起来，从而扩大了传统园林学的范围，提出了一些新的造园理论。园林规划、设计与建造也与城市总体规划、建设紧密结合起来，并纳入其中，园林绿化业获得了空前的发展。

1. 公园的出现与发展

公园是公众游览、娱乐的园地，也是城市公共绿地的一种类型。最早的公园多是由政府将私园收为公有而对外开放形成的。从17世纪开始，英国就将贵族私园开辟为公园，如伦敦的海德公园。欧洲其他国家也相继效仿，公园遂普及成为一种园林形式。19世纪中叶，欧洲各国及美国、日本等国家开始规划、设计与建造公园，标志着近代公园的产生。如19世纪50年代美国纽约建造的中央公园，19世纪70年代日本大阪建造的住吉公园和1872年建立的美国黄石国家公园。

现代世界各国的公园，除开辟新园、古典园林、宫苑外，主要是由国家在城市或市郊、名胜区专门建造的国家公园或自然保护区。美国黄石国家公园是世界上第一座国家公园，面积为89万 hm^2 以上，开辟了保护自然环境、满足公众游览需要的新途径。而后世界各国相继效法，建立国家公园。有些国家还制定了自然公园法令，以保证国土绿化与城市美化。国家公园的面积很大，规模恢宏，有成千上万公顷的，也有几百万公顷的。一般都选天然状态下具有独特的、代表自然环境的地区进行规划建造，以保护自然生态系统、自然地貌的原始状态。其功能多种多样，有科学研究、科学普及教育功能的，有公众旅游、观赏大自然奇景功能的……如美国黄石国家公园有湖光山色、悬崖峡谷、喷泉瀑布等，满山密布树林，园内百花争艳，野生动物奔走其间。目前，全世界已有100多个国家建立了各具特色的国家公园1200多个。如美国有48个，总面积为880万 hm^2；日本有27个，总面积为199万 hm^2；加拿大有31个；法国有7000个自然保护区，3500个风景保护区；英国有131个自然保护区，25个风景名胜区；坦桑尼亚有7个国家动物园，11个野生动物保护区。

2. 城市绿地

城市绿地指公园、林荫路、街心花园、绿岛、广场草坪、体育赛场或游乐场、居住区小公园、居住环境及工矿区等，统称为城市园林绿地系统。

西方产业革命后，随着工业的发展，工业国家的城市人口不断增加，工业、交通对城市环境的污染日益严重。1858年美国建立纽约中央公园后，各方面的专家纷纷从事改造城市环境的活动，把发展城市园林绿地作为改造城市物质环境的手段。1892年，美国风景建筑师F·L·奥姆斯特德编制了波士顿城市园林绿地系统方案，将公园、滨河绿地、林荫道连接为绿地系统。以后不少国家也相继重视公共绿地的建设，国家公园就是其中规模最大的公共绿地。近几十年来，各国新建城市或改造老城都把公共绿地纳入城市总体规划之中，并且制定了绿化覆盖率、绿地规范等标准，以确保城市有适宜的绿色环境。

3. 私园的新发展

人类为了进一步改善自身的居住环境，越来越重视园林建设，而且除继承园林传统外，特别注重园景的色彩与造型的艺术享受，建筑物富有自由奔放的浪漫情调，造景讲究自然活泼、丰富多彩。自然科学技术的发展，使良种繁育、人工育种、无性繁殖等方法不断涌现，为丰富园林植物种类提供了资源，促进了以花卉、植物为主的私园迅速发展。近代，尤其是现代产生了诸多专类花园，如芍药园、蔷薇园、百合园、大丽花园及玫瑰园等。

英国19世纪后，城内、郊外的私人自然风景园都比过去多，且不再是单色调的绿色深浅变化，而注重富丽色彩的花坛建造与移植新鲜花木。建筑物的造型、色彩也富有变化，漂亮美观。英国私园中花坛的基本格局是：坛形有圆、方、曲弧、多角等；组成花坛群，周围饰步道；坛中植红、蓝、黄各种花卉，以草类花纹图案为背景。除花坛外，园中多铺设开阔草地，周围种植各种形态的灌木丛，边隅以花丛点缀，另有露浴池、球场、饰瓶、雕塑之类。英国的这类私园是近代、现代西方私园的典型，对欧美各国影响极大，欧美私园基本仿英国建造。

现代城市中，建小庭园者渐多。小庭园以花木或花丛、小峰石、花坛、小水池及盆花、盆景装饰庭院，改善与美化住宅小环境。这类庭园虽小，无定格，但也不乏精品，而且园数众多，普及面广，对园林绿化的发展具有不可忽视的促进作用。

三、世界园林绿化发展的总趋势

随着科学技术的迅猛发展，文化艺术的不断进步，国际交流及旅游的日益方便、频繁，人们的审美观念也将发生很大变化，审美要求也将更强烈、更高级。纵观世界未来园林绿化发展的总趋势，大体有以下几个方面：

（1）各国既保持自己优秀传统的园林艺术与特色，又互相借鉴、融合他国之长。

（2）综合运用各种新技术、新材料、新艺术手段，对园林进行科学规划、科学施工，创造出丰富多样的新型园林。它们既有固定的，又有活动的；既有地上的，又有空中的；既有写实的，又有幻想的。

（3）园林绿化的生态效益、社会效益与经济效益的相互结合、相互作用将更为紧密，使其在经济发展、物质与精神文明建设中发挥更大、更广的作用。

（4）园林绿化的科学研究与理论建设，将综合生态学、美学、建筑学、心理学、社会学、行为学、电子学等多种学科，将有新的突破与发展。

（5）在公园的规划布局上，普遍以植物造景为主，建筑的比例较小，以追求真实、朴素的自然美，最大限度地让人们在自然的气氛中自由自在地漫步，以寻求诗意，重返大自然。

（6）在园容的养护管理上广泛采用先进的技术设备和科学的管理方法，植物的园艺养护、操作一般都实现了机械化，广泛运用电脑进行监控、统计和辅助设计。

（7）随着世界性交往的日益扩大，园林界的交流也越来越多。各国纷纷举办各种性质的园林、园艺博览会、艺术节等活动，极大地促进了园林事业的发展。如在我国昆明举办的1999年世界园艺博览会，就吸引了几十个国家来参展。

第四节　园林绿地功能及城镇园林绿地系统

城镇园林绿地系统是由一定量与质的各类绿地相互联系、相互作用而组成的绿色统一体。它具有城镇其他系统不能代替的特殊功能，并为其他系统服务。它的特殊作用是改善城市环境，抵御自然灾害，为市民提供生活、生产、工作和学习的良好环境，具有突出的生态功能、社会功能、游憩功能和经济功能。

一、园林绿地的功能

（一）生态功能

城市园林绿地被人称为"城市的肺脏"，它既能调节城市的温度、湿度，又能净化空气、水体和土壤；既能促进城市通风，又能减少风害，降低噪声，对改善城市环境、维护城市的生态平衡都起着不可替代的作用。

1. 净化空气

（1）吸收二氧化碳，放出氧气　在城市中，人口聚集，石化燃料消耗多，造成氧气消耗过多，二氧化碳大量增加。二氧化碳浓度增加、氧气减少时，会威胁人的身心健康，而植物通过光合作用能吸收二氧化碳，放出氧气。二氧化碳是植物光合作用的主要原料，并随着二氧化碳浓度的增大，植物光合作用强度相应增加，所以植物是二氧化碳的消耗者和氧气的制造者。植物的生长和人类的活动保持着生态平衡的关系。

（2）吸收有害气体　二氧化硫、氯气、氟化氢及汞、臭氧等是城市的主要有害气体，对人体十分有害。一些园林植物能够吸收有毒气体，降低大气中的有毒气体的浓度，因而能够净化空气。植物吸收有毒气体的能力因植物种类不同而异。如槐树、银杏、臭椿对硫的同化转移能力较强；女贞、大叶黄杨等吸附能力较强；喜树、梓树、接骨木等树种具有吸苯能力；樟树、悬铃木、连翘等树种具有良好的吸臭氧能力。另外，植物吸收有毒气体的能力，还与树龄、生长季节、大气中有毒气体的浓度、接触污染时间以及其他环境因素，如温度、湿度等有关。

（3）减少粉尘污染　植物，特别是树林能减少粉尘污染，其效果是非常明显的。一方面是由于树木具有降低风速的作用，随着风速减慢，空气中携带的大量灰尘也会随之下降；另一方面是由于树叶表面不平，多绒毛，且能分泌黏性油脂及汁液，吸附大量飘尘。植物的滞尘量大小与叶片形态结构、叶面粗糙程度、叶片着生角度，以及树冠大小、疏密等因素有关。一般叶片宽大、平展、硬挺而风不易吹动并且叶面粗糙、树皮凹凸不平、能分泌树脂、黏液等的植物，滞尘能力普遍较强。如刺楸、榆树、朴树、刺槐、臭椿、悬铃木、女贞、泡桐、侧柏、圆柏、梧桐、构树、桑树等树种防尘效果较好。草坪具有吸附灰尘、固定地面尘土飞扬的作用。被蒙尘的植物经雨水冲洗，又能恢复其吸尘能力，所以城市园林植物被称为"天然的净化器"。可见，在城市中扩大绿地面积、种植树木、铺设草坪，是减少粉尘污染的有效措施。

(4) 杀死病菌　由于园林绿地上有树木、花、草等植物覆盖，其上空的灰尘相应减少，因而也减少了黏附其上的病原菌。另外，许多园林植物还能分泌出杀菌素，具有杀菌作用。例如 1hm² 柏树林每天能分泌 30kg 的杀菌素，可以杀死白喉、肺结核、伤寒、痢疾等病菌。桦木、桉树、梧桐、冷杉、毛白杨、臭椿、胡桃、白蜡等都具有很好的杀菌能力。

2. 调节温度

城市园林绿地中的树木在夏季能为树下行人阻挡直射阳光，并通过它本身的蒸腾和光合作用消耗许多热量。据测定，盛夏树林下气温比裸地低 3～5℃。园林绿地中地面温度比空旷地面低 10～17℃，比柏油路面低 8～20℃，有垂直绿化的墙面温度比没有绿化的墙面温度低 5℃。

3. 调节湿度

人们感觉舒适的相对湿度为 30%～60%，而园林植物可通过叶片蒸发大量水分。据测定，公园的湿度比其他绿化少的地区高 27%，行道树也能提高相对湿度的 10%～20%。因为绿地中的风速小，气流交换较弱，土壤和树木蒸发出的水分不易扩散，所以其相对湿度也要高 10%～20%。由于空气湿度的增加，大大改善了城市环境小气候，使人们在生理上具有舒适感。

4. 减弱噪声污染

树木对减弱噪声有一定的作用。树木之所以能减弱噪声，一方面是因为噪声波被树叶向各个方向反射而使声音减弱，另一方面是因为噪声波造成树叶枝条微振而使声音衰减（图 1-4）。

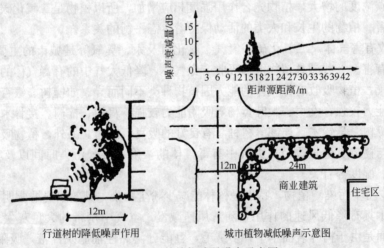

图 1-4　园林植物减弱噪声示意图

因此，噪声的减弱与树叶的形状、大小、厚薄及林带的宽度、高度、位置、配置方式等因素有密切关系。一般认为，分枝低的乔木比分枝高的乔木减噪效果大，叶幕疏松的树群因能产生复杂的声散射，其减弱噪声的作用非常明显。

5. 净化水体

城市和郊区的水体，由于工矿废水和居民生活污水的污染而影响了环境，威胁了环境卫生和人们的身体健康。研究证明，树木可以吸收水中的溶解质，减少水中含菌数量。

30~40m宽林带树根可将1L水中的含菌量减少1/2。水葱可吸收污水池中的有机化合物，水葫芦（凤眼莲）能从污水里吸取汞、银、金、铅、铬等重金属物质，并能降低水中镉、酚、苯等有机化合物含量。

6. 净化土壤

园林植物的根系能吸收土中有害物质，起到净化土壤的作用。植物根系能分泌使土壤中大肠杆菌死亡的物质，并促进好气细菌增多几百倍甚至几千倍，使土壤中的有机物迅速无机化，此功能不仅净化了土壤，也提高了土壤肥力。

7. 通风、防风（图1-5）

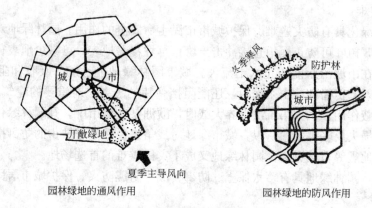

图1-5 园林绿地的通风与防风

城市中的水系、道路等带状绿地是构成城市的绿色通风廊道，特别是带状绿地与该地区夏季的主导风向一致时，可将该城市郊区的气流引入城市中心地区，大大改善市区的通风条件。城市中的大片园林绿地还可形成局部微风。夏季建筑群和路面受到太阳辐射增热很大，加之燃料的燃烧、人的呼吸等因素影响，造成热空气上升，而大片绿地气温较低，其中的冷空气由于温差造成的回流，能不断向市区吹进凉爽的新鲜空气。

冬季，大片树林又可以减低风速，具有防风作用。故在垂直于冬季的寒风方向种植防护林，可以大大地减低冬季的寒风和风沙对市区的不良影响。若在城市四周设置环城防护林，其防护效果则更加明显。

（二）社会功能

城市园林绿地不仅可以改善城市环境，维护生态平衡，还可以美化城市，陶冶情操，防灾避难，具有明显的社会效益。

1. 美化城市

园林绿化植物是美化市容、增加建筑艺术效果、丰富城市景观的主要素材和最经济的手段。它可以丰富城市中鳞次栉比的机械僵硬的建筑轮廓线，使千差万别的建筑物得以协调。通过城市园林绿地中的花园广场、滨河绿带、林荫道绿化带，既衬托了街旁建筑，增加了艺术效果，又形成了深远的绿色走廊。

在城市环境中，如果没有绿色植物的扶持、衬托，任何具有盛名的建筑都将黯然失色。绿化较差的城市，不会成为美丽宜人的城市。城市绿化的优劣，已成为评价现代化城市的基本标准。

2. 陶冶情操

园林绿地不仅是由植物与建筑、山水等构成，不仅给城市增添生机与活力的景色，而且能陶冶人们的审美情趣，给人以心理与情感上的享受。城市园林绿地，特别是公园、小游园和一些公共设施的附属性绿地，是一个城市或单位的宣传橱窗和户外活动天地，是向群众进行文化宣传、科普教育和健身的场所，使人们在游憩中增长知识，提高文化素养。在各种游憩娱乐活动中，对于体力劳动者可消除疲劳，恢复体力；对于脑力劳动者可调剂生活，振奋精神，提高工作效率；对于儿童可培养勇敢、活泼、机智的素质；对于老年人，则可享受阳光、空气、延年益寿。所以，城市园林绿化对于陶冶情操，提高人们的素质，促进物质文明和精神文明建设，具有重要作用。

3. 防灾避难

城市园林绿化具有防灾避难、保护城市市民生命安全的作用。园林绿地对于蓄水保土有显著的功能，树叶可防止暴雨直接冲击土壤；草坪覆盖地表，可减少地表径流；盘根错节的根系，长在山坡河岸能防止水土流失。城市园林绿地能过滤、吸收和阻隔放射性物质，减低其辐射的传播和冲击杀伤力，还能阻挡弹片的飞射，对重要的建筑、军事设施、保密装置起隐蔽作用。例如第二次世界大战时，欧洲某些城市中，凡园林绿化比较茂密的地段所受到的损失要轻得多。所以，城市绿地对战争来说是不可缺少的防御措施之一。再者，一旦发生地震等自然灾害，园林绿地又成了灾民避难的首选场地。

由此可见，园林绿地具有蓄水保土、防御备战、防震防火、保护城市居民生命财产安全的作用。

（三）经济功能

城市园林绿地的经济效益，是指园林绿化产品、门票、服务等所得的直接经济收入及产业效应。

园林与旅游业相结合，实现了它的产业效应。我国幅员辽阔，风景资源丰富，历史悠久，文物古迹众多，园林艺术享有盛誉。为配合旅游业发展，各类园林在全国各地应运而生，主题文化园、游乐园、缩景园、科普园、体育公园、民族风情园和海滨休闲园等出现在各大中城市，甚至一些小城市也建起了大公园。随着国家政策的扶持和"假日经济"的出现，我国的旅游业发展迅速，园林投资回收较快，经济效益也较可观。

居住区绿地在改善和提高环境质量方面，具有直接影响房地产价格的作用。新建小区中没有绿化是不可想像的。所以，绿化好的小区被买房者逐渐认同。据估算，一所设计完美的住处，如果周围配置了优美的花草树木，可使其房地产价值有所提高。

随着园林门票价格的放开，商业服务和水平质量较高的游乐设施的引进，园林业的经济效益也较为可观。

二、城镇园林绿地的分类方法和各类型的主要特征

（一）城镇园林绿地的分类方法

目前，世界各国对城市园林绿地类型尚无统一的分类方法。我国对城市绿地分类的研究，起步较晚。目前作为城镇绿地系统规划及城镇园林绿化工作的主要依据是1993年建设部颁发的《城市绿化规划建设指标的规定》，该规定将城镇绿地分为公共绿地、居住区绿地、单位附属绿地、防护绿地、生产绿地、风景林地六类。

（二）各类绿地的主要特征

1. 公共绿地

公共绿地是经过艺术布局建成的具有一定设施内容的园林绿地，向公众开放，供市民游览休憩，开展各种活动，包括市级、区级综合性公园、小游园、街道广场绿地，以及植物园、动物园、特种公园等。

2. 居住区绿地

居住区绿地是居住用地的一部分，包括居住区、小区、组团公共绿地、宅旁庭院绿地、公共建筑绿地、道路绿地等。其功能是改善居住环境，为居民的日常休息、户外活动、体育锻炼、儿童游戏等创造良好条件。

3. 单位附属绿地

单位附属绿地指专属于某一单位或某一部门使用的绿地，如机关、部队、团体、学校、医院、厂矿、企事业单位绿地，其投资建设由本单位完成。厂矿企业、仓库绿地，其作用是可以减轻有害物质对工人和附近居民的危害，能调节局部空气温度和湿度，降低噪声、防风、防火、美化环境等，并对安全生产、改善职工劳动生产条件、提高产品质量有着不可忽视的作用。单位附属绿地中的公用事业绿地，是指公共交通车辆停车场、水厂、污水及污物处理厂的绿地。公共建筑庭院，如机关、学校、医院、影剧院、体育场馆、博物馆、图书馆、美术馆、商业服务等公共建筑用地内绿地也可视为单位附属绿地。

4. 防护绿地

防护绿地指市区或郊区用于隔离、卫生和安全的防护林带及绿地。主要功能是改善城市自然条件、卫生条件、通风或防风沙。如夏季炎热的城市，设置通风绿带，与夏季盛行风向平行(可结合道路与水系)，形成透风走廊，使季风吹到城区内部；经常有强风的城市，建立宽度为150～200m与主导风向垂直的防风林带。另外，卫生防护林、防风沙林、农田防护林、水土保持林等也归在此类。

5. 生产绿地

生产绿地是指为园林绿化提供苗木、花卉、种子等所需的植物材料的生产基地，包括苗圃、花圃、茶园、果园、竹园、林场等。它们常位于郊区土壤、水源较好，交通方便的地段，以利培育管理。有的花圃、竹园等也定期开放供游人参观游览。

6. 风景林地

风景林地是以供人们游赏为主要目的，具有一定风景特色的观赏林地。地处城市边缘或城乡结合部，环城或环城河绿带大面积营造风景林，对于方便居民接近大自然、游赏风景、调节市区气候等有着积极的作用。

三、城镇园林绿地指标的计算方法

(一) 城镇园林绿地指标的作用

城镇园林绿地定额指标是指城镇中平均每个居民所占有的城市园林绿地面积和城市绿地面积与城市其他用地面积的比例，用以反映一个城市绿化数量和质量的优劣，评价一定时期的城市经济发展和城市居民生活福利保健水平的高低，也可以反映一个城市的环境质量和城市居民精神文明的程度，它为城市规划学科提供了可比的数据。

(二) 影响城镇园林绿地指标的因素

随着国民经济的发展，人民物质文化生活的改善和提高，对环境的质量要求越来越高。城市规模的大小，也影响着绿地指标的高低。大城市人口密集，工业企业多，建筑密度高，居民远离郊区自然环境，故绿地指标相应高些，每人应占 $10\sim 12m^2$。人口在 5 万人左右的小城市、大城市的郊区自然环境好，绿地指标可适当低些。以风景旅游、休息疗养性质为主的城市以及钢铁、化工工业及港湾、交通枢纽的城市和干旱地区的城市，其绿地指标都应适当增加，以利改善、美化环境，适应城市发展的需要。

（三）城镇园林绿地指标的计算

1. 城镇园林绿地总面积（hm^2）

城镇各类园林绿地面积的总和计算方法为：

城镇园林绿地总面积＝公共绿地面积＋居住区绿地面积＋单位附属绿地面积
　　　　　　　　＋防护绿地面积＋生产绿地面积＋风景林地面积

2. 城市人均公共绿地面积（m^2／人）

$$城镇人均公共绿地面积 = \frac{市区公共绿地总面积}{城镇非农业人口数}$$

在我国公园中，一般建筑物占地面积占全园面积的 1%～7%，道路广场占 3%～15%，为简化计算，可按公园总面积的 100%计算绿地面积。公园内的水面，如不属于城市水系用地面积，应作为公园用地面积。

每个游人在公园中的活动面积为 $60m^2$，如果以 1/10 的城市人口到公共绿地休息，则全市平均每人应需公共绿地面积 $6m^2$，方可满足全市人民游园的需要。

3. 城市绿地率

城市绿地率是衡量城市规划的重要指标，是指城市中各类园林绿化用地总面积占城市总用地面积的比例。

$$城市绿地率 = \frac{城市园林绿化用地总面积}{城市用地总面积} \times 100\%$$

环境学家认为：当绿地面积达 50%以上时才有舒适的休养环境。建设部有关文件规定：城乡新建区绿化用地面积应不低于总面积的 30%；旧城改建区绿化用地面积应不低于总用地面积的 25%；一般城市的绿地率在 40%～60%比较好。

4. 城市绿化覆盖率

城市绿化覆盖率是衡量城市绿化水平的主要指标之一，是指市区各类绿地的植物覆盖面积❶占市区用地面积的比例，它随着时间的推移、树冠的大小而变化。

$$城市绿化覆盖率 = \frac{市区各类绿地植物覆盖面积}{市区用地面积} \times 100\%$$

林学界认为：一个地区的绿化覆盖率至少应在 30%以上，才能起到改善气候的作用。

四、城镇园林绿地系统规划的目的、原则及方法

（一）城镇园林绿地系统规划的目的

城镇园林绿地系统规划的最终目的是：通过科学合理布置绿地，为城乡创造优美自然、清洁卫生、安全舒适、科学文明的现代城镇的最佳环境系统。具体目的是：保护与改善城镇的自然环境，调节城镇的小气候，保持城镇生态平衡，增加城镇景观与增强审美功能，为城镇居民提供生产、生活、娱乐、健康所需要的物质与精神方面的条件。

---

❶ 植物覆盖面积包括各类绿地的实际种植覆盖面积，街道绿化覆盖面积、屋顶绿化覆盖面积以及零散树木的覆盖面积。需注意，乔木下的灌木投影面积，如树冠下草坪面积不得计入在内，以免重复。

(二)城镇园林绿地系统规划的原则

为了使城市绿地能对城市环境的改善起明显的作用,就要研究城市绿地系统的用地比例、布局方式及绿地的生态效应,对城市的绿地进行系统布局,并置于城市总体规划之中。

1. 综合考虑,全面安排

城市园林绿地规划应结合城市其他各组成部分的规划综合考虑,统筹安排。由于城市用地紧张,而且用于城市绿地建设的投资有限,再加上树木本身不断生长的特性,所以园林绿地规划要与城市其他用地详细规划密切配合、全面安排,不能孤立进行。

2. 结合实际,因地制宜

城市园林绿地规划必须从实际出发,结合当地特点,因地制宜。我国地域辽阔,各城市的自然条件差异很大,城市的绿地现状、习惯、特点也各不相同。所以,各类绿地的布置方式、面积大小、指标高低要从实际需要出发,切忌生搬硬套,片面追求某种形式。

3. 均衡分布,功能多样

我国多数城市的市级公园绿地一般只有几个,很难做到均匀分布,但对区级公园及居住区游园,要求做到均匀分布,并使服务半径合理,方便居民活动。城市各种绿地的分布要做到点、线、面相结合,大、中、小相结合,集中与分散相结合,重点与一般相结合,形成完整的园林绿地系统。规划时应将园林绿地的环保、防灾、娱乐与审美等多种功能综合考虑,充分发挥绿地的最佳生态效益、经济效益和社会效益。

4. 远近结合,创造特色

根据城市的经济实力、施工技术条件及项目的轻重缓急,制定长远目标,作出近期安排,使总体规划得到逐步实施。如远期规划为公园的地段,近期可作为苗圃,既为将来改造公园创造条件,又可起到控制用地的作用。各类城市的园林绿化应各具特色,才能反映出各城市的不同风格,如北方城市的园林绿地规划,以防风沙为主要目的,应突出防护功能的特色;南方城市则以通风、降温为主要目的,应突出透、秀的特色;风景疗养城市以自然、秀丽、幽雅为主要特色;文化名城,以名胜古迹、传统文化及相应的绿地类型、环境配置为主要特色。

(三)城镇园林绿地系统布局的形式和方法

1. 城镇园林绿地系统布局的形式

我国的城镇绿地系统,从形式上可归纳为下列几种(图1-6):

(1)块状绿地布局　这种布局多数出现在旧城改建中,在城市规划总图上,公园、花园、广场绿地呈块状、方形、不等边多角形均匀分布于城镇中。其优点可以做到均衡分布,方便居民使用,但因分散独立,不成一体,对综合改善城市小气候作用不显著。我国的上海、天津、武汉等城市均属块状绿地布局。

(2)环状绿地布局　围绕全市形成内外数个绿色环带,将公园、花园、林荫道等绿色统一在环带中,使城市在绿色环带包围之中,但环与环之间联系不够,略显孤立,居民使用也不方便。

(3)楔形绿地布局　城市中通过林荫道、广场绿地、公园绿地的联系从郊区伸入市中心的由宽到狭的绿地,称为楔形绿地,如合肥市。这种绿地布局尽管将市区和郊区联系起来,绿地深入市中心可以改善城镇小气候,但它把城市分割成放射状,不利于横向联系。

(4)混合式绿地布局　将前三种绿地布局系统配合,使全市绿地呈网状布置,与居住

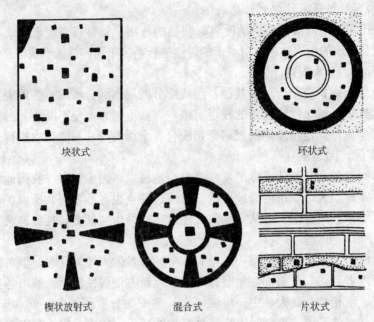

图1-6 城镇园林绿地布局的模式

区接触面最大,方便居民使用。市区的带状绿地与郊区绿地相连,有利于城市通风和输送新鲜空气,有利于表现城市的艺术面貌。

(5) 片状绿地布局(带状绿地布局) 将市内各地区绿地相对加以集中,形成片状,适用于大城市。依各种工业为系统形成的工业区带状绿地;依生产与生活相结合,组成相对完整地区的片状绿地;结合市区的道路、河流水系、山地等自然地形现状,将城市分为若干区,各区外围以带状绿地环绕。这种绿地布局灵活,可起到分割不断扩大的城区作用,具有混合式的优点。

以上五种布局,每个城市应根据各自特点和具体条件,认真探讨,选择适合本市的最合理的布局形式。

2. 城镇园林绿地布局手法

城市中有各种类型绿地,每种绿地所发挥的功能作用有所不同,但在绿地布局中只有采取点、线、面结合的形式,将城市绿地形成一个完整的有联系的统一体,才能充分发挥其群体的环境效益和社会效益。

(1) 点 主要指城市中的公园、动物园、小花园的布局。其面积不大,而绿化质量要求较高,是市民游览休憩、开展各种游乐活动的场所。区级公园在规划中要均匀分布于城市的各个区域,服务半径以居民步行10~20分钟到达为宜。儿童公园应安排在居住区附近,动物园要稍微远离城市,以免污染城市和传染疾病。在街道两旁、湖滨河岸,可适当多布置一些小花园,供人们就近休息。

(2) 线 主要指城镇街道绿化、游憩林荫带、滨河绿带、工厂及防护林带等的布局。将这些带状绿地相互联系组成纵横交错的绿带网,以美化城市街道,并起到保护路面、防风、防尘、防噪、促进空气流通等作用。

(3) 面 指城镇的居住区、工厂、机关、学校、卫生等单位附属绿地的布局。它是由小块绿地组成的分布最广、面积最大的城镇绿地。在市区内搞好机关、企事业单位的绿化工作，对整个城镇的环境影响十分重要。对城郊的绿化布局应与农、林、牧的规划相结合，将郊区土地尽可能地用来绿化植树，使城镇被包围在绿色环带之中。

五、城市园林绿化树种规划

树种规划是城市园林绿地系统规划的一个重要内容，它关系到绿化成效的快慢、绿化质量的高低及绿化效应的发挥等。树种规划做好了，可以有计划地加速育苗，提高绿化速度。如果树种规划不当，树木种后不易成活或生长不良，不仅造成经济上的浪费，还耽误了绿化建设的时间，影响绿化效益的发挥。

（一）树种规划的依据

树种规划的依据是：①依照国家、省市有关城市园林绿化的文件、法规；②遵照本市气象、土壤、水文等自然条件，因地制宜；③从本市的环境污染源及污染物的实际出发进行规划；④参照本市园林绿化现状、现有绿化树种生产、生长的实际情况进行规划。

（二）树种规划的一般原则

我国土地辽阔，幅员广大，南方和北方、沿海和内陆、高山和平原气候条件各不相同，而树木种类繁多，生态特性各异。因此，树种选择要从本地实际情况出发，根据树种特性和不同的生态环境情况，因适地适树地进行规划。

1. 应选择本地区乡土树种为主

乡土树种最适应当地的自然条件，具有抗性强、耐旱、抗病虫害等特点，为本地群众所喜闻乐见，也能体现地方风格。但是，为了避免单调，创造丰富多彩的绿化景观，还要注意对外来树种的引种驯化和研究，对当地生态条件比较适应的外来树种应积极地采用。

2. 要注意选择树形美观的树种，并做到各类树种的合理搭配

从乔、灌木的比例来说，应以乔木为主，乔灌结合形成复层绿化。从速生和长寿的比例来说，应以长寿树为主，并采用快长树合理配合，以便早日取得绿化效果，又能保证绿化长期稳定。从常绿树和落叶树的比例来说，南方应以常绿树为主，北方应以落叶树为主，尽量做到一年四季常青，又使景观富于季相变化。

3. 要注意选择经济价值较高的树种

在不影响绿地质量和美化、防护功能的前提下，要注意选择那些经济价值较高的树种，以便今后获得木材、果品、油料、香料等经济收益。

（三）树种规划的方法

1. 调查研究

调查的范围应以本城市中各类园林绿地为主。调查的重点是各种绿化植物的生态习性、对环境污染物及病虫害的抗性和在园林绿化中的用途等。具体内容有：本市园林绿地栽培树种调查、古树名木调查、外来树种调查、抗性树种调查，了解邻近的森林植被状况，并对城市郊区及农村野生树种进行调查。

2. 树种选定

在以上调查研究的基础上，应进一步准确、稳妥、合理地选定重点树种、一般树种。重点树种要少而精；一般树种要丰富多彩，做到乔、灌、藤及地被植物的合理搭配。

3. 制定主要树种比例

由于各个城市所处的自然气候带条件不同，土壤水文条件各异，各城市的植物选择的

数量比例也应有所差异,以利创造各自的特色。如乔木、灌木、藤本、地被植物之间的比例,落叶树与常绿树的比例,阔叶树与针叶树的比例等。

4. 树种规划文字编制

树种规划的文字编制有以下内容:①前言;②城市自然地理条件概述;③城市绿化现状;④城市园林绿化树种调查;⑤城市园林绿化树种规划。

5. 附表

一般来说,"树种规划"后应有附表,其内容为:①古树名木调查表;②树种调查统计表(乔木、灌木、藤本);③草坪地被植物调查统计表。

(四)树种选择的原则

(1)符合本城市所处的自然气候带森林植物的生长规律。

(2)选择乡土树种或多年来适应本市自然条件的外来树种。

(3)选择抗逆性强的树种。

(4)满足城市各类园林绿地多功能的要求,并在可能的情况下兼顾种植的经济效益。

(5)应考虑近期和远期相结合、快长树与长寿树的交替衔接。

(6)能反应本市在植物栽植方面的地方特色和历史文化传统。

(五)中国不同区域代表性树种

1. 东北地区

主要树种有红松、樟子松、鱼鳞云杉、辽东冷杉、紫杉、落叶松、蒙古栎、水曲柳、春榆、胡桃楸、紫椴、糠椴、黄菠萝、大青杨、茶条槭、青楷槭、大果榆、白榆、山杏、毛山荆子、稠李、文冠果、沙柳等。

2. 华北地区

主要树种有华山松、油松、赤松、白皮松、侧柏、圆柏、银杏、栎类、枫杨、白榆、国槐、刺槐、泡桐、臭椿、毛白杨、楸树、香椿、黄连木、苹果、梨、枣、柿、胡桃、板栗、桃、杏、桑、柳、元宝枫、栾树、白蜡、蒙椴、小叶朴、黄檀、悬铃木、楝树、花椒等。

3. 华东、华中地区

主要树种有雪松、黄山松、马尾松、湿地松、龙柏、铅笔柏、柏木、铁杉、水杉、红豆杉、池杉、柳杉、孝顺竹、慈竹、淡竹、紫竹、斑竹、桂竹、毛竹、刚竹、箬竹、矢竹、大明竹、唐竹、油茶、山茶、漆树、粗榧、杜鹃、檫木、棕榈、女贞、苦槠、紫楠、重阳木、栲树、山茶花、木荷、石槠、榧树、红楠、木莲、荷花玉兰、白玉兰、黄山木兰、厚朴、桤木、红豆树、杨梅、柑橘、小叶杨、柳类、白榆、槐树、桑、皂荚、枫杨、梧桐、桉树、刺楸、珊瑚朴、七叶树、槲栎、三角枫、湖北花楸、乌桕、杜仲、泡桐、枫香、茅栗、灯台树、椴树、榔榆、糙叶树、流苏、鹅耳枥、糯米条、梓树、悬铃木、大叶榉、薄壳山核桃、浙江紫荆、黄葛树、白辛树等。

4. 华南区

主要树种有苏铁、南洋杉、假槟榔、散尾葵、蒲葵、海南五针松、罗汉松、麻竹、绿竹、青皮竹、栲栗、米槠、厚壳桂、木荷、山杜英、橄榄、火力楠、竹柏、桉树、木麻黄、秋茄树、榕树、银桦、南洋楹、水松、夜合花、荷花玉兰、白兰、黄兰、杨桃、海桐、山茶、木棉、木芙蓉、楹树、银合欢、羊蹄甲、凤凰木、柠檬、九里香、鸡蛋花、橡皮树、柚木、蝴蝶树、大叶胭脂、黄樟、海桑、芒果、木菠萝、番木瓜、荔枝等。

5. 西南区

主要树种有云南松、华山松、云南红豆杉、珙桐、白皮石栎、昆明榆、山玉兰、毛果栲、高山栲、油桐、漆树、蓝桉、银桦、毛叶合欢、滇楸、山茶花、桂花、杜鹃、昆明朴、苍山冷杉、云南铁杉、连香树、金钱槭、糙皮桦、木荷、川桂、香叶树、厚朴、桢楠、箭竹等。

6. 西北区

主要树种有华山松、油松、侧柏、桧柏、冷杉、西伯利亚云杉、西伯利亚落叶松、新疆杨、银白杨、胡杨、崖柳、白柳、新疆大叶榆、白榆、沙枣、白蜡、桑树、沙棘、沙柳、榭栎、虎榛子、文冠果、胡枝子、锦鸡儿、杠柳、辽东栎、苹果、杏、楸树等。

7. 西藏高原区

主要树种有雪松、乔松、西藏红杉、西藏冷杉、巨柏、西藏长叶松、喜马拉雅红杉、羽叶楸、木棉、四数木、羊蹄甲、光叶桑、八宝树、红栲、印度栲、野桐、紫珠、粘巴树、毛叶黄桤、西藏石栎、罗青冈、大叶杨、绿毛杨、林芝云杉、黄牡丹、杜鹃、花楸、西藏忍冬、刺毛忍冬等。

第二章 园林绿化工程概论

第一节 园林绿化工程的概念

园林绿化工程是在一定范围的地域内,运用园林绿化工程技术和不同风格的艺术手段,通过对特定地形的改造,加入园林小品及绿化材料等造园要素,创作而成的一种优美环境的建设工程。

园林绿化工程包括了庭院、宅院、游园、公园、花园、植物园、动物园、广场、街头绿地等建设。同时,各自然保护区、森林公园、风景名胜区和各自然景观区的开发、建设也属于园林绿化工程的范围。

园林建设工程是建设风景园林绿地的工程。园林建设是为人们提供一个良好的休息、文化娱乐、亲近大自然、满足人们回归自然愿望的场所,是保护生态环境、改善城市生活环境的重要措施。园林建设泛指园林城市绿地和风景名胜区中涵盖园林建筑工程在内的环境建设工程,包括园林建筑工程、土方工程、园林假山工程、园林理水工程、园林铺地及道路工程、绿化工程等,它是应用工程技术来表现园林艺术,使地面上的工程构筑物和园林景观融为一体。它具有如下特征:

1. 是一种在国家和地方政府领导下旨在提高城镇人民生活质量,造福于人民的公共事业。

2. 根据法律实施的事业。目前我国已出台了许多的相关法律、法规,如:《土地法》、《环境保护法》、《城市规划法》、《建筑法》、《森林法》、《文物保护法》、《城市绿化规划建设指标的规定》、《城市绿化条例》等。

3. 随着人民生活水平的提高和人们对环境质量的要求越来越高,对城市中的园林建设要求亦多样化,工程的规模和内容也越来越大,工程中所涉及的面广泛,高科技已深入到工程的各个领域,如光—机—电一体的大型喷泉、新型的铺装材料、新型的施工方法以及施工过程中的计算机管理等,无不给从事此项事业的人带来新的挑战。

4. 园林建设工程在现阶段往往需要多部门、多行业协同作战。

第二节 园林绿化工程的内容

园林建设工程按造园的要素及工程属性,可分为园林建筑工程、园林工程两大部分,而各部分又可分为若干项工程(图2-1)。

随着社会的进步,科学技术的发展,园林建设工程的内容也在不断地改变与创新。特别是改革开放以来,一些先进国家的工程技术的引进,新材料、高新技术使我国传统的古典园林工程的技法得以发扬、充实,注入了新的活力。

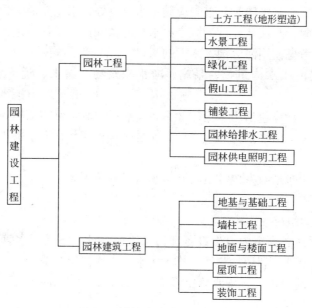

图 2-1 园林建设工程内容框图

一、园林工程的内容

（一）土方工程

主要依据竖向设计进行土方工程量计算及土方施工、塑造、整理园林建设场地。

1. 用求体积的公式进行土方估算。
2. 断面法：以一组等距（或不等距）的相互平行的截面将拟计算的地块、地形单体（如山、溪涧、池、岛等）和土方工程（如堤、沟渠、路堑、路槽等）分截成"段"，分别计算这些"段"的体积，再将各段体积累加，以求得该计算对象的总土方量。
3. 方格网法：把平整场地的设计工作与土方量计算工作结合在一起进行。方格网法的具体工程程序为：在附有等高线的施工现场地形图上作方格网控制施工场地，依据设计意图，如地面形状、坡向、坡度值等，确定各角点的设计标高、施工标高，划分填挖方区，计算土方量，绘制出土方调配图及场地设计等高线图。
4. 土方施工：一般由挖、运、填、夯、整五个部分组成，主要重点为夯和整。前者是为了保证小品建筑基础的稳定，后者是为了确保设计地形变化的真实再现。这里还要强调的是，对用于绿化种植的回填土，必须按种植绿化品种的要求选择适合苗木生长需要的种植土，其主要指标为土壤酸碱度、清洁度、细度和肥力。

（二）园林给排水工程

主要是园林给水工程、园林排水工程。

园林给排水与污水处理工程是园林工程中的重要组成部分之一，必须满足人们对水量、水质和水压的要求。水在使用过程中会受到污染，而完善的给排水工程及污水处理工程对园林建设及环境保护具有十分重要的作用。

1. 园林给水

给水分为生活用水、生产用水及消防用水。给水的水源一是地表水源，主要是江、河、湖、水库等，这类水源的水量充沛，是风景园林中的主要水源。二是地下水源，如泉水、承压水等。选择给水水源时，首先应满足水质良好、水量充沛、便于防护的要求。最理想的是在风景区附近直接从就近的城市给水管网系统接入，如附近无给水管网则优先选用地下水，其次才考虑使用河、湖、水库的水。

给水系统一般由取水构筑物、泵站、净水构筑物、输水管道、水塔及高位水池等组成。

给水管网的水力计算包括用水量的计算，一般以用水定额为依据，它是给水管网水力计算的主要依据之一。给水系统的水力计算就是确定管径和计算水头损失，从而确定给水系统所需的水压。

给水设备的选用包括对室内外设备和给水管径的选用等。

2. 园林排水

(1) 排水系统的组成

① 污水排水系统：由室内卫生设备和污水管道系统、室外污水管道系统、污水泵站及压力管道、污水处理与利用构筑物、排出污水的出水口等组成。

② 雨水排水系统：由景区雨水管渠系统、出水口、雨水口等组成。

(2) 排水系统的形式

污、雨水管道在平面上可布置成树枝状，并顺地面坡度和道路由高处向低处排放，应尽量利用自然地面或明沟排水，以减少投资。常用的形式有：

① 利用地形排水：通过竖向设计将谷、涧、沟、地坡、小道顺其自然适当加以组织，划分排水区域，就近排入水体或附近的雨水干管，可节省投资。利用地形排水，地表种植草皮，最小坡度为5‰。

② 明沟排水：主要指土明沟，也可在一些地段视需要砌砖、石、混凝土明沟，其坡度不小于4‰。

③ 管道排水：将管道埋于地下，有一定的坡度，通过排水构筑物等排出。

在我国，园林绿地的排水，主要以采取地表及明沟排水为宜，局部地段也可采用暗管排水以作为辅助手段。采用明沟排水应因地制宜，可结合当地地形因势利导。

为使雨水在地表形成径流能及时迅速疏导和排除，但又不能造成流速过大而冲蚀地表土导致水土流失，因而在进行竖向规划设计时应结合理水综合考虑地形设计。

3. 园林污水的处理

园林中的污水主要有生活污水、降水。风景园林中所产生的污水主要是生活污水，因而含有大量的有机质及细菌等，有一定的危害。污水处理的基本方法有：物理法、生物法、化学法等。这些污水处理方法常需要组合应用。沉淀处理为一级处理，生物处理为二级处理，在生物处理的基础上，为提高出水水质再进行化学处理称为三级处理。目前国内各风景区及风景城市，一般污水通过一、二级处理后基本上能达到国家规定的污水排放标准。三级处理则用于排放标准要求特别高(如作为景区水源一部分时)的水体或污水量不大时，才考虑使用。

(三) 水景工程

包括小型水闸、驳岸、护坡和水池工程、喷泉等。

古今中外，凡造景无不涉及水体，水是环境艺术空间创作的一个主要因素，可借以构成各种格局的园林景观，艺术地再现自然。水有四种基本表现形式：一曰流水，其有急缓、深浅之分；二为落水，水由高处下落则有线落、布落、挂落、条落等，可潺潺细流，悠然而落，亦可奔腾磅礴，气势恢弘；三是静水，平和宁静，清澈见底；四则为压力水，喷、涌、溢泉、间歇水等表现一种动态美。用水造景，动静相补，声色相衬，虚实相映，层次丰富。得水以后，古树、亭榭、山石形影相依，会产生一种特殊的魅力。水池、溪涧、河湖、瀑布、喷泉等水体往往又给人以静中有动、寂中有声、以小胜多、发人联想的强感染力。

城市水系规划的主要任务是为保护、开发、利用城市水系，调节和治理洪水与淤积泥沙、开辟人工河湖、兴城市水利而防治水患，把城市水体组成完整的水系。

城市水体具有排洪蓄水、组织航运以便进行水上交通和游览、调节城市的气候等功能。河湖近期与远期规划水位，包括最高水位、常水位和最低水位。这也是确定园林水体驳岸类型、岸顶高程和湖底高程的依据。河湖在城市水系中的任务，有排洪、蓄水、交通运输、调节湿度、观光游览等。水工构筑物的位置、规格与要求应在水系规划中体现出来。园林水景工程除了满足这些要求外，应尽可能作到水工的园林化，使水工构筑物与园林景观相协调，以统一水工与水景的矛盾。

1. 水池、驳岸、护坡

（1）水池

水池在城市园林中既可以改善小气候条件，又可美化市容，起到重点装饰的作用。水池的形态种类很多，其深浅和池壁、池底的材料也各不相同。规则的方整之池，则显气氛肃穆庄重，而自由布局、复合参差跌落之池，可使空间活泼、富有变化。池底的嵌画、隐雕、水下彩灯等手法，使水景在工程的配合下，无论在白天或夜晚均可得到各种变幻无穷的奇妙景观。水池设计包括平面设计、立面设计、剖面设计及管线设计。其平面设计主要是显示其平面位置及尺度，标注出池底、池壁顶、进水口、溢水口和泄水口、种植池的高程和所取剖面的位置。水池的立面设计应反映主要朝向各立面的高度变化和立面景观。剖面应有足够的代表性，要反映出从地基到壁顶各层材料厚度。

水池材料多为混凝土水池、砖水池、柔性结构水池。材料不同、形状不同、要求不同，设计与施工也有所不同。园林中，水池可用砖（石）砌筑，具有结构简单，节省模板与钢材，施工方便，造价低廉等优点。近年来，随着新型建筑材料的出现，水池结构出现了柔性结构，以柔克刚，另辟蹊径。目前在工程实践中常用的有：混凝土水池、砖水池、玻璃布沥青席水池、再生橡胶薄膜水池、油毡防水层（二毡三油）水池等。

各种造景水池如汀步、跳水石、跌水台阶、养鱼池的出现也是人们对水景工程需要的多样化的体现。而各种人工喷泉在节日中配以各式多彩的水下灯，变幻多端，增添了节日气氛。北京天安门前大型音乐电脑喷泉，无疑是当代高新技术的体现。

（2）驳岸与护坡

园林水体要求有稳定、美观的水岸以维持陆地和水面一定的面积比例，防止陆地被淹或水岸倒塌，或由于冻胀、浮托、风浪冲刷等造成水体塌陷、岸壁崩塌而淤积水中等，破坏了原有的设计意图，因此在水体边缘必须建造驳岸与护坡。园林驳岸按断面形状分为自然式和整形式两类。大型水体或规则水体常采用整形式直驳岸，用砖、混凝土、石料等砌筑成整形岸壁，而小型水体或园林中水位稳定的水体常采用自然式山石驳岸，以作成岩、矶、崖、岫等形状。

在进行驳岸设计时，要确定驳岸的平面位置与岸顶高程。与城市河流接壤的驳岸按照城市河道系统规定平面位置建造，而园林内部驳岸则根据湖体施工设计确定驳岸位置。平面图上常水位线显示水面位置，岸顶高程应比最高水位高出一段以保证湖水不致因风浪拍岸而涌入陆地地面，但具体应视实际情况而定。修筑时要求坚固稳定，驳岸多以打桩或柴排沉褥作为加强基础的措施，并常以条石、块石、混凝土、钢筋混凝土作基础，用浆砌条石或浆砌块石勾缝、砖砌抹防水砂浆、钢筋混凝土以及用堆砌山石作墙体，用条石、山石、混凝土块料以及植被作盖顶。

护坡主要是防止滑坡、减少地面水和风浪的冲刷，以保证岸坡的稳定，常见的有编柳抛石护坡、铺石护坡。

2. 小型水闸

水闸在园林中应用较广泛。水闸是控制水流出入某段水体的水工构筑物，水闸按其使用功能分，一般有进水闸（设于水体入口，起联系上游和控制进水量的作用）、节制闸（设于水体出口，起联系下游和控制出水量的作用）、分水闸（用于控制水体支流出水）。在进行闸址的选定时，应了解水闸设置部位的地形、地质、水文等情况，特别是各种设计参数的情况，以便进行闸址的确定。

水闸结构由下至上可分为地基、闸底、水闸的上层建筑三部分。进行小型水闸结构尺寸的确定时须了解的数据包括：外水位、内湖水位、湖底高程、安全超高、闸门前最远岸直线距离、土壤种类和工程性质、水闸附近地面高程及流量要求等。

通过设计计算出需求的数据：闸孔宽度、闸顶高程、闸墙高度、闸底板长度及厚度、闸墩尺度、闸门等。

3. 人工泉

人工泉是近年来在国内兴起的园林水景布置。随着科技的发展，出现了诸如喷泉、瀑布、涌泉、溢泉、跌水等，不仅大大丰富了现代园林水景景观，同时也改善了小气候。瀑布、间歇泉、涌泉、跌水等亦是水景工程中再现水的自然形态的景观。它们的关键不在于大小，而在于能真实地再现自然水势之妙。对于驳岸、岛屿、河湾、池潭、溪涧等理水工程，应运用源流、动静、对比、衬托、声色、光影、藏引等一系列手法，作符合自然水势的重现，以做到"小中见大"、"以少胜多"、"旷奥由之"。

喷泉的类型很多，常用的有：

(1) 普通装饰性喷泉：常由各种花形图案组成固定的喷水型。

(2) 雕塑装饰性喷泉：喷泉的喷水水形与雕塑、小品等相结合。

(3) 人工水能造景型：如瀑布、水幕等用人工或机械塑造出来的各种大型水柱等。

(4) 自控喷泉：利用先进的计算机技术或电子技术将声、光、电等融入喷泉技术中，以造成变幻多彩的水景。如音乐喷泉、电脑控制的涌泉、间歇泉等。

喷水池的尺寸与规模主要取决于规划中所赋予它的功能，但它与喷水池所在的地理位置的风向、风力、气候湿度等关系极大，它直接影响了水池的面积和形状。喷水池的平面尺寸除应满足喷头、管道、水泵、进水口、泄水口、溢水口、吸水坑等布置要求外，还应防止水在设计风速下，水滴不致被风大量地吹出池外，所以喷水池的平面尺寸一般应比计算要求每边再加大 0.5~1.0m。

喷水池的深度：应按管道、设备的布置要求确定。在设有潜水泵时，应保证吸水口的淹没深度不小于0.5m，在设有水泵吸水口时，应保证吸水喇叭口的淹没深度不小于0.5m。水泵房多采用地下或半地下式，应考虑地面排水，地面应有不小于5‰的坡度，坡向集水坑。水泵房应加强通风，为解决半地下式泵房与周围景观协调的问题，常将泵房设计成景观构筑物，如设计成亭、台、水榭或隐蔽在山崖、瀑布之下等。

喷泉常用的喷头形式有：单射流喷头、喷雾喷头、环形喷头、旋转喷头、扇形喷头、多孔喷头、变形喷头、组合喷头等。在进行喷泉设计时，要进行喷嘴流量、喷泉总流量、总扬程等项设计计算。由于影响喷泉设计的因素较多，故在安装运行时还要进行适当的调整甚至作局部的修改以臻完善。

喷泉中的水下灯是保证喷泉效果的必要措施，特别是在现代技术发达的今天，光、机、电、声的综合应用将会使喷泉技术在园林景观中更具有魅力。

（四）铺装工程

着重在园路的线形设计，园内的铺装、园路的施工等。

1. 园路

园路既是交通线，又是风景线，园之路，犹如脉络，路既是分隔各个景区的景界，又是联系各个景点的"纽带"，具有导游、组织交通、划分空间界面、构成园景的艺术作用。园路分主路、次路与小径（自然游览步道）。主园路连接各景区，次园路连接诸景点，小径则通幽。目前关于园路的分类也有同行提出：结合我国一些典型风景城市和风景名胜区的规划设计实践经验及参考国外同行经验，建议分为风景旅游道路与园路两大类，并各有其分类与相应的技术标准。在园路工程设计中，道中平面线型设计就是具体确定道路在平面上的位置，由勘测资料和道路性质等级要求以及景观需要，定出道路中心位置，确定直线段。道路纵断面线型设计主要是确定路线合适的标高，设计各路段的纵坡及坡长，保证视距要求，选择竖曲线半径，配置曲线，确定设计线，计算填挖高度，定桥涵、护岸、挡土墙位置，绘制纵断面设计图等。选用平曲线半径，合理解决曲直线的衔接等，以绘出道路平面设计图。

在风景游览等地的道路，不能仅仅看作是由一处通到另一处的游览通道，而应当是整个风景景观环境的不可分隔的组成部分，所以在考虑道路时，要用地形地貌造景、利用自然植物群落与植被，建造生态绿廊的景观效果。

道路的景观特色还可以利用植物的不同类型品种在外观上的差异和乡土特色，通过不同的组合和外轮廓线特定造型以产生标志感。同时尽可能将园林中的道路布置成"环网式"，以便组织不重复的游览路线和交通导游。各级园路回环萦纡，收放开合，藏露交替，使人渐入佳境。园路路网应有明确的分级，园路的曲折迂回应有构思立意，应做到艺术上的意境性与功能上的目的性有机结合，使游人步移景异。

风景旅游区及园林中的停车场设计应设在重要景点进出口边缘地带及通向尽端式景点的道路附近。同时也应按不同类型及性质的车辆分别安排场地停车，其交通路线必须明确。在设计时综合考虑场内路面结构、绿化、照明、排水及停车场的性质，配置相应的附属设施。园路的路面结构从路面的力学性能出发，分有柔性路面、刚性路面及庭园路面。

2. 铺装

园林铺地是我国古典传统园林技艺之一,而在现时又得以创新与发展。它既有实用要求,又有艺术要求,它主要是用来引导和用强化的艺术手段组织游人活动,表达不同主题立意和情感,利用组成的界面功能分割空间格局,强化视觉效果。一般说来,铺地要进行铺地艺术设计,包括纹样、图案设计、铺地空间设计、结构构造设计、铺地材料设计等。常用的铺地材料分有天然材料和人造材料。天然材料有:青(红)页岩、石板、卵石、碎石、条(块)石、碎大理石片等。人造材料有:青砖、水磨石、斩假石、本色混凝土、彩色混凝土、沥青混凝土等。如北京天安门广场的步行便道用粉红色花岗石铺地,不仅满足景观要求,且有很好的视觉效果。

(五) 假山工程

包括假山的材料和采运方法、置石与假山布置、假山结构设施等。

假山工程是园林建设的专业工程,人们通常所说的"假山工程"实际上包括假山和置石两部分。我国园林中的假山技术是以造景和提供游览为主要目的,同时还兼有一些其他功能。假山是以土、石等为材料,以自然山水为蓝本并加以艺术提炼与夸张,用人工再造的山水景物。至于零星山石的点缀称为"置石",主要表现山石的个体美或局部的组合。假山的体量大,可观可游,使人们仿佛置身于大自然之中,而置石则以观赏为主,体量小而分散。假山和置石首先可作为自然山水园的主景和地形骨架,如南京瞻园、上海豫园、扬州个园、苏州环秀山庄等采用主景突出方式的园林,皆以山为主、水为辅,建筑处于次要甚至点缀地位。其次可作为园林划分空间和组织空间的手段,常用于集锦式布局的园林,如圆明园利用土山分隔景区,颐和园以仁寿殿西面土石相间的假山作为划分空间和障景的手段。运用山石小品作为点缀园林空间和陪衬建筑、植物的手段。假山可平衡土方;叠石可作驳岸、护坡、汀石、花台、室内外自然式的家具或器设,如石凳、石桌、石护栏等。它们将假山的造景功能与实用功能巧妙地结合在一起,成为我国造园技术中的瑰宝。

假山因使用的材料不同,分为土山、石山及土石相间的山。常见的假山材料有:湖石(包括太湖石、房山石、英石等)、黄石、青石、石笋(包括白果笋、乌炭笋、慧笋、钟乳石笋等)以及其他石品(如木化石、松皮石、石珊瑚等)。

1. 置石

置石用的山石材料较少,施工也较简单。置石分为特置、散置和群置。特置,在江南称为立峰,这是山石的特写处理,常选用单块、体量大、姿态富于变化的山石,也有将好几块山石拼成一个峰的处理方式。散置又称为散点,这类置石对石材的要求较特置为低,以石之组合衬托环境取胜,常用于园门两侧、廊间、粉墙前、山坡上、桥头、路边等,或点缀建筑,或装点角隅。散点要作出聚散、断续、主次、高低、曲折等变化之分。大散点则被称为群置,与散点不同之处是其所在的空间较大,置石材料的体量也较大,而且置石的堆数也较多。

在土质较好的地基上作散点,只需开浅槽夯实素土即可。土质差的则可以砖瓦之类夯实为底。大散点的结构类似于掇山。

山石几案的布置宜在林间空地或有树荫的地方,以利于游人休息。同时其安排也忌像一般家具的对称布置。除了其实用功能外,更应突出的是它们的造景功能,以它们的质朴、敦实给人们以回归自然的意境。

2. 掇山

较之于置石要复杂得多，要将其艺术性与科学性、技术性完美地结合在一起。然而，无论是置石还是掇山，都不是一种单纯的工程技术，而是融园林艺术于工程技术之中。掇山必须是"立意在先"，而立意必须掌握取势和布局的要领：一是"有真有假，做假成真"，达到"虽由人作，宛自天开"的境界。以写实为主，结合写意，山水结合，主次分明。二是因地制宜，景以境出。要结合材料、功能、建筑和植物特征以及结构等方面作出特色。三是寓意于山，情景交融。四是对比衬托。利用周围景物和假山本身，作出大小、高低、进出、明暗、虚实、曲直、深浅、陡缓等既是对立又是统一的变化手法。

在假山塑造中从选石、采石、运石、相石、置石、掇山等一系列过程中总结出了一整套理论。假山虽有峰、峦、洞、壑等变化，但就山石之间的结合可以归结成山体的十种基本接体形式："安、连、接、斗、挎、拼、悬、剑、卡、垂、挑、撑"。这些接体方式都是在长期的实践中从自然山景中归纳出来的。施工时应力求自然，切忌做作。在掇山时还要采取一些平稳、填隙、铁活加固、胶粘和勾缝等技术措施。

以上都是我国造园技术的宝贵财富，应予高度重视，以使其发扬光大。

3. 塑山

在传统塑山的基础上，运用现代材料如环氧树脂、短纤维树脂混凝土、水泥及灰浆等，创造了塑山工艺。塑山可省采石、运石之工程，造型不受石材限制，且有工期短、见效快的优点。但它的使用期短是其最大的缺陷。

塑山的工艺过程如下：

（1）设置基架：可根据石形和其他条件分别采用砖基架、钢筋混凝土基架或钢基架。坐落在地面的塑山要有相应的地基基础处理。坐落在室内屋顶平台的塑山，则必须根据楼板的构造和荷载条件作结构设计，包括地梁、钢架、柱和支撑设计。基架将所需塑造的山形概约为内接的几何形体的桁架，若采用钢材作基架，应遍涂防锈漆两遍作为防护处理。

（2）铺设钢丝网：一般形体较大的塑山都必须在基架上敷设钢丝网，钢丝网要选易于挂灰、泥的材料。若为钢基架则还宜先作分块钢架附在形体简单的基架上，变几何体形为凹凸起伏的自然外形，在其上再挂钢丝网，并根据设计要求用木槌成型。

（3）抹灰成型：先初抹一遍底灰，再精抹一二遍细灰，塑出石脉和皱纹。可在灰浆中加入短纤维以增强表面的抗拉力量，减少裂缝。

（4）装饰：根据设计对石色的要求，刷涂或喷涂非水溶性颜色，令其达到设计效果为止。由于新材料新工艺不断推出，第三四步往往合并处理。如将颜料混合于灰浆中，直接抹上加工成型。也有先在工场制作出一块块石料，运到施工现场缚挂或焊挂在基架上，当整体成型达到要求后，对接缝及石脉纹理作进一步加工处理，即可成山。

（六）绿化工程

包括乔灌木种植工程、大树移植、草坪工程等。

在城市环境中，栽植规划是否能成功，在很大程度上取决于当地的小气候、土壤、排水、光照、灌溉等生态因子。

在进行栽植工程施工前，施工人员必须通过设计人员的设计交底以充分了解设计意图，理解设计要求，熟悉设计图纸。故应向设计单位和工程甲方了解有关材料，如：工程的项目内容及任务量、工程期限、工程投资及设计概（预）算、设计意图，了解施工地段的状况、定点放线的依据、工程材料来源及运输情况，必要时应作现场调研。

在完成施工前的准备工作后，应编制施工计划，制定出在规定的工期内费用最低的安全施工的条件和方法，优质、高效、低成本、安全地完成其施工任务。作为绿化工程，其施工的主要内容是：

1. 树木的栽植

首先是确定合理的种植时间。在寒冷地区以春季栽植为宜。北京地区春季植树在3月中旬到4月中旬，雨季植树则在7月中旬左右。在气候比较温暖的地区，以秋季、初冬栽植比较相宜，以使树木更好地生长。在华东地区，大部分落叶树都可以在冬季11月上旬树木落叶后至12月中、下旬及2月中旬至3月下旬树木发芽前栽植。常绿阔叶树则在秋季、初冬、春季、梅雨季节均可栽种。

至于栽植方法，种类很多。在城市中常用人行道栽植穴、树坛、植物容器、阳台、庭园、屋顶花园栽植等。

在进行树木的栽植前还要作施工现场的准备，即施工现场的拆迁、对施工现场平整土地以及定点放线等。这些都应在有关技术人员的指导下按技术规范进行相关操作。挖苗是种树的第一步，挖苗时应尽可能挖得深一些，注意保护根系少受损伤。一般常绿树挖苗时要带好土球，以防泥土松散。落叶树挖苗时可裸根，过长或折断的根应适当修去一部分。树苗挖好后，要遵循"随挖、随运、随种"的原则，及时运去种好。在运苗之前，为避免树苗枯干等，应进行包装。树苗运到栽植地点后，如不能及时栽植，就必须进行假植。假植的地点应选择靠近栽植地点、排水良好、湿度适宜、无霜冻、避风之地。另外根据栽植的位置，刨栽植坑，坑穴的大小应根据树苗的大小和土壤土质的不同来决定。施工现场如土质不好，应换入少杂质的砂质壤土，以利于根系的生长。挖完坑后，坑内可先铺底肥，然后再覆素土，不使树根直接与肥料接触，以免烧伤树根。

栽植前要对苗木进行修剪。苗木的修剪可以减少枝叶水分的散发，保持树势平衡，保证树木的成活。同时也要对根系进行适当的修剪，主要将断根、劈裂根、病虫根和过长的根剪去，剪口要平滑。栽植较大规格的乔木，在栽植后应设支柱支撑，以防浇水后大风吹倒苗木。

2. 大树移植

大树是指胸径达15～20cm，甚至30cm处于生长发育旺盛期的乔木或大灌木，要带土球移植。土球具有一定的规格和重量，常需要专门的机具进行操作。

大树移植能在最短的时间内创造出园林设计师所理想的景观。在选择树木的规格及树体大小时，应与建筑物的体量或所留有空间的大小相协调。

通常最合适大树移植的时间是春季、雨季和秋季。在炎热的夏季，不宜于大规模的进行大树移植。若由于特殊工程需要少量移植大树时，要对树木采取适当疏枝和搭盖荫棚等办法以利于大树成活。大树移植前，应先挖树穴，树穴要排水良好。对于贵重的树木或缺乏须根树木的移植准备工作更要充分。可采用围根法，即于移栽前2～3年开始，分期预先在准备移栽的树木四周挖一沟，以刺激其长出密集的须根，创造移栽成活条件。

大树土球的包装及移植方法，常用软材包装移植、木箱包装移植、冻土移植以及移植机移植等。移植机是近年来引进和发展的新型机械，可以事先在栽植地点刨好植坑，然后将坑土带到起树地点，以便起树后回填空坑。大树起出后，又可用移植机将大树运到栽植地点进行栽植。这样做节省劳力,大大提高了工作效率。大树起出后,运输最好在傍晚,在移植大树时要事先准备好回填土。栽植时,要特别注意位置准确,标高合适。

3. 草坪栽植工程

草坪是指由人工养护管理,起到绿化、美化作用的草地。就其组成而言,草坪是草坪植被的简称,是环境绿化中的重要组成部分,主要用于美化环境、净化空气、保持水土,提供户外活动和体育活动场所。

(1) 草坪类型

① 单一草坪:一般是指由一种草种或某一品种构成,它有高度的一致性和均一性,可用来建立高级草坪和特种草坪,如高尔夫球场的发球台和球盘等。在我国北方常用野牛草、瓦巴斯、匍匐翦股颖来建坪,南方则多用天鹅绒、天堂草、假俭草来建坪。

② 缀花草坪:通常以草坪为背景,间以草本观花地被植物。如在草坪上可自然点缀水仙、鸢尾、石蒜、紫花地丁等。

③ 游憩草坪:这类草坪无固定形状,一般管理粗放,人可在草坪内滞留活动。可以在草坪内配植孤立树、点缀石景、栽植树群和设施,周边配以半灌木花带、灌木丛,中间留有大的空间,可容纳较大的人流。它多设于医院、疗养地、学校、住宅区等处。

④ 疏林草坪:是指大面积自然式草坪,多由天然林草地改造而成,草坪上散生部分林木,多利用地形排水,管理粗放。通常见于城市近郊旅游休假地、疗养区、风景区、森林公园或与防护林带相结合。其特点是林木夏季可蔽荫,冬天有充足的阳光,是人们户外活动的良好场所。

(2) 草坪的建植

草坪建植一般分两步进行。在选定草种后,首先是准备场地(坪床)、除杂、平整、翻耕、配土、施肥、灌水后再整平。在此前应将坪床的喷灌及排水系统埋设完毕。下一步则可采用直接播种草籽或分株栽根或铺草皮砖、草皮卷、草坪植生带等法。近年来还有采用吹附法建草坪的,即将草籽加泥炭或纸浆、肥料、高分子化合物料和水混合成浆,储存在容器中,借助机械加压,喷到坪床上,经喷水养护,无须多日即可成草坪。此法机械化程度高,建成草坪的质量好,见效快,越来越受到人们的关注和喜爱。

(3) 草坪的养护

草坪养护中,不同地区在不同的季节有不同的草坪管理措施和方法。常见的管理措施有刈剪、灌溉、病虫害防治、除杂草、施肥等,不同的季节,重点有不同。

(七) 园林供电与照明

随着社会经济的发展,人们对生活质量的要求越来越高,园林中用电已不再仅仅是提供晚间道路照明,而各种新型的水景、游乐设施、新型照明光源的出现等,无不需要电力的支持。

在进行园林有关规划、设计时,首先要了解当地的电力情况:电力的来源、电压的等级、电力设备的装备情况(如变压器的容量、电力输送等),这样才能做到合理用电。

园林照明是室外照明的一种形式,在设置时应注意与园林景观相结合,以最能突出园林景观特色为原则。光源的选择上,要注意利用各类光源显色性的特点,突出要表现的色彩。在园林中常用的照明电光源除了白炽灯、荧光灯以外,一些新型的光源。如汞灯(目前园林中使用较多的光源之一,能使草坪、树木的绿色格外鲜艳夺目,使用寿命长,易维护)、金属卤化物灯(发光效率高,显色性好,但没有低瓦数的灯,使用受到一定限制)、高压钠灯(效率高,多用于节能、照度高的场合,如道路、广场等,但显色性较差)亦在被应用之列。但使用气体放电灯时应注意防止频闪效应。园林建筑的立面可用彩灯、霓虹灯、各式投光灯进行装饰。在灯具的选择上,其外观应与周围环境相配合,艺术性要强,有助于丰富空间层次,保证安全。

园林供电与园林规划设计等有着密切的联系。园林供电设计的内容应包括:确定各种园林设施的用电量;选择变电所的位置、变压器容量;确定其低压供电方式;导线截面选择;绘制照明布置平面图、供电系统图。

二、园林建筑工程的内容

园林建筑是指在园林中有造景作用,同时供人游览、观赏、休息的建筑物。园林建筑学是一门内容广泛的综合性学科。园林建筑要最大限度地利用周围环境,在位置的选择上要因地制宜,取得最好的透视线与观景点,并以得景为主。

园林建筑按其用途可分为:

游息建筑:有亭、廊、水榭等。

服务建筑:有大门、茶室、餐馆、小卖部等。

水体建筑:包括码头、桥、喷泉、水池等。

文教建筑:有各式展览室、阅览室、露天演出场地、游艺场等。

动、植物园建筑:有各式动物馆舍、盆景园、水景园、温室、观光温室等。

园林小品:如院墙、影壁、园灯、园椅、花架、漏窗等。

园林建筑是中国园林中的一个重要因素。在长期的实践中,无论在单体、群体、总体布局以及建筑类型上,都紧密地与周围环境结合。追崇自然,与自然环境相协调是中国园林建筑的一个准则。园林建筑的主要特色在于"巧"(即灵活)、"宜"(即适用)、"精"(即精美)、"雅"(即指建筑的格调要优雅)。这四个字实际上是代表了园林建筑从设计到施工要遵循的原则和指导思想。

古代建筑中常使用在视觉中心两侧具有相同分量的构图,即称为均衡。均衡分为对称及不对称。一般而言,中国传统建筑中,宫殿、庙宇、住宅等喜用对称均衡,而在园林中,喜用不对称均衡构图。均衡构图给人一种稳定、安全、舒适的感受,是建筑构图中最重要的法则。而在生物界,不论是动物还是植物,在个体构造上都是对称的。但人类赖以生存的自然山川、河流以及植被群落等生存环境却都是不对称的。园林建筑从属于自然风景,则以不对称构图为主,以更好地与大自然协调。在园林中,突出的应是山水景观,而建筑只是配角,起到一个陪衬和渲染的作用。其尺度不宜过大,否则会适得其反,喧宾夺主,破坏了景观。

园林建筑就其所用的承重构件材料和结构形式来分,主要有:砖木结构、混合结构、钢筋混凝土框架结构、轻钢结构以及中国古建筑物的木结构及竹结构等。砖木结构多见于古代园林中的楼、阁、亭等。而混合结构是指建筑物的墙柱用砖砌,楼板、楼梯用钢筋混凝土结构,屋顶为木或钢筋混凝土,这种形式目前在园林建筑中使用较为广泛。我国的古建筑已有几千年的历史,是我国文明史的瑰宝。古代木建筑物的木梁、木柱、椽、檩为承重构件,它们是采用独特的技法结构而成,目前在一些古建筑的修复、仿古建筑的建造中应用较多。

园林建筑屋面除使用钢筋混凝土平屋面外,更多地采用了小青瓦(蝴蝶瓦)、青筒瓦、琉璃瓦和茅草顶、页岩瓦等坡屋面做法。

第三节 中国传统园林建筑类型

一、按建筑的使用功能分类

1. 点景游憩类——亭、廊、榭、舫、楼、阁、厅、堂、轩、馆、塔等。
2. 文教宣传类——展览馆、博物馆、纪念馆、阅览室、陈列室、动物馆、温室、露天剧场、阅报栏等。
3. 文娱体育类——游艺室、音乐厅、体育场、游泳池、划船码头、儿童游戏场等。
4. 服务类——茶室、餐厅、小卖部、摄影服务部、厕所等。
5. 管理类——办公室、车库、仓库、生产温室等。

二、按传统形式分类

1. 亭——三角亭、方亭、长方亭、六角亭、八角亭、圆亭、扇面亭、双亭、双层亭。
2. 廊——平廊、爬山廊、水廊、直廊、曲廊、回廊、空廊、半廊、暖廊、复廊、双层廊。
3. 榭——一般常临水筑榭,用作观景或布置茶座之用。
4. 舫——也称旱船、不系舟,使游人虽在建筑中,有如置身舟楫之感。
5. 厅堂——厅堂是园林中的主要建筑,形式有方厅、船厅、鸳鸯厅、四面厅几种。
6. 楼阁——楼阁是园林中的高层建筑,用作登高望远,游息赏景,常用作茶室、餐厅或接待室。
7. 其他——如斋、舍等,各有所用。

三、园林建筑小品及设施类

如园椅、园凳、照明灯具、栏杆、路牌、园门、园窗、花墙、花坛、棚架、喷泉、雕塑、铺地等。

第四节 园林绿化工程常用术语

独峰石(又称孤石赏) 一种形态独特的自然景石,具有较高的观赏价值。

峰石 选用多块大小不等、外形较佳的景石,由人工组合而成造型自然、优美的石峰。

景石 假山叠石工程常用的自然山石,如太湖石、料石(常用的有黄块石、红块石、青块石、白块石)、英石、斧劈石、水积石、"三山石"(石笋、钟乳石、白果石)等各类山石的统称。

料石 自然开采的黄、红、青、白等各色山石经人工挑选,其石质、大小、纹理、色泽符合造景布置或假山叠石需要的称料石,其余均称块石。

三山石 包括外形修长,如竹笋状的石笋石;石灰岩溶融而成的钟乳石及含许多小卵石的青灰色细沙岩的白果石。

卵石 在自然溪流或海边经长期水浪冲刷而成表面光滑的大、中卵石。

面掌石 在布置或假山叠石时用于正面，无损伤、外形常佳的景石。

填肚石（又称仑石） 在假山叠石或堆置景石时，作为填充空隙稳定景石之用的大小块石。

景石布置 在路边、花坛、树周、草坪、天井或建筑物、构筑物四周为造景或作挡土、植树、种花之用；或为分隔之需而堆置的景石。

台基 为景石砌成之平台，上立建筑物或构筑物者。

瀑布 用景石为造型，出水口位落差在1m以上的人造景观。

假山洞 以景石为外形，人工砌作的石洞。

假山登山道（又称踏跺石、踏级石） 用景石砌作的游步道。

驳岸（又称护岸） 沿河、湖、池、溪流岸线，用景石自然式堆砌护岸或常水位以下部位混凝土现浇，或块石浆砌成墙，常水位以上部位用景石布置，以作挡土造景的堤岸。过溪的踏步称汀步。用以分隔水位高差的则称坝。

中、小型假山 用景石叠成山形景观，主峰高4m以下，用景石60t以下者为小型；用景石60t以上，200t以下者为中型。

大型假山 用景石叠成山形景观，主峰高度4m以上，用景石200t以上或占地面积20m^{2}以上，同时堆砌台基或山洞或水景的组合型假山。

勾缝 假山叠石或景石布置后的石块之间的空隙，经填、塞、嵌实后的缝隙精细涂刷。

塑山、塑石 分别用砖骨架塑或钢网骨架塑，仿各式景石或假山的混凝土作品。

地被绿化 在园林的空旷地、坡地、疏林地及大树下等裸露地面，种植1~2个品种地被植物，形成一个常绿、单季或随季相变化的景观，并能稳定地覆盖地面，保护和改善环境。

阳性地被植物 要求有充分的直射阳光才能生长良好的植物。否则会导致植株的茎枝细弱、叶色淡，且不开花。

阴性地被植物 在荫蔽度50％以上的弱光下能生长发育的植物。

中性地被植物 对光线要求不太严格，光线强弱均能生长、发育的植物。

田间持水量 指土壤在排去重力水后所能保持的水分含量，用水分占干重或体积百分数表示。田间持水量以25％为宜。

自衍力 植物利用自身种子的传播、萌发能力，来繁衍后代，这种能力的强弱称自衍力。

植物抗性强 指植物对自然界中气候的高温与严寒，干旱与雨涝，土壤的肥沃与瘠薄，病虫害的感染以及人为损伤的自我修复等抗受性和适应性均强的植物。

一、二年生花卉 这类植物从下种到新种子成熟的生命周期在一年之内完成，春播的秋季采种；秋播的到翌年春末采种。

多年生草本花卉 生命能延续多年，包括终年常绿的和地上部分开花后枯萎的，以芽或根蘖、地下部根茎越冬越夏的花卉，包括须根类、非须根类和变态茎类。

低矮木本植物 指主干木质化，高度在60cm以下的观赏灌木，如月季、牡丹等。

模纹花坛 一种规则式，以图案形式种植的花坛。

自然花坛 一般采用一个或几个品种的花卉，单色或多色，按设计株行距种植，是充分表现花卉群体美的种植形式。

草坪 用多年生的矮生草本植物为主密植，经反复修剪成均匀一致如毯状的绿色地坪，称为草坪。

观赏性草坪 具有一定观赏价值，四周有保护措施，仅供观赏，不让人入内的草坪。

覆盖度 绿草覆盖土壤的面积与草坪面积的百分比。

客土喷吹 指把水添加到土壤、种子、肥料、纤维等组成的喷附材料中，调成稠糊状，使用机械喷附到陡峭的坡面上。

种子喷播 把种子、肥料、纤维等材料放于水中，使用泵类喷至较缓的坡面上。

植生带 采用无纺布或纸，将种子、肥料按播种密度均匀地夹在二层布（或纸）中间用机器压紧，出厂时如同布匹成卷包装。使用时只需按面积剪好拉平，按紧即可。

冷季型草 是温带气候条件下生长的草种，适于 15～20℃。耐踏性相对较低，生长迅速，需频频修剪，杭州地区可安全越冬，夏季稍有休眠。

暖季型草 是热带和亚热带条件下生长的草种，适于 25～35℃。耐踏性优于冷季型草坪，在杭州冬季地上部枯黄，翌年 3 月下旬可返青。

纯洁度 指单一性草坪中除所选用草种外的草均视为杂草，在 $1m^2$ 内主草数量与杂草数量的百分比。

单纯性草坪 用一单草种播种建植的草坪。

混合草坪 用两个以上草种混合播种建植的草坪。

比降 指草坪中高低两点的水平高差与两点间距离的比值。

第三章 园林绿化基本知识

第一节 园林绿化概论

一、园林学

采用"园林学"一词作为主要行业术语的主要依据之一是全国自然科学审定委员会公布的《建筑 园林 城市规划名词》(1996)。该书在"前言"中有如下解释和说明:"如'园林学'一词,有的专家认为应以'景观学'代替,但考虑到我国多年来习用的'园林学'的概念已不断扩大,故仍采用'园林学',与英文的 landscape architecture 相当。""根据国务院授权,委员会审定公布的名词术语,科研、教学、生产、经营以及新闻出版等各部门,均应遵照使用。"

中国园林历史悠久,但是作为一门学科它又很年轻。在汉文化圈内的国家和地区中,韩国称之为"造景",日本称之为"造园",我国台湾称之为"景园";名称虽略有不同,但是其所研究的内容是一致的。因此,我们仍然沿用中国传统的"园林"一词,作为学科的名称。

作为研究园林理论和技术的综合学科,现代的园林学包括:传统园林学、城市园林绿化学和大地景观规划。传统园林学主要包括园林历史、园林艺术、园林植物、园林工程、园林建筑等分支学科,并运用相关的成果来创造、保护和管理各种园林;选育优良品质的植物;研究表现良好的植物群落组合;研究植物生境特点及相关栽培管理技术;提高园林绿地的规划设计水平和绿地的生态效益。城市园林绿化学研究的是园林绿化在城市建设中的作用,调查研究居民游憩、健身时对园林绿地的需求和文化心理,测定园林绿化改善和净化环境能力的计量化数据,合理地确定城市中所需的绿量并合理布局,构成系统;研究并实施城市规划和城市设计;研究城市中各类园林绿地的建设、管理技术;分析评估城市园林绿化在宏观经济方面的投资和效益;以及研究制定推进城市园林绿化的政策、措施等。大地景观规划是发展中的课题,其任务是把大地的自然景观和人文景观当作资源来看待,从生态价值、社会经济价值和审美价值三方面来进行评价和环境敏感性分析;最大限度地保存典型的生态系统和珍贵濒危生物种的繁衍栖息地,保护生物多样性,保存自然景观和珍贵的自然、文化遗产,最合理地使用土地。规划范围包括风景名胜区、国家公园、休养度假胜地、自然保护区及其他迹地的景观恢复等。

二、园林

园林一词始见于西晋。在历史上,因时间、内容和形式的不同曾用过不同的名称,如囿、猎苑、苑、宫苑、园、园池、庭园、宅园、别业等。现代园林包括庭院、宅园、小游园、公园、附属绿地、生产防护绿地等各种城市绿地。随着园林学科的发展,其外延扩大到风景名胜区、自然保护区的游览区以及文化遗址保护绿地、旅游度假休闲、休养胜地等范围。

从物质形态来看，山（地形）、水、植物（生物）和建筑是园林组成的四大要素。园林不是对相关要素进行简单的叠加，而是对它们进行有机整合之后创造出的艺术整体。

园林学与园林、园的关系："园林学"是关于园林发生、发展一般规律的学问；"园林"是对各种各样公园、绿地概念的总称；"园"则是指具体的公园、绿地等绿色空间。

三、绿化

绿化包括国土绿化、城市绿化、四旁绿化和道路绿化等。绿化改善环境，包括改善生态环境和一定程度的美化环境。

绿化与园林的关系："绿化"一词源于前苏联，是"城市及居民区绿化"的简称，在我国大约有50年的历史。"园林"一词为中国传统用语，在我国已有1700年历史。绿化单指植物因素，而植物是园林的重要组成要素之一，因此，绿化是园林的基础，但不是全部。园林包括综合因素，园林是对其各组成要素的有机整合，是各个组成要素的最高级表现形式的整体。绿化注重植物栽植和实现生态效益的物质功能，同时也含有一定的"美化"意思；园林则更加注重精神功能，在实现生态效益的基础上，特别强调艺术效果和综合功能。因此，(1)在国土范围内，一般将普遍的植树造林称为"绿化"，将具有更高审美质量的风景名胜区等优美环境称为"园林"；(2)在城市范围内，一般将郊区的荒山植树和农田林网建设称为"绿化"，将市区的绿色空间称为"园林"；(3)在市区范围内，将普通的植物种植和美学质量一般的绿色空间建设称为"绿化"，将经过精心规划、设计和施工管理的公园、花园称为"园林"。

园林与绿化在改善生态环境方面的作用是一致的，在审美价值和功能的多样性方面是不同的。"园林绿化"有时作为一个名词使用，即用行业中最高层次的和最基础的两个方面来描述整个行业，其意思与"园林"的内涵相同。园林可以包含绿化，但绿化不能代表园林。

四、城市绿化

城市绿化相对于城市园林而言，其形式较为简单，功能较为单一，美学价值比较一般，管理比较粗放，以生态效益为主，兼有美化功能，是城市园林的组成部分和生态基础。

五、城市绿地

广义的城市绿地，指城市规划区范围内的各种绿地。

包括：公园绿地、生产绿地、防护绿地、附属绿地和其他绿地。

城市绿地不包括：

1. 屋顶绿化、垂直绿化、阳台绿化和室内绿化；
2. 以物质生产为主的林地、耕地、牧草地、果园和竹园等地；
3. 城市规划中不列入"绿地"的水域。

上述内容属于"城市绿化"范畴。

狭义的城市绿地，指面积较小、设施较少或没有设施的绿化地段，区别于面积较大、设施较为完善的"公园"。

"绿地"作为城市规划专门术语，在国家现行标准《城市用地分类与规划建设用地标准》GBJ137—90中指城市建设用地的一个大类，其中包括公共绿地、生产和防护绿地两个中类。

本标准指的是广义的城市绿地,即国务院《城市绿化条例》中"城市绿地"的范畴。

第二节 城市绿地系统

一、城市绿地

1. 公园绿地

公园绿地指各种公园和向公众开放的绿地。包括综合公园、社区公园、专类公园、带状公园和街旁绿地,含其范围内的水域;不包括附属绿地、生产绿地、防护绿地和其他绿地。

公园绿地中除"小区游园"之外,都参与城市用地平衡,相当于"公共绿地"。在国家现行标准《城市用地分类与规划建设用地标准》GBJ137—90 中,"公共绿地"被列为"绿地"大类下的一个中类。包括"公园"和"街头绿地"两个小类。

"公共绿地"一词来源于前苏联,突出反映的是绿地的所有权、产权等公共属性。我国目前在绿地的分类上不存在私有绿地,所有的城市绿地都属于国家,是为公众服务的。公共绿地与国际上公园的内涵相似,与我国的公园和开放型绿地相当,因此,都属于公园绿地性质。鉴于此,公园绿地的概念更能够反映出公共绿地的功能特征而不是属性特征。

2. 公园

公园绿地的一种类型,也是城市绿地系统的重要组成部分。狭义的公园指面积较大、绿化用地比例较高、设施较为完善、服务半径合理、通常有围墙环绕、设有公园一级管理机构的绿地;广义的公园除了上述的公园之外,还包括设施较为简单、具有公园性质的敞开式绿地。发达国家的公园一般是向公众免费开放的。

国家现行标准《公园设计规范》CJJ48—92 对不同公园内部的用地比例有明确的规定。

3. 儿童公园

指独立的儿童公园。附属于公园绿地中的儿童活动场地不属于儿童公园。

4. 动物园

指独立的动物园。附属于公园中的"动物角"不属于动物园。普通的动物园饲养场、马戏团所属的动物活动用地不属于动物园。

动物园包括城市动物园和野生动物园等。

5. 植物园

指独立的植物园。侧重科学研究的植物园以收集植物物种为主;侧重植物观赏的植物园以展示植物的景观多样性为主。附属于公园内的植物展览区不属于植物园。

6. 墓园

墓园不包括烈士陵园。

7. 花园

花园指以观赏花卉植物为主要功能的园林。花园与公园的区别为:花园的规模相对较小,也可附属在公园内;花园的职能较为单一,公园的职能较为综合;在国外,花园可能是私有的、收费的,而公园是公有的,向公众免费开放的。

8. 历史名园

历史名园一定是国家级、省(自治区、直辖市)级、市(区)级或县级文物保护单位。没有被审定为各级文物保护单位的园林不属于历史名园。

9. 风景名胜公园

我国的风景名胜区多数在城市郊区，位于城市建设用地之外，而公园多数位于市区，位于城市建设用地之内。当二者在空间上交叉时，往往会形成风景名胜公园。位于或部分位于城市建设用地内，依托风景名胜点形成的公园或风景名胜区按照城市公园职能使用的部分属于此类。风景名胜公园的用地属于城市建设用地，参与城市用地平衡；属于风景名胜区但其用地又不属于城市建设用地的部分，不属于风景名胜公园。

10. 纪念公园

纪念公园包括烈士陵园，不包括墓园。

11. 街旁绿地

街旁绿地包括小型沿街绿地、街道广场绿地等。

街旁绿地又名街头绿地。街旁绿地有两个含义：一是指属于公园性质的沿街绿地；二是指该绿地必须不属于城市道路广场用地。

12. 带状公园

带状公园位于规划的道路红线以外。带状公园的最窄处必须保证游人的通行、绿化种植带的延续以及小型休息设施的布置。

13. 社区公园

包括"居住区公园"和"小区游园"，不包括居住组团绿地等分散式的绿地。

14. 生产绿地

生产绿地不管是否为园林部门所属，只要是被划定为城市建设用地，为城市绿化服务，能为城市提供苗木、草坪、花卉和种子的各类圃地或科研实验基地，均应作为生产绿地。

临时性的苗圃和花卉、苗木市场用地不属于生产绿地。

15. 防护绿地

防护绿地针对城市的污染源或可能的灾害发生地而设置，一般游人不宜进入。防护绿地包括：卫生隔离绿带、道路防护绿地、城市高压走廊绿带、防风林带等，不包括城市之间的绿化隔离带。

16. 附属绿地

根据国家现行标准《城市用地分类与规划建设用地标准》GBJ137—90的规定，附属绿地不列入城市用地分类中的"绿地"类，而从属于各类建设用地之中。包括附属在公共设施用地、工业用地、仓储用地、对外交通用地、道路广场用地、市政公用设施用地和特殊用地中的绿化用地。

附属绿地不单独参与城市用地平衡，其功能服从于其所附属的城市建设用地的性质。

17. 居住绿地

条文中的"居住用地"包括居住小区、居住街坊、居住组团和单位生活区等各种类型的成片或零星的用地。居住绿地属附属绿地性质，包括组团绿地、宅旁绿地、配套公建绿地、小区道路绿地。

居住区级公园和小区游园属于社区公园，不属于居住绿地。居住区级公园参与城市建设用地平衡。

18. 道路绿地

道路绿地包括：道路绿带、交通岛绿地、广场绿地和停车场绿地。道路绿带指道路红线范围内的带状绿地；交通岛绿地指可绿化的交通岛用地；广场绿地和停车场绿地指交通广场、游憩集会广场和社会停车场库用地范围内的绿化用地。

道路绿地位于规划的道路广场用地之内，属于附属绿地性质，不单独参与城市用地平衡。

19. 屋顶花园

狭义的屋顶花园以绿化为主，主要功能是植物观赏，游人可以进入的花园。广义的屋顶花园也包括以铺装为主、结合绿化，适宜游人休憩的或完全被植物覆盖、游人不能进入的屋顶空间。

20. 立体绿化

立体绿化是相对于地面绿化而言的，它包括棚架绿化、墙面垂直绿化、屋顶绿化等多种绿化形式。

21. 风景林地

风景林地仅限于具有景观价值的林地。

二、城市绿地系统规划

1. 城市绿地系统

城市绿地系统包括各种类型和规模的城市绿化用地，其整体应当是一个结构完整的系统，并承担城市的以下职能：改善城市生态环境、满足居民休闲娱乐要求、组织城市景观、美化环境和防灾避灾等。

现在的绿地系统往往与城市开放空间（open space）的概念相结合，将城市的绿化用地、广场、道路系统、文物古迹、娱乐设施、风景名胜区和自然保护区等因素统一考虑。不同的系统结构会产生不同的系统功效，绿地系统的整体功效应当大于各个绿地功效之和，合理的城市绿地系统结构是相对稳定而长久的。

2. 城市绿地系统规划

一般有两种形式。第一种属城市总体规划的组成部分，是城市总体规划中的专业规划。其任务是：调查与评价城市发展的自然条件；协调城市绿地与其他各项建设用地的关系；确定城市公园绿地和生产防护绿地的空间布局、规划总量和人均定额。这实际是一种对城市部分绿地进行的规划或不完全的系统规划。

第二种属专项规划，《城市规划编制办法实施细则》第十六条提出（城市绿化规划）"必要时可分别编制"的城市绿地系统规划指第二种形式。其主要任务是：以区域规划、城市总体规划为依据，预测城市绿化各项发展指标在规划期内的发展水平，综合部署各类各级城市绿地，确定绿地系统的结构、功能和在一定的规划期内应解决的主要问题；确定城市主要绿化树种和园林设施以及近期建设项目等，从而满足城市和居民对城市绿地的生态保护和游憩休闲等方面的要求。这是一种针对城市所有绿地和各个层次的完全的系统规划。

3. 绿化覆盖面积

所有植物的垂直投影面积，只能计算一次，不得重复相加计算。

4. 绿化覆盖率

计算公式：绿化覆盖率＝区域内的绿化覆盖面积/该区域用地总面积×100％

"用地总面积"指垂直投影面积，不应按山坡地的曲面表面积计算。

5. 绿地率

计算公式：绿地率＝区域内的绿地面积/该区域用地总面积×100％

绿化用地面积指垂直投影面积，不应按山坡地的曲面表面积计算。

绿化覆盖率和绿地率的区别。绿化覆盖率指植物冠幅的投影面积占城市用地的百分比，是描述城市下垫面状况的一项重要指标。绿地率指用于绿化种植的土地面积（垂直投影面积）占城市用地的百分比，是描述城市用地构成的一项重要指标。一般绿化覆盖率高于绿地率并保持一定的差值。

6. 绿带

仅指城市之间或城市外围以绿化为主的建设控制地带，目的是控制城市"摊大饼"式地盲目连片发展，防止城市环境恶化。绿带不包括其他功能的带状绿地。

7. 楔形绿地

楔形绿地将城市内、外相连，其基本功能是将郊区的新鲜空气引进城市，并形成廊道。

第三节　园林规划与设计

一、园林史中几个名词

1. 古典园林

包括中国古典园林和西方古典园林。古典园林不同于古代园林，它既可以是建于古代的园林，也可以是建于现代而具有古代园林风格的园林。古典园林曾用名是传统园林。

2. 囿

中国古代园林中，把种花木的叫园，养禽兽的叫囿。

囿是最早见于中国史籍记载的园林形式，也是中国皇家园林的雏形。通常在选定地域后划出范围或筑界垣，囿中草木鸟兽自然滋生繁育。帝王贵族进行狩猎既是游乐活动，也是一种军事训练方式。囿中有自然景象、天然植被和鸟兽的活动，可以赏心悦目，得到美的享受。

3. 皇家园林

包括古籍中所称的苑、宫苑、苑囿、御苑等。

4. 私家园林

包括古籍中所称的园、园亭、园野、池馆、草堂、山庄、别业等，是相对于皇家园林而言的。

5. 寺庙园林

寺庙园林的功能要服从于寺庙宗教环境的要求，寺庙园林即宗教化了的园林。寺庙园林不同于园林寺庙，园林寺庙指园林化的寺庙，即美化了的宗教环境。

二、园林艺术

1. 相地

中国古代造园用语。除了通常意义上设计者将园址作为客体进行研究外，园址同时也成为设计者自身的一部分被体察、体悟。这里包含着中国古代"天人合一"和"物我齐观"的认识论和方法论。

2. 造景

使环境从没有观赏价值到具有观赏价值，或从较低的观赏价值到较高的观赏价值的活动。

3. 借景

"借"有借用、因借、依据和凭借的意思。借景可分为：近借、远借、邻借、互借、仰借、俯借和应时借等。

4. 园林意境

园林意境对内可以抒己，对外足以感人。园林意境强调的是园林空间环境的精神属性，是相对于园林生态环境的物质属性而言的。

园林造景并不能直接创造意境，但能运用人们的心理活动规律和所具有的社会文化积淀，充分发挥园林造景的特点，创造出促使游赏者产生多种优美意境的环境条件。

5. 透景线

透景线与透视线有所不同。透景线远方空间的终点是可以被观赏的具体景物，而透视线仅仅是远方的可透视空间。

6. 盆景

盆景大多用植物、水、石等材料，经过艺术加工，种植或布置在盆中，使之成为自然景物缩影的一种陈设品。日本的盆栽（bonsai），与我国的植物盆景相似。

三、规划设计

1. 园林规划

园林规划包括风景名胜区规划、城市绿地系统规划和公园规划。面积较大和复杂区域的规划，按照工作阶段一般可以分为规划大纲、总体规划和详细规划。

园林规划的重点为：分析建设条件，研究存在问题，确定园林主要职能和建设规模，控制开发的方式和强度，确定用地和用地之间、用地与项目之间、项目与经济的可行性之间合理的时间和空间关系。

2. 园林布局

园林布局是园林规划、设计的一部分，主要是对于园林各个要素进行空间安排，将园林中的空间资源进行合理配置。包括园林山水骨架的形成，不同功能用地的划分、园林主景的位置、出入口、园林建筑、园路和基础设施布置等。园林布局很大程度上决定着园林的艺术风格。根据园林布局手法的不同，分为规则式园林、自然式园林和抽象式园林三种形式。

3. 园林设计

指对组成园林整体的山形、水系、道路、植物、建筑、基础设施等要素进行的综合设计，而不是指针对园林组成要素进行的专项设计。

园林设计包括总体设计（方案设计）和施工图设计两个阶段。方案设计指对园林整体的立意构思、风格造型和建设投资估算；施工图设计则要提供满足施工要求的设计图纸、说明书、材料标准和施工概(预)算。

规划与设计的关系：从工作程序上看，一般是规划控制设计，设计指导施工，即总体规划、详细规划、总体设计(方案设计)、施工图设计。从工作深度上看，一般图纸的比例小于1/500为园林规划，比例大于1/500为园林设计。规划偏重宏观的综合部署和理性分析；园林设计偏重感性的艺术思维，主要通过造型来满足园林的功能和审美要求。规划所涉及的空间一般比较大，时间比较长；设计所涉及的空间一般比较小，时间就是建设的当时。规划是基础，设计是表现。规划和设计在中间层次有可能产生一定的工作交叉。

4. 公园最大游人量

公园最大游人容量是计算公园各种设施数量、规模以及进行公园管理的依据。

5. 地形设计

地形设计往往和竖向设计相结合，包括确定高程、坡度、朝向、排水方式等。同时，地形设计还应当考虑工程上的安全要求、环境小气候的形成以及游人的审美要求等。

6. 种植设计

种植设计是园林设计的重要部分。植物配置除讲求构图、形式等艺术要求和文化寓意外，更重要的是考虑植物的生态习性及植物种类的多样性，注重人工植物群落配置的科学性，形成合理的复层混交结构。

四、园林植物

1. 园林植物

园林植物通常指绿化效果好，观赏价值高或兼有经济价值的木本和草本植物。前者叫园林树木，后者叫花卉。园林植物要有形体美或色彩美，适应当地的气候、土壤条件，在一般管理条件下能发挥上述功能。

2. 观赏植物

常见的观赏植物分为观赏蕨类、观赏松柏类、观形树木类、观花树木类、观赏草花类、观果植物类、观叶植物类和观赏棕榈类及竹类。

3. 地被植物

地被植物包括贴近地面或匍匐地面生长的草本和木本植物，一般不耐践踏。

狭义的地被植物指株高50cm以下、植株的匍匐干茎接触地面后，常可以生根并且继续生长、覆盖地面的植物。广义的地被植物泛指株形低矮、枝叶茂盛，并能较密地覆盖地面，可保持水土、防止扬尘、改善气候，并具有一定的观赏价值的植物。草本、木本植物都可以作为地被植物。

4. 攀援植物

攀援植物又称藤本植物、藤蔓植物，包括缠绕类、卷须类和吸附类。其中属于木本的可称作藤木类，属于草本的称作蔓草类。

5. 花卉

原指具有观赏价值的草本植物。广义的花卉可分为木本花卉、草本花卉和观赏草类。

6. 行道树

行道树一般成行等距离种植于路边，具有遮荫、防尘、护路、减弱噪声和美化环境等作用。

7. 草坪

草坪应当具备三个条件：人工种植或改造（非天然）、具有观赏效果（美学价值）和游人可以进入适度活动（承受踩踏）。

8. 绿篱

根据植物性状的不同，绿篱又可以分为花篱、刺篱、果篱等，可用以代替篱笆、栏杆和墙垣，具有分隔、防范或装饰作用。

9. 花境

花境也称花缘、花边、花带。一般多用宿根花卉，栽植在绿篱灌丛或栏杆前、草地边缘、道路两侧、建筑物前。

五、园林建筑

1. 园林小品

园林小品与园林建筑相比结构简单，一般没有内部空间，体量小巧，造型别致，富有特色，并讲究适得其所。根据其功能分为：供休息的小品、装饰性小品、结合照明的小品、展示性小品和服务性小品。如园灯、园椅、园桌、园凳、汲水器、垃圾箱、指路牌和导游牌等。有些体量较小的园林建筑、雕塑、置石等也被泛称为园林小品。

2. 园廊

原指中国古代建筑中有顶的通道，包括回廊和游廊，基本功能为遮阳、防雨和供人小憩。

3. 园台

通常为登高览胜游赏之地。台上的木构房屋称为榭，两者合称台榭。

4. 月洞门

有的月洞门只有门框，没有门扇；有的具有多种风格的门扇。用圆形门洞除了具有装饰的意思外，还表示游人通过月洞门进入了月宫般的一种仙境。

第四节 园林工程

一、园林工程

园林工程以园林建设中的工程技术为主要研究对象，其特点是以工程技术为手段，塑造园林艺术的形象。园林工程包括土方工程、筑山工程、理水工程、园路工程、种植工程等。

二、基础种植

沿着房屋墙基的一种种植形式，种植的植物高度一般低于窗台。

三、种植成活率

计算公式：（一定时期内植物种植成活的数量/植物种植总量）×100%。

四、园艺

指园中的植物栽植养护技艺。园艺不是"园林艺术"的简称。

五、假山

用土、石或人工材料结合建造的隆出地面的地形地貌，一般坡度在15%以上，区别于微地形。

六、置石

置石用以点缀园林空间，还可以具有挡土、护坡和作为种植床等实用功能。置石比假山小，可以是孤石。

七、掇山

一般经过选石、采运、相石、立基、拉底、堆叠中层和结顶等工序叠砌而成。

八、园林理水

园林理水既包括模拟自然界的江、河、湖、海等自然式的水体景观，也包括人工提炼、抽象出的规则式的水体景观。

九、驳岸

按照断面形式，园林驳岸可分为整形式和自然式两类。

十、喷泉

原指泉的类型之一，其水受自然的压力向外喷涌。

第五节 风景名胜区

一、风景名胜区

简称风景区，是经县级以上地方人民政府批准公布的法定地域。按照风景资源的观赏、文化、科学价值以及环境质量和风景区规模、游览条件的不同，分为国家、省和市（县）三级风景名胜区。

1. 国家重点风景名胜区：指经国务院审定公布的风景名胜区；
2. 省级风景名胜区：指经省、自治区、直辖市人民政府审定公布的风景名胜区；
3. 市（县）级风景名胜区：指经市、县人民政府审定公布的风景名胜区。

二、国家重点风景名胜区

我国的国家重点风景名胜区相当于海外的国家公园，其英文名称是 national park of China。

三、风景资源

风景资源又称景观资源。

四、景区

在风景名胜区规划中，往往将整个地域空间划分成风景区—景区—景点—景物若干个层次，逐层进行规划。景区是对风景区按照风景资源类型、景观特征或游览需求的不同而进行的空间划分。景区是仅次于风景区的一级空间层次，它有着相对独立的分区特征和明确的用地范围。景区包含有较多的景物、景点和景点群。它与旅游中景区的概念不同。旅游中的景区是对旅游区（点）或风景区（点）的一种泛称。

五、景观

景观包括下列含义：

1. 指具有审美特征的自然和人工的地表景色，意同风光、景色、风景；
2. 自然地理学中指一定区域内由地形、地貌、土壤、水体、植物和动物等所构成的综合体；
3. 景观生态学的概念，指由相互作用的拼块或生态系统组成，以相似的形式重复出现的一个空间异质性区域，是具有分类含义的自然综合体。

园林学科中所说的景观一般指第一种含义。
六、环境容量
指环境对游人的承载能力。一般可以分为三个层次：
1. 生态的环境容量：生态环境在保持自身平衡下允许调节的范围；
2. 心理的环境容量：合理的、游人感觉舒适的环境容量；
3. 安全的环境容量：极限的环境容量。

第四章 园林绿化常用植物

我国幅员辽阔,地形多变,气候复杂,园林植物资源十分丰富,被誉为"世界园林之母"。原产我国的乔灌木约 8000 种,在世界园林树种中占很大比例。

园林中如果没有植物就不能称为真正园林的。植物造景是世界园林发展的趋势,尤其观赏植物是其中最基本素材之一。观赏植物种类繁多,色彩形态各异,且随着一年四季的变化,同一种植物即使在同一地点也会表现出不同的景观色彩。由于植物是活的有机体,园林中的建筑、雕塑、溪瀑和山石等,均需有相应的园林植物与之相互衬托、呼应,才能充分体现出园林造景艺术,以增加其观赏价值。

下面将一些在园林绿化施工中常用的植物种类、品种及特性,按乔木、灌木、藤木、竹类、地被和草坪植物等分别加以介绍。

第一节 针叶树(裸子植物)

一、落叶针叶树

1. 银杏(白果树、公孙树)*Ginkgo biloba* L. 银杏科,银杏属(图 4-1)

[识别要点] 落叶乔木,高达 40m,树冠广卵形,树皮淡灰褐色,长块状开裂或不规则纵裂,一年生枝,径 3~5mm,淡褐黄色。叶扇形,先端常 2 裂,有长柄,在长枝上互生,短枝上簇生。雌雄异株,雄球花柔荑花序状,雌球花具长梗,胚珠 1 枚。种子核果状,具肉质外种皮,成熟时黄色。球花期 4~5 月,种子成熟期 9~10 月。

[栽培变种]
① 黄叶银杏 'Aurea' 叶鲜黄色。
② 塔状银杏 'Fastigiata' 大枝开张角度较小,树冠呈尖塔形。
③ 垂枝银杏 'Pendula' 小枝下垂。
④ 斑叶银杏 'Variegata' 叶有黄斑。

[分布与习性] 为我国特产,属活化石植物。浙江天目山有野生。现广泛栽培于广州以北,沈阳以南,西至云南、四川等省。喜光。耐旱怕涝。以深厚肥沃、湿润、排水良好的沙质壤土为佳。深根性,生长较慢,寿命极长。

[园林用途] 树姿挺拔雄伟,古朴有致,叶形奇特似扇。秋叶及外种皮金黄色。可孤植于草坪

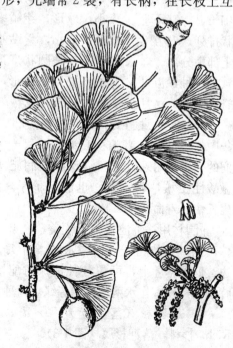

图 4-1 银杏

中；丛植或混植于槭类、黄栌、乌桕等秋色叶树种当中；列植于古刹寺庙、公园、广场、街道两侧作行道树；作为庭荫树，植于前庭、入口等处极为壮观、优美。银杏亦是树桩盆景的优良素材。

2. **金钱松** *Pseudolarix amabilis* Rehd. 松科，金钱松属（图4-2）

[识别要点] 高达50m，树冠宽塔形或阔圆锥形，树皮褐色，裂成鳞状块片。一年生长枝淡红褐色，无毛，有光泽；二年生枝淡黄色。叶扁线形，柔软，在长枝上互生，在短枝上簇生，呈辐射状平展。球果直立，种鳞互生，熟时脱落。花期4～5月，球果10～11月成熟。

[分布与习性] 为我国特产，分布于浙江、安徽南部、福建、江西、湖南、湖北等省区。各地广为栽培。喜光。喜温暖湿润气候和深厚肥沃、排水良好的酸性和中性土壤，不耐干旱瘠薄。深根性，抗风性强，抗雪压。

[园林用途] 金钱松树姿雄伟，秋叶变为金黄色，雅致悦目，为珍贵的观赏树，与雪松、日本金松、南洋杉、巨杉合称为世界五大公园树种。可孤植、对植、丛植，若与阔叶树混植，并衬以常绿的灌木，效果更好。

图4-2 金钱松

3. **池杉**（池柏）*Taxodium ascendens* Brongn 杉科，落羽杉属

[识别要点] 高达25m，树冠窄尖塔形，树皮褐色，纵裂成长条片脱落。当年生小枝细长，常略下垂。芽小，球形，芽鳞多片，覆瓦状排列。叶互生，锥形，细小，紧贴小枝上，仅上部稍分离。球果圆球形或长圆状球形，熟时褐黄色，种鳞互生；种子不规则三角形，边缘有锐脊。花期3～4月，球果10～11月成熟。

[分布与习性] 原产北美洲东南部。我国华东、华中、华南各地普遍引种栽培。喜光。喜温暖湿润的气候，耐寒性差。喜深厚湿润肥沃的酸性或微酸性土壤，耐水湿，也能耐干旱，抗风力强，生长快，寿命长。

[园林用途] 池杉树形优美，枝叶青翠，秋叶棕褐色，宜栽植于公园、水滨、桥头、河滩、湖边、低湿草坪上，可与各种常绿树配植或栽植作背景。特别宜作水网地区四旁绿化树种。

4. **落羽杉**（落羽松）*Taxodium distichum* Rich. 杉科，落羽杉属（图4-3）

[识别要点] 落叶乔木，原产地高达50m；树干

图4-3 落羽杉

基部常膨大，具膝状呼吸根；树皮赤褐色，裂成长条片。大枝近水平开展，侧生短枝排成二列。叶扁线形，互生，羽状排列，淡绿色，冬季与小枝俱落。球果圆球形，径约2.5cm，幼时紫色。

[分布与习性] 原产美国密西西比河两岸，多生于排水不良的沼泽地区。我国长江流域及其以南地区有栽培，生长良好。喜光，耐水湿，有一定耐寒能力；生长较快。

[园林用途] 树形美丽，秋叶变为红褐色，是南方平原、水边的优良绿化用材及观赏树种。

5. **水杉** *Metasequoia glyptostroboides* Hu et Cheng　杉科，水杉属（图4-4）

[识别要点] 高达35m，干基常膨大，树冠尖塔形或广圆形。小枝对生，平展。顶芽发达，侧芽单生，纺锤形，与枝条开展成直角，芽无柄，芽鳞12～16个，交互对生。叶扁线形，柔软，对生，羽状排列，冬季与小枝俱落。球果下垂，种鳞交互对生。花期2月，球果11月成熟。

[分布与习性] 为我国特产，属活化石植物。仅分布于四川、湖北、湖南三省交界地区。现我国各地广为引种栽培，北至辽宁、大连也已引种成功，生长良好。喜光。喜温暖湿润气候。在深厚、肥沃的酸性土上生长最好，喜湿又怕涝，浅根性，速生树种。对有毒气体抗性较弱。

[园林用途] 水杉树姿优美，叶色翠绿鲜明，秋叶棕褐色。最宜列植、丛植、片植、群植在公园绿地低洼处，或与池杉混植。在湖边等近水处点缀或草坪中散植，效果均好。为郊区、风景区四旁绿化的好树种，亦可作防护林。

图4-4　水杉

二、常绿针叶树

6. **苏铁**（铁树）*Cycas revoluta* Thunb. 苏铁科，苏铁属（图4-5）

[识别要点] 树干高达2～5m。羽状叶长0.5～1.2m，小叶约100对，线形，长15～20cm，宽3～5mm，硬革质，边缘显著反卷，背面有疏毛。雄球花序圆柱形，密被黄褐色绒毛；雌球花序扁球形，大孢子叶羽状裂，密被黄褐色毛；种子红色。

[分布与习性] 原产亚洲热带，华南有分布。喜温暖湿润气候及酸性土壤，不耐寒；生长甚慢，寿命长。是本属中栽培最普遍的一种。

[园林用途] 长江流域及北方各城市常盆栽观赏，温室越冬；暖地则可于庭园栽培。

7. **南洋杉** *Araucaria cunninghamii* Sweet　南

图4-5　苏铁

洋杉科,南洋杉属(图4-6)

[识别要点]常绿乔木,高达60~70m;大枝轮生,侧生小枝羽状排列并下垂。老树之叶卵形、三角状卵形或三角形;幼树之叶锥形,通常上下扁,上面无明显棱脊。球果大,果鳞木质,每果鳞仅有一粒种子。

[分布与习性]原产澳大利亚东南沿海地区。喜暖热气候,很不耐寒;生长较快。我国广州、厦门等地有栽培;长江流域及北方城市则于温室盆栽。

[园林用途]树姿优美,是世界著名庭园观赏树种之一。

8. 异叶南洋杉(诺和克南洋杉)*Araucaria heterophylla* Franco (*A. excelsa* R. Br.) 南洋杉科,南洋杉属(图4-6)

图4-6 南洋杉

[识别要点]常绿乔木,高达50m以上,树冠塔形;大枝轮生而平展,侧生小枝羽状密生而略下垂。叶锥形,4棱,通常两侧扁,螺旋状互生。

[分布与习性]原产大洋洲诺和克岛。喜暖热气候,很不耐寒。

[园林用途]树姿优美,其轮生的大枝形成层层叠翠的美丽树形。我国福州、厦门、广州等地有栽培,作庭园观赏树及行道树;长江流域及北方城市常于温室盆栽观赏。本种远比上种栽培普遍。

9. 辽东冷杉(杉松)*Abies holophylla* Maxim. 松科,冷杉属(图4-7)

[识别要点]树高达30m,小枝灰色,无毛。叶端尖,长2~4cm,排列紧密,枝条下面的叶向上伸展,叶内树脂道中生。球果苞鳞不露出,果鳞扇状椭圆形。

[分布与习性]产我国东北东南部,在长白山、牡丹江山区为主要森林树种之一;朝鲜、俄罗斯也有分布。喜凉润气候及肥沃、湿润的酸性土壤,阴性,耐寒,抗烟尘能力较差。北京园林绿地中有栽培,生长良好。

[园林用途]树形端庄优美,是良好的园林绿化及观赏树种。

10. 日本冷杉 *Abies firma* Sieb. et Zucc. 松科,冷杉属(图4-8)

[识别要点]常绿大乔木,高达50m。主干挺拔,枝条纵横,形成阔圆锥形树冠。树皮灰褐色,常龟裂;幼枝淡黄灰色,凹槽中密生细毛。叶线形,扁平,基部扭转呈两列,向上成V形,表面深绿色

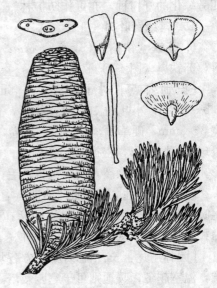

图4-7 辽东冷杉

而有光泽,先端钝,微凹或2裂,背面有两条灰白色气孔带。花期3~4月。球果筒状,直立,10月成熟,褐色,种鳞与种子一起脱落。

[分布与习性]原产日本。高山树种,耐阴性强,具有耐寒、抗风特性。喜凉爽湿润气候,适生于土层深厚肥沃、含沙质的酸性(pH5.5~6.5)灰化黄壤;栽植于丘陵、平原有林之处也能适应,惟生长不如山区快速。

[园林用途]树冠参差挺拔,适于公园、陵园、广场甬道之旁或建筑物附近成行配植。园林中在草坪、林缘及疏林空地中成群栽植,极为葱郁优美,如在其老树之下点缀山石和观叶灌木,则更收到形、色俱佳之景。

图4-8 日本冷杉

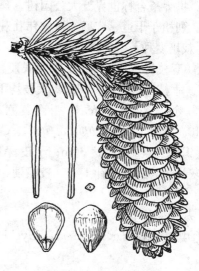

图4-9 红皮云杉

11. 红皮云杉 *Picea koraiensis* Nakai 松科,云杉属 (图4-9)

[识别要点]树高达30余米;小枝细,径2~4mm,淡红褐色至淡黄褐色,无白粉,基部宿存的芽鳞先端常反曲。针叶长1.2~2.2cm,先端尖。球果较小,长5~8cm,果鳞先端圆形,露出部分平滑,无明显纵槽,球果成熟前绿色。

[分布与习性]产我国东北山地,在小兴安岭和吉林山区习见;朝鲜、俄罗斯也有分布。喜空气湿度大、土壤肥厚而排水良好的环境,较耐阴,耐寒,也耐干旱;浅根性,侧根发达,生长较快。

[园林用途]是良好的用材和绿化树种,在东北一些城市已用于街道绿化及庭园观赏。北京有引种栽培,生长良好,是一种有发展前途的常绿针叶树种。

12. 雪松 *Cedrus deodara* G.Don 松科,雪松属 (图4-10)

[识别要点]常绿大乔木,高达50m。主干挺直,壮丽雄伟。树皮灰褐色,幼时光滑,老年裂成鳞片状剥落。大枝不规则轮生,平展;小枝微下垂,下部枝几近地面,

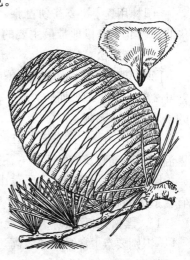

图4-10 雪松

形成塔形树冠。叶针状,蓝绿色,在长小枝上螺旋状散生,短小枝上则为簇生。雌雄异株,少有同株,雌雄球花均单生枝顶,雄球花近黄色,雌球花初紫红色,后转淡绿色,10~11月开放。球果椭圆状卵形,形大直立,翌年10月成熟。

[分布与习性]原产喜马拉雅山西部和我国西藏西南部。喜阳光充足、湿润凉爽、土层深厚而排水良好的环境,也能在粘重黄土和瘠薄干旱地生长。酸性土、微碱性土均能适应,但积水洼地或地下水位过高之处生长不良,甚至死亡。在华东平原长势较好,且能结实,经人工授粉,可获得具发芽力的种子。雪松为浅根性树种,易遭风倒。

[园林用途]雪松主干耸直,侧枝平展,姿态雄伟、优美,与金钱松、日本金松、南洋杉、世界爷合称世界五大公园树。孤植于花坛中央或丛植于草坪边缘和建筑物两侧最为适宜;列植于干道、广场亦极雄伟壮观。但不宜在接近烟源的地方栽植。

[栽培变种]
① 弯枝雪枝 'Robusta' 生长茂盛,枝条为弓状弯曲;叶密生,长5cm。
② 垂枝雪松 'Pendula' 大枝均下垂,树态似柏木状。
③ 金叶雪松 'Aurea' 叶金黄色。

13. **油松** *Pinus tabulaeformis* Carr. 松科,松属

[识别要点]树高达30m;干皮深灰褐色或褐灰色,鳞片状裂,老年树冠常成伞形;冬芽灰褐色。针叶2针1束,较粗硬,长6.5~15cm,树脂道边生。球果鳞背隆起,鳞脐有刺。

[栽培变种]
①黑皮油松 var. *mukdensis* Uyeki 树皮黑灰色。产河北承德以东至辽宁沈阳、鞍山等地。
②扫帚油松 var. *umbraculifera* Liou et Wang 小乔木,大枝斜上形成扫帚形树冠。产辽宁千山。

[分布与习性]产我国华北及西北地区,以陕西、山西为其分布中心;朝鲜也有分布。强阳性,耐寒,耐干旱、瘠薄土壤,在酸性、中性及钙质土上均能生长;深根性,生长速度中等,寿命可长达千年以上。

[园林用途]树姿苍劲古雅,枝叶繁茂,在华北的园林、风景区极为常见;同时也是华北、西北中海拔地带最主要的荒山造林树种。

14. **马尾松** *Pinus massoniana* Lamb. 松科,松属

[识别要点]树高可达40m;树皮下部灰褐色,上部红褐色,裂成不规则的厚块片。针叶2针1束,细长而软,长12~20cm,下垂或略下垂,针叶丛在枝上形似马尾。果鳞的鳞脐微凹,无刺。

[分布与习性]广布于长江流域及其以南各省区海拔600~800m以下地带。强阳性,喜温暖多雨气候及酸性土壤,耐瘠薄,忌水涝和盐碱;深根性,生长较快。

[园林用途]是产区重要荒山造林及绿化树种,惟目前马尾松林松毛虫危害严重,不宜营造大面积单纯林。

15. **黑松**(白芽松) *Pinus thunbergii* Parl. 松科,松属

[识别要点]常绿乔木,高达30m,胸径1m以上。树皮灰黑色,为不规则片状剥落。小枝橙黄色,冬芽银白色。叶2针1束,丛生短枝端,粗硬尖锐,深绿色。球果圆锥状卵

形，有短柄，栗褐色，翌年10月果熟。

[分布与习性] 日本原产，我国华东沿海一些城市有栽培。喜光，喜温暖湿润的海洋性气候，抗风，抗海雾力强。耐干旱瘠薄，除涝洼、重盐碱土、钙质土外，在海拔600m以下的荒山、荒地、河滩、海岸均能适应。根系发达，移植成活率高，常作为五针松、白皮松等砧木，幼苗期生长较慢，后渐加快，25年后逐渐趋向衰老。

[园林用途] 树冠葱郁，干枝苍劲，为海岸绿化树种之一。园林中常与其他树种混植作背景，在山坡林地及路边大片栽植，浓荫蔽日，倍觉清新。黑松与梅、兰、竹、菊、枫树混合搭配，十分得宜；或在山岩隙地配植数丛，因其姿态矫健，颇具山林野趣。

[栽培变种]

① 花叶黑松 'Aurea' 叶中部以下近基部有一段黄色。

② 一叶黑松 'Monophylla' 二针叶合而为一，外面一叶内向深凹，内嵌一叶，故实有二叶，不细辨难分。

③ 虎斑黑松 'Tigrina' 也称花叶松。针叶上有不规则的黄色，至秋后渐不显著。

16. **湿地松** *Pinus elliottii* Engelm. 松科，松属

[识别要点] 树高达25~35m，树干通直；树皮紫褐色，不规则块状开裂；冬芽灰褐色。针叶3针及2针1束，长15~25（30）cm，较粗硬，径约2mm，叶鞘宿存。果鳞鳞脐有短刺；种翅易脱落。

[分布与习性] 原产北美东南海岸。强阳性，喜温暖多雨气候，较耐水湿和盐土，不耐干旱，抗风力较强。

[园林用途] 我国长江流域至华南地区有引种栽培，生长较马尾松快，抗病虫力强，已成为我国南方速生优良用材树种之一，在华东一些城市也用于园林绿化。

17. **白皮松** *Pinus bungeana* Zucc. 松科，松属（图4-11）

[识别要点] 常绿乔木，高达30m，胸径1m。离地2~3m常分为数干。幼树树皮光滑，灰绿色，老则呈淡灰褐色，不规则鳞片状脱落，露出乳黄色内皮。叶3针1束，质硬，鲜绿色。4~5月开花，雄花生于新枝基部，雌花则生于先端。球果单生，卵圆形，淡黄褐色，翌年10月成熟。

[分布与习性] 喜光又好凉爽，习惯于中海拔酸性石山上生长，如在土层深厚、湿润肥沃的钙质土、黄土和半阴条件下生长尤为良好，且适应轻微盐碱土和石灰质土，能忍受-30℃严寒。华东平原能适应者多系嫁接苗育成，然畏炎热、忌水湿的习性仍很明显，故有偏阴趋向，在强阳光的干燥环境种植，生长缓慢，枝多屈曲分杈，常呈灌木状。

[园林用途] 碧叶白干，宛若银龙，老时姿态更美，是我国特有的名贵树种。古代仅供皇陵、寺院、宫苑栽植，江南庭园中偶有所见。白皮松

图4-11 白皮松

宜配植在门庭入口两侧，建筑物周围，若孤植、丛植于山坡丘陵、崖岩洞口、泉溪曲涧之旁，前点巧石，后衬修竹，尤为雅观。

18. **红松**（海松）*Pinus koraiensis* Sieb. et Zucc. 松科，松属（图4-12）

［识别要点］树高达40（50）m；树干灰褐色，纵裂，内皮红褐色；小枝灰褐色，密生黄褐色毛。针叶5针1束，较粗硬，长8～12cm，蓝绿色。球果大，长9～14cm，果鳞端常向外反卷；种子大，无翅。

［栽培变种］龙眼红松'Dragon's Eye'针叶有黄白色段斑。

［分布与习性］产我国东北长白山及小兴安岭，是东北林区主要森林树种之一；俄罗斯、朝鲜及日本也有分布。弱阳性，喜冷凉湿润气候，耐寒，在土壤肥厚、排水好、pH5.5～6.5的山坡地带生长最好。

［园林用途］材质优良，为东北林区最主要的用材树种；种子大，供食用。也可选作东北地区园林绿化树种。

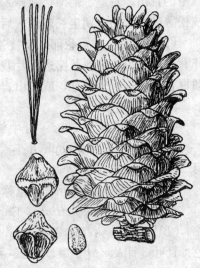

图4-12 红松

19. **华山松** *Pinus armandii* Franch. 松科，松属

［识别要点］树高达25～35m；小枝绿色或灰绿色，无毛。针叶5针1束，较细软，长8～15cm，灰绿色。球果圆锥状柱形，长10～20cm，最后下垂；种子无翅，为松属中最大的。

［分布与习性］产我国中部至西南部高山地区。喜温凉湿润气候及深厚而排水良好的土壤，在阴坡生长较好，不耐碱；浅根性，侧根发达。

［园林用途］材质较好，种子供食用或榨油。北京园林绿地中常有栽培，生长良好。

20. **日本五针松**（五针松）*Pinus parviflora* Sieb. et Zucc. 松科，松属

［识别要点］原产地树高达30余米，引入我国常呈灌木状小乔木，高2～5m；小枝有毛。针叶5针1束，细而短，长3～6（10）cm，因有明显的白色气孔线而呈蓝绿色，稍弯曲。种子较大，其种翅短于种子长。

［分布与习性］原产日本南部；我国长江流域各城市及青岛等地有栽培。能耐阴，忌湿畏热，不耐寒，生长慢。结实不正常，常用嫁接繁殖。

［园林用途］是珍贵的园林观赏树种，品种很多，特适作盆景及布置假山园材料。

21. **柳杉** *Cryptomeria fortunei* Hooibrenk 杉科，柳杉属

［识别要点］常绿大乔木，高达40m，胸径3m。树干耸直，小枝婉柔下垂，形成圆锥形树冠，殆老顶衰而呈圆形。树皮深褐色，纵裂。叶锥形，螺旋状着生，先端内曲，入冬转褐色，来春又返绿色。雌雄同株；3月

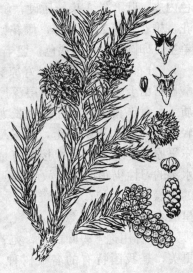

图4-13 日本柳杉

开花。球果近圆形，10～11月成熟，每一种鳞有2粒种子，微扁。

［分布与习性］喜光又好凉爽，在湿润多雾、富含腐殖质的山地黄壤生长快速而矫健。性较耐寒，在华东地区海拔1000m以下山区，无冻害现象，平原因受夏季酷热干旱影响，长势不盛，因而早衰。耐水性差，排水不良或长期积水之处，不宜栽植。

［园林用途］树姿挺秀，纤枝略垂。适于丛植、群植于草坪、林边、谷地、山溪；在花坛、回车岛中心可孤植或丛植，雄伟壮观；建筑物前、道路旁丛植或列植亦宜。

［同属树种］**日本柳杉** *C. japonica* D. Don 小枝粗短稠密，叶略短，先端不内曲，球果较大，苞鳞尖头稍长，每种鳞有种子3～5粒，可与柳杉区别，其适应平原环境似较柳杉为强。原产日本，我国有栽培。其园艺品种很多，较常见的有：

① 猿尾柳杉 'Araucarioides' 高23m，小枝细长而下垂，状如猿尾；叶极短，螺旋状密生。

② 矮丛柳杉 'Elegans' 幼年丛生似灌木状，小枝密生，大枝平展呈球形树冠，叶软弱，扁而具槽，疏生，多为镰刀形。

③ 短茸柳杉 'Lobbii' 分枝短而稠密，叶粗短，略向内弯，几与幼枝层叠，亮绿色。

④ 猴爪柳杉 'Torta' 叶螺旋状扭转，枝长，时粗时细而柔，宛如猴臂。

22. **侧柏** *Platycladus orientalis* Franco（*Biota orientalis* Endl.，*Thuja orientalis* L.）柏科，侧柏属（图4-14）

［识别要点］常绿乔木，高达20m；小枝片竖直排列。叶鳞片状，长1～3mm，先端微钝，对生，两面均为绿色。球果卵形，长1.5～2cm，褐色，果鳞木质而厚，先端反曲；种子无翅。

［栽培变种］

① 千头柏 'Sieboldii'（'Nanus'）灌木，无主干，树冠紧密，近球形；小枝片明显直立。

② 金枝千头柏 'Aureus Nanus' 灌木，树冠卵形，高约1.5m；嫩枝叶黄色。常植于庭园观赏。

③ 金塔侧柏 'Beverleyensis' 小乔木，树冠塔形；新叶金黄色，后渐变黄绿色。北京、南京、杭州等地园林绿地中有栽培。

［分布与习性］原产我国北部；现南北各地普遍栽培，庭园、寺庙、风景区尤为习见。喜光，耐干旱瘠薄和盐碱地，不耐水涝；能适应干冷气候，也能在暖湿气候条件下生长；浅根性，侧根发达；生长较慢，寿命长。

图4-14 侧柏

［园林用途］为喜钙树种，是长江以北、华北石灰岩山地的主要造林树种之一。耐修剪，在华北园林中常作绿篱材料。木材供建筑、桥梁、家具等用；叶、种子等供药用。

23. **日本扁柏**（扁柏，钝叶花柏）*Chamaecyparis obtuse* Endl. 柏科，扁柏属（图4-15）

［识别要点］乔木，原产地高达40m；树皮纵长裂，树冠尖塔形。鳞叶较厚，先端钝，

两侧之叶对生成 Y 形，且远较中间之叶为大。球果直径 0.8～1cm。

［栽培变种］

①云片柏'Breviramea' 高约 5m，树冠窄塔形。小枝片先端圆钝，片片平展如云。为园林绿地常见观赏树种。

②金边云片柏'Breviramea Aurea' 小枝片先端金黄色，其余特征同云片柏。

③凤尾柏'Filicoides' 灌木，小枝短，末端鳞叶枝短而扁平，排列密集，外形颇似凤尾蕨；鳞叶端钝，常有腺点。

［分布与习性］原产日本，生于高山。喜凉爽湿润气候及较湿润而排水良好的肥沃土壤，较耐阴；浅根性。

［园林用途］树姿优美，我国长江流域有栽培，多作庭园观赏树。

图 4-15 日本扁柏

图 4-16 日本花柏

24. **日本花柏** *Chamaecyparis pisifera* Endl. 柏科，侧柏属（图 4-16）

［识别要点］乔木，原产地高达 50m，树冠尖塔形；小枝片平展而略下垂。鳞叶先端尖锐，两侧之叶大于中间者不多，先端略开展；枝片背面叶白粉显著。球果较小，径约 6mm。

［栽培变种］

①线柏'Filifera' 灌木或小乔木；小枝细长而圆，下垂如线；鳞叶形小，端锐尖。各地庭园时见栽培观赏。

②绒柏'Squarrosa' 灌木或小乔木，枝密生；叶全为柔软的线形刺叶，长 6～8mm，背面有两条白色气孔带。我国各地时见栽培，供观赏。

③羽叶花柏（凤尾柏）'Plumosa' 树冠紧密；小枝羽状，近直立，先端向下卷。鳞叶刺状，但质软，长 3～4mm，表面绿色，背面粉白色。耐修剪，扦插易活。江南一些城市有栽培，供观赏。

［分布与习性］原产日本。中性，较耐阴，喜温暖湿润气候及深厚的沙壤土，耐寒性较差。

［园林用途］我国长江流域各城市有栽培，供庭园观赏。

25. 柏木 *Cupressus funebris* Endl. 柏木科，柏木属（图 4-17）

［识别要点］树高达 35m；小枝扁平，细长下垂，排成平面。鳞叶先端尖，偶有柔软线形刺叶。球果较小，径 1～1.2cm。

［分布与习性］产长江流域以南温暖多雨地区。喜光，稍耐阴，耐干旱瘠薄，稍耐水湿；喜钙质土，在中性、微酸性土上也能生长；浅根性，侧根发达，能生于岩缝中。

［园林用途］材质优良，是南方石灰岩山地造林用材树种。枝叶浓密，树姿优美，也常栽作园林绿化及观赏树种。

图 4-17　柏木

图 4-18　圆柏

26. 圆柏（桧柏）*Sabina chinensis* Antoine　柏科，圆柏属（图 4-18）

［识别要点］乔木，高达 20m；干皮条状纵裂，树冠圆锥形变广圆形。叶二型：成年树及老树鳞叶为主，鳞叶先端钝；幼树常为刺叶，长 0.6～1.2cm，上面微凹，有两条白色气孔带。果球形，径 6～8mm，褐色，被白粉，翌年成熟，不开裂。

［栽培变种］

① 龙柏 'Kaizuca'（'Torulosa'，'Spiralis'）　树体通常瘦峭，成圆柱形树冠；侧枝短而环抱主干，端梢扭转上升，如龙舞空。全为鳞叶，嫩时鲜黄绿色，老则变灰绿色。抗烟尘及多种有害气体能力较强。长江流域各大城市普遍栽作观赏树；有一定耐寒能力，北京可露地栽培。嫁接或扦插繁殖。

② 金叶桧 'Aurea'　直立灌木，宽塔形，高 3～5m；小枝具刺叶和鳞叶，刺叶中脉及叶缘黄绿色，嫩枝端的鳞叶金黄色。

③ 塔柏 'Pyramidalis'　树冠圆柱状塔形，枝密集；通常全为刺叶。华北和长江流域城市园林绿地中常见栽培观赏。

④ 鹿角柏 'Pfitzeriana'　丛生灌木，大枝自地面向上斜展，小枝端下垂；通常全为鳞叶，灰绿色。可能是种间杂交种，是裸子植物中罕见的多倍体。姿态优美，多于庭园栽培观赏。

⑤ 偃柏（真柏）var. *sargentii* Cheng et L. K. Fu　匍匐灌木；大枝匍地生，小枝上升成密丛状。幼树为刺叶，并常交互对生，长 3～6mm，鲜绿或蓝绿色；老树多为鳞叶，

蓝绿色。产我国东北张广才岭；俄罗斯、日本也有分布。耐寒性强。各地庭园常栽培观赏，尤其是制作盆景的好材料。

[分布与习性] 原产我国北部及中部，现各地广为栽培。喜光，幼树稍耐阴，耐寒，耐干旱瘠薄，也较耐湿，酸性、中性及钙质土上均能生长。

[园林用途] 是优良用材、园林绿化及观赏树种；耐修剪，易整形，华北地区常作绿篱材料。

27. 铺地柏(爬地柏，偃柏) *Sabina procumbens* Iwata et Kusata 柏科，圆柏属

[识别要点] 匍匐灌木，小枝端上升。全为刺叶，3 枚轮生，长 6～8mm，灰绿色，顶端有角质锐尖头，背面沿中脉有纵槽。球果具 2～3 种子。

[分布与习性] 原产日本。喜海滨气候，适应性强，不择土壤，但以阳光充足、土壤排水良好处生长最宜。

[园林用途] 我国各地园林绿地中常见栽培，是布置岩石园、制作盆景及覆盖地面和斜坡的好材料。

28. 沙地柏(叉子圆柏，新疆圆柏) *Sabina vulgalis* Ant. 柏科，圆柏属

[识别要点] 匍匐状灌木，通常高不及 1m。幼树常为刺叶，交叉对生，长 3～7mm，背面有长椭圆形或条状腺体；壮龄树几乎全为鳞叶，背面中部有腺体；叶揉碎后有不愉快的香味。球果倒三角形或叉状球形。

[分布与习性] 产南欧及中亚，我国西北及内蒙古有分布；常生于多石山坡及沙丘地。耐寒，耐干旱；扦插易活。

[园林用途] 西安、北京等地有引种栽培。可作水土保持、护坡、固沙及园林观赏树种。国外有许多栽培变种。

29. 刺柏 *Juniperus formosana* Hayata 柏科，刺柏属(图 4-19)

[识别要点] 小乔木，高 12m；树冠窄塔形。小枝柔软下垂。刺叶线形，长 1.2～2cm，先端锐尖，正面微凹，有 2 条白粉带。

[分布与习性] 广布于我国长江流域地区，南达两广北部及台湾。中性偏阴，喜温暖多雨气候及石灰质土壤。

[园林用途] 材质优良又极耐水湿，树形美观，是用材及观赏树种。北方偶见盆栽观赏。

30. 杜松 *Juniperus rigida* Sieb. et Zucc. 柏科，刺柏属(图 4-20)

[识别要点] 小乔木，高达 10m；幼时树冠窄塔形，后变圆锥形。刺叶针形，坚硬而长，正面有一条白粉带在深槽内，背面有明显纵脊。

[分布与习性] 产我国东北、华北、内蒙古及西北地区；朝鲜、日本也有分布。阳性，耐寒，耐干旱瘠薄，适应性强；生长较慢。

[园林用途] 树形优美，宜作园林绿化及观赏树，也可栽作盆景及绿篱材料。

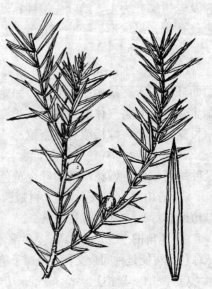

图 4-19 刺柏

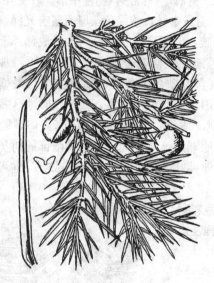

图 4-20 杜松

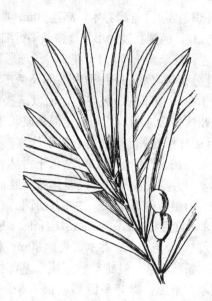

图 4-21 罗汉松

31. 罗汉松 *Podocarpus macrophyllus* Sweet 罗汉松科，罗汉松属（图 4-21）

［识别要点］常绿乔木，高达 20m。叶线状披针形，长 7～10cm，先端渐尖或钝尖，螺旋状互生，两面中肋显著突起，表面浓绿色，背面黄绿色，有时具白粉。5 月开花，雄球花穗状，常 3～5 簇生叶腋，雌球花单生叶腋，有梗。种子核果状，卵圆形，8～9 月成熟，深绿色，种托肉质肥大，紫红色，被白粉。

［变种及栽培变种］

① 小叶罗汉松 var. *maki* Endl. 枝短而直上，叶较小，长 4～7cm，先端较纯，密集小枝顶端，呈螺旋状着生。

② 短小叶罗汉松 'Densatus' 叶短小，长不足 3.5cm，密生。

［分布与习性］中性树种，幼苗耐阴。喜生于温暖湿润气候及肥沃的沙质壤土，沿海平原也能适应。耐寒性尚强，惟在特寒年份秋梢偶有冻害。

［园林用途］姿态秀丽葱郁，种托紫红，隐约于碧叶之间，幽雅可观。适于孤植在院落角隅作庭荫树；对植、列植于建筑物的厅前或门庭入口及路边，亦可丛植、群植草坪边缘和山石岩坡的树丛林缘作下木。用于假山、石矶之中为常绿背景树，其老干古枝与山石相映衬托，尤觉古雅得体。耐修剪，可作绿篱、绿墙。罗汉松及其栽培变种作树桩盆景，刚柔兼蓄，堪称逸品。对多种有毒气体抗性较强，也适于工厂绿化。

32. 竹柏 *Podocarpus nagi* Zoll. et Mor. 罗汉松科，罗汉松属（图 4-22）

图 4-22 竹柏

[识别要点]常绿乔木,高达20m,胸径80cm。树冠广椭圆形,树皮平滑。叶交互对生,排成二列,椭圆状披针形,具多条平行细脉,而无明显中脉,浓绿色,厚而富有光泽,背面黄绿色。雌雄异株;5月开花。种子球形,单生叶腋,紫黑色,有白粉,11月成熟。

[分布与习性]产我国东南部及两广、四川等地。性喜温暖湿润气候,耐阴,常生于海拔1000m以下的山坡谷地,而以疏松深厚、富含腐殖质的酸性沙质壤土生势最盛。引种杭州秋梢常冻坏,若与他树混植或栽于背风向阳之处,可免其害,应择较时地区栽培。

[园林用途]叶形如竹,树干修直,挺秀美观。适于建筑物南侧、门庭入口、园路两边配植。在公园绿地中,可丛植于树丛、林边、池畔及疏林草地之中,其浓郁的树丛与周围林木、芳草交相掩映,尤觉幽雅入胜;若与其他针叶、阔叶树种混交,或在门庭入口对景处、山崖石旁孤植一、二亦甚协调。

33. **红豆杉** *Taxus chinensis* (Pilg.) Rehd. 红豆杉科,红豆杉属(图4-23)

[识别要点]常绿乔木,高达30m,树皮灰褐或红褐色,条状剥落。叶螺旋状互生,基部扭转二列,叶质较厚、条形,微弯呈镰形,长1.5~3cm,先端急尖,叶缘微反曲,叶而深绿色,叶背淡黄绿色,有两条灰绿色气孔带,中脉上条生细小凸点。雌雄异株,雄球花单生叶腋,雌球花单生花轴上部侧生短轴顶端,基部有圆盘状或杯状红色假种皮。花期4~5月,种子第3年成熟。

[分布与习性]我国特产,分布于甘肃南部、湖北西部、陕西、四川、贵州及安徽南部地区。耐阴性强,浅根生长,生长慢,寿命长,喜富含有机质、湿润的中性土壤。

[园林用途]树冠椭圆形,宜孤植、列植和群作为园林行道观赏树,亦可修剪成球型和各种植物造型。

图4-23 红豆杉

[同属树种]

(1) **南方红豆杉**(美丽红豆杉) *T. mairei* S. Y. Hu et Liu 叶缘不反卷,叶背绿色边带较宽,中脉带凸点较大,呈片状分布。

(2) **矮紫杉**(枷罗木) *T. cuspidata* var. *nana* Rehd. 是东北红豆杉的变种。半球状密丛灌木,叶在侧枝上不规则近V形羽状排列。耐寒、耐阴、软枝扦插易成活。多作盆景材料。

第二节 落叶阔叶乔木

1. **玉兰**(白玉兰) *Magnolia denudata* Desr. 木兰科,木兰属(图4-24)

[识别要点]高达20m,树冠幼年圆锥形,渐成卵形或近球形,树皮深灰色。枝条上有托叶脱落后留下的环状托叶痕。顶生叶芽纺锤形,长7~13mm,侧芽小,芽鳞2片。单叶,互生,叶纸质,倒卵状矩圆形或倒卵形,先端宽圆,有突尖,基部楔形。花芽长卵形,长2~3.2cm,宽0.8~1.3cm。花两性,大,单生于枝顶,花被片9枚,白色,早春

于叶前开放。聚合蓇葖果，秋季成熟时开裂，红色的种子悬挂于果皮外。花期2~3月，果期8~9月。

〔分布与习性〕产我国浙江、江西、湖南、安徽。黄河以南各地及京、津一带均有栽培。喜光，略耐阴，喜肥沃湿润的酸性土壤。稍耐寒，较耐干旱，不耐水湿，低湿地易烂根。萌芽力强，对二氧化硫等有毒气体抗性较弱。

〔园林用途〕玉兰早春先叶开花，花大而洁白，花被片厚实而清香，为我国珍贵花木。宜植于厅前、院后，与西府海棠、牡丹、桂花配植，象征"玉堂富贵"，也可用深色针叶树作背景，前面用花期相近的花灌木配植，构成春光明媚的景色。

2. **二乔玉兰** *Magnolia* × *soulangeana* Soul.-Bod. 木兰科，木兰属

〔识别要点〕高6~10m，芽同玉兰。叶倒卵形或卵状长椭圆形，花两性，大，单生枝顶，花被片9枚，外面中部以下为淡紫红色，上半部白色，内部白色，芳香；叶前开花。

〔变种和栽培变种〕

① 大花二乔玉兰 'Lennei' 灌木，花外侧紫色或鲜红，内侧淡红色，比原种开花早。

② 美丽二乔玉兰 'Speciosa' 花瓣外面白色，但有紫色条纹，花形较小。

③ 塔形二乔玉兰 var. *niemetzii* Hort. 树冠柱状。

〔分布与习性〕是玉兰与紫玉兰的杂交种，我国南北各地广为栽培。喜光，耐寒、耐旱性均较玉兰和紫玉兰强；移植难。

〔园林用途〕同白玉兰。

3. **厚朴** *Magnolia officinalis* Rehd. et Wils. 木兰科，木兰属（图4-25）

〔识别要点〕树高20m，胸径54cm。小枝粗壮，幼时有绢状毛。叶大，常集生于枝端，倒卵状长圆形，长23~45cm，先端尖或圆钝，背面有毛和白粉。花白色，径10~15cm，芳香；4~5月开花。

其亚种**凹叶厚朴** ssp. *biloba* Law，叶端凹缺比较明显，在药用上也称厚朴。

〔分布与习性〕产我国中部及西部地区，分布于湖北、湖南、安徽、浙江、江西等地。厚朴分布范围比凹叶厚朴稍广，但它们的垂直分布都较高，一般生长于阳光足、云雾重、湿度大的地区。

〔园林用途〕厚朴花叶较大而美观，对有害气体抗性较强，可作庭园、厂矿区绿化树种。一般4月中

图4-24 玉兰

图4-25 厚朴

下旬开花,花期20多天。

4. 鹅掌楸(马褂木) *Liriodendron chinense* Sarg. 木兰科,鹅掌楸属(图4-26)

[识别要点]高40m,树冠阔圆锥形,树皮灰色,纵裂。托叶大,包被在幼芽上,脱落后留下环状托叶痕。顶芽发达,侧芽小,单生,托叶芽鳞2片,无柄。枝、叶光滑无毛。单叶,互生,叶先端截形,两侧各具1裂片,形如"马褂"。花两性,单生枝顶,花被片较大,黄绿色。聚合翅果,果翅在果实上端,先端钝。花期5月,果期9~10月。

[分布与习性]产我国长江流域以南地区。喜光,喜温暖、湿润气候,不耐干旱及水湿,在深厚、湿润、肥沃及排水良好的酸性或微酸性的土壤上生长迅速。

[园林用途]树干通直,树姿端正,叶形奇特,秋季叶色艳黄,十分美丽,花如金盏,古雅别致。是优良的行道树和庭荫树种,与常绿树种混植,能增添季相变化。

图4-26 鹅掌楸

[同属树种]**北美鹅掌楸** *Li tulipifera* L. 与上种的区别为:叶两侧各有1~2裂片,先端"V"形;花被片边缘橘黄色。原产北美,我国有栽培,用途同鹅掌楸。

5. 木瓜 *Chaenomeles sinensis* Koehne 蔷薇科,木瓜属(图4-27)

[识别要点]高达10m,树皮成不规则薄片状剥落,内皮橙黄色或黄褐色。顶芽缺,侧芽小,单生,半球形,芽鳞2片。单叶,互生,叶卵状椭圆形或卵圆形,叶缘有具腺点的细尖锯齿。花两性,单生叶腋,淡粉红色。梨果矩圆形,较大,成熟时黄色。花期4~5月,果期8~10月。

[分布与习性]我国华东、华中地区习见栽培。喜光而稍耐阴,喜排水良好的肥沃土壤,耐瘠薄,不宜在低洼积水处栽植。

[园林用途]木瓜树皮斑驳可爱,花果俱美,常植于庭园观赏。果鲜黄或深黄,有浓香,供室内陈设。

6. 海棠(海棠花) *Malus spectabilis* Borkh. 蔷薇科,苹果属(图4-28)

[识别要点]高可达8m,树形峭立。小枝红褐色,有顶芽,侧芽紧贴小枝,单生,芽鳞5~8片,覆瓦状排列。单叶,互生。叶椭圆形或矩圆状椭圆形,叶缘具紧贴细锯齿。花两性,排成伞形总状花序,花在蕾期红艳,开放后呈淡粉红色。梨果近球形,黄色。花期4~5月,果期8~9月。

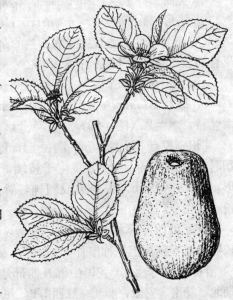

图4-27 木瓜

［栽培变种］

① 重瓣白海棠 'Albiplena' 花重瓣，白色。

② 重瓣粉海棠 'Riversii' 花重瓣，较大，粉红色。

［分布与习性］原产我国，久经栽培，华北、华东尤为常见。喜光，耐寒，耐干旱，忌水湿。

［园林用途］本种春天开花，美丽可爱，为我国的著名观赏花木，可在庭院、亭廊周围、草坪、林缘、池畔等处栽植。也可作盆栽及切花材料。

图 4-28 海棠

图 4-29 垂丝海棠

7. 垂丝海棠 *Malus halliana* Koehne 蔷薇科，苹果属（图 4-29）

［识别要点］高 5m，树冠开展疏散，小枝紫色或紫褐色。顶芽发达，卵形，紫红色；侧芽扁卵形，芽鳞 5～8 片。单叶，互生，叶卵形，椭圆形至椭圆状卵形，叶缘锯齿细钝，叶柄和中脉带紫红色。花两性，伞形总状花序，花梗紫红色，细长下垂，花为玫瑰红色，后渐呈粉红色。梨果小，倒卵形，略带紫色。花期 3～4 月，果期 9～10 月。

［变种及栽培变种］

① 重瓣垂丝海棠 'Parkmanii' 花红色，重瓣。

② 白花垂丝海棠 var. *spontanea* Koidz. 花较小，近白色，花柱 4，花梗较短。

［分布与习性］产我国华东、西南等省区，各地广泛栽培。喜温暖湿润气候，耐寒性不强。北方地区需要在良好的小气候条件才能露地栽培。

［园林用途］本种为著名的庭园花木，花繁色艳，朵朵下垂，可在草坪、林缘、坡地、窗前、墙边等处栽植。

8. 小果海棠（西府海棠）*Malus × micromalus* Mak. 蔷薇科，苹果属（图 4-30）

图 4-30 小果海棠

［识别要点］高 5m，枝直立性强，树冠紧抱，小枝暗紫色或紫红色。顶芽卵形，紫红褐色，无毛；侧芽扁卵形，芽鳞 4～8 片，顶部紫黑色，中下部黄褐色或红褐色。单叶，互生，叶椭圆形至长椭圆形，叶缘锯齿尖锐。花两性，伞形总状花序，花淡红色，初放时色浓如胭脂。梨果近球形，红色。花期 4～5 月，果期 9～10 月。

［分布与习性］产我国山东、云南、甘肃、陕西、山西、河北、辽宁南部，各地有栽培。喜光，耐寒，耐干旱，不耐水涝。

［园林用途］同垂丝海棠。

9. **梅** *Prunus mume* Sieb. et Zucc. 蔷薇科，李属（图 4-31）

［识别要点］高达 10m，枝条绿色，无毛。顶芽缺，侧芽 3 个并生或单生，并生时中间的叶芽较小，两侧的花芽较大。单叶，互生，叶宽卵形或卵形，先端渐长尖或尾尖，叶缘锯齿细尖，叶柄有腺体。花两性，单生，或 2 朵并生，白色，或淡粉红色，先叶开放。核果球形，熟时黄色或淡绿色。花期 12 月至次年 3 月，果期 5～6 月。

图 4-31 梅

［品种］梅花品种甚多，根据品种来源不同和枝、花的特征不同，梅花品种可分为 3 系 5 类 18 型。以下是北京林业大学陈俊愉教授 1998 年发表的中国梅统一分类新体系：

（1）真梅系：具有梅的典型枝、叶、花，散发典型的梅香。包括以下 3 类 15 型：

1）<u>直枝梅类</u> Upright Mei Group 为梅花的典型的品种。小枝直上斜展。不下垂，也不扭曲。

① 品字梅型 Pleiocarpa Form 心皮在 1 花有 3～7 枚，每花能结数果。

② 小细梅型 Microcarpa & Cryptopetala Form 花小至特小，白、黄或红色，径 7～22mm，单瓣偶无瓣；果小；叶也小。

③ 江梅型 Single Flowered Form 花呈碟形，单瓣，花萼非纯绿，花白色或粉红色，能正常结果。品种如'白梅'、'红梅'、'寒红梅'等。

④ 宫粉型 Pink Double Form 花呈碟或碗形，复瓣至重瓣，花萼红色，粉红色或深粉红色。品种如'宫粉'、'小桃红'、'宫粉台阁'等。

⑤ 玉碟型 Alboplena Form 花呈碟形，复瓣至重瓣，花萼红色，花瓣白色，花冠碟状。品种有'玉碟'、'扣子玉碟'、'素白台阁'等。

⑥ 黄香型 Flavescens Form 花较小而密，复瓣至重瓣，花萼红色，花蕾时蕾呈乳黄色，具红晕，盛开时，花瓣呈乳白色，花色微黄，别具一种芳香。品种如'单瓣黄香'梅、'复瓣黄香'梅等。

⑦ <u>绿萼型</u> Green Calyx Form 花碟形，花萼绿色，单瓣或复瓣，花瓣纯白色。小枝青绿无紫晕。品种如'绿萼'梅、'小绿萼'梅等。

⑧ 洒金型 Versicolor Form 花碟形，单瓣或复瓣，花萼绛紫色，花瓣白色或粉红

色，同一植株花异色，或不同枝条花色不同，或同一枝条不同花朵花色不同，或同一花朵，花瓣杂色。品种如：'单瓣跳枝'、'重瓣跳枝'、'洒金'梅等。

⑨ 朱砂型 Cinnabar Purple Form　小枝新生木质部呈淡紫金色，花碟形，单瓣、复瓣或重瓣，花萼绛红色，花呈紫红色，鲜红色或深粉红色。品种如'白须朱砂'、'红须朱砂'、'朱砂台阁'等。

2) 垂枝梅类 Pendulous Mei Group　枝条下垂，开花时花朵自然向下。

⑩ 粉花垂枝型 Pink Pendulous Form　花单瓣至重瓣，粉红，单色。

⑪ 五宝垂枝型 Versicolor Pendulous Form　花的特征同洒金型。

⑫ 残雪垂枝型 Albiflora Pendulous Form　花碟形，复瓣，白色。萼多为绛紫色，如'残雪'等品种。

⑬ 白碧垂枝型 Viridiflora Pendulous Form　花碟形，单瓣或复瓣，白色，萼绿色，如'双碧垂枝'等品种。

⑭ 骨红垂枝型 Atropurpurea Pendulous Form　花碟形，单瓣，深紫红色，萼绛紫色，本型中仅有'骨红垂枝'一个品种。

3) 龙游梅类 Tortuous Dragon Group　小枝自然扭曲，呈龙游状。花碟形，复瓣，白色。

⑮ 玉碟龙游型 White Tortuous Form　仅有'龙游'一个品种。

(2) 杏梅系：由山杏和梅杂交形成的品种，特征介于梅和杏之间。小枝一半红褐色，一半绿色或全为红褐色，枝叶花果，似梅而不典型，花不香或微香。仅一类。

4) 杏梅类 Apricot Mei Group　花呈杏花形，多为复瓣，水红色，瓣爪细长，花托肿大，几乎无香味。本类中有单瓣杏梅型、丰后型、送春型等品种。这些品种抗寒性均较强。

⑯ 单花杏梅型 Simplex Bungo Form　花单瓣，粉红色，鲜艳。如'单瓣'杏梅。

⑰ 春后型 Spring Over Form　花重瓣或半重瓣，粉红色。如'杏梅'。

(3) 樱李梅系：由梅和欧洲紫叶李杂交而成。枝叶似紫叶李，小枝红褐色，叶终年红色，花具长梗，重瓣，粉红色。耐寒性强，仅1类1型1品种。

5) 樱李梅类 Blireiana Group　特征同系。

⑱ 美人梅型 Meiren Mei Form　如'美人'等品种。

[分布与习性] 原产我国西南山区，黄河流域以南各地广为栽培。喜光，喜温暖湿润气候，对土壤要求不严，在排水良好的沙壤土上生长良好。不耐涝，不宜在风口处栽植，萌芽力强，耐修剪。寿命长。

[园林用途] 我国传统名花之一，树姿、花色、花态、花香俱佳，加之在隆冬春寒时节，先叶开花，花期又长，在园林中广为应用。在庭园、草坪、低山、"四旁"及风景区都可种植，孤植、丛植、群植均适宜，以梅花绕屋及与松、竹配植最佳。因梅花开花特早，故有梅、松、竹为"岁寒三友"的提法。如欲构成"岁寒三友"，应以梅为前景，松为背景，竹为客景。也可布置成专类园。梅树枝干苍劲，适作桩景。花枝可作插花材料。

10. **樱花** *Prunus serrulata* Lindl. 蔷薇科，李属（图 4-32）

[识别要点] 高 15～25m，树皮暗紫褐色，光滑而有光泽，具横纹。顶芽发达，侧芽单生，芽鳞 2～6 片，覆瓦状排列。单叶，互生，叶卵状椭圆形至长圆形、倒卵形，先端

尾尖，叶缘有带芒状的单锯齿或重锯齿，叶柄常有 3~4 个腺体，叶两面光滑无毛。花两性，3~4 朵集成伞形总状或伞房状花序，花梗长。花白色或淡红色。核果小，球形，熟时黑色，花期 4~5 月，果期 7~9 月。

[变种及栽培变种]

① 毛山樱花 var. *pubescens* Wils. 叶两面、叶柄、花梗及花萼或多或少有毛。

② 重瓣白樱花 'Albo-plena' 花白色，重瓣。

③ 重瓣红樱花 'Roseo-plena' 花粉红色，重瓣。

④ 瑰丽樱花 'Superba' 花甚大，淡红色，重瓣，有长梗。

⑤ 垂枝樱花 'Pendula' 枝条开展而下垂，花粉红色。

图 4-32 樱花

[分布与习性] 产我国长江流域，东北、华北等地。喜光，喜深厚肥沃而排水良好的土壤，不耐盐碱土。对烟尘和海潮风的抵抗力弱。根系较浅。

[园林用途] 樱花春日与叶同放，花较大，绿叶白花或红花，十分雅致，常于庭院或路旁栽植。

11. **日本樱花**(东京樱花) *Prunus × yedoensis* Matsum. 蔷薇科，李属（图 4-33）

[识别要点] 高可达 16m，树皮暗灰色，平滑。顶芽长 6~8mm，花芽着生于短枝，侧芽与枝开展成 30°角。叶与樱花相似，主要区别在于它的叶片下面沿叶脉被疏柔毛，叶柄密被柔毛。花两性，4~5 朵，伞形总状花序，先叶开放，白色至淡粉红色，核果小，球形，熟时紫褐色。花期 4 月，果期 8~9 月。

[分布与习性] 原产日本，我国引种栽培，以华北及长江流域为多。喜光，耐寒。

[园林用途] 著名观花树种，花期早，先叶开放，花时满株灿烂，甚为壮观。宜于山坡、庭园、建筑物前及路旁种植。并可以用常绿树作背景，对比鲜明。

[同属树种] **日本晚樱** *P. lannesiana* Carr. 叶缘有长芒状重锯齿，幼叶常古铜色。花粉红或近白色，通常重瓣；花期较晚，4 月中下旬。原产日本；我国各地园林常栽培观赏。

图 4-33 日本樱花

12. **桃** *Prunus persica* Batsh 蔷薇科，李属（图 4-34）

［识别要点］高达10m，树皮暗红色，小枝红褐色（向光面）或绿褐色（背光面），无毛。具顶芽，短枝上顶芽发达，侧芽3个并生或单生，芽鳞6～8片，被毛。单叶，互生，叶椭圆状披针形，叶缘有细锯齿，叶柄有腺体。花两性，单生，粉红色。核果近球形，淡黄色，有红晕。花期3～4月，果期6～7月。

［栽培变种］

① 碧桃'Duplex' 花重瓣，淡红色。
② 绯桃'Magnifica' 花重瓣，鲜红色。
③ 红花碧桃'Rubro-Plena' 花半重瓣，红色。
④ 绛桃'Camelliaeflora' 花半重瓣，深红色。
⑤ 千瓣红桃'Dianthiflora' 花半重瓣，淡红色。
⑥ 单瓣白桃'Alba' 花单瓣，白色。
⑦ 千瓣白桃'Albo-plena' 花半重瓣，白色。
⑧ 撒金碧桃'Versicolor' 花半重瓣，白色，有时一枝上的花兼有红色和白色，或白花上有红色条纹。
⑨ 紫叶桃'Atropurpurea' 叶紫色。
⑩ 垂枝碧桃'Pendula' 枝下垂。
⑪ 塔形碧桃'Pyramidalis' 树冠窄塔形或窄圆锥形。
⑫ 寿星桃'Densa' 树形矮，花重瓣，可供盆栽。

图 4-34 桃

［分布与习性］我国华北、华中、华东、西南等地区均有野生桃树。全国大部分地区都有栽培。喜光，适应性强，较耐旱，喜排水良好的沙质壤土，不耐水湿。浅根性，寿命短。

［园林用途］桃为我国早春主要观花树种之一，在园林绿地中应用广泛。如在庭园、山坡、池畔、墙边、假山旁、草坪、林缘等处均可栽植。孤植、丛植、列植、群植均适宜。可盆栽或作切花，还可布置成专类园。

13. **稠李** *Prunus padus* L. 蔷薇科，李属（图4-35）

［识别要点］高可达15m，小枝紫褐色。顶芽发达，侧芽单生，芽鳞4～8片，紧贴小枝。单叶互生，叶卵状长椭圆形至倒卵形，先端突渐尖，叶缘有细锐锯齿。花两性，排成下垂的总状花序，花小，白色，芳香，与叶同放。核果小球形，黑色，有光泽。花期4月，果期9月。

［分布与习性］我国东北、内蒙古、河北、河南、陕西、甘肃等地有分布。喜光中等，耐寒性较强，喜湿润土壤。

［园林用途］花序长而美丽，秋天叶变黄红色，果熟时亮黑色，是耐寒性较强的观赏树。适合庭园栽植。

14. **红叶李**（紫叶李）*Prunus cerasifera* Ehrh. 'Atropurpurea' 蔷薇科，李属（图4-36）

［识别要点］高8m，小枝光滑，紫红色。顶芽缺，侧芽2～3个并生或单生。叶片、花柄、花萼等都呈紫

图 4-35 稠李

红色。叶片卵形、倒卵形至椭圆形,叶缘具尖细重锯齿。花两性,单生,淡粉红色。核果球形,暗红色。花期4~5月,果期8~9月。

[分布与习性]原产亚洲西南部,现我国各地广为栽培。喜光,喜温暖湿润气候,不耐寒,对土壤要求不严,以肥沃、深厚、排水良好的中性、酸性土壤生长良好。

[园林用途]叶色鲜艳美丽,为重要的观叶树种,宜植于建筑物前、园路旁或草坪一隅。

图4-36 红叶李

图4-37 山皂荚

15. **山皂荚**(日本皂荚) *Gleditsia japonica* Miq. 苏木科,皂荚属(图4-37)

[识别要点]高达15m,树冠扁球形,树皮灰色,粗糙不开裂。枝、干上常有分枝刺,枝刺基部两侧扁。顶芽缺;侧芽叠生,芽鳞4~6片,无毛,与枝开展成约60°角。一回偶数羽状复叶(幼树和萌芽枝上常有二回羽状复叶),互生,小叶卵形或卵状椭圆形,有不明显细锯齿。雄花为总状花序,雌花为穗状花序。荚果棕褐色,长带状,扭曲。花期5~6月,果期10月。

[分布与习性]产我国山东、江苏、安徽、陕西、河北、辽宁等地。喜光,喜温暖湿润气候及深厚、肥沃、湿润土壤,在干旱瘠薄处生长不良,深根性,寿命长。

[园林用途]山皂荚树冠宽阔,叶密荫浓,可作四旁绿化树种和庭荫树。

16. **合欢**(夜合树) *Albizia julibrissin* Durazz. 含羞草科,合欢属(图4-38)

[识别要点]高达16m,树冠伞形,树皮灰绿褐色,平滑。一年生枝粗壮,多皮孔,无顶芽,侧芽小,

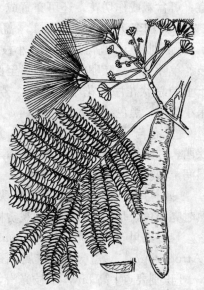

图4-38 合欢

单生或两个叠生，芽鳞 2 至数片。二回偶数羽状复叶，互生，羽片和小叶均对生，小叶镰状矩圆形，中脉明显偏于一边，全缘。花两性，头状花序呈伞房排列，花丝粉红色，细长如绒缨。荚果带状。花期 6~7 月，果期 9~10 月。

[分布与习性] 产我国华北至华南、西南各地。喜光，适应性强，耐干旱瘠薄，不耐水湿，生长较快。

[园林用途] 合欢树姿优美，叶形雅致，小叶昼展夜合，盛夏绒花满树，适宜作庭荫树、行道树，植于房前、坡地、林缘都较适合。

17. **刺槐**(洋槐) *Robinia pseudoacacia* L. 蝶形花科，刺槐属（图 4-39）

[识别要点] 高达 25m，树冠椭圆状倒卵形，树皮灰褐色，深纵裂，枝条上有托叶刺。顶芽缺，侧芽为柄下芽，隐藏于离层下。一回奇数羽状复叶，互生，小叶椭圆形至卵状矩圆形，先端钝或微凹，全缘。花两性，排成下垂的总状花序，花瓣白色，清香。荚果扁平。花期 5~6 月，果期 8~9 月。

[栽培变种]

① 无刺刺槐 'Inermis' 枝条硬挺，无刺或近无刺，树冠开阔，树形整齐。

② 红花刺槐 'Decaisneana' 花冠玫瑰红色。

[分布与习性] 原产北美。19 世纪末引入我国，现已遍布全国各地，尤以黄淮流域最为习见，多生于平原及低山丘陵。极喜光，喜较干燥而凉爽的气候，很耐寒，耐干旱瘠薄，对土壤要求不严，但不耐涝。浅根性，易风倒。生长迅速，萌蘖性强，寿命较短。抗烟尘力强。

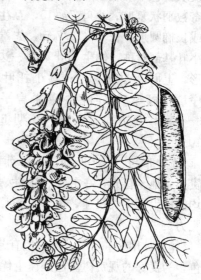

图 4-39 刺槐

[园林用途] 刺槐树冠高大，枝叶茂密，是四旁绿化、厂矿及居民区绿化的理想树种。也是良好的蜜源植物和荒山荒地绿化的先锋树种。

18. **槐树**(国槐、家槐) *Sophora japonica* L. 蝶形花科，槐树属（图 4-40）

[识别要点] 高 25m，树冠圆球形，树皮暗灰色，纵裂。小枝绿色，皮孔明显。顶芽缺，侧芽为柄下芽，极小，被褐色粗毛。一回奇数羽状复叶，互生，小叶卵圆形至卵状披针形，先端急尖，全缘。花两性，排成圆锥花序，花淡黄绿色。荚果，近圆筒形，种子之间常缢缩呈念珠状。花期 6~8 月，果期 9~10 月。

[栽培变种] 龙爪槐 'Pendula' 小枝长而屈曲下垂，树冠呈伞状。

[分布与习性] 我国南北各地普遍栽培，以黄河

图 4-40 槐树

流域和华北平原最为习见。喜光，喜干冷气候，喜深厚而排水良好的土壤。深根性，萌芽力强，耐修剪，耐烟尘，寿命很长。

[园林用途] 槐树枝叶茂密，树冠广阔而匀称，是良好的庭荫树和行道树，也是优良的蜜源植物。龙爪槐常在园林中植于出入口处、建筑物前、庭院及草坪边缘，作为装饰性树种观赏。

19. **翅荚香槐** *Cladrastis Platycarpa* Mak. 蝶形花科，香槐属（图 4-41）

[识别要点] 高可达 25m，胸径达 54cm。树皮灰白色不开裂，叶柄下裸芽，密被绒毛。互生奇数羽状复叶；小叶 7~15，互生、全缘，卵形或长椭圆形，长 4~10.7cm，先端渐钝尖，顶生小叶基部对称，侧生小叶基部一边楔形，一边圆形，上面沿中脉有毛；具小托叶。顶生圆锥花序；花冠蝶形，白色。荚果扁平，果皮薄，长 3~8cm，两边均有窄翅。花期 6~7 月，果期 10 月。

[分布与习性] 产浙江、江苏、广东、广西、贵州等地。喜光，在酸性、中性、石灰性土壤上均能适生。生长快速，根部具根瘤菌能提高土壤肥力。

[园林用途] 花序大，白色有芳香，秋叶鲜黄色，为良好的观赏树。也是速生优良用材树种。

图 4-41 翅荚香槐

20. **灯台树** *Cornus controversa* Hemsl. 山茱萸科，山茱萸属（图 4-42）

[识别要点] 高 15~20m，树冠整齐圆锥状，树皮暗褐色，老时纵裂。小枝紫红色，有光泽，皮孔明显。有顶芽，芽鳞 5~8 片，侧芽单生。单叶，互生，常集生枝顶，叶卵状椭圆形至广卵形，叶背疏生贴伏毛。花两性，复聚伞花序，顶生，花小，白色。核果球形，成熟时由紫红色变为紫黑色。花期 5~6 月，果期 9~10 月。

[分布与习性] 产我国东北南部至长江流域及西南各省。喜光，稍耐阴。适应性强，能耐寒，耐热和耐旱。不宜栽在迎风处，否则会枯枝。

[园林用途] 灯台树树形整齐，大侧枝呈层状生长，宛若灯台，花色洁白，素雅，果实鲜艳，可作庭荫树和行道树栽植，也可栽于庭院和草坪。

21. **蓝果树**（紫树） *Nyssa sinensis* Oliv. 蓝果树科，蓝果树属（图 4-43）

[识别要点] 高可达 20m，胸径 30cm 左右。

图 4-42 灯台树

树皮粗糙，薄片状脱落，幼枝紫绿色，有短柔毛，老枝褐色，有明显皮孔。单叶互生，纸质，全缘，椭圆形或卵状长椭圆形，长12～15cm，宽5～6cm，先端急尖或短渐尖，基部圆形或广楔形，上面深绿，下面淡绿，散生短柔毛，尤以中脉及侧脉上为多；叶柄长2～4cm。雌雄异株，雄花成伞房状花序，雄蕊5～10；雌花2～3朵生于花轴之顶端。核果长椭圆形，长12～15mm，熟时蓝黑色，内有1种子。花期4月，8～9月果熟。

〔分布与习性〕产我国长江以南地区。在浙江垂直分布于海拔1400m以下的山沟谷地的一些常绿落叶林内，为上层林冠；在安徽黄山、大别山、九华山，四川的峨眉山，广西的十万大山等处亦有天然分布。喜光，天然生长在山沟、山坡的向阳处。长势旺盛，耐寒性强，蓝果树根系发达，能穿入石缝中生长，根的萌生能力强。

图4-43 蓝果树

〔园林用途〕木材淡黄色，心边材无明显区别，年轮明显，纹理斜，交错，结构细匀，材质轻软适中。秋后叶变红色，也是供观赏的好树种。

22. **喜树**(旱莲) *Camptotheca acuminata* Decne. 蓝果树科，喜树属（图4-44）

〔识别要点〕高达30m，树冠广卵形。顶芽发达，芽鳞3～8片，鳞片先端尖；侧芽单生或两个叠生。单叶，互生，叶椭圆形至椭圆状卵形，全缘或微呈波状（幼树或萌蘖枝常有疏锯齿），叶柄带红色。花杂性同株，头状花序。坚果狭长，香蕉形，有棱状窄翅2～3条。花期5～7月，果期9～10月。

〔分布与习性〕产我国华东、华南及西南各地。喜光，稍耐阴。喜温暖湿润气候，不耐寒，不耐干旱瘠薄，稍耐水湿。在酸性、中性和弱碱性土壤上都能生长。对烟尘和二氧化硫等有毒气体抗性较弱。

〔园林用途〕喜树树干通直，树冠宽阔，叶荫浓郁，是良好的四旁绿化树种，也可作庭荫树和行道树。

图4-44 喜树

23. **珙桐**(鸽子树) *Davidia involucrata* Baill. 珙桐科，珙桐属（图4-45）

〔识别要点〕高20m，树冠圆锥形，树皮深灰褐色，呈不规则片状脱落。顶芽发达，侧芽单生，无柄，芽鳞5～6片。单叶，互生，宽卵形至近心形，先端突尖，基部心形，边缘有粗锯齿,下面密生绒毛。花杂性同株,头状花序顶生,基部有两枚白色叶状大苞片,卵状椭圆形。核果,椭球形,紫绿色,皮孔显著。花期4～5月,果期10月。

[分布与习性]产我国湖北西部、四川、贵州及云南北部。喜半阴,喜温凉湿润气候及深厚、肥沃、湿润而排水良好的酸性或中性土壤,不耐炎热和阳光曝晒。

[园林用途]珙桐树形端正,枝叶繁茂,开花时,白色的大苞片似鸽子展翅,蔚为奇观,为世界著名的珍稀观赏树种。宜植于庭院、宾馆及疗养院所作庭荫树,或配植于草坪或绿地,有象征和平之义。

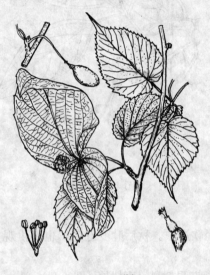

图 4-45 珙桐

图 4-46 枫香

24. **枫香** *Liquidambar formosana* Hance 金缕梅科,枫香属(图4-46)

[识别要点]高可达40m,树冠广卵形或略扁平。树皮灰色,浅纵裂,老时不规则深裂。顶芽发达,芽鳞4～18片,覆瓦状排列。单叶,互生,叶通常为掌状3裂,中裂片较长,先端尾尖,基部心形,边缘有细锯齿,叶柄长。花单性,雌雄同株,头状花序。聚花果球形,由木质蒴果组成。花期3～4月,果期10月。

[分布与习性]分布于我国秦岭、淮河以南各省区。喜光,喜温暖湿润气候及深厚湿润土壤,有一定耐干旱瘠薄能力。深根性,抗风力强。有较强的耐火性。对有毒气体抗性较强。

[园林用途]枫香树体高大,树干通直,树冠宽阔,气势雄伟,深秋时节,叶色红艳,是南方著名的秋色叶树种。适合营造风景林,也可栽作庭荫树,或在草地、池畔、山坡等地与其他树木混植。还可用于厂矿区绿化。

25. **悬铃木**(二球悬铃木) *Platanus × acerifolia* Wild. 悬铃木科,悬铃木属(图4-47)

[识别要点]高可达35m,树冠圆形或卵圆形;树皮光滑灰色,呈不规则薄片状剥落,斑痕乳白色。一年生枝条呈之字形曲折,具环状托叶痕。无顶芽,侧芽单生,柄下芽,芽鳞1片。枝叶被星状毛。单叶,互生,叶大,3～5掌状浅裂,基部心形或截形,边缘有粗缺刻状锯齿。花单性,雌雄同株,头状花序。聚花果常2个一串悬于总梗上。花期4～5月,果期9～10月。

[分布与习性] 该种为三球悬铃木（P. orientalis）和一球悬铃木（P. occidentalis）的杂交种，在英国育成，广植于世界各地。我国华东、华中、西南等地均有栽培（京、津一带有少量栽培），生长良好，已有百年历史。喜光，喜温暖湿润气候，在肥沃湿润且排水良好的土壤中生长迅速。对烟尘抗性极强。耐修剪，萌芽力强。

[园林用途] 悬铃木树形雄伟端正，叶大荫浓，树冠广阔，干皮光洁，特别适应城市环境，故世界各地广为应用，有"行道树之王"的美称。

26. 毛白杨 *Populus tomentosa* Carr. 杨柳科，杨属

[识别要点] 高达30～40m，大乔木，树冠卵圆形或卵形，树干通直，树皮幼时灰绿、灰白色，皮孔菱形，老时纵裂，呈暗灰色。枝有长枝和短枝，幼时有毛。顶芽较大，卵状圆锥形，芽鳞5～7片，侧芽三角状卵形，贴枝或与枝开展成30°角。单叶互生，长枝上的叶三角状卵形，叶缘具缺刻状锯齿，叶背有白色绒毛，渐脱落；叶柄扁平，先端常具2～4腺体。短枝上的叶卵形或三角状卵形，具深波状缺刻，幼时有毛，后全脱落；叶柄扁，常无腺体。花单性，雌雄异株，葇荑花序下垂。雄花序粗长，发叶前开花，开花时暗红色。花期3～4月，果期4～5月。

图4-47 悬铃木

[分布与习性] 为中国特产，主要分布于黄河流域。北至辽宁南部，南达江浙，西南至云南等地有栽培。喜光，要求凉爽和较湿润气候，喜生于湿润、深厚肥沃、排水良好的土壤。抗烟尘和抗污染能力强。

[园林用途] 毛白杨树干灰白、端直，树形高大广阔，具有雄伟的气势，在园林绿地中很适宜作行道树和庭荫树。

27. 响叶杨（山白杨）*Populus adenopoda* Maxim. 杨柳科，杨属（图4-48）

[识别要点] 高30多米，胸径60cm以上。树干耸直，树皮灰褐色，纵状深裂，树冠伞状。小枝棕色，当年新枝灰绿色，被柔毛。冬芽圆锥形，有黏质。叶卵形，先端渐尖，基部心形，边缘具钝锯齿，表面淡绿色，沿叶脉有柔毛，背面青白色，有白色绢状柔毛；叶柄长5～7cm，顶端有两个显著腺点。雌雄异株，雄花序长7～13cm。果序穗状，长10～25cm。蒴果椭圆形，锐尖，无毛。花期3月中旬，4月中旬果熟。

[分布与习性] 产长江及淮河流域。在浙江常生于海拔300～1000m向阳的山坡、山麓，呈散生

图4-48 响叶杨

状或与枫香、杉木等组成混交林。西天目山禅源寺一带有 300 年以上的古老大树，高达 38m，胸径 60cm。喜光，不耐蔽荫，对土壤要求不严格，黄壤、黄棕壤、沙壤土、冲积土、钙质土上均能生长。

［园林用途］是长江中下游重要造林树种。木材白色，心材微红，材质和强度都比一般杨树好，少心腐病，是目前用作黄杨木雕的重要用材。

28. 垂柳 Salix babylonica L. 杨柳科，柳属（图 4-49）

［识别要点］高达 18m，树冠倒广卵形，树皮深灰色，纵裂。小枝细长下垂，一年生枝条紫褐色或黄色，无顶芽，侧芽单生，芽鳞 1 片。单叶互生，叶窄披针形，先端长渐尖，叶缘有细锯齿。花单性，雌雄异株，葇荑花序直立。雄花序短，开花时黄色；雌花仅子房腹面具 1 腺体。花期 3～4 月，果期 4～5 月。

［分布与习性］主要分布于我国长江流域及其以南平原地区，华北、东北亦有栽培，是平原地区水边常见的栽培树种，喜光，喜温暖湿润气候及潮湿深厚的酸性或中性土壤。较耐寒，特耐水湿。萌芽力强，根系发达。生长迅速，寿命较短。对二氧化硫等有毒气体抗性较强。

图 4-49 垂柳

［园林用途］垂柳枝条细长，柔软下垂，随风飘舞，婀娜多姿，植于河岸及湖边池畔最为理想，枝条依依拂水，深情款款，自古就是我国重要的庭园观赏树。还可用作行道树、庭荫树、固堤护岸树。也是平原造林树种和厂矿区绿化的优良树种。

29. 旱柳（柳树）Salix matsudana Koidz. 杨柳科，柳属（图 4-50）

［识别要点］高达 20m，树冠卵圆形或倒卵形。树皮深灰色，纵裂。枝条直伸或斜展。无顶芽，侧芽单生，芽鳞 1 片。单叶互生，叶披针形或条状披针形，与垂柳极相似，其叶柄较垂柳短。花单性，雌雄异株，葇荑花序直立。雄花序稍短，开花时黄色；雌花子房背、腹面各具 1 腺体。花期 3～4 月，果期 4～5 月。

［栽培变种］

① 龙爪柳 'Tortuosa' 枝条扭曲向上，生长势较弱，树体较小，易衰老，寿命短。

② 馒头柳 'Umbraculifera' 分枝细，端稍整齐，树冠半圆形，状如馒头。

③ 绦柳 'Pendula' 枝条细长下垂，叶柄长。

［分布与习性］我国东北、华北、西北及长江流域各省有分布，黄河流域为其分布中心，是我国北方平原地区最常见的乡土树种之一。喜光，不耐庇荫；耐寒性极

图 4-50 旱柳

强；喜水湿，亦耐干旱。生长快，萌芽力强；根系发达，固土、抗风力强，不怕沙压。

［园林用途］是我国自古以来就常用的园林和城乡绿化树种。宜沿河湖岸边及低湿处、草地上栽植。可作行道树、防护林及沙荒地造林等用。其栽培变种树姿优美，在园林中栽培观赏其姿。垂柳和旱柳的果实成熟时开裂，种子极轻小，有白色絮毛，随风飘扬的时间较长，故在精密仪器厂、幼儿园及城市街道等地以种植雄株为好。

30. **板栗**(栗子) *Castanea mollissima* Bl. 壳斗科，栗属（图4-51）

［识别要点］高达20m，树冠扁球形，树皮灰褐色，交错深纵裂，一年生枝及芽鳞被毛，顶芽缺，侧芽具2~4片芽鳞。单叶，互生，排成二列状，叶椭圆形至椭圆状披针形，叶缘具尖芒状锯齿，叶背常有灰白色柔毛。花单性，雌雄同株。雄花排成葇荑花序，直立；雌花常着生于雄花序基部，2~3朵生于总苞内。总苞发育成壳斗，外密被针刺，成熟后开裂，内有2~3个坚果，俗称栗子。花期5~6月，果期9~10月。

［分布与习性］为我国特产。栽培历史悠久，几乎遍及全国，以华北和长江流域为中心产区。喜光，对土壤和气候的适应性均强，比较抗旱，耐寒，以土层深厚湿润、排水良好、富含有机质的沙壤或沙质土为最好。深根性，根系发达，耐修剪，萌芽性强，寿命长。

［园林用途］板栗树冠宽阔，枝茂叶大，在公园草坪及坡地种植均适宜。亦可作山区绿化造林和水土保持林树种。坚果为著名干果，是绿化结合生产的好树种。

图4-51 板栗

31. **麻栎** *Quercus acutissima* Carr. 壳斗科，栎属（图4-52）

［识别要点］高达30m，树冠广卵形，树皮交错深纵裂。小枝黄褐色，初有毛，后脱落。顶芽圆锥形，先端渐尖，芽鳞多数，5行排列。单叶，互生，长椭圆状披针形，边缘具尖芒状锯齿，侧脉整齐，直伸达齿端。花单性。雌雄同株。雄花排成葇荑花序，下垂，雌花单生于总苞内。壳斗杯状，包围坚果一半左右，坚果卵球形；苞片锥形，粗长刺状，反曲。花期4~5月，果期9~10月。

［分布与习性］我国北自东北南部、华北，南达两广，西至甘肃、四川、云南等省区均有分布。喜光，喜湿润气候，耐寒，耐旱，以湿润、肥沃、深厚、排水良好的中性至微酸性土壤生长最好。深根

图4-52 麻栎

性,萌芽力强。

[园林用途]树干通直高大,枝条开展,树冠雄伟,浓荫如盖,早春叶色嫩绿鹅黄,秋季转为橙褐色,季相变化明显,是优良的观赏树种,适宜与其他树种混交营造风景林,也是营造防风林、水源涵养林、防火林的优良树种。其木材坚硬,是我国阔叶树中的优良用材树种。

[同属树种]栓皮栎 Q. variabilis Bl. 与上种的区别为:树皮木栓层厚,叶下面密生灰白色绒毛。

32. **枫杨** Pterocarya stenoptera DC. 胡桃科,枫杨属(图4-53)

[识别要点]高达30m,幼树皮红褐色,平滑,老树皮灰色,深纵裂。小枝髓心片状分隔。冬芽裸露有柄,锈褐色。偶数羽状复叶,互生,叶轴有窄翅,小叶对生,10~28对,长圆形或长圆状披针形,具细锯齿。花单性,雌雄同株,葇荑花序。果序下垂,每个果上有2小苞片发育成的翅。花期4~5月,果期8~9月。

[分布与习性]广布于我国华北、华中、华南和西南各省,在长江流域和淮河流域最为常见。喜光,喜温暖湿润气候,也较耐寒;耐湿性强,但不宜长期积水。深根性,主根明显;侧根发达,萌芽力强。

[园林用途]枫杨树冠宽广,枝繁叶茂,生长快,适应性强,可用作行道树和庭荫树,也可用作水边固岸护堤及防风林树种。

33. **青钱柳**(摇钱树) Cyclocarya Paliurus Iljinsk. 胡桃科,青钱柳属(图4-54)

图4-53 枫杨

[识别要点]高25~30m。树皮灰色,深纵裂。幼枝有细绒毛。髓部薄片状,芽黄褐色。奇数羽状复叶,互生,小叶7~9,椭圆状卵形至矩圆状披针形,先端短渐尖,基部偏斜,边缘有细锯齿。花雌雄同株;雄葇荑花序长7~18cm,每2~4条集生在短总梗上;雌葇荑花序单独顶生。果序下垂,长20~25cm,果实有革质盘状翅,形如铜钱,直径2.5~6cm,顶端有4枚宿存花被和花柱。花期4~6月,9~10月果熟。

[分布与习性]产长江流域以南各省区。在浙江多散生于海拔400~1300m的山麓、溪谷两旁的天然杂木林中。喜光,深根性,在酸性、石灰质土壤上均能生长。

[园林用途]果形奇特,可植于园林绿地观赏。

34. **胡桃**(核桃) Juglans regia L. 胡桃科,胡桃属(图4-55)

[识别要点]高达25m,树冠广卵形至扁球形,树皮灰白色,老时深纵裂。小枝粗壮,髓心片状分隔。鳞芽,无柄,侧芽与枝开展成45°角。奇数羽状复叶,互生,小叶5~9,椭圆形或卵状椭圆形,全缘,幼树或萌芽枝上的叶有锯齿。花单性同株,雄花为葇荑花序,雌花1~3朵集生枝顶。果实核果状,大形,内果皮坚硬骨质,有皱纹及纵脊。花期4~5月,果期9~10月。

图 4-54 青钱柳

图 4-55 胡桃

[分布与习性] 原产阿富汗、伊朗及中国新疆一带，传说汉朝时张骞带入内地，已有 2000 多年栽培历史。我国广为栽培，以西北、华北为主产区。喜光，喜温暖凉爽气候，耐干冷，不耐湿热。喜深厚、肥沃、湿润而排水良好的微酸性至微碱性土壤。深根性，怕积水。

[园林用途] 胡桃树冠庞大雄伟，枝繁叶茂，绿荫覆地，树干灰白洁净，为良好的庭荫树。还可成片栽植于风景区、疗养院。胡桃的花、果、叶的挥发性气味具有杀菌、杀虫的保健功效。

35. **珊瑚朴** *Celtis julianae* Schneid. 榆科，朴属（图 4-56）

[识别要点] 落叶乔木，高达 25～30m。树皮灰色，平滑。小枝、叶背、叶柄均密被黄褐色绒毛。单叶互生，叶较宽大，广卵形、卵状椭圆形或倒卵状椭圆形，长 6～14cm，基部近圆形，锯齿钝。核果较大，果径 1～1.3cm，熟时橙红色，味甜可食，种子白色。花期 4～5 月，果熟 10 月。

[分布与习性] 分布长江中下游流域，主要产于浙江、湖北、贵州及安徽南部等地。喜光，稍耐阴，喜温暖湿润、肥沃土壤；在微酸性、中性及钙质土壤上均可生长。主干明显，树干通直，深根性，病虫害少，生长速度中等偏快，寿命稍长，对烟尘及有毒气体抗性较强。

[园林用途] 珊瑚朴树冠宽广，绿荫浓郁，春日满枝红褐色花序，状如珊瑚，入秋果红挂枝，颇为壮观。可孤植、丛植或列植。为优良的行道、

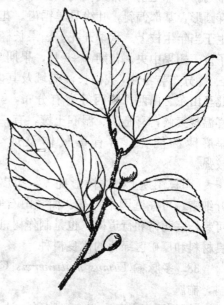

图 4-56 珊瑚朴

庭院和厂矿绿化树种，也是较好的防风、护堤树种，亦可作为盆景制作材料。树皮纤维可制绳索、造纸、人造棉原料等。

36. **榆树**（白榆、家榆）*Ulmus pumila* L. 榆科，榆属（图4-57）

[识别要点] 高达25m，树冠圆球形，树皮暗灰色，粗糙，纵裂。小枝灰色，细长，顶芽缺，侧芽单生，芽鳞5～7片，黑紫色。单叶互生，排成二列状，叶卵状长圆形，基部略偏斜，边缘具不规则单或重锯齿。花两性，簇生于去年生枝上，发叶前开花。翅果，近圆形，种子位于翅果中部。花期3月，果期4～5月。

[分布与习性] 我国东北、华北、西北及西南各省区有分布，以华北及淮北平原地区栽培尤为普遍。喜光，耐寒、耐旱，能适应干冷气候，喜肥沃、湿润而排水良好的土壤，不耐水湿，但能耐干旱瘠薄和盐碱土。生长较快，寿命长。萌芽力强，耐修剪。根系发达，保土力强。对有毒气体抗性较强。

[园林用途] 榆树树干通直，树形高大，绿荫较浓，可用作城乡绿化，栽作行道树、庭荫树，或作为防护林、水土保持林和盐碱地的造林树种。

图4-57 榆树

37. **榔榆**（小叶榆、秋榆）*Ulmus parvifolia* Jacq. 榆科，榆属（图4-58）

[识别要点] 高达25m，树冠扁球形或卵圆形，树皮灰褐色，裂成不规则薄片状剥落，内皮红褐色，较光滑。小枝纤细，顶芽缺，侧芽单生，芽鳞3～6片，二列互生，覆瓦状排列。单叶互生，排成二列状，叶较小而厚，长椭圆形，基部偏斜，叶缘具单锯齿。花两性，簇生于当年生枝上。秋季开花。翅果长椭圆形，种子位于翅果中央。花期8～9月，果期9～10月。

[分布与习性] 我国长江流域及其以南地区，北至山东、山西、陕西等省有分布。喜光中等，喜温暖气候，喜肥沃、湿润土壤，有一定的耐干旱瘠薄的能力。对有毒气体及烟尘的抗性较强。

[园林用途] 榔榆树形优美，树皮斑驳，枝叶细密，可在庭园中与亭、榭、山石等配植。还可栽作庭荫树和行道树，也是制作树桩盆景的优良材料和厂矿区绿化的优良树种。

38. **多脉榆** *Ulmus multinervis* Cheng 榆科，榆属

[识别要点] 高达20m，胸径可达70cm。树

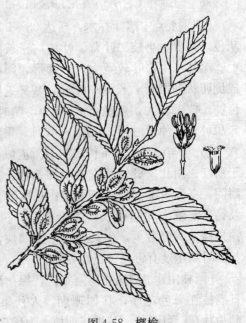

图4-58 榔榆

皮棕灰色，纵裂。小枝常具木栓，一年生枝密生黄锈色柔毛；二年生枝灰褐色，密生柔毛或近无毛。芽卵形，密生锈色柔毛。叶质较厚，矩圆状椭圆形至椭圆形，边缘常有重锯齿，长6～15cm，宽3～7cm，基部偏斜，其较长一边常靠叶柄，顶端渐尖，幼时上面疏生白色平伏毛，老时上面稍粗糙，下面密被白色柔毛；侧脉为26～30对，两面均明显；叶柄长3～10mm，被色柔毛。花多数簇生于去年枝的叶腋。翅果矩圆状倒卵形或椭圆状倒卵形，长2～3.3cm，仅中部及下半部中脉与顶端凹缺内缘疏生短毛，种子近凹缺。花期2月，4月果熟。

〔分布与习性〕我国湖北、湖南、贵州、广西、广东、福建、浙江等省区均有分布。在浙江一般散生在海拔500～1200m山谷、山坡下部及村边阔叶林中。喜光，喜深厚、肥沃、有机质含量较多土壤。根系发达，有粗壮的主根和侧根，抗风力强。

39. **榉树**（大叶榉）*Zelkova schneideriana* Hand.-Mazz. 榆科，榉属（图4-59）

〔识别要点〕高达30m，树冠倒卵状伞形，树皮深灰褐色，不裂，老时薄鳞片状剥落后仍光滑。小枝红褐色，密生灰色柔毛。顶芽缺，侧芽单生或2个并生，芽鳞4～8片，整齐4列，与枝开展成锐角。单叶互生，排成二列状，叶厚纸质，卵形至椭圆状披针形，先端尾状渐尖，边缘锯齿肥大，桃尖形，叶面粗糙，叶背密被毛。花杂性同株，雌花和两性花单生，雄花簇生。坚果，顶端偏斜。花期3～4月，果期10～11月。

〔分布与习性〕产我国淮河以南，长江中下游至华南、西南各省区。喜光，喜温暖气候及肥沃湿润土壤，在酸性、中性和石灰性土壤上均可生长。不耐水湿，也不耐干旱瘠薄。耐烟尘，抗病虫害的能力强，深根性，根系发达，抗风力强，寿命较长。

〔园林用途〕榉树枝条纤细，树形优美，绿荫浓密，秋叶变红褐色，是榆科中观赏价值最高的树种。江南园林中习见，常三、五株点缀于亭台、池边，同时也可作行道树栽植，宅旁和厂矿区绿化以及营造防风林都可选用。还是制作盆景的好材料。

图4-59 榉树

40. **构树** *Broussonetia papyrifera* Vent. 桑科，构属（图4-60）

〔识别要点〕高达16m，树皮平滑，浅灰色。幼枝密被丝状刚毛。顶芽缺，侧芽单生，芽鳞2～3片。单叶，互生或近对生，宽卵形或长椭圆状卵形，不裂或1～3裂，叶缘具粗锯齿，上面粗糙，被硬毛，下面密被柔毛。花单性，雌雄异株，雄花成菜黄花序，下垂；雌花成头状花序，球形，发育成圆球形的聚花果，秋季成熟，熟时橙红色。花期5月，果期9月。

〔分布与习性〕分布于我国黄河、长江及珠江流域。喜光，适应性强，耐干冷及湿热气候，既耐干旱瘠薄又能生长于水边，生长快，萌芽力强。对烟尘及二氧化硫等多种有毒气体抗性很强,少病虫害。

[园林用途]构树的外貌虽较粗犷,但枝叶茂密,抗性强,为城乡绿化的重要树种,尤其适合作厂矿区及荒山坡地绿化的树种。

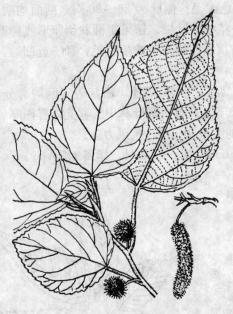

图 4-60 构树

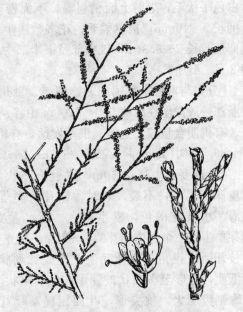

图 4-61 柽柳

41. 柽柳(三春柳)*Tamarix chinensis* Lour. 柽柳科,柽柳属(图 4-61)

[识别要点]高 5～7m,树冠圆球形,树皮红褐色。顶芽缺,侧芽单生或 2～3 个并生,芽鳞覆瓦状排列。小枝细长下垂,红褐色或淡棕色。单叶,互生,叶小,鳞片状,抱茎,先端渐尖。花两性,圆锥花序,多柔弱下垂,花小,粉红色或紫红色。蒴果。花期春、夏两季,果期 5～10 月。

[分布与习性]产我国华北、辽宁南部至长江流域各地,福建、两广及云南等地也有栽培。喜光,对气候适应性强,耐干旱,耐高温和低温,对土壤要求不严,能耐盐碱土,为盐碱地指示植物。深根性,抗风力强。萌蘖性强,耐修剪,耐沙埋。

[园林用途]柽柳干红枝柔,叶纤细如丝,花色美丽,花期长,适合配植在盐碱地的河边、湖畔、河滩,或作为林带的下木。

42. 梧桐(青桐)*Firmiana simplex* W. F. Wight. 梧桐科,梧桐属(图 4-62)

[识别要点]高 15～20m,树冠卵圆形,树干端直,树皮灰绿色,不裂。顶芽发达,远比侧芽大,密被锈褐色长茸毛;侧芽单生,被毛。小枝粗壮,翠绿色。单叶,互生,叶掌状3～5裂,裂片全缘,基部心形,叶背

图 4-62 梧桐

有星状毛。花单性同株,圆锥花序,顶生。蓇葖果,在成熟前开裂成舟形,种子棕黄色,大如豌豆,表面皱缩。花期6~7月,果期9~10月。

[分布与习性] 产于我国华东、华中、华南、西南及华北各地。喜光。喜温暖湿润气候,耐寒性不强。深根性,萌芽力弱,不耐涝,不耐修剪。生长快,寿命长。

[园林用途] 梧桐树干端直,干枝青翠,洁净可爱,枝叶繁茂,绿荫深浓,叶大形美,秋天转黄,果形奇特,为优美的庭荫树和行道树。宜与棕榈、竹、芭蕉等配植,点缀假山,格调古雅,具有我国民族风格。

43. 乌桕 *Sapium sebiferum* Roxb. 大戟科,乌桕属(图4-63)

[识别要点] 高达15m,树冠近球形,树皮暗灰色,浅纵裂。顶芽缺,侧芽单生,卵状正三角形,芽鳞2~3片,覆瓦状排列。小枝纤细,枝叶内有乳汁。单叶,互生,菱状卵形,先端尾尖,全缘。花单性,雌雄同序,圆锥状聚伞花序,顶生,花小,黄绿色,雄花在花序上部,雌花在花序基部。蒴果,3裂,露出具有白色蜡层的假种皮。花期5~7月,果期10~11月。

[分布与习性] 分布于我国秦岭、淮河以南。喜光,喜温暖湿润气候,耐水湿,稍耐干旱瘠薄,对土壤要求不严,能适应含盐量0.25%的土壤。

[园林用途] 乌桕树形整齐,叶形雅致,秋季叶色变红,为著名的秋色叶树。可在池畔、河边、庭园、草坪上孤植、散植,或混植于风景林中,还可列植于堤岸、路旁作护堤树、行道树。

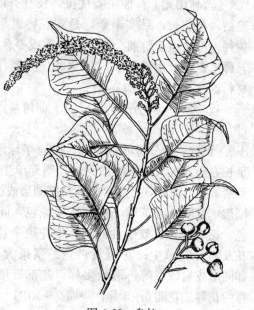

图4-63 乌桕

44. 石榴(安石榴) *Punica granatum* L. 石榴科,石榴属(图4-64)

[识别要点] 小乔木或灌木,高5~6m,树冠常不整齐。小枝有四棱,顶端常呈刺状,有短枝。无顶芽,侧芽单生,芽鳞2~4片,对生,与枝开展成90°角。单叶,对生,在短枝上簇生,倒卵状长椭圆形,全缘。花两性,1~5朵聚生,花瓣红色,有皱折。浆果近球形,深黄色。花期5~6月,果期9~10月。

[栽培变种]

① 白花石榴 'Albescens' 又称银榴,花近白色,单瓣。

② 千瓣白石榴 'Alba Plena' 花白色,重瓣。

③ 千瓣红石榴 'Plena' 花红色,重瓣。

④ 黄石榴 'Flavescens' 花黄色。

⑤ 玛瑙石榴 'Legrellei' 花大,重瓣,红色,有黄、白色条纹。

⑥ 月季石榴 'Nana' 植株矮小,枝条细密而上升,叶、花皆小,重瓣或单瓣,5~7月陆续开花,故又称"四季石榴"。

⑦ 墨石榴'Nigra' 枝细柔，叶狭小，花也小，多单瓣，果小，熟时果皮呈紫黑褐色。

[分布与习性]原产伊朗、阿富汗，我国除严寒地区都有栽培。喜光。喜温暖气候，有一定耐寒能力。对土壤要求不严，但喜肥沃、湿润、排水良好的石灰质土壤，较耐干旱和瘠薄，不耐水涝。对二氧化硫等有毒气体抗性较强。萌蘖力强，寿命较长。

[园林用途]石榴树姿优美，枝叶秀丽，花色艳丽，花期长，果实丰硕，是观花、观果的著名树种。可丛植于阶前、庭中、窗前或亭台、山石、长廊之侧。可用于厂矿区绿化和作为制作桩景的材料。

图 4-64 石榴

45. 柿 *Diospyros kaki* L. f. 柿树科，柿树属（图 4-65）

[识别要点]高可达 20m，树冠半球形，树皮呈长方形方块状开裂。顶芽缺，侧芽单生，无柄，芽鳞 2 片。单叶，互生，叶卵状椭圆形或倒卵状椭圆形，宽阔，近革质，叶面亮深绿色，叶背淡绿色。花单性异株或杂性同株，雄花聚伞花序，雌花及两性花单生；花冠黄白色。浆果大，肉质，卵圆形或扁球形等，形状多样，基部有增大而宿存的花萼。花期 5～6 月，果期 9～10 月。

[分布与习性]原产我国，全国各地广为栽培，以黄河至长江流域为主要栽培区。喜光，适宜温带气候，耐寒，对土壤要求不严，微酸性、微碱性和中性土壤均可栽培，耐干旱瘠薄，不耐水湿和盐碱。对二氧化硫等有毒气体抗性较强。根系发达，寿命长。

[园林用途]树冠广展如伞，叶大，浓绿而有光泽，秋叶色红，叶落果存，丹实似火，尤为醒目。可作庭荫树，也可在山区自然风景区配植，背衬常绿树，深秋季节，别有风趣。还适于厂矿绿化。

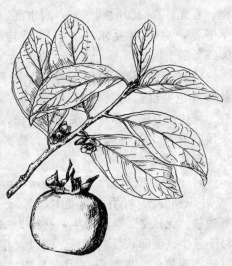

图 4-65 柿

46. 浙江柿(粉背柿) *Diospyros glaucifolia* Metc. 柿树科，柿树属

[识别要点]高达 22m，胸径可达 26cm。树干通直，树皮黑色呈片状剥落。小枝无毛。单叶互生，椭圆形到卵状椭圆形，先端长尖，基部圆形或楔形，长 11～17cm，宽 6.5～8.0cm，上面绿色，有稀疏直立白色毛，下面被灰白色蜡质毛层，并疏生直立白色毛；羽状脉，侧脉 7～8 对。雌雄异株或杂性同株；雄花为具 3 花的腋生聚伞花序，雌花单生叶腋；萼 4 裂，绿色；花冠深红色，壶形，顶部 4 裂，裂片外卷，长 1cm，径

0.5cm。浆果近球形，径约1.5cm，成熟时黄色，萼片宿存，先端尖。种子扁形，一边直线形，一边弧形，棕褐色。花期5～6月，10月果熟。

[分布与习性]产浙江，垂直分布于海拔1300m以下，散生在山谷、山坡及溪沟两旁的阔叶林内。喜光，生长快速，适生于阳光充足、空气湿度大、稳风、土层深厚、质地疏松、肥沃、湿润的山坡中下部和沟谷两侧的酸性土壤。

47. 臭椿 *Ailanthus altissima* Swingle 苦木科，臭椿属（图4-66）

[识别要点]高达30m，树冠宽卵形，树皮光滑，灰色。小枝粗壮，顶芽缺，侧芽半球形，芽鳞2～4片。一回奇数羽状复叶，互生，小叶卵状披针形，先端渐尖，基部有1～2对具腺体的锯齿，中上部全缘。花杂性异株，排成大型圆锥花序，顶生。翅果，熟时褐黄色或淡红褐色。花期5～6月，果期9～10月。

[分布与习性]我国黄河流域和长江流域各地有栽培。喜光，适应性强，耐干旱瘠薄，不耐水湿，有一定的耐寒能力。喜钙质土，能耐中度盐碱土，抗风防尘能力较强。

[园林用途]树干端直高大，树冠宽阔，叶大荫浓，秋季红果满树，是很好的行道树和庭荫树。

图4-66 臭椿

图4-67 楝树

48. 楝树（苦楝）*Melia azedarach* L. 楝科，楝属（图4-67）

[识别要点]高15～20m，树冠宽平顶形，树皮浅纵裂。小枝粗壮，皮孔多而明显。顶芽缺，侧芽近球形，芽鳞3片，镊合状排列。2～3回奇数羽状复叶，互生，小叶卵形至卵状长椭圆形，有钝锯齿。花两性，排成聚伞状圆锥花序，腋生；花小，淡紫色，有香味。核果近球形，熟时黄色。花期4～5月，果期10～11月。

[分布与习性]我国华东、华南、西南、华北南部各地均有分布。极喜光，喜温暖湿润气候，耐寒力不强，对土壤要求不严，在轻盐碱土上也能生长，较耐干旱瘠薄，不耐水湿。对有毒气体及烟尘抗性较强。

[园林用途]树形优美，枝叶舒展秀丽，花美丽，适作庭荫树和行道树。还适合用于厂矿区绿化。

49. 香椿 *Toona sinensis* Roem. 楝科，香椿属（图 4-68）

[识别要点] 高达 25m，树冠球形，树皮红褐色，窄条片状剥落。小枝粗壮，幼时被白粉。顶芽发达，侧芽小，芽鳞 4～6 片，覆瓦状排列。偶数羽状复叶，互生，小叶长椭圆形或宽披针形，全缘或不明显的钝锯齿。花两性，大型圆锥花序，顶生；花小，白色。蒴果长椭圆形，木质，5 裂。花期 5～6 月，果期 10～11 月。

[分布与习性] 产我国中部，现南自华南、西南、北至东北南部、华北各地均有栽培。喜光，喜温暖湿润气候，有一定的耐寒力，喜深厚、湿润、肥沃的沙质壤土。深根性，萌芽、萌蘖性均强。

[园林用途] 香椿树冠庞大，树干通直，可作庭荫树和行道树。

50. 栾树 *Koelreuteria paniculata* Laxm. 无患子科，栾树属（图 4-69）

图 4-68 香椿

[识别要点] 高达 15m，树冠近球形，树皮灰褐色，细纵裂。顶芽缺，侧芽单生，芽鳞 2 片，覆瓦状排列。奇数羽状复叶，互生，部分小叶深裂而成不完全的二回羽状复叶，小叶卵形或卵状披针形，边缘有不规则的粗锯齿。花杂性同株，大型圆锥花序，顶生；花金黄色。蒴果三角状卵形，成熟时橘红色或红褐色。花期 6～7 月，果期 9 月。

[分布与习性] 产我国华东、西南、东北、华北各地，以及陕西和甘肃南部。喜光，耐寒，耐干旱瘠薄，喜石灰性土壤，其他土壤上也能生长，耐轻度盐碱和短期积水。对烟尘和有毒气体有较强的抗性。

[园林用途] 树形端正，枝叶茂密而秀丽，春季嫩叶多为红色，秋季叶变黄色，夏季开花满树金黄，秋季果实红褐色，为理想的观赏树种。宜作庭荫树、行道树、风景林树种，也适于厂矿区绿化。

[同属树种] 复羽叶栾树 *K. bipinnata* Franch. 二回羽状复叶，小叶卵状椭圆形，缘有齿。花黄色，7～9 月开花。蒴果秋日红色美丽。产我国中南及西南地区。

51. 文冠果 *Xanthoceras sorbifolia* Bunge

图 4-69 栾树

无患子科，文冠果属（图4-70）

[识别要点]高达8m，树皮灰褐色，粗糙，纵裂。鳞芽，顶芽发达，侧芽单生，并紧贴枝条。奇数羽状复叶，互生，小叶对生或近对生，长椭圆形或披针形，边缘有锯齿，背面疏生星状毛。花杂性，圆锥花序；花白色，花瓣基部有黄红色斑晕。蒴果椭球形。花期4~5月，果期8~9月。

[分布与习性]产我国内蒙古、东北、华北一带北部地区及甘肃、河南等地。喜光，耐半阴，耐寒和干旱，不耐涝，对土壤要求不高，能在轻盐碱土上生长。深根性，萌蘖力强。

[园林用途]文冠果树姿秀丽，花序大，花朵密，春天白花满树，是较珍贵的观赏树。在园林中配植于草坪、路边、山坡、假山和建筑物前都很合适。

图4-70 文冠果

52. 南酸枣（酸枣）*Choerospondias axillaris* Burtt et Hill 漆树科，南酸枣属（图4-71）

[识别要点]高达30m，树冠广卵形，树皮暗红褐色，浅纵裂。顶芽缺，侧芽单生，芽鳞3片，基部2片对生。奇数羽状复叶，互生，小叶对生，卵状披针形或椭圆状披针形，先端近尾尖，基部不对称，叶下部脉腋有簇生毛。花杂性异株。核果成熟时黄色。花期4月，果期8~9月。

[分布与习性]产我国浙江南部、江西、湖北、湖南、四川、云南、贵州、广西、广东等地，为丘陵及平原习见树种。喜光，稍耐阴，喜温暖湿润气候，不耐寒，喜土层深厚、排水良好的酸性及中性土壤。浅根性，生长快，萌芽力强。

[园林用途]南酸枣树干端直，树冠庞大，是良好的庭荫树和行道树。

53. 黄连木（楷木）*Pistacia chinensis* Bunge 漆树科，黄连木属（图4-72）

[识别要点]高达30m，树冠近圆球形，树皮薄条片状剥落。顶芽发达，侧芽为近柄芽，芽鳞数片。偶数羽状复叶，互生，小叶披针形或卵状披针形，先端渐尖，基部不对称，揉碎后有辣萝卜气味。花单性，雌雄异株，圆锥花序。核果小，扁球形，红色或蓝色。花期

图4-71 南酸枣

3～4月，果期9～10月。

［分布与习性］我国北自黄河流域，南至两广及西南各省区均有分布。喜光，耐干旱瘠薄，对土壤要求不严。深根性，萌蘖性强，寿命长。

［园林用途］树冠圆浑，嫩叶淡红色，秋天落叶前变为深红色或橙黄色，为优良的色叶树种。宜作庭荫树、行道树和风景林，可孤植、丛植或与枫香、槭树等混植成红叶林。还可植于草坪、坡地，或与亭阁配置。

54. **鸡爪槭** *Acer palmatum* Thunb. 槭树科，槭树属（图4-73）

［识别要点］高7～8m，树冠伞形，树皮平滑，灰褐色。顶芽缺，侧芽具芽鳞1～2对，紫红色。单叶，对生，叶掌状5～9深裂，基部心形，裂片卵状长椭圆或披针形，先端锐尖，边缘具尖锐重锯齿。花杂性同株，花小，排成伞房花序，顶生，紫色。双翅果，果核小，隆起，两翅张开呈钝角。花期5月，果期9月。

图4-72 黄连木

［栽培变种］

① 红枫'Atropurpureum' 叶终年红色，掌状深裂，裂片较狭窄。

② 羽毛枫（细叶鸡爪槭）'Dissectum' 叶掌状深裂几乎达叶基部，裂片狭长，裂片又羽状细裂；树冠开展，枝略下垂。

③ 红羽毛枫（红细叶鸡爪槭）'Dissectum Ornatum' 株形、叶形与羽毛枫相同，惟叶终年红色。

［分布与习性］产我国浙江、福建、江西、湖南等省，山东、江苏等省均有栽培。喜光，也较耐阴，喜温暖、湿润环境，耐寒性较差，夏季在阳光直射和潮风影响的地方生长不良，要求肥沃、湿润、排水良好的土壤，不耐水涝，较耐干旱。

［园林用途］树姿婀娜，叶形秀丽。园艺品种多，叶色深浅不一，入秋变红，鲜艳夺目，为珍贵的观叶树种。宜植于庭院、草坪、建筑物前，可孤植、丛植、列植，或与假山、

图4-73 鸡爪槭

亭廊配植或点缀于山石间。

55. 三角枫 *Acer buergerianum* Miq. 槭树科，槭树属（图4-74）

[识别要点] 高5～20m，树冠卵形，树皮灰褐色，裂成薄条片状剥落。顶芽圆锥形，有四棱，芽鳞4～6对，侧芽与枝开展成锐角。单叶，对生，幼树及萌芽枝之叶3深裂，裂片边缘有钝锯齿；老树及短枝之叶3浅裂或不裂，裂片边缘全缘。花杂性同株。双翅果，果核甚隆起，两翅直立，近平行。花期4月，果期8～9月。

[分布与习性] 产我国长江流域各地，北自山东，南至湖南、广东各地有栽培。喜光，稍耐阴。喜温暖湿润气候和酸性、中性土壤，较耐水湿，具有一定的耐寒能力。耐修剪，萌芽力强，寿命长。

[园林用途] 三角枫枝叶浓密，夏季浓荫覆地，入秋叶色暗红、紫红色，可作庭荫树或行道树、护岸树，也可丛植、列植于湖岸、溪边、谷地、草坪上，或点缀于亭廊、山石间。老桩制作盆景，遒劲而古朴。

图4-74 三角枫

56. 元宝枫（华北五角枫） *Acer truncatum* Bunge 槭树科，槭树属（图4-75）

[识别要点] 高10～13m，树冠伞形或倒广卵形，树皮浅灰黄色，浅纵裂。顶芽卵形，芽鳞2～3对，侧芽单生，芽鳞棕色，紧贴枝干。单叶，对生，叶掌状5裂，裂片全缘，叶基部通常截形。花杂性同株。双翅果，果核扁平，两翅展开成钝角，翅较宽，等于或略长于果核。花期5月，果期9月。

[分布与习性] 主产我国黄河中、下游各省，东北南部、江苏北部和安徽南部等也有分布。稍耐阴。喜温凉气候及肥沃、湿润而排水良好的土壤，耐寒，耐干旱瘠薄，不耐涝。深根性，有抗风雪能力，能耐烟尘和有害气体。

[园林用途] 元宝枫冠大荫浓，姿态优美，叶形秀丽，秋叶橙黄色或红色，是北方重要的秋色叶树种。可用庭荫树和行道树。也可作堤岸、湖边、草坪及建筑物附近

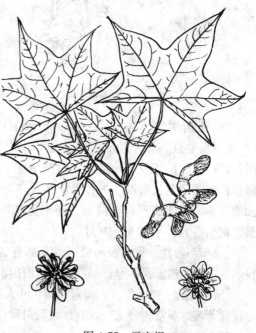

图4-75 元宝枫

配植。

57. 五角枫(色木、地锦槭) *Acer mono* Maxim. 槭树科,槭树属 (图 4-76)

[识别要点] 高达 20m,与元宝枫相似。主要区别在于,芽鳞紫色,叶基部心形,果翅长约为果核的 2 倍。

[分布与习性] 产我国东北、华北及长江流域各地,是我国槭树属中分布最广的一种。稍耐阴,喜温凉湿润的气候,对土壤要求不严,在酸性、中性及石灰性土壤上都能生长。深根性,很少病虫害。

[园林用途] 五角枫树形优美,叶形秀丽,秋叶黄色或红色,著名秋色叶树种。宜作山地及庭园绿化树种,与其他色叶树种或常绿树种混植,增加秋景色彩;还可作庭荫树和行道树。

图 4-76 五角枫

图 4-77 七叶树

58. 七叶树(娑罗树) *Aesculus chinensis* Bunge 七叶树科,七叶树属 (图 4-77)

[识别要点] 高达 20m,树冠庞大,圆球形,树皮灰褐色,片状剥落。小枝粗壮,栗褐色,光滑。顶芽发达,芽鳞 8 对或更多,交互对生。掌状复叶,对生,小叶 5~7,倒卵状长椭圆形至长椭圆状披针形,缘有细锯齿,小叶有柄。花杂性同株,顶生圆锥花序,长而直立,近圆柱形,花白色,蒴果近球形或倒卵形,黄褐色,粗糙,种子大,形如板栗。花期 5 月,果期 9~10 月。

[分布与习性] 我国黄河流域及东部各省有分布。较喜光,稍耐阴,喜温暖湿润气候,较耐寒,畏干热。喜深厚、湿润、肥沃而排水良好的土壤。深根性,萌芽力不强,寿命长。

[园林用途] 树干耸直,树冠开阔,叶大形美,花时硕大花序竖立于叶簇中,蔚为奇观,是世界著名的观赏树种之一。宜作庭荫树和行道树,可植于公园、庭园、机关、学校周围。

59. 白蜡树(白蜡) *Fraxinus chinensis* Roxb. 木犀科,白蜡属 (图 4-78)

[识别要点]高达15m，树冠卵圆形，树皮黄褐色。顶芽发达，常为混合芽，被棕黄色毛，侧芽较小，与枝成约30°角。奇数羽状复叶，对生，小叶5～7，椭圆形或椭圆状卵形，基部狭，不对称，缘有浅波状齿。花杂性或单性异株，圆锥花序，花小。翅果，倒披针形，翅在果顶伸长。花期3～5月，果期9～10月。

[分布与习性]我国北自东北中南部，南达两广，东至沿海，西至甘肃等地均有分布。喜光，稍耐阴，适宜温暖湿润气候，耐寒、耐旱，喜湿耐涝，对土壤要求不严。深根性，根系发达，萌芽、萌蘖性都强。生长快，耐修剪，寿命较长，抗烟尘和二氧化硫等有毒气体。

[园林用途]白蜡树树干端正挺秀，叶绿荫浓，秋叶橙黄色，可作庭荫树和行道树，还可用于湖岸绿化和厂矿绿化。

图4-78 白蜡树

60. **紫薇**(百日红、痒痒树) *Lagerstroemia indica* L. 千屈菜科，紫薇属（图4-79）

[识别要点]灌木或小乔木，高可达7m；老树皮呈长薄片状，脱落后内皮平滑细腻。无顶芽，侧芽单生，芽鳞2片，镊合状排列。小枝略呈四棱形，常有狭翅。单叶，对生或近互生，椭圆形或倒卵形。花两性，圆锥花序，顶生；花色丰富，有淡红色、紫色、白色或堇色等，花瓣皱波状。蒴果卵圆形或阔椭圆形。花期6～9月，果期9～10月。

[栽培变种]

① 银薇'Alba' 花白色或带淡紫色，叶色淡绿。
② 翠薇'Purpurea' 花紫堇色，叶色暗绿。
③ 红薇'Rubra' 花桃红色。

[分布与习性]产我国华东、华中、华南、西南各省区。喜光，稍耐阴，喜温暖湿润气候，有一定耐寒和耐旱能力，喜肥沃、湿润而排水良好的土壤，不耐水湿。生长较慢，寿命长，对烟尘和有毒气体抗性较强。

图4-79 紫薇

[园林用途]紫薇树姿优美，树皮光滑洁净，花色艳丽，花朵繁密，花期很长，又开在少花的夏秋季节，为园林常用树种。常植于建筑物前、院落内、池畔、河边、草坪旁及公园小径两旁，孤植、丛植、群植均适宜。还常用于建专类园，也是树桩盆景的好材料。

61. **泡桐**(白花泡桐) *Paulownia fortunei* Hemsl. 玄参科，泡桐属（图4-80）

[识别要点]高可达27m，树冠宽卵形或圆形，树皮灰褐色，平滑，老时纵裂。幼嫩部分均有毛。顶芽缺，侧芽小，芽鳞2～4片，交互对生。单叶，对生，长卵形至椭圆状

长卵形，全缘，稀浅裂，基部心形。花两性，聚伞状圆锥花序，顶生；花大，花冠漏斗状，乳白色或微带紫色。蒴果椭圆形。花期3~4月，果期9~10月。

[分布与习性]产我国长江流域及其以南地区。喜光，稍耐庇荫，喜温暖气候，耐寒性稍差，对土壤适应性强，肉质根，喜湿畏涝。能吸附烟尘，抗二氧化硫等有毒气体能力强。萌芽力和萌蘖力强。

[园林用途]主干通直，冠大荫浓，适于作庭荫树和行道树，还适于厂矿区绿化。

[同属树种]**紫花泡桐**（毛泡桐）*P. tomentosa* Stead. 幼枝密被黏腺毛。叶卵形，两面有毛，背面尤多。花鲜紫色。主产淮河流域至黄河流域。较耐寒，是北方城乡绿化的好树种。

图4-80 泡桐

62. **银鹊树**（瘿椒树）*Tapiscia sinensis* Oliv. 省沽油科，银鹊树属（图4-81）

[识别要点]落叶乔木，高达15~25m。树皮灰褐色、光滑，浅纵裂。奇数羽状复叶互生，连同叶柄长30~40cm；小叶5~9枚，薄纸质，对生，卵形或卵状披针形，长7~12cm，宽4~6cm，先端渐尖，基部心形或圆形，边缘具锯齿，上面无毛，叶背灰白色，有白粉，无毛或沿中脉有疏毛；侧脉每边6~8条，向上弯拱到近叶缘；叶柄红色。花小，黄色有芳香，雄花与两性花异株；腋生圆锥花序，雄花序由长穗状花序构成，各花丛生；两性花序粗短，花单生。核果卵形，长7~8mm，果熟时由黄红色变为紫黑色。花期5~6月，8月下旬至9月上旬果熟。

[分布与习性]产我国长江以南地区。浙江临安县西天目山、龙塘山、遂昌县九龙山的沟谷和山坡天然阔叶林中偶有散生。银鹊树喜光，幼树较耐阴。在气候温暖湿润地区富含腐殖质的酸性黄红壤上，生长较快。

[园林用途]是园林绿化最珍贵树种之一。

图4-81 银鹊树

63. **伯乐树**（钟萼木）*Bretschneidera sinensis* Hemsl. 伯乐树科，伯乐树属（图4-82）

[识别要点]落叶乔木，高可达20多米，胸径50cm以上。幼树树皮黑褐色或褐色，有灰褐色皮孔。大树树皮褐色，光滑，有块状灰白色斑点。奇数羽状复叶互生，小叶7~15，长8.5~20cm，宽2.8~10cm，对生，全缘，上面淡绿色无毛，背面灰绿色被短柔毛，叶形为椭圆形或倒卵形，先端渐尖，基部圆形，有时偏斜。顶生总状花序，花萼钟形，花瓣5，粉红色；雄蕊8；子房上位，3室，每室2胚珠。蒴果木质，红褐色桃形，长3~4.5cm，径2~3.2cm，成熟时3裂。内有种子1~6粒，种子椭圆形，外种皮金黄

色或橘黄色。花期5月，10月中下旬果熟。

[分布与习性] 我国云南东部、广东、广西、江西、贵州、福建、湖南、湖北、浙江和四川等省区均有分布。在浙江垂直分布在海拔500～1300m之间。阴性偏阳树种，幼年喜阴喜湿，中年以上喜光喜湿。对土壤肥力和水分条件要求较高。在天然林中，长在沟边、山谷等土壤肥沃、湿润的地方生长较快；而长在山岗、山顶的则生长不良。

[园林用途] 干形通直圆满，木材乳白色，出材率高，材质较好，纹理通直，结构细密，但松脆易断。花形美观大方，也是良好的四旁绿化树种。

64. **天目木姜子** *Litsea auriculata* Chien et Cheng 樟科，木姜子属（图4-83）

[识别要点] 高20～25m，胸径30～80cm。树干圆形，端直；树皮灰褐色，呈不规则块状剥落，干上留下不规则凹陷的淡黄色斑点。单叶互生，纸质，倒卵状椭圆形，长10～20cm，宽8～17cm，基部耳形，上面淡黄色，背面苍白色，两面脉上均被锈色毛。雌雄异株，先于发叶；伞形花序，具6～8朵黄色花。核果圆形或椭圆形，黑色，内有种子一粒；外果皮肥厚；果托盘状。5月开花，9月底10月初果熟。

[分布与习性] 分布于浙江西北部山区及天台山，安徽省南部与浙江毗连地区也有分布；分布垂直高度在海拔500～1500m。在西天目自然保护区内，有为数不少的古老大树，高达30余米，胸径80cm。喜光，幼年喜在蔽荫的环境下生长，以后随着树高的生长，对光的要求越来越强烈。喜温暖湿润气候，要求土层深厚、酸性的黄红壤及肥沃的冲积土。

图4-82 柏乐树

图4-83 天目木姜子

[园林用途] 材质致密，坚硬，抗压力强，是桥梁、房屋建筑、农具的优良用材。

65. **山桐子** *Idesia polycarpa* Maxim. 大风子科，山桐子属（图4-84）

[识别要点] 高达20m。树皮灰白色，不开裂，有显著褐色皮孔。老枝灰色，嫩枝绿色。单叶互生，宽卵形或卵状心形，顶端锐尖或短渐尖，基部心形，长8～25cm，宽5～20cm，边缘疏生锯齿；叶面深绿色，背面粉白色；掌状基出脉5～7，脉腋密生短柔毛。叶柄与叶等长，叶柄近基部及顶部有突起的红色腺体。圆锥花序下垂，长8～20cm；花黄色，单性或杂性。浆果球形或椭圆形，熟时红色或橘黄色。花期4～5月，10月果熟。

［变种］**毛叶山桐子** var. *vestita* Diels 嫩枝、叶背密被褐色短柔毛。

［分布与习性］我国湖南、陕西、甘肃、四川、安徽、江西、浙江、福建、云南等省区均有分布。在浙江山区，海拔 300～1200m 山坡、山谷两侧疏林或林缘有零星分布。喜光，不耐庇荫。喜深厚、潮润、肥沃疏松土壤，而在干燥和瘠薄山地生长不良。

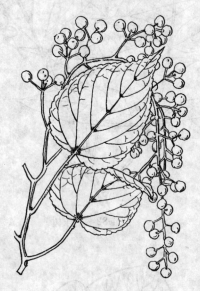

图 4-84 山桐子

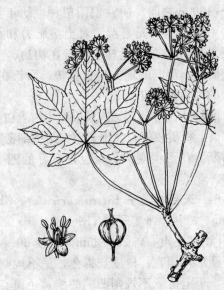

图 4-85 刺楸

66. 刺楸 *Kalopanax septemlobus* Koidz. 五加科，刺楸属（图 4-85）

［识别要点］高 15～20m，胸径 30～50cm。树皮灰白色，纵裂。幼树和小枝上密生皮刺。单叶互生，常集生枝顶；掌状 5～7 裂，边缘有细锯齿，上面无毛，下面幼时有短柔毛。复伞形花序集生枝顶，长 15～25cm；花白色或淡黄绿色。浆果近圆球形，直径约 0.4cm，有纵脊，先端有宿存的细长花柱，成熟时蓝黑色。花期 7～8 月，10 月中下旬果熟。

［分布与习性］我国东北南部至华南、西南各地均有分布。弱阳性树种，能耐侧方庇荫。浅根性，有萌蘖能力，天然更新能力强。

［园林用途］是良好的用材及城乡绿化树种。树皮、根皮及枝均可药用。

67. 香果树 *Emmenopterys henryi* Oliv. 茜草科，香果树属（图 4-86）

［识别要点］树干通直，高达 30m，胸径 60cm。树皮灰褐色，小枝淡黄褐色，光滑无毛。单叶对生，卵形或卵状椭圆形，长 10～18cm，宽 6～11cm，先端短尖，基部圆形或宽楔形，全缘，表面深绿色无毛，下面淡绿色，沿脉有细毛；叶柄长 3～5cm，粗大，红色。花白色，顶生复聚伞花序；花萼钟形，先端 5 裂，脱落性，有时其中

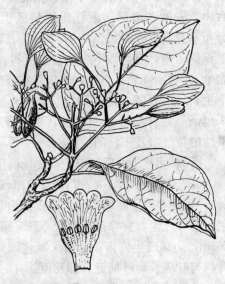

图 4-86 香果树

一片为叶状，白色，形大，长3～6cm，卵形或椭圆形，具长柄，花后宿存，变为粉红色；花冠漏斗状钟形，内外两面均有毛，长2cm，径2cm，先端5裂；雄蕊5，着生花冠筒的上部；子房下位，2室，柱头2裂。蒴果纺锤形，长3～5cm，熟时红色，种子多数，细小，有膜质翅。花期8月，11月果熟。

[分布与习性]产我国西南部及长江流域地区。在浙江多生于海拔400～1400m的山坡、山谷溪沟边的次生阔叶林内。阳性树种，幼树能耐庇荫。在土层深厚、土壤肥沃的酸性或微酸性土地生长最为良好，在土壤瘠薄、岩石裸露的砾石中及石灰岩石缝中亦能生长。

[园林用途]木材纹理通直，结构细致，材质轻韧，加工容易，刨面光滑，不翘不裂，色纹美观。为建筑、室内装饰、家具、工艺雕刻等良材。树形优美，可作庭荫树及观赏树。

68. 拟赤杨(赤杨叶) *Alniphyllum fortunei* Mak. 野茉莉科，拟赤杨属

[识别要点]高达25m，胸径可达50cm。树皮暗灰白色，其上多白色的块斑。幼枝黄褐色，初时有锈色绒毛。单叶互生，无托叶，叶椭圆形或椭圆状卵形，长7～15cm，宽4.5～8cm，尖端短渐尖或钝尖，基部圆形或楔形，边缘有疏细锯齿；侧脉约10对，两面疏生星状毛。花两性，白色带粉红，顶生总状或圆锥花序；花瓣5，基部合生；雄蕊10；子房半下位，5室，每室胚珠5～8。蒴果木质，窄椭圆状卵形，长10～18mm。种子小，两端有翅。花期5月份，10～11月果熟。

[分布与习性]产我国南部，在浙江垂直分布于海拔1200m以下山溪沟谷两侧和山坡的杂木林中。喜光，喜生于温暖避风处和湿润肥沃、排水良好的酸性黄红壤上。

69. 枳椇(拐枣、鸡爪梨) *Hovenia acerba* Lindl. 鼠李科，枳椇属（图4-87）

[识别要点]树高达10余米。树皮褐灰色，浅纵裂，不剥落；小枝红褐色，幼时被锈色细毛。冬芽卵圆形，芽鳞2，大而早落。单叶互生，厚纸质至纸质，宽卵形或椭圆状卵形，长8～17cm，宽6～12cm；顶端渐尖，基部圆楔形或近心形，边缘具细尖锯齿；上面无毛，下面沿脉或脉腋常被细毛；三出脉，通常淡红褐色；叶柄长2～5cm，具细腺点。聚伞花序顶生或腋生，二歧分枝；花两性，径约7mm，花瓣椭圆匙形，具短爪，黄绿色。核果近球形，径5～8mm，无毛，成熟时黄褐色或棕褐色；果梗肉质肥大，扭曲，径3～5mm，红褐色，成熟后味甜可口。种子扁圆形，暗褐色，有光泽。花期5～6月份，果期10～11月份。

[分布与习性]分布于我国长江和黄河流域以南地区，主产长江以南海拔2100m以下地区。浙江各地均有生长，一般人工栽植于宅旁、路旁。喜光，不耐庇荫，喜深厚、湿润、肥沃土壤，在干燥瘠薄土地上生长不良。

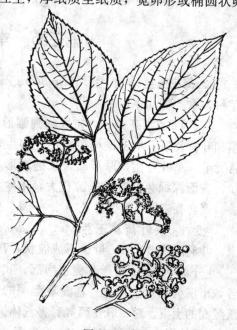

图4-87 枳椇

［园林用途］枳椇生长快，树形端正，繁殖容易，适宜在庭园、宅旁作经济林栽植或作四旁绿化树种。

70. **楸树** *Catalpa bungei* C. A. Mey. 紫葳科，梓树属（图 4-88）

［识别要点］高 10～20m，树冠狭长倒卵形，树皮灰褐色，浅纵裂。无顶芽，侧芽小，单生，扁凸透镜形。单叶对生或三叶轮生，叶三角状卵形，顶端尾尖，全缘，有时近基部略有尖齿，叶基三出脉，背面脉腋有紫色腺斑。花两性，圆锥花序顶生，花大，花冠白色，内有紫色斑点。蒴果细长，似豆荚状。花期 4～5 月，果期 9～10 月。

［分布与习性］产我国黄河流域和长江流域，华北和内蒙古南部也有栽培。喜光。喜温暖湿润气候，不耐严寒。喜深厚肥沃、湿润疏松的中性、微酸性和钙质壤土，不耐干旱和水湿。根系发达，根蘖力和萌芽力都很强。

［园林用途］楸树树姿挺拔，干直荫浓，花紫白相间，艳丽悦目，宜作庭荫树和行道树。也可配植于草坪中，与建筑物配植更能显示古朴、苍劲之树势，在假山石旁点缀一二，十分谐调。

图 4-88 楸树

［同属树种］**梓树** *C. ovata* G. Don 与上种的区别为：叶广卵形，近圆形，顶端急尖，基部心形或圆形。我国分布广，黄河中下游平原为中心产区。可作庭荫树、行道树。

第三节 常绿阔叶乔木

1. **荷花玉兰**（广玉兰）*Magnolia grandiflora* L. 木兰科，木兰属（图 4-89）

［识别要点］高 30m，树冠阔圆锥形。小枝、芽、叶柄和叶背及果实均密被褐色绒毛，实生苗幼树枝及叶背常无毛。单叶互生，厚革质，长椭圆形，叶缘反卷微波状，表面深绿色，有光泽。花大，单生枝端，白色，芳香。聚合蓇葖果长圆形。花期 5～6 月，果期 10 月。

［变种］狭叶荷花玉兰 var. *lanceolata* Ait. 枝冠稍窄，叶椭圆状披针形，叶缘不成波状，背面茸毛稀少。

［分布与习性］原产北美东南部。我国长江流域以南各城市广为栽培。喜光。喜温暖湿润的气候及深厚、肥沃湿润的土壤。对二氧化硫等有害气体抗性较强。

［园林用途］树姿雄伟，绿荫浓密，花似荷花，大而

图 4-89 荷花玉兰

芳香。宜孤植、丛植在草坪中、建筑物前、道路两侧或植为背景树。也是工矿区绿化的优良树种。

2. **白兰花**（白兰）*Michelia alba* DC. 木兰科，含笑属（图4-90）

［识别要点］高达17m，树冠倒卵形。新枝及芽有白色绢毛。单叶互生，薄革质，长椭圆形或椭圆状披针形，全缘。花单生叶腋，白色，极香。花期4～9月，盛花期夏季。

［分布与习性］原产印度尼西亚。我国福建南部、华南及云南广为栽培，长江流域及华北常温室盆栽。喜光，不耐阴。喜暖热多湿的气候及肥沃疏松的酸性土壤，不耐干旱和水涝。对二氧化硫、氯气等有害气体抗性差。

［园林用途］华南多作为庭荫树、行道树，广植于公园绿地、路旁、房前屋后或草坪内。是著名的香花树种，花朵供熏茶或作襟花佩带。

图4-90 白兰花

3. **乐昌含笑** *Michelia chapensis* Dandy 木兰科，含笑属（图4-91）

［识别要点］常绿乔木，高15～30m；小枝无毛，幼时节上有毛。叶薄革质，倒卵形至长圆状倒卵形，长5.6～16cm，先端短尾尖，基部楔形。花被片6，黄白色带绿色；花期3～4月。

［分布与习性］产湖南、江西、广东、广西、贵州。近年南京以南地区都有引种栽培。

［园林用途］树形壮丽，枝叶稠密，花黄白色带绿色，芳香，是优良绿化树种。在杭州等地广泛应用于园林绿化中。

图4-91 乐昌含笑

图4-92 醉香含笑

4. **醉香含笑**(火力楠) *Michelia macclurei* Dandy 木兰科，含笑属（图4-92）

[识别要点] 常绿乔木，高达20～30m；芽、幼枝、叶柄均被平伏短绒毛。叶倒卵状椭圆形，长7～14cm，先端短尖或渐尖，基部楔形，厚革质，背面被灰色或淡褐色细毛，侧脉10～15对，网脉细，蜂窝状；叶柄上无托叶痕。花白色，花被片9～12，芳香；3～4月开花。聚合果长3～7cm。

[分布与习性] 产我国两广及越南北部，多生于海拔500～600m以下山谷地带。喜温暖湿润气候及深厚的酸性土壤，生长较快，萌芽性强，有一定抗火能力。

[园林用途] 树形美观，花白色芳香而稠密，对氟化物气体的抗性特别强，是庭园和工矿区绿化的优良树种。

5. **深山含笑** *Michelia maudiae* Dunn 木兰科，含笑属（图4-93）

[识别要点] 常绿乔木，高达20m；全株无毛。叶长椭圆形，长7～18cm，革质而不硬，背面粉白色，网脉致密，结成细眼；托叶痕不延至叶柄。花白色，径10～12cm，花被片9，芳香如兰；2～3月开花。

[分布与习性] 产浙江南部、福建、湖南南部、广西、贵州等地山林中。是华南常绿阔叶林的常见树种。

[园林用途] 其树形高大，枝叶浓密，叶粉绿色，花白色，大而密，有香味，是优良的绿化树种。

6. **四川含笑** *Michelia szechuanica* Dandy 木兰科，含笑属

[识别要点] 乔木，高达28m；分枝角度较小，树冠椭球形。幼枝有红褐色柔毛。叶革质，狭倒卵形至倒卵形，长9～15cm，先端尾状短尖，基部楔形或广楔形，背面有红褐色柔毛。花被片9，淡黄色；花期4月。

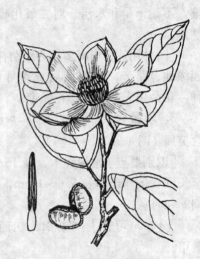

图4-93 深山含笑

[分布与习性] 产湖北、四川、贵州等地。喜山地酸性、肥沃土壤，在浙江杭州及富阳一带长势良好。

[园林用途] 树体壮伟，枝叶浓密，分枝角度较小；树冠椭圆形，叶黄绿色，花淡黄色，是庭园绿化的优良树种。

7. **樟树**(香樟) *Cinnamomum camphora* Presl. 樟科，樟属（图4-94）

[识别要点] 一般高20～30m，最高可达50m，树冠广卵形。单叶互生，薄革质，卵状椭圆形，全缘，背面微被白粉，离基三出脉，脉腋有腺体。圆锥花序腋生。浆果近球形，熟时紫黑色。花期4～5月，果期8～11月。

[分布与习性] 主产我国长江流域以南，尤以台湾、福建、江西、湖南栽培最多。喜光，喜温暖湿润

图4-94 樟树

的气候，以深厚、肥沃、湿润、微酸性黏质土壤生长最好。深根性，萌芽力强，寿命长。耐烟尘，对二氧化硫、臭氧抗性较强。

[园林用途] 根深叶茂，冠大荫浓。是优美的庭荫树、行道树、风景林、防护林树种。可植于溪边、池畔，孤植、丛植于草坪，片植、群植作背景树，也可用于工矿区绿化。

8. **银木** *Cinnamomum septentrionale* Hand.-Mazz. 樟科，樟属

[识别要点] 高达20余米。枝条稍粗壮，具棱，被白色绢毛。单叶互生，椭圆形或椭圆状倒披针形，长10～15cm，先端短尖，基部楔形，革质，上面被短柔毛，下面被白色绢毛，两面在放大镜下呈浅蜂巢状；羽状脉，两面凸起，侧脉每边约4条，弧曲上升，细脉网结状。圆锥花序腋生，长达15cm，多花密集，总轴和序轴均被绢毛；花长约2.5mm，无毛。浆果果托长5mm，先端增大成盘状。花期5月，果熟期11～12月。

[分布与习性] 原产四川西部海拔1000m以下山区，在四川盆地一带也颇为常见。浙江南部有引种。是较喜光树种，幼苗及幼树喜在适当庇荫的环境下生长，成林后则需要充足的阳光。

[园林用途] 在川西一带常栽作庭荫树及行道树。材质优良，为高级家具用材。

9. **紫楠**(紫金楠) *Phoebe sheareri* Gamble 樟科，楠木属（图4-95）

[识别要点] 高达20m，树冠呈伞形。小枝、芽、叶柄、叶背、花被密生黄褐色绒毛。单叶互生，革质，倒卵状椭圆形，全缘，叶脉下陷，背面网脉明显。圆锥花序聚伞状腋生。浆果卵形，种皮有黑斑。花期5～6月，果期10～11月。

[分布与习性] 产我国华东、华中、华南及西南，分布最北界南京。耐阴，在全光照下生长不良，喜温暖湿润气候及阴湿环境，喜深厚、肥沃的微酸性及中性土壤。深根性，萌芽性强，抗风、抗火。对二氧化硫抗性中等。

[园林用途] 树冠整齐，叶大荫浓。宜作庭荫树和风景林。可孤植、丛植草坪中，建筑物周围，列植于规则式广场。可作防风、防火隔离带。

图4-95 紫楠

图4-96 桢楠

10. **桢楠**(楠木、闽楠) *Phoebe zhennan* S. Lee et F. N. Wei 樟科，楠木属（图4-96）

[识别要点] 高达30余米，胸径达1m。枝条具有明显褐色皮孔，嫩枝青绿色，有毛。叶革质，窄椭圆形或倒卵状披针形，先端渐尖，基部楔形，全缘，长5~12cm，羽状脉，上面中、侧脉均下凹，背面主、侧脉均明显隆起，密被柔毛。圆锥花序腋生，花黄色。核果卵状椭圆形，黑色，长10~13mm，花被瓣宿存，包被核果基部。花期4月，果熟11~12月。

[分布与习性] 原产我国四川、湖南、福建、浙江、贵州等省区。耐阴，适生于气候温暖、湿润、土壤肥沃的地方，尤其适宜生长在山谷、山洼、阴坡下部和山沟溪边，在土层深厚疏松、排水良好的中性或微酸性沙质壤土、黄红壤上生长良好。

[园林用途] 树姿雄伟，枝叶茂密秀美，是优良的庭荫树及观赏树种。

11. **刨花楠** *Machilus pauhoi* Kaneh. 樟科，润楠属

[识别要点] 高达21m，胸径可达80cm，树皮青灰色。叶革质互生，近聚于枝端，全缘光滑，狭椭圆形或倒披针形，叶长13~18cm，先端渐尖或尾状渐尖，尖头稍钝，基部窄楔形，叶上面深绿色无毛，下面浅绿色，被伏贴小绢毛，嫩时密被灰黄色伏贴绢毛；羽状脉。花两性，细小、黄白色，为腋生圆锥花序。核果球形，径0.6~0.8cm，熟呈蓝黑色，果下有宿存反曲的花被裂片。花期4月，7月中下旬果熟。

[分布与习性] 产浙江南部、江西、福建、湖南、广东。一般散生在山坡和沟谷两旁的常绿阔叶林内。幼年喜阴耐湿，幼苗生长缓慢，中年喜光喜湿，生长迅速。适应性强，海拔800m以下的土层深厚的山地黄壤都适宜其生长，特别是疏松、湿润、肥沃、排水良好的山脚、山沟边生长更快。

[园林用途] 枝叶翠绿清秀，嫩叶粉红色或棕红色，树态雄伟，且无严重病虫害，是优良的庭园观赏、绿化树种。

12. **石楠** *Photinia serrulata* Lindl. 蔷薇科，石楠属（图4-97）

[识别要点] 高达12m，树冠卵形或圆球形。小枝无毛。单叶互生，革质，表面深绿，有光泽，倒卵状长椭圆形，叶缘具带腺的细锯齿。复伞房花序顶生，花白色。梨果球形，红色。花期4~5月，果期10~11月。

[分布与习性] 产我国华东、中南及西南地区。喜光，耐阴性较强。喜温暖湿润的气候。以排水良好的肥沃土壤最为适宜，耐干旱瘠薄，不耐水湿。萌芽力强，耐修剪。对二氧化硫、氯气抗性较强。

[园林用途] 枝叶浓密，树冠圆整，早春嫩叶鲜红，夏季叶绿光亮，秋实红果累累，鲜艳夺目，是重要的观叶、观果树种。适于孤植、丛植在园林绿地、庭园、路边、花坛中心，或对植于建筑物门庭两侧，作整形式配置。可作绿墙、绿屏或墓地绿化，也适于街道、厂矿

图4-97 石楠

绿化。

13. 枇杷 *Eriobotrya japonica* Lindl. 蔷薇科，枇杷属（图4-98）

[识别要点] 高可达12m，树冠圆形。小枝、叶背、叶柄均密被锈色茸毛。单叶互生，革质，倒卵状披针形，基部渐狭并全缘，中上部疏生粗锯齿，表面羽脉凹入。圆锥花序顶生，花白色，芳香。梨果近球形，橙黄色。花期10～12月，果期翌年5～6月。

[分布与习性] 产我国中西部，现南方各地普遍栽培。著名的水果。喜光、稍耐阴。喜温暖湿润的气候及深厚肥沃排水良好的中性和微碱性土壤。不耐寒，深根性。

[园林用途] 树冠圆整，叶大荫浓，冬日白花盛开，初夏果实金黄。园林中常配植在亭、堂、院落之隅，其间点缀山石、花卉，意境颇佳。丛植或群植在草坪边缘、湖边、池畔、山麓坡地、阳光充足处。若与其他观果树种组成树丛，宜以枇杷作基调树种，四季常青，景色倍增。

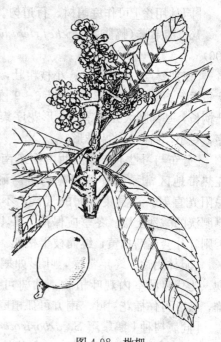

图4-98 枇杷

14. 银荆（鱼骨松）*Acacia dealbata* Link 含羞草科，金合欢属

[识别要点] 高达10余米，胸径20余厘米。树皮灰绿色或暗灰色。2回羽状复叶，羽片8～16对，总轴上每对羽片间有一枚腺体，排列较规则；小叶线形，被灰白色短柔毛，长2～5mm，宽不到1mm。花黄色，有香味，由头状花序组成腋生总状花序，头状花序是由20～30朵小花集生而成，盛开时径约0.9cm。荚果，淡紫色，长约3～8cm。花期2～4月，5月下旬果熟。

[分布与习性] 原产澳大利亚，现为南非、印度、日本等国家广泛种植。我国台湾、四川、云南、江西、浙江南部有引种。强阳性树种，浅根性，主根不发达，侧根水平伸展，抗风力弱。对土壤适应性强，在砾质壤土、轻黏土、红黄壤、灰棕壤和一般荒山荒地都能生长，但最适宜于在土质疏松、土层深厚的堆积土或沙壤土上生长。在低洼地、水渍地上种植易死亡。

15. 红豆树（鄂西红豆树）*Ormosia hosiei* Hemsl. et Wils. 蝶形花科，红豆树属（图4-99）

[识别要点] 高达20～30m。小枝暗绿色，幼时微有毛。奇数羽状复叶互生，小叶5～7(9)。圆锥花序顶生或腋生，密被黄棕色毛；花白色或淡红色。荚果木质，近扁圆形；种子1～2粒，鲜红色。花期4月，果期10月。

图4-99 红豆树

［分布与习性］产我国浙江、福建、湖北、四川、陕西；安徽南部、江苏南部有栽培。喜光。喜温暖湿润气候。萌芽性强，寿命长。

［园林用途］可作庭荫树、行道树。种子红色美丽，可作装饰品。

16. 鹅掌柴（鸭脚木）*Schefflera heptaphylla* D. G. Frodin 五加科，鹅掌柴属（图4-100）

［识别要点］高达15m；小枝粗壮，幼时密被星状短柔毛。掌状复叶互生，小叶6～9枚，全缘，总叶柄长，基部膨大并抱茎。伞形花序集成大圆锥花序，花小，白色。浆果球形。

［分布与习性］产我国西南至东南部，是热带亚热带地区常绿阔叶林习见树种。耐半阴环境，忌阳光直射。喜温暖湿润的气候，不耐寒。喜深厚肥沃的酸性土壤。冬季应保持10℃以上的温度，否则叶片会逐渐枯黄，继而枝干枯死。

［园林用途］终年常绿，叶形如鹅掌，稀奇美观。为优良的室内观叶植物。幼树可盆栽室内装饰，枝叶可作插花衬叶。南方可孤植庭院。

［同属树种］鹅掌藤 *S. arboricola* Merr. 蔓性灌木，能爬墙和树。小叶7～9。栽培较普遍，并有花叶等栽培变种。

图4-100 鹅掌柴

17. 蚊母树 *Distylium racemosum* Sieb. et Zucc. 金缕梅科，蚊母树属（图4-101）

［识别要点］高可达25m，栽培后常为灌木状，树冠呈球形。小枝及裸芽有垢鳞。单叶互生，革质有光泽，全缘，先端钝，叶脉不明显，背面侧脉略隆起。短总状花序腋生；无花瓣，但红色花药十分醒目。蒴果顶端有两个宿存花柱。花期4～5月，果期8～9月。

［栽培变种］斑叶蚊母树'Variegatum' 叶较宽，具白色或黄色条斑。

［分布与习性］产我国台湾、海南及东南沿海各地，长江流域有栽培。适应性强，喜光，稍耐阴，喜温暖湿润气候，对土壤要求不严，酸性、中性和微碱性土壤均能适应，但必须排水良好。萌芽力强，耐修剪。耐烟尘，对二氧化硫、氯气等有毒气体的抗性很强，防尘及隔音效果好。

［园林用途］枝叶茂密，树形整齐，春季嫩叶葱绿，秋季叶带褐色。常作灌木栽培，于路旁、庭前、草坪或大乔木下种植，或作背景树、绿篱，也可修剪成各种几何造型。适于工矿区绿化。

［同属树种］杨梅叶蚊母树 *D. myricoides* Hemsl. 叶薄革质，先端尖，叶缘上部有2～4个

图4-101 蚊母树

小齿，叶脉在背面明显隆起。

18. 细柄蕈树（细柄阿丁枫）*Altingia gracilipes* Hemsl. 金缕梅科，蕈树属（图4-102）

［识别要点］高达30余米，胸径可达1.3m以上。树皮灰褐色，片状剥落。小枝有柔毛。叶革质，披针形或狭卵形，长3～6.5cm，顶端尾状渐尖，基部宽楔形，全缘；叶柄长1.5～3cm。雄花无花被，多数雄蕊排成穗状花序，生于枝顶；雌花头状花序，有花5～6朵，无花瓣，单生或簇生枝顶；总花梗长1.5～2cm；萼齿不存在；子房近下位，上部有毛，2室，胚珠多数，花柱2，弯曲。头状果序，直径不超过2cm；蒴果5～6，木质，不具宿存花柱，蒴果室间开裂。花期4月，10月下旬果熟。

［分布与习性］产广东、福建及浙江南部。喜光，天然生长在向阳山坡、山麓、路边；对土壤要求不甚严，一般酸性的山地黄红壤、黄泥沙土上均能生长良好，不耐水湿。

［园林用途］树体高大，枝叶浓密，树冠庞大，呈广卵形或宽椭圆形，深绿色，可作园林绿化树种。

图4-102 细柄蕈树

19. 榕树（细叶榕）*Ficus microcarpa* L. 桑科，榕属（图4-103）

［识别要点］高达30m，树冠庞大而圆整。枝叶稠密，具大量悬垂气生根。单叶互生，革质，椭圆形或卵状椭圆形，全缘。隐花果球形，单生或成对腋生，熟时红色。花期5～6月，果期9～10月。

［分布与习性］产我国浙江南部、福建、江西南部、广东、广西、贵州及云南。喜温暖多雨的气候，可生长在酸性及钙质土壤。生长快，寿命长，为热带季雨林的代表树种。对风和烟尘有一定抗性。

［园林用途］冠大荫浓，气势雄伟。宜作庭荫树及行道树，群植作风景林、防风林，亦适用于河湖堤岸绿化及村镇绿化。

20. 印度橡皮树（印度胶榕）*Ficus elastica* Roxb. 桑科，榕属（图4-104）

图4-103 榕树

［识别要点］在原产地可高达45m，树冠开张。全株无毛，含乳汁，树干有下垂的气生根。托叶合生，红色，包被顶芽，脱落后枝上留有环状托叶痕。单叶互生，厚革质，长椭圆形，全缘，深绿色，有光泽，侧脉多而平行，叶柄粗短。隐花果成对腋生。花期5～6月。

［栽培变种］

① **花叶橡皮树**（斑叶印度胶榕）'Variegata' 叶面有黄斑，叶柄长而粗壮。

② 金边橡皮树'Aureomarginatis' 叶缘金黄色。
③ 白斑橡皮树'Doescheri' 叶片窄，叶面有白色斑块。

[分布与习性]原产印度及马来西亚。我国华南可露地栽培，长江流域及北方盆栽观赏。喜光，也耐阴，喜高温多湿的环境，不耐寒，要求肥沃排水良好的土壤。

[园林用途]橡皮树是应用较广的观叶树种，叶片宽大厚实，色彩浓绿，素雅朴实，耐人品味。南方庭院、公园、路旁种植，作庭荫树、行道树，北方多盆栽陈设于厅堂、会场、展室等，还可桶栽对置于门庭、入口两侧，给人以生机盎然、充满活力之感。

图4-104 印度橡皮树

图4-105 杜英

21. **杜英**(胆八树)*Elaeocarpus decipiens* Hemsl. 杜英科，杜英属（图4-105）

[识别要点]高可达26m，树冠卵圆形。嫩枝被微毛。单叶互生，纸质，倒卵状长椭圆形，叶缘有钝锯齿。总状花序腋生，花黄白色。核果椭圆形，熟时紫黑色。花期6～8月，果期10～12月。

[分布与习性]产我国长江以南至华南地区。稍耐阴，喜温暖湿润的环境及排水良好的酸性土壤。根系发达，萌芽力强，耐修剪。对二氧化硫抗性强。

[园林用途]枝叶茂密，常有部分老叶呈绯红色，混杂于绿叶间，鲜艳悦目。宜作基调树种和背景树，丛植、列植作绿篱，对植庭前、入口，群植于草坪边缘，均很美观别致。也适于作防噪声隔离带及厂矿绿化。

22. **日本杜英**(薯豆)*Elaeocarpus japonicus* Sieb. et Zucc. 杜英科，杜英属

[识别要点]高达20m，树皮灰白色，平滑。嫩枝青绿色，老枝灰褐色，无毛或疏生短毛。叶薄革质，多集生于小枝顶端，椭圆形或狭椭圆形，长5～13cm，边缘有波状钝锯齿；侧脉5～7对；叶柄长2.5～5.2cm，顶端稍膨大，微弯曲。总状花序，腋生；花杂性，绿白色，下垂，有气味；花瓣与花萼近等长，矩圆形，顶部有数个浅圆齿，疏生短毛。核果椭圆形，长1～1.5cm。花期5～6月，果熟期9～10月。

[分布与习性]产我国云南、四川、贵州、广西、广东、湖南、福建、浙江、台湾等省区；日本、越南也有分布。中性树种，不耐寒。

［园林用途］枝叶茂密，可栽作行道树及园林观赏树。

23. **山茶花**（山茶、茶花）*Camellia japonica* L. 山茶科，山茶属（图4-106）

［识别要点］高6～15m，树冠卵形。单叶互生，革质，表面有光泽，倒卵形或椭圆形，叶缘细锯齿。花大，单生或2～3朵生于叶腋或枝端，有各种颜色。蒴果球形。花期2～4月，果期10月。

［品种］山茶花品种较多，我国达300多种，一般分为3大类12个花型。

① 单瓣类：花瓣排列1～2轮，5～7片，基部合生，多呈筒状，雌、雄蕊发育完全，能结实。有单瓣型。

② 半重瓣类：花瓣排列3～5轮，20片左右，多者达50片。有半重瓣型、五星型、荷花型、松球型等。

③ 重瓣类：大部雄蕊瓣化，花瓣数在50片以上。有托桂型、菊花型、芙蓉型、皇冠型、绣球型、放射型、蔷薇型等。

图4-106 山茶花

［分布与习性］产于我国和日本。我国东部及中部栽培较多，东北、西北、华北等地温室盆栽。喜半阴的散射日照，喜温暖湿润的气候及肥沃、湿润排水良好的酸性土壤（pH5.6～6.5）。在整个生长发育过程中需要较多水分，水分不足会引起落花、落蕾、萎蔫等现象。黏重土壤或排水不良会烂根致死。适宜开花温度在10～20℃之间。对氯气及二氧化硫抗性强。

［园林用途］花大色艳，花型多变，花色丰富，花期长，且四季常青，是闻名中外的名贵花木。可孤植、群植于庭园、公园、建筑物前、甬道两侧，亦可配植在假山石旁，还可在牡丹园、玉兰园配植，使它们花期交错，构成艳丽的园林春色。也可用于厂矿绿化。

24. **金花茶** *Camellia nitidissima* Chi 山茶科，山茶属（图4-107）

［识别要点］高2～6m，小枝无毛。单叶互生，窄长椭圆形至长椭圆状披针形，革质。花大，单生叶腋，金黄色，具蜡质光泽，花梗下垂。花开放时呈杯状、壶状或碗状。蒴果扁球形或三角状球形，萼宿存。花期11月至翌年3月。

［分布与习性］产我国广西、云南。喜阴，喜温暖湿润的气候，不耐干旱，不耐寒，喜富含腐殖质的酸性土壤。

［园林用途］繁花满树，灿若黄金，有"茶族皇后"之称。可作林下植物，孤植或丛植，盆栽供室内观赏。

25. **木荷**（荷树）*Schima superba* Gardn. et Champ. 山茶科，木荷属（图4-108）

图4-107 金花茶

[识别要点] 高 20～30m，树冠广圆形。小枝幼时有毛，后无毛。单叶互生，厚革质，长椭圆形，叶缘疏生浅钝齿。花单生叶腋或排成短总状花序顶生；花白色，芳香。蒴果木质。花期 4～7月，果期 9～10月。

[分布与习性] 我国长江流域以南广泛分布。喜光，也耐阴，喜温暖湿润气候及肥沃酸性土壤，不耐水湿。深根性，生长较快。对有毒气体有一定抗性。

[园林用途] 入冬叶色染红，艳丽可爱。适宜作庭荫树和风景林。可与其他常绿树混植，配植在山坡作为主体树种。叶革质，不易着火，可作防火隔离带。

26. **冬青** *Ilex chinensis* Sims 冬青科，冬青属（图4-109）

图 4-108 木荷

[识别要点] 高达 13～20m，树冠卵圆形。小枝具棱。单叶互生，薄革质，长椭圆形，叶缘有锯齿，表面深绿色，有光泽。聚伞花序腋生；花单性，雌雄异株，紫红色。浆果状核果红色。花期 5～6月，果期 10～11月。

[分布与习性] 产于长江流域及其以南各地，西至四川，南达海南。喜光，稍耐阴，喜温暖湿润的气候及肥沃、排水良好的酸性土壤，不耐寒。深根性，萌芽力强，耐修剪。对二氧化硫有一定抗性。

[园林用途] 枝叶繁茂，四季常青，红果经冬不落，是优良的观果树种。宜列植于、甬道两侧，点缀于山石之间，孤植、丛植于池畔、草坪、广场边缘。亦可作绿篱及工厂、街道绿化。

[同属树种] **大叶冬青**（苦丁茶、波罗树）*I. latifolia* Thunb. 叶大，厚革质，长椭圆形，长 10～20cm，叶缘具锐齿，果密集，深红色。

图 4-109 冬青

27. **女贞** *Ligustrum lucidum* Ait. 木犀科，女贞属（图4-110）

[识别要点] 高达 15m，树冠倒卵形。小枝无毛。单叶对生，革质，卵形至卵状椭圆形，全缘，表面深绿色，有光泽。圆锥花序顶生；花小，白色，芳香。浆果状核果，黑色。花期 6～7月，果期 11～12月。

[分布与习性] 广布我国秦岭、淮河流域以南及陕西甘肃南部，华北及西北有引种栽培。喜光，稍耐阴。喜温暖湿润的气候及肥沃的微酸性土壤，不耐干旱和瘠薄。萌芽、萌蘖力强，耐修剪。对有毒气体抗性较强，且有滞尘抗烟功能。

[园林用途] 终年常绿，苍翠可爱。可孤植、列植于园林绿地、草坪边缘、广场、建

筑物周围，江南一带多作绿篱、绿墙栽培。亦可作行道树及厂矿绿化。

图 4-110　女贞

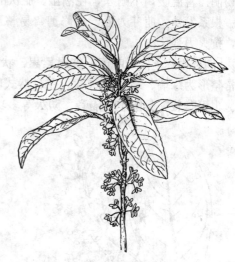
图 4-111　桂花

28. **桂花**(木犀) *Osmanthus fragrans* Lour. 木犀科，木犀属（图 4-111）

[识别要点] 高达 12m，树冠圆头形或椭圆形。侧芽多为 2～4 叠生。单叶对生，革质，长椭圆形，全缘或上半部疏生细锯齿。聚伞状花序簇生叶腋；花小，淡黄色，浓香。核果紫黑色。花期 9～10 月，果期翌年 4～5 月。

[品种]

(1) 金桂品种群 Thunbergii Group　花金黄色，香味浓或极浓；秋季开花。

② 银桂品种群 Odoratus Group　花黄白色或淡黄色，香味浓至极浓；秋季开花。

③ 丹桂品种群 Aurantiacus Group　花橙黄或橙红色，香味较淡；秋季开花。

④ 四季桂品种群 Semperflorens Group　花淡黄或黄白色，香味淡；一年四季均有花开。

[分布与习性] 原产我国中南及西南部，淮河流域至黄河下游以南各地普遍栽培。喜光，耐半阴。喜温暖湿润的气候，不耐寒。在土层深厚、富含腐殖质的沙质壤土上生长良好，不耐干旱和瘠薄，忌积水。萌发力强，寿命长。对有毒气体抗性较强。

[园林用途] 枝繁叶茂，四季常青，秋季花开，芳香四溢。适宜在园林中孤植、对植、丛植、片植。作园景树及园林小品背景树，散植在庭园、公园角隅，或与建筑和山石配植。也可用于厂矿绿化。花可用于食品加工及提取芳香油。

29. **华南珊瑚树** *Viburnum odoratissimum* Ker-Gawl. 忍冬科，荚蒾属（图 4-112）

[识别要点] 常绿小乔木，高达 10m，树冠倒卵形。叶对生，革质，倒卵状长椭圆形，长 7～15cm，全缘或叶缘上部有波状锯齿。圆锥花序顶生或侧生短枝上，花白色，有时淡红色，裂片长于花冠筒，芳香。核果卵圆形或卵状椭圆形，先红后黑。花期 4～5 月，果期 9～10 月。

[变种] **珊瑚树**(法国冬青) var. *awabuki* Zab 与珊瑚树的主要区别是花冠裂片比花冠筒短；果倒卵圆形或倒卵状椭圆形。主产日本及朝南部，长江流域各城市广泛栽培。

[分布与习性] 产于我国广东、广西、海南、福建、湖南。长江以南有栽培。喜光，稍耐阴。喜温暖，不耐寒，在潮湿、肥沃的中性壤土上生长迅速，酸性土、微碱土也能适应。根系发达，萌芽力强，耐修剪，易整形。对氯气及二氧化硫有一定的抗性和吸收能力，抗火力强。

[园林用途] 枝繁叶茂，红果累累，状如珊瑚，绚丽可爱。常作高篱，在规则式园林中常整形为绿墙、绿门、绿廊。在自然式的园林中多孤植、丛植装饰墙角，用于隐蔽遮挡。也可盆栽，是防尘、隔音、防火等多功能防护树种。

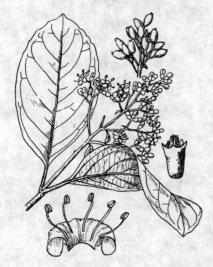

图 4-112 华南珊瑚树

图 4-113 甜槠

30. 甜槠 Castanopsis eyrei Tutch. 壳斗科，栲属（图 4-113）

[识别要点] 高可达 20m；枝暗灰色，平滑无毛。叶革质，两列状排列，卵形或披针卵形，长 4～10cm，先端渐尖或尾尖，基部歪斜，不对称，全缘或上部偶有疏生锯齿，背面淡绿色，无毛，侧脉 7～11 对。花单性同株，形小，单被花；雄柔荑花序直立，细长。果序长 7～10cm；壳斗卵状球形，径 2～2.5cm，壳斗上疏生粗短的刺，长 4～8mm，不规则排列，密被黄灰色毛；坚果单生，卵圆形，径约 1.2cm。花期 4～5 月，翌年 10 月果熟。

[分布与习性] 产我国南部各省区。适生于气候温暖多雨地区的肥沃、湿润的酸性土上，在瘠薄的石砾地上也能生长，适应性较强。

31. 苦槠 Castanopsis sclerophylla Schott. 壳斗科，栲属（图 4-114）

[识别要点] 高达 20m，胸径达 1m。树皮暗灰色或淡黄灰色，呈薄片状剥落。小枝无毛。叶矩圆形、矩圆状卵形或椭圆状披针形，长 5～14cm，先端突渐尖或渐尖，基部楔形或圆形，中部以上有尖锯齿，下

图 4-114 苦槠

面有灰白色蜡层；侧脉8～14对；叶柄长0.9～2.2cm，无毛。雄花序较细，直立，雄蕊10～12；雌花单生于总苞内，形成短穗状花序。壳斗近球形，直径1～1.4cm，外被环列的瘤状鳞片，密被毛；坚果单生，卵圆形或扁球形，具明显的条纹，全包在壳斗内或仅顶端露出；果脐大，径1～1.3cm。花期5月份，10月份果熟。

［分布与习性］广布于长江以南各省区；是南方低山常绿阔叶林树种之一，在杭州风景区随处可见。为中性喜光树种，适生于深厚、湿润的中性和酸性土上，能耐干燥、瘠薄的土壤，适应性强。

32. **青冈栎** *Cyclobalanopsis glauca* Oerst. 壳斗科，青冈属（图4-115）

［识别要点］高达20m；小枝无毛。单叶互生，叶矩圆形、倒卵状矩圆形或卵状椭圆形，长8～14cm，先端突渐尖或渐尖，基部宽楔形或近圆形，中部以上有尖锯齿，下面微灰白色，有平伏毛；羽状脉，侧脉8～12对，较粗而明显；叶柄长1～2.5cm。雄柔荑花序簇生下垂；雌花2～3朵成穗状花序，着生于新梢上部叶腋。壳斗单生或2～3集生，盘状，具5～7鳞片环，环边全缘，微有凹缺，疏生平伏丝毛；果卵状短圆柱形，长约1.2cm，棕褐色，约3/4突出于壳斗之外。4～5月开花，10～11月果熟。

［分布与习性］广布于长江流域及其以南地区，为石灰岩山地的习见树种。中性喜光树种，喜生于微碱性或中性的石灰岩土壤上，在酸性土壤上生长也良好，耐干燥，可生长于多石栎的山地。根为深根性直根系，萌芽力强，可采用萌芽更新。

［园林用途］枝叶茂密，树姿优美，是良好的绿化、观赏及造林树种，在杭州园林及风景区常见。

图4-115 青冈栎

图4-116 赤桉

33. **赤桉** *Eucalyptus camaldulensis* Dehnh. 桃金娘科，桉属（图4-116）

［识别要点］高达50m，胸径2～3m。树皮光滑，灰白色。小枝红色，细短。初生叶卵圆形或披针形，有柄，质薄；成熟叶互生，长披针形，镰刀状弯曲，长10～20cm。伞形花序生于叶腋，有花5～10朵。蒴果小，近半球形，径约6mm，果瓣突出，3～4裂。

［分布与习性］原产澳大利亚，我国南方各省区广泛栽培。浙江南部有栽培，尤以温

州附近几个县为集中栽植区。喜光,对气候和土壤的适应力都较强,对立地条件要求不高,耐热、耐湿、耐旱,也较耐寒。

[园林用途]在暖地可作为用材及四旁、公路绿化树种。

34. 马拉巴栗(发财树) *Pachira macrocarpa* Walp. 木棉科,瓜栗属

[识别要点]高6～7m。茎光滑、柔韧,枝条轮生。掌状复叶互生,小叶5～7枚,长椭圆状披针形,柄极短;总叶柄长。蒴果卵圆形。花期9～11月。

[分布与习性]原产墨西哥。近年来我国引种栽培。无论在全光照、半光照和荫蔽处均能生长良好,喜温暖湿润的环境,不耐寒,生长适温20～30℃,越冬温度8℃以上。以富含腐殖质排水良好的沙壤土为佳。播种繁殖的实生苗茎基肥大,较为美观,可单株种植,也可3～5株植于一盆,将茎干编成辫状,别具一格,大大提高了观赏价值。茎干可随意弯曲造型。生命力极强,即使剪去全部枝叶和根系,只剩光干,放置数日也不会干枯,重新种植,即又可枝青叶绿,生命力之强,实为罕见。怕烟,烟薰后叶片黄化枯萎。

[园林用途]优良的室内观叶植物,可以在室内任何地方摆放。"发财"是该植物属名*Pachira*的广东话谐音,因此更受宾馆及商家的欢迎,也常被人们作为礼物互赠,借助赠送花卉这一文雅的方法,传达"恭喜发财"的祝愿。

35. 香龙血树(巴西木) *Dracaena fragrans* Ker.-Gawl. 百合科,龙血树属

[识别要点]高达6m,盆栽高达1m多,少分枝。叶片聚生茎顶,长椭圆状披针形,长40～90cm。圆锥花序生于茎上部叶腋,花小白色,芳香。

[栽培变种]金边香龙血树'Victoria'叶面绿色并有数条黄色纵纹,边缘金黄色并有波浪状起伏。

[分布与习性]原产几内亚一带的非洲热带,近几年来我国引种栽培。喜光照充足,能耐阴。喜高温、多湿的环境,要求排水良好的沙质土壤。

[园林用途]叶片宽大常具黄色条纹,是优良的室内盆栽观叶植物。常作室内陈设,或与其他植物配植成组合装饰。还可作切叶,水养持久,叶色绚丽。

36. 棕榈(棕树) *Trachycarpus fortunei* Wendl. 棕榈科,棕榈属(图4-117)

[识别要点]高达15m,茎圆柱形,不分枝,具纤维网状叶鞘。叶簇生茎顶,掌状深裂至中部以下。裂片条形,多数,硬直,但先端常下垂,叶柄两侧具细齿。圆锥状肉穗花序腋生,鲜黄色。核果肾形,黑褐色略被白粉。花期4～5月,果期10～11月。

[分布与习性]产我国秦岭、长江流域以南至华南沿海。以湖南、湖北、陕西、四川、贵州、云南等地栽培最多。喜光,稍耐阴。喜温暖湿润的气候,较耐寒。喜肥沃、湿润、排水良好的土壤。浅根性,易被风吹倒。耐烟尘,抗二氧化硫等有毒气体。

[园林用途]树干挺拔,叶姿优雅。适于对植、列植于庭前、路边及入口处,孤植、群植于林缘、草地边角、窗

图4-117 棕榈

前。翠影婆娑，颇具南国风光特色。也可在工矿区大面积种植，或盆栽布置会场、客厅等。也是园林结合生产的好树种。

37. 蒲葵 *Livistona chinensis* R. Br. 棕榈科，蒲葵属（图 4-118）

与棕榈主要不同点：叶裂较浅，叶柄两侧有倒刺。产华南地区。很不耐寒。长江流域及其以北城市常桶栽观赏。

图 4-118　蒲葵

图 4-119　鱼尾葵

38. 鱼尾葵（长穗鱼尾葵）*Caryota ochlandra* Hance　棕榈科，鱼尾葵属（图 4-119）

[识别要点] 高达 20m，干单生。叶二回羽状全裂，聚生干端，小叶鱼尾状半菱形，上边缘具不规划的缺刻。圆锥状肉穗花序，长 1.5～3m；花黄色。浆果淡红色。

[分布与习性] 产亚洲热带，我国华南有分布。北方温室盆栽。耐阴，不耐寒，喜暖热湿润的气候及酸性土壤。

[园林用途] 树形优美，叶形奇特，花鲜黄色，果实如圆珠成串。常作行道树，可片植成林，或在草坪上散植、丛植，庭院、广场孤植。

[同属树种] **短穗鱼尾葵** *C. mitis* Lour. 丛生灌木，高达 5～9m。花序长约 60cm。长江流域及其以北城市常盆栽观赏。

第四节　落叶阔叶灌木

1. 紫玉兰（辛夷、木笔）*Magnolia liliflora* Desr. 木兰科，木兰属（图 4-120）

[识别要点] 高 3～5m，小枝无毛。顶芽发达，外被细柔毛。单叶互生，叶革质，倒卵状椭圆形，表面深绿，背面脉上有毛。花大，单生枝顶，花萼 3，线形，花瓣 6，外面紫红色，内面淡紫或白色。花期 3～4 月，先叶开放；果期 5～7 月。

[分布与习性] 产我国湖北、四川及云南；现各地广为栽培。喜光。喜温暖湿润气候及肥沃沙质土壤。较耐寒，肉质根，忌积水。

[园林用途] 花蕾形大如笔头，故有木笔之称。为传统的名贵花木之一，常植于庭院、

窗前、墙隅和门厅两旁,丛植于草坪及林缘。

图 4-120 紫玉兰

图 4-121 白鹃梅

2. 白鹃梅 *Exochorda racemosa* Rehd. 蔷薇科,白鹃梅属(图 4-121)

〔识别要点〕落叶灌木,高 3～5m。枝条细弱开展,小枝圆柱形,微有棱角。单叶对生,椭圆形、矩圆形至矩圆状倒卵形,先端钝或急尖,全缘(在较粗壮枝上有浅锯齿),叶背苍白色。总状花序,由 6～10 朵组成,4～5 月开白色大形花,洁丽可爱。蒴果倒圆锥形,具 5 脊,灰褐色,8～9 月成熟。

〔分布与习性〕产河南、江苏、浙江、江西等地。喜温暖气候,稍耐阴;常生于低山坡地砂砾土的灌丛中。酸性土、中性土均能生长。耐干燥瘠薄,引种平原,在排水良好之处,生势旺盛。萌蘖力强,御寒力亦强。

〔园林用途〕花洁白如雪,秀丽动人,适于草坪、林缘、路边及假山岩间配植,若在常绿树丛边缘群植,宛若层林点雪,饶有雅趣,如散植林间空地或庭院角隅,亦甚相宜。

3. 笑靥花 *Spiraea prunifolia* Sieb. et Zucc. 蔷薇科,绣线菊属(图 4-122)

〔识别要点〕落叶灌木,高达 3m。小枝细长,稍具棱角,幼时被短柔毛。叶卵形至矩圆状披针形,先端急尖,基部楔形,表面幼时被稀疏短细毛,老时仅背面有短柔毛,边缘中部以上具锐锯齿。3 月下旬至 4 月中旬开洁白的花,重瓣,由 3～6 朵组成伞形花序,侧生于上年枝上,无总梗。

〔变型〕单瓣笑靥花 f. *simpliciflora* Nakai 花单瓣;蓇葖果外倾,7～8 月成熟。原山地野生,现已应用于庭园。

〔分布与习性〕产长江流域地区,久经栽培。喜光

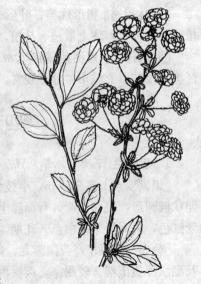

图 4-122 笑靥花

稍耐阴，亦耐干燥、寒冷。对土壤要求不严，微酸性、中性土均能适应，在排水良好、土壤肥沃之处生长特别繁茂。萌蘖力强，易分株；萌芽力亦强，耐修剪整形。

〔园林用途〕晚春开花，色洁白，花姿圆润，如笑颜初靥。丛植池畔、坡地、路旁、崖边或树丛之边缘，颇饶雅趣；若成片植于草坪及建筑物角隅，亦甚相宜。

4. **日本绣线菊**（粉花绣线菊）*Spiraea japonica* L. f. 蔷薇科，绣线菊属（图4-123）

〔识别要点〕高达1.5m。单叶互生，卵形或卵状椭圆形，叶缘具缺刻状重锯齿，背面灰绿色。复伞房花序，生于当年生新枝顶端；花粉红色。蓇葖果，沿腹缝线开裂。花期6~7月。

〔分布与习性〕原产日本；我国各地有栽培。适应性强，在半阴而潮湿的环境生长良好。耐瘠薄、耐寒、萌蘖性强。

〔园林用途〕可丛植于池畔、山坡、路旁、庭园一角。片植于草坪、建筑物旁或基础种植。也可作花篱、花坛、花径。

〔同属树种〕**珍珠花**（喷雪花）*S. thunbergii* Sieb. 小枝细长呈弧形弯曲，叶线状披针形，花白色，单瓣。产华东及日本；东北南部及华北有栽培。

5. **珍珠梅**（华北珍珠梅）*Sorbaria kirilowii* Maxim. 蔷薇科，珍珠梅属（图4-124）

〔识别要点〕高2~3m；小枝圆筒形。奇数羽状复叶互生，小叶13~21，叶缘具尖锐的锯齿。大型圆锥花序顶生；花小，白色，萼片长圆形，雄蕊20，与花瓣等长或短于花瓣，花柱稍侧生。花期6~8月。

〔分布与习性〕产我国北部，华北等地习见栽培。较耐阴，耐寒。萌蘖性强，耐修剪。

〔园林用途〕花叶秀丽，花期长，为优良庭园花灌木。宜丛植于草地边缘、林缘、墙边、路边、水边，也可作自然式花篱，配植建筑物背阴处。

〔同属树种〕**东北珍珠梅** *S. sorbifolia* A. Br. 与珍珠梅区别：萼片三角状卵形，雄蕊40~50，长为花瓣长1.5~2倍，花柱顶生。产东北及内蒙古，华北有栽培。

6. **野蔷薇**（多花蔷薇）*Rosa multiflora* Thunb. 蔷薇科，蔷薇属（图4-125）

〔识别要点〕高达3m，枝细长，上升或攀援状。奇数羽状复叶互生，小叶5~9，倒卵状椭圆形，托叶篦齿状，长为叶柄的一半以上，并有腺毛，与叶柄连生，托叶下常有皮刺。圆锥状伞房花序，花白色，芳香。花期5~6月，果期8~9月。

〔变种及栽培品种〕

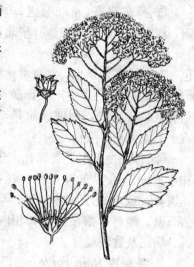

图4-123 日本绣线菊

图4-124 珍珠梅

① 粉团蔷薇 var. *cathayensis* Rehd. et Wils. 叶较大，花较大，单瓣，粉红至玫瑰红色，多朵成平顶伞房花序。

② 十姐妹（七姐妹）'Platyphylla' 叶较大，花重瓣，深红色，常7～10朵成扁伞房花序。

③ 荷花蔷薇（粉红七姐妹）'Carnea' 花重瓣，淡粉红色，多朵成簇。华北各地常栽培。

④ 白玉棠 'Alba-plena' 枝上刺较少，花白色，重瓣，多朵聚生。北京常见栽培。

［分布与习性］主产我国黄河流域以南；各地均有栽培。喜光，耐寒、耐旱，也耐水湿，在黏重土上也可正常生长。

［园林用途］作垂直绿化，效果良好。其变种花色艳丽，通常布置花柱、花架、花门、花廊、花墙等，或点缀于园林绿地、草坪中、路边及山岩石壁、池畔，繁枝倒悬，相映成趣。亦可作花篱、切花及盆栽观赏。

图 4-125 野蔷薇

7. 黄刺玫 *Rosa xanthina* Lindl. 蔷薇科，蔷薇属（图 4-126）

［识别要点］高达3m；小枝褐红色，具扁平而硬直的皮刺。奇数羽状复叶互生，小叶7～13，近圆形，托叶小，下部与叶柄连生，先端分离。花单生，黄色，重瓣或单瓣。蔷薇果球形，褐红色。花期4～6月，果期7～9月。

［分布与习性］产我国东北、华北至西北；各地多栽培。喜光，耐寒，耐干旱瘠薄土壤。

［园林用途］为北方早春重要的花灌木。宜丛植于草坪、林缘、路边，片植效果更好，也可作绿篱及基础种植。花可提取芳香油。

8. 玫瑰 *Rosa rugosa* Thunb. 蔷薇科，蔷薇属

［识别要点］高达2m；枝条较粗，灰褐色，密生刚毛与倒生皮刺。奇数羽状复叶互生，小叶5～9，椭圆形，质厚，叶表、叶背有柔毛及刺毛，多皱纹，托叶大部与叶柄连生。花单生或3～6朵聚生当年新枝顶端，紫红色，芳香。果扁球形，砖红色。花期5～6月，果期9～10月。

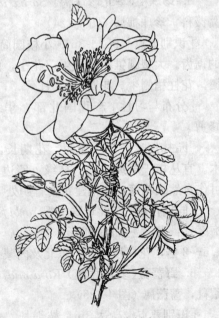

图 4-126 黄刺玫

［栽培变种］

① 重瓣紫玫瑰 'Rubro-plena' 花重瓣，玫瑰紫色，香气浓。

② 重瓣白玫瑰 'Albo-plena' 花重瓣，白色。

［分布与习性］产我国北部；现各地有栽培，以山东、江苏、浙江、广东为多。喜光，

耐寒、耐旱，忌水涝，在排水良好、肥沃的中性或微酸性轻壤土中生长最好。萌蘖性强。

[园林用途]是著名的观赏花木，北方应用较多。宜作花篱、花径、丛植及片植，亦可布置玫瑰园，可在风景区结合水土保持大量栽植。鲜花瓣可提取芳香油，为世界名贵的香精。也是良好的切花材料。

9. **多花栒子**(水栒子) *Cotoneaster multiflorus* Bunge 蔷薇科，栒子属（图4-127）

[识别要点]高达4m；枝纤细，常拱形下垂。单叶互生，卵形，全缘，幼时背面有柔毛，后脱落。复聚伞花序，5～12朵花，花白色。梨果红色。花期5～6月，果期8～9月。

[分布与习性]产我国东北、华北、西北及西南。各地园林有栽培。喜光，稍耐阴，耐寒，对土壤要求不严，极耐干旱和瘠薄，耐修剪。

[园林用途]夏季白花满树，秋季红果累累，艳丽可爱，是优美的观花、观果树种。宜丛植于草坪边缘、园路转角等处。可作水土保持树种。果熟时可诱来鸟类，为园林增加生动活泼的气氛。

图4-127 多花栒子

图4-128 贴梗海棠

10. **贴梗海棠**(皱皮木瓜) *Chaenomeles speciosa* Nakai 蔷薇科，木瓜属（图4-128）

[识别要点]高达2m；小枝开展无毛，有枝刺。单叶互生，卵状椭圆形，叶缘芒状齿，托叶大，肾形或半圆形。花2～3朵簇生，红、粉红或白色。果黄色，芳香。花期3～5月，花叶同放，果期9～10月。

[分布与习性]产我国东部、中部至西南部。国内外普遍栽培，辽宁南部小气候良好处可露地越冬。喜光，稍耐阴，喜排水良好的肥沃土壤，耐瘠薄，不宜在低洼积水处栽植。

[园林用途]花簇生枝间，鲜艳美丽；秋日果熟，黄色芳香。为良好的观花、观果树种。宜孤植、丛植于庭园、池畔、草坪及林缘，可与迎春、连翘混植在一起。又可作花篱及基础种植。也可制盆景、桩景。

11. 棣棠(棣棠花) *Kerria japonica* DC. 蔷薇科，棣棠属（图 4-129）

[识别要点] 高 1~2m；小枝绿色，有棱，无毛。单叶互生，卵状椭圆形，叶缘具不规划重锯齿。花单生侧枝顶端，金黄色，萼、瓣各 5。瘦果扁球型。花期 4~5 月，果期 7~8 月。

[栽培变种]

①重瓣棣棠 'Pleniflora'　花重瓣，栽培较普遍。

②银边棣棠 'Argenteo-variegata'　叶边缘白色。

③金边棣棠 'Aureo-variegata'　叶边缘黄色。

[分布与习性] 我国黄河流域至华南、西南均有分布。各地园林绿地常有栽培。喜光，耐半阴，喜温暖湿润气候及排水良好的酸性及中性土壤。

[园林用途] 绿色枝条拱垂，黄色花朵竞相争艳，是冬赏翠枝夏赏金花的上品。宜丛植于篱边、墙际、水边、坡地、路边、草坪边缘，常作基础种植及自然式花篱。可作切花材料。

图 4-129　棣棠

12. 榆叶梅 *Prunus triloba* Lindl. 蔷薇科，李属（图 4-130）

[识别要点] 高 2~3m；小枝紫褐色，微被毛。单叶互生，倒卵状椭圆形，先端常 3 裂，叶缘具粗重锯齿。花单生或 2 朵并生，粉红色。核果球形，红色，密被柔毛。花期 4~5 月，先叶开放，果期 6~7 月。

[变种及栽培变种]

① 鸾枝 var. *atropurpurea* Hort.　花稍小，而密集，紫红色，多为重瓣，萼片 5~10。

② 重瓣榆叶梅 'Plena'　花较大，粉红色，花瓣很多，密集艳丽，萼片常 10，叶端多 3 浅裂。

③ 截叶榆叶梅 var. *truncatum* Kom.　叶端截形，3 裂，花粉红色。花梗短于花萼筒。

[分布与习性] 主产我国北部，南至江苏、浙江等地。东北、华北各地普遍栽培。喜光，耐寒、耐旱，对土壤要求不严，沙土、黏土及微酸性土均能适应，耐轻度盐碱土，不耐水涝。根系发达。

[园林用途] 北方重要的观花灌木，花感强烈，能反映春光明媚、花团锦簇、欣欣向荣景象。常于建筑物前、路边，以苍松翠柏为背景丛植，与连翘、金钟花配植，红、黄花朵竞相争艳。也可盆栽，作切花及催花材料。

13. 郁李 *Prunus japonica* Thunb. 蔷薇科，李属（图 4-131）

图 4-130　榆叶梅

［识别要点］落叶灌木，高达1.5m。枝干常簇生成丛，幼嫩时微红，后呈灰褐色。小枝纤细，弯曲而接近地面。叶披针状卵形，先端长尖，基部圆形或宽楔形，背面脉上有疏短毛，边缘有锐浅重锯齿，入秋叶转紫红色。3~4月间花与叶同时开放，或红或白，2~3朵成簇。核果近球形，暗红色，6月成熟。

［变种］重瓣郁李 var. *kerii* Koehne 叶较狭长，表面粗皱，背面光滑；花半重瓣，梗短。

［分布与习性］产东北、华北至华南地区。抗性强，耐寒、耐旱，不畏烟尘。性喜光，常生于山坡林缘或路旁灌丛中。对土壤要求不严，惟以石灰岩山地生长最盛。萌蘖力强，易更新。

［园林用途］花开时，繁英压树，灿若云霞，果熟时，丹实满枝，状如悬珠，观赏价值较高。适于群植。宜配植在阶前、屋旁、山岩坡上，或点缀于林缘、草坪周围，间有用作花境、花篱。也可作盆景赏玩。

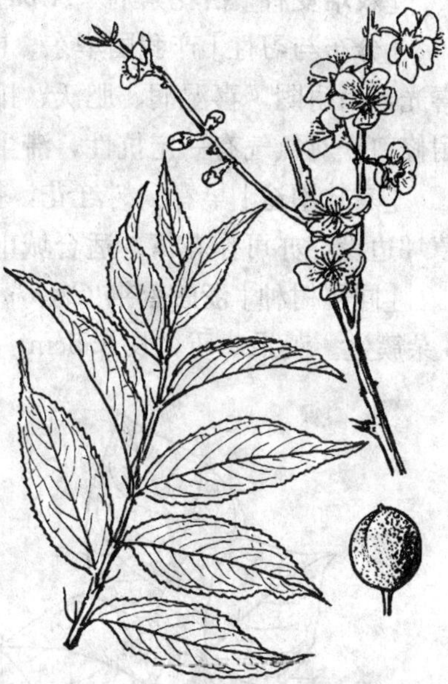

图4-131 郁李

14. **蜡梅**(腊梅) *Chimonanthus praecox* Link 蜡梅科，蜡梅属（图4-132）

［识别要点］高达5m；小枝近方形，鳞芽，侧芽单生或两个叠生，无柄。单叶对生，叶半革质，卵状椭圆形，全缘，叶表面粗糙，有硬毛，背面光滑无毛。花单生，花被片蜡质，黄色，内层花被有紫色条纹，浓香。花期11月至翌年2月，远于叶前开放。

［栽培变种］

① 素心蜡梅 'Concolor' 花被片纯黄色，内层花被不具紫色条纹、香味稍淡。

② 馨口蜡梅 'Grandiflorus' 花较大，花瓣近圆形，深鲜黄色，心红。

［分布与习性］原产我国中部，黄河流域至长江流域普遍栽培。喜光，较耐寒，耐干旱，不耐水湿，喜深厚、排水良好的中性或微酸性沙质壤土，黏土及盐碱土生长不良。萌蘖力强，耐修剪。对氯气、二氧化硫等有毒气体抗性强。

图4-132 蜡梅

［园林用途］为冬季开花的花木。可孤植、对植、丛植，常与南天竹配植，于隆冬时呈现红果、黄花、绿叶的景观。也是盆景、桩景和切花材料。还可用于厂矿绿化。

15. **紫荆**(满条红) *Cercis chinensis* Bunge 苏木科，紫荆属（图4-133）

［识别要点］高达15m，经栽培后呈灌木状。单叶互生，近圆形，全缘，基部心形。花4~10朵簇生于老枝上，紫红色。荚果扁平，沿腹缝线具窄翅。花期4月，先叶开放；果期8~9月。

[栽培变种]白花紫荆'Alba'　花白色。

[分布与习性]产我国华东、中南、西南、华北及陕西、甘肃等地。各地园林多栽培。喜光，稍耐阴，喜湿润、肥沃、排水良好的土壤，耐旱，不耐水湿。深根性，萌蘖性强，耐修剪。对氯气有一定抗性，滞尘能力强。

[园林用途]早春满树红花，艳丽可爱。宜丛植于庭园、窗前、墙角、建筑物周围及草坪边缘，亦可作花篱。适合城市及厂矿绿化。庭园栽培，有象征家庭和睦之意。

[同属树种]**浙皖紫荆** *C. chingii* Chun　小枝曲折，短枝向后扭展。花浅紫红色，2～3朵簇生。荚果革质，长6.5cm，无翅，开裂后裂瓣扭转。

图4-133　紫荆

图4-134　八仙花

16. 八仙花(阴绣球) *Hydrangea macrophylla* Ser.　八仙花科，八仙花属（图4-134）

[识别要点]高1～2m，树冠球形。小枝粗状，无毛，白色，皮孔明显。单叶对生，叶倒卵形或椭圆形，大而有光泽，叶缘具粗锯齿。伞房花序顶生，近球形，直径可达20cm，不育花萼片花瓣状4枚，花色多变，初时白色，渐转蓝色或粉红色。花期6～7月。

[栽培变种]

① 蓝边八仙花'Cerulea'　两性花，深蓝色，边缘之不育花为蓝色或白色。

② 齿瓣绣球'Macrosepala'　花序全为不育花，花瓣白色，边缘具齿牙。

③ 银边八仙花'Maculata'　叶较狭小，边缘白色；花序兼有可育小花和不育边花。

④ 紫茎八仙花'Mandshurica'　茎暗紫色或近于黑色。

⑤ 紫阳花'Otaksa'　叶质较厚；花序全为不育花，蓝色或淡红色。

[分布与习性]产我国长江流域至华南各地。长江以北盆栽。喜阴。喜温暖湿润的气候。喜肥沃湿润排水良好的酸性土。花色因土壤酸碱度的变化而变化，一般pH4～6时为蓝色，pH7以上为红色。萌蘖力强，对二氧化硫等多种有毒气体抗性较强。越冬温度5℃以上。

[园林用途]花大而美丽，为盆栽佳品。耐阴性强，可配植在池边、疏林下、路边、棚架边缘及建筑物北面。列植成花篱、花带。盆栽布置厅堂会场。

17. 山梅花 *Philadelphus incanus* Koehne.　八仙花科，山梅花属（图4-135）

［识别要点］高3～5m；树皮片状剥落，幼枝及叶有柔毛，后脱落。单叶对生，基部3～5出脉，卵形或卵状长椭圆形，叶背密生柔毛，脉上毛尤多，叶缘有细尖齿。总状花序顶生，具花5～7(11)朵；花白色，萼、瓣各4。蒴果倒卵形，4裂。花期5～7月，果期8～10月。

［分布与习性］产我国湖北、四川、甘肃、青海、河南等地。喜光，稍耐阴，较耐寒，怕水湿，喜肥沃、湿润、排水良好的土壤。不耐曝晒及过于干燥的瘠薄土壤。萌芽力强。

［园林用途］枝叶稠密，花色洁白，清香宜人，花期长。宜丛植、片植于草地、山坡、林缘，若与建筑、山石等配植也很合适。花枝可作切花材料。

18. **太平花**(京山梅花) *Philadelphus pekinensis* Rupr. 八仙花科，山梅花属（图4-125）

［识别要点］高2～3m；小枝通常紫色，无毛。单叶对生，卵形或宽披针形，离基3出脉，叶缘有疏齿，两面无行，或仅脉腋有簇毛，叶柄带紫色。花萼、花梗及花柱均无毛。总状花序顶生，花5～7朵；花白色，微有香气。蒴果4裂，萼宿存。花期5～6月，果期9～10月。

［分布与习性］产我国四川、河南、河北、山西、辽宁、内蒙古等地。喜光又耐阴。耐寒，怕涝，喜湿润、肥沃、排水良好的土壤。

［园林用途］花白清香，是传统的名花之一。宜于植花坛中心，丛植于草地、林缘、园路转角和建筑物前，列植成自然式的花篱，或点缀假山石旁，尤为得体。花枝可作切花插瓶。

［同属树种］**东北山梅花** P. *schrenkii* Rupr

与太平花的区别：高2.5～4m。叶卵形或卵状椭圆形，叶缘具疏齿或近全缘，叶背有短柔毛，花梗及萼筒下部、花柱基部常有毛。花期6月。产东北。

图4-135 山梅花

图4-136 溲疏

19. **溲疏** *Deutzia crenata* Sieb. et Zucc. 八仙花科，溲疏属（图4-136）

［识别要点］落叶灌木，高达2.5m。小枝赤褐色，幼时具星状柔毛，老时枝皮薄片状剥落。叶对生，卵形至卵状披针形，基部常为圆形，边缘有小齿牙，两面有星状柔毛。5～6月间开白色撒有粉红色晕的花，聚合成圆锥花序。蒴果近球形，顶端花托宿存，10～11月成熟，灰绿色。

［分布与习性］原产日本；我国久经栽培。性喜光而稍耐阴，亦耐寒，常生于山谷溪

边富含腐殖质的山地黄壤,微酸性土和中性土均能适应。萌芽力强,耐修剪。

[园林用途] 干丛生,花繁多,色洁白。配植于庭园一隅,或岩坡、草坪、树丛之边,繁花点点,隐约可见,惹人喜爱。溲疏是观花的点缀树种,也可作花篱配植,若衬以常绿背景树,尤具风趣。花枝亦供切花瓶插。

[栽培变种]
① 白花重瓣溲疏 'Candidissima' 花重瓣,纯白色。
② 紫花重瓣溲疏 'Plena' 花重瓣,表面玫瑰紫色。

[同属树种] **宁波溲疏**(*D. ningpoensis* Rehd.)和**黄山溲疏**(*D. glauca* Cheng)引种平原后生长良好,花均白色、单瓣,多而密着。宁波溲疏枝细略垂,叶狭质硬,背面粉白,耐瘠薄干燥;黄山溲疏枝粗壮,叶宽大,花略大,喜阴湿凉爽环境。

20. **糯米条** *Abelia chinensis* R. Br. 忍冬科,六道木属(图4-137)

[识别要点] 高1.5~2m;枝开展,幼枝及叶柄带红色。单叶对生,卵形或三角状卵形,叶缘疏生浅齿,背面脉上有白柔毛。密集的聚伞花序在枝梢复成圆锥状;花冠漏斗状,端5裂,白色或带粉红色,芳香。瘦果。花期7~9月。

[分布与习性] 产我国长江以南各地。北京有栽培,可露地越冬。喜光,稍耐阴。耐干旱瘠薄,有一定耐寒性。根系发达,萌芽性强。

[园林用途] 花繁密而芳香,花期长,且花后宿存的萼片变红,在深秋颇似盛开的红花。是美丽的芳香观花灌木。宜丛植于庭园、道路转角、林缘及草坪观赏。

21. **木本绣球**(斗球)*Viburnum macrocephalum* Fort. 忍冬科,荚蒾属

[识别要点] 高达4m,树冠球形。裸芽,幼枝及叶背密生星状毛。单叶对生,卵形或卵状椭圆形,叶缘有细锯齿。大型聚伞花序呈球状,全由白色的不孕花组成。花期4~5月,通常不结实。

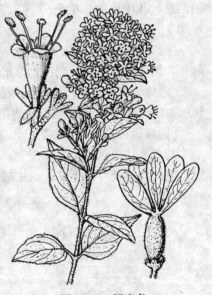

图4-137 糯米条

[变型] **琼花** f. *keteleeri* Rehd. 实为原种,聚伞花序集成伞房状,花序中央为可育花,仅边缘为大型白色不育花。核果先红后黑。花期4月,果期9~10月。以扬州栽培的琼花最为有名。

[分布与习性] 产我国长江流域,江南园林常见栽培。喜光,稍耐阴,喜温暖湿润的气候及肥沃排水良好土壤。萌蘖性强。

[园林用途] 繁花满树,洁白如雪球,极为美观。且花期较长,是优良的观赏花木。琼花花序扁圆,边缘着生洁白不孕花,宛如群蝶起舞,逗人喜爱。宜孤植草坪及空旷地,在园路两侧、庭前、墙下、窗前栽植作配景,如小片群植,也十分壮观。

[同属树种] **日本绣球**(雪球) *V. plicatum* Thunb. 叶宽卵形或倒卵形,有锯齿,表面羽状脉甚凹下。花序球形,较小,全为白色不孕花组成,花期4~5月。各地园林有栽培,其美观与木本绣球各有千秋。其变型**蝴蝶树** f. *tomentosa* Rehd. 花序中部为两性的

小花，仅边缘有大型白色不育花，形如蝴蝶，故又名"蝴蝶戏珠花"。产我国及日本。

22. 天目琼花（鸡树条荚蒾）*Viburnum sargentii* Koehne 忍冬科，荚蒾属

［识别要点］高达3m；小枝有明显的条棱。单叶对生，叶广卵形，常3裂，叶缘有不规则的锯齿，叶柄顶端有2～4个大腺体。聚伞花序组成伞形复花序顶生，边缘有大型白色不孕花，中心具乳白色可孕花，花药紫红色。核果球形，鲜红色。花期5～6月，果期9～10月。

［栽培变种］黄果天目琼花'Flavum'果黄色，花药常黄色。

［分布与习性］产我国长江流域、华北、东北、内蒙古等地。各地园林常见栽培。喜光，耐半阴，耐寒、耐旱，喜深厚肥沃、排水良好的沙壤土。萌蘖性强。

［园林用途］树姿清秀，叶形美丽，初夏花白似雪，深秋果似珊瑚。为优美的观花、观果树种。植于草地、林缘、建筑物周围，也可在假山、路旁孤植、丛植或片植。

23. 锦带花 *Weigela florida* A. DC. 忍冬科，锦带花属（图4-138）

［识别要点］高达3m；小枝幼时有2列柔毛，老时变成棱线。单叶对生，椭圆形，叶缘有锯齿，背面脉上密生柔毛。花1～4朵成聚伞花序，腋生或顶生；花萼裂至中部，裂片披针形，花冠漏斗状钟形，玫瑰红色，内面苍白色。蒴果柱状，种子无翅。花期4～6月，果期10月。

［变种及栽培变种］

① 美丽锦带花 var. *venusta* Nakai 叶较小，花大而多，亮玫瑰粉色。

② 白花锦带花'Alba' 花冠白色。

③ 花叶锦带花'Variegata' 植株紧密，叶边缘黄绿色，花粉白色。北京、沈阳等地有栽培。

④ 变色锦带花'Versicolor' 花由奶白色变为红色。

⑤ 紫叶锦带花'Purpurea' 植株紧密，叶带紫色，花紫粉色。

⑥ '红王子'锦带花'Red Prince' 花鲜红色。北京、沈阳等地有栽培。

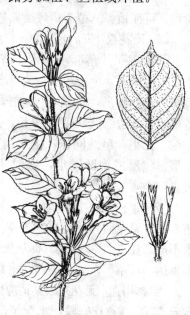

图4-138 锦带花

24. 海仙花 *Weigela coraeensis* Thunb. 忍冬科，锦带花属

［识别要点］植株较高大；叶阔椭圆形。萼片线状披针形，裂达基部，花冠初时乳白，淡红色后变深红色。种子有翅。

［分布与习性］产我国东北、华北及华东北部。各地均有栽培。喜光，耐寒，耐干旱瘠薄，以深厚、湿润、腐殖质丰富的壤土生长最好，不耐水涝。萌芽、萌蘖力强。对氯化氢等有毒气体抗性强。

［园林用途］花繁色艳，花期长，是晚春重要的花

图4-139 金银木

灌木之一。宜丛植草坪、庭园角隅、山坡、建筑物前，作花篱或点缀假山石旁。花枝可切花插瓶。

25. **金银木** *Lonicera maackii* Maxim. 忍冬科，忍冬属（图 4-139）

〔识别要点〕高达 5m；小枝髓褐色，后变中空。单叶对生，卵状椭圆形，全缘，两面疏生柔毛。花成对腋生，总花梗短于叶柄；花冠唇形，先开时白色后变黄色，故有金银忍冬之称，淡香。浆果红色。花期 5~6 月，果期 9~10 月。

〔变型〕红花金银木 f. *erubescens* Rehd. 幼叶带红色；花较大，淡红色。

〔分布与习性〕产我国华东、华中、西南北部、西北东部、华北、东北。各地园林普遍栽培。喜光，耐半阴，耐寒，耐旱，耐水湿，喜湿润肥沃土壤。萌芽、萌蘖力强。

〔园林用途〕春夏开花，清雅芳香，秋季红果累累，晶莹可爱。是优良的观花、观果树种。可孤植、丛植于草坪、路边、水池、林缘及建筑物周围。

26. **无花果** *Ficus carica* L. 桑科，榕属（图 4-140）

〔识别要点〕落叶小乔木，高达 10m，或为丛生灌木，树冠球形。小枝粗壮，有环状托叶痕。单叶互生，宽卵形或近圆形，掌状 3~5 裂，偶不分裂，顶端钝，基部心形，边缘波状或具粗齿，上面粗糙，背面生有柔毛。花小，单性同株，生于肉质花托的内壁。花托梨形、卵形或倒圆锥形，熟时紫黑色，甜腻有香味，可食，小瘦果淡黄色。

〔分布与习性〕原产地中海沿岸，我国很早引种栽培。性喜温暖而稍干燥的气候，不耐严寒；对土壤要求不严，在酸性、中性、石灰质冲积土均可生长。根系发达，较耐旱。生长迅速，耐修剪，可整形。

〔园林用途〕无花果因其适应性强，栽培容易，果实营养丰富，常选作庭院花木配植，是绿化结合生产的理想树种。于公园旷地、林缘或院前宅后缀数丛，夏秋紫果累累，惹人喜爱。对多种有毒气体抗性很强，又耐烟尘，是厂矿绿化的良好材料。

图 4-140 无花果

27. **牡丹** *Paeonia suffruticosa* Andr. 芍药科，芍药属（图 4-141）

〔识别要点〕落叶小灌木，高可达 2m。根肉质、肥厚。分枝粗短，皮灰黑色。叶宽大，互生，二回三出复叶，具长柄，顶生小叶 3 深裂达中部，侧生小叶小而斜卵形，表面绿色，背面带粉白。4~5 月开花，单生枝顶，形大，有单瓣、复瓣之分，呈紫、红、白、桃红、黄等色，芳姿艳质，超逸万卉。蓇葖果卵形，顶端具喙，密被硬毛，8 月成熟，种子黑色、光泽。

〔品种〕牡丹品种据《花镜》记录有 129 种，杭州园林局曾引种曹州牡丹达 60 余品种，然因气候、

图 4-141 牡丹

风土各异,近年所遗无几,且生长并不理想,故仅录宁国牡丹三种:

①'玉楼春' 花重瓣,粉红色,楼子着花多而茂盛。

②'霞光' 花重瓣,桃红色,渐转大红,且易展放。

③'粉球' 花重瓣,粉红色,瓣边缘有时带白色,近基部稍现紫色。

[分布与习性]性好凉爽、畏酷热,喜燥恶湿,最忌劲风烈日和盐碱性的黏土,在华东地区宜栽于地势高燥、土层深厚肥沃、pH7~8的沙质壤土上。萌蘖力强,容易分株。

[园林用途]花大形美,色彩丰富,号称"花中之王",是我国传统的珍贵花木。庭园中习惯与山石、苍松和老梅搭配;也有规则式种植在花池、花台;若辟为专类园,可与芍药混植,既延长观赏时期,又增添观赏效果,如在牡丹园中栽上地被植物和常绿藤本,则冬季亦无枯寂之感。

28. **小檗**(日本小檗) *Berberis thunbergii* DC. 小檗科,小檗属(图 4-142)

[识别要点]落叶多枝灌木,高可达2m。枝条广展,幼枝紫红色,老枝灰棕或紫褐色,具条棱。叶倒卵形或匙形,全缘,表面黄绿色,背面粉白色,叶丛下有一由叶变形的刺,不分叉。4月新叶间伸出花轴,着生3~4朵淡黄色下垂的小花,呈簇生的伞形花序。浆果长椭圆形,鲜红色,含种子1~2颗;10月成熟。

[栽培变种]紫叶小檗'Atropurpurea'叶常年紫叶色,北京等地常栽培观赏。

[分布与习性]日本原产,久经栽培。适应性强,对光照要求不强,喜凉爽湿润环境,耐寒,忌积水洼地,微酸性、中性土壤均能适应。萌芽力强,耐修剪。

[园林用途]叶小形圆,春日枝悬金花,秋天红果满枝,鲜丽悦目。适于园路隅角,花丛边缘丛植,在岩石之间、池畔点缀几丛亦颇相宜。附种长叶小檗生势强盛,株高叶长,果蓝紫色,宜作绿屏和境界树种。

[同属树种]**庐山小檗**(长叶小檗) *B. virgetorum* Schneid. 高可达2m以上;枝灰黄色,有棱,刺单一。叶矩状菱形,长5~8cm,全缘或略呈波状,背面有白粉。花序总状,花黄色,3~10朵一束。浆果无宿存花柱。产江西、浙江等地。

图 4-142 小檗

29. **蜡瓣花** *Corylopsis sinensis* Hemsl. 金缕梅科,蜡瓣花属(图 4-143)

[识别要点]落叶灌木,高2~5m;小枝密被短柔毛。叶倒卵形或倒卵状椭圆形,先端短尖,基部斜心形,边缘具深波状齿牙,背面有星状毛。3月间先叶开黄色花,芳香,由10~18朵集成下垂的总状花序,雅丽别致。蒴果卵圆形,有毛,顶端具弯曲的喙,9~10月成熟时四裂,弹出光亮的黑色种子。

图 4-143 蜡瓣花

[分布与习性] 产长江流域及其以南地区山地。喜光而能耐阴,多生于中山坡谷灌木丛中,适生于湿润、肥沃而排水良好的酸性黄壤,引种平原林缘,生长发育正常。

[园林用途] 花成串下垂,黄如涂蜡,甚为秀丽。丛植于草坪、甬道两则或林缘,无不相宜;若点缀于假山、岩石之间,颇具雅趣,如与常绿树搭配,尤为得体。

30. **山麻杆**(桂圆树) *Alchornea davidii* Franch. 大戟科,山麻杆属(图4-144)

[识别要点] 落叶丛生灌木,高1~2m。幼枝密被茸毛,老枝光滑,有时紫红色。叶纸质,阔卵形成或扁圆形,先端急尖或钝圆,基部心形,上面绿色,背面带紫色,新生幼叶红色,基出三脉,边缘具浅疏锯齿。花单性,雌雄同株,无花瓣,花萼紫色,雄花密生,呈圆柱状穗状花序,雌花为总状花序。蒴果近圆形。4~5月开花,7~8月成熟。

[分布与习性] 主产长江流域地区。稍耐阴,性喜温暖湿润气候,常生于阳坡灌木丛中。对土壤要求不严,微酸性、中性土均生长良好。萌蘖力强,易更新。

[园林用途] 山麻杆新枝、嫩叶俱红,是园林中主要观叶树种之一。丛植庭前、路边或山石之旁,均甚相宜,若与其他花木成丛成片配植,能起到增加层次,丰富色彩的效果。

图4-144 山麻杆

31. **木芙蓉**(芙蓉) *Hibiscus mutabilis* L. 锦葵科,木槿属(图4-145)

[识别要点] 落叶灌木,高可3~4m,树冠球形。枝密被灰色星状毛。叶大,卵圆状心形,常3~7裂,裂片卵状三角形,边缘具钝锯齿,两面均有毛。花单生于枝端叶腋,9月下旬始花,至11月殆尽,或红或白,深浅不一,烂漫可爱。蒴果扁球形,密被黄色毛,在杭州常受霜害,不易采到成熟的种子。

[分布与习性] 原产我国西南部,南方各地多有栽培。喜光而稍耐阴,喜温暖湿润气候。对土壤要求不严,而以潮湿肥沃的中性、微酸性沙壤生长最盛。抗寒力弱,在江苏及浙江北部地上部分不能越冬,翌年春天再由根部萌发新枝。

[园林用途] 清姿雅质,花色鲜艳,为花中之珍品。芙蓉喜水,适于配植池边、湖畔,波光花影,相映益妍;若群植于草坪边缘、建筑物周围、庭园一隅,或作花径处理,无不相宜。对二氧化硫抗性特强,对氯气、氯化氢有一定抗性,在有污染的工厂绿化,既美化环境又净化空气。

[栽培变种] 重瓣芙蓉 'Plenus' 花重瓣。

图4-145 木芙蓉

32. **木槿** *Hibiscus syriacus* L. 锦葵科，木槿属（图 4-146）

[识别要点] 落叶灌木，高达 3～4m；分枝多，小枝被柔毛。单叶互生，菱状卵形，常三裂，边缘具不规则钝圆锯齿，三出脉明显，嫩叶被毛。花单生叶腋，6月起陆续开放，花冠钟状，浅紫蓝色，朝开暮萎。蒴果矩圆形，被绒毛，10月成熟，淡灰褐色。

[栽培变种]

① 重瓣白木槿 'Albo-plenus' 花重瓣，白色。

② 桃紫重瓣木槿 'Amplissimus' 花重瓣，桃紫色。

[分布与习性] 产亚洲东部，我国东北南部、华北至华南各地广为栽培。喜光而稍耐阴，好水湿又耐干旱。性喜湿润肥沃的中性土壤，微酸、微碱土亦能适应，抗寒性较木芙蓉强。萌芽力亦强，耐修剪，易整形。

[园林用途] 枝叶繁茂，花期长达 3～4 个月，色彩鲜艳，惜朝开暮落，实美中不足。南方多作花篱、绿篱；北方作庭园点缀。园林中除用作花篱、境界外，群植于草坪边缘、林缘、池畔，或点缀于主景树丛中，均甚相宜。木槿对二氧化硫等有害气体抗性很强，又有滞尘功能，可作为有污染源的工厂和街坊绿化。

图 4-146 木槿

33. **结香**（三桠）*Edgeworthia chrysantha* Lindl. 瑞香科，结香属（图 4-147）

[识别要点] 落叶灌木，高达 2m，丛生。枝粗壮，通常每枝分生三小枝，质柔韧，呈灰棕色，有皮孔。叶椭圆状倒披针形，色深绿，光润可爱。花金黄色，呈筒状，其外被白色长柔毛，芳香；成顶生头状花序；3～4月叶前开花。核果卵形，状如蜂窠，5月下旬成熟，暗绿色。

[分布与习性] 产我国中部及西部地区，各地多有栽培。喜湿润凉爽气候，在富含腐殖质而湿润的山地黄壤生长繁茂，中性壤土亦能适应。对光的要求不严，如在平原强日照下，往往受雷阵雨影响发生根腐病。性颇耐寒，生长季节长，久旱会出现萎叶。萌蘖力强，不耐修剪。

[园林用途] 柔条长叶，姿态清雅，花多成簇，先叶而放，富于芳香。孤植、列植、群植皆宜，适于配植庭前、道旁、墙隅或作疏林下木。在园林中可丛植草坪边缘、树丛前后，或点缀假山岩石之间，无不相宜。

图 4-147 结香

34. **黄薇** *Heimia myrtifolia* Cham. et Schlecht. 千屈菜科，黄薇属（图 4-148）

[识别要点] 落叶丛生灌木，高 1～2m。树冠近球形，枝开展，纤细。叶对生，间有

互生者,无柄;披针形,先端尖,边缘具不明显浅细锯齿,光滑无毛。花金黄色,单生叶腋,在杭州有两次开花现象,第一次 6 月始花,7 月告终;第二次出现在 8 月,至 9 月尚未开尽。蒴果半球形,萼宿存,8 月、10 月分二次成熟,黄褐色。

[分布与习性]原产南美,我国有少量栽培。喜暖好阳,适应性尚强。对土壤要求不严,凡排水良好的微酸性、中性土壤均能适应。性耐旱而稍畏寒,地上部分偶有冻害,但不影响来年生长发育。根系发达、易发棵。

[园林用途]树冠浑圆,枝叶纤巧,夏秋间繁叶翠绿,金花成串,灿若披锦,鲜丽悦目。适于溪边、假山岩隙中点缀,特别在小径两侧、建筑物附近植以少许,丰富色彩,效果极佳;若片植草坪林缘、池边湖畔,亦甚相宜。

图 4-148 黄薇

图 4-149 金钟花

35. 金钟花 *Forsythia viridissima* Lindl. 木犀科,连翘属(图 4-149)

[识别要点]落叶丛生灌木,高可达 3m。枝斜伸,小枝绿色呈四棱形,髓体薄片状。单叶对生,椭圆形或广披针形,先端尖锐,基部楔形,上半部有粗锯齿。先叶抽蕾,3 月下旬与叶同时开放,1~3 朵腋生,满枝金黄,鲜艳悦目,蒴果卵球形,先端嘴状,10 月成熟,黄褐色。

[分布与习性]主产我国长江流域,生长于山谷溪边灌丛中;各地多栽培。喜温暖湿润气候,好光而耐阴,对酸性、中性土壤均反映良好。根系发达,萌蘖力强。

[园林用途]枝条拱曲,金花满枝,宛若鸟羽初展,极为鲜艳。适宜宅旁、亭阶、墙隅、篱下和路边配植;若在溪边、池畔、草坪边缘、林丛之前成片种植。如点缀于其他花丛之中,还起到色彩对比之美;列植、丛植为花径花丛,亦甚相宜。

[同属树种]**连翘** *F. suspensa* Vahl 在我国北方各地久经栽培,惟在华东地区生长较弱,应用不如金钟花广。枝细长开展或下垂,小枝浅棕色,髓中空。单叶或裂成 3 小叶,卵形或矩圆状卵形,基部阔楔形或圆形。4 月先叶开花,黄色。果狭卵形。

36. 迎春(迎春花) *Jasminum nudiflorum* Lindl. 木犀科,茉莉属(图 4-150)

[识别要点]落叶灌木(在暖地常绿),高达 3~4m,丛生。枝细长,直出或拱型,小

枝方形。三出复叶对生，表面及边缘有短刺毛。花于2~3月间先叶开放，单生在上年枝的叶腋，花冠黄色，外染红晕，艳丽逗人。

[分布与习性] 原产我国北部和西南高山，久经栽培，但未见结实。喜光，稍耐阴，抗旱、御寒力强。不择土壤，而以排水良好的中性沙质土最宜，微酸性土、轻盐碱土亦能适应。浅根性，萌芽、萌蘖力强，可行摘心、修剪、扎型。

[园林用途] 长条披垂，金英翠萼，为新春之佳卉。宜配植池边、溪畔、悬崖、石缝，庭前阶旁丛植或公园草坪边缘、丛林周围成片种植。若在山石小品中与南天竹、梅花搭配，再以其他细叶常绿灌木组合，繁花竞露，美不胜收。迎春常作盆景，以自然式的悬崖为佳，尤以老年盆景，枝干盘曲，古趣横生。

[同属树种] **探春** J. floridum Bunge 蔓性半常绿灌木，羽状复叶互生，小叶3~5，椭圆形或卵状矩圆形。聚伞花序顶生，5~6月开花，鲜黄色。浆果椭圆状卵形，12月成熟，绿褐色。性喜湿润凉爽，稍畏寒。

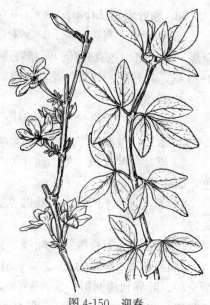

图4-150 迎春

37. 水蜡（水蜡树）Ligustrum obtusifolium Sieb. et Zucc. 木犀科，女贞属（图4-151）

[识别要点] 落叶灌木，高2~3m；小枝圆形有柔毛。单叶对生，长椭圆形，全缘，背面有短柔毛。圆锥花序顶生，下垂；花小，白色，芳香，花冠4裂，花冠筒长于花冠裂片的2~3倍。核果黑色。花期6~7月，果期9~10月。

[分布与习性] 产我国华东、华中、华北，辽宁南部也有分布。北京有栽培。喜光，稍耐阴。对土壤要求不严。萌蘖性强，耐修剪。

[园林用途] 是优良的绿篱和整形树种，也可丛植于庭园、草坪边缘、路旁、公园绿地。

图4-151 水蜡

图4-152 卵叶女贞

38. **卵叶女贞** Ligustrum ovalifolium Hassk. 木犀科，女贞属（图 4-152）

［识别要点］高达 2～3m，半常绿，在北方落叶；枝叶无毛。单叶对生，椭圆状卵形，全缘，表面暗绿色有光泽。圆锥花序顶生，直立而多花；花乳白色，花冠筒长为裂片长的 2～3 倍，有芳香。核果。花期 7 月。

［栽培变种］
① 金边卵叶女贞'Aureo-marginatum' 叶具宽黄边。
② 银边卵叶女贞'Albo-marginatum' 叶具白色或黄白色边。
③ 斑叶卵叶女贞'Variegatum' 叶从发叶开始，边缘即带鲜黄色，中央部分绿黄色，而较浅。

［分布与习性］产日本，我国也有分布；各地有栽培。在湿润肥沃的土壤上生长发育良好。

［园林用途］宜作绿篱、绿墙，丛植于园林绿地。

［同属树种］**金叶女贞** L. × vicaryi Hort. 落叶灌木，是金边卵叶女贞与欧洲女贞的杂交种。叶卵状椭圆形，长 3～7cm，嫩叶黄色，后渐变为黄绿色。近年在我国北方栽培较普遍，赏其金黄色的嫩叶。但必须栽植于阳光充足处才能发挥其观叶的效果。

第五节 常绿阔叶灌木

1. **金缕梅** Hamamelis mollis Oliv. 金缕梅科，金缕梅属（图 4-153）

［识别要点］灌木或小乔木，高达 10m。小枝幼时密被星状毛，芽有柄。单叶互生，宽倒卵形，基部歪心形，边缘波状齿，表面粗糙，背面密生茸毛。花金黄色，有香气，花瓣细长条状，弯曲皱缩，基部带红色。花期 12 月至翌年 3 月。

［分布与习性］产于我国江西、湖南、湖北、安徽、浙江、广西等地。喜光，耐半阴。常生于温暖湿润、富含腐殖质的山林中。根系发达。在酸性、中性土壤均能适应，畏炎热水涝。

［园林用途］金缕梅于早春叶前开花，花瓣如缕，轻盈婀娜，远望疑是蜡梅，故有"金缕梅"之称。适于孤植庭园角隅以及树丛边缘，若在山石之间配植一、二，尤觉悦目。也可制盆景、花枝可作切花。

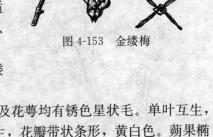

图 4-153 金缕梅

2. **檵木**（檵花）Loropetalum chinensis Oliv. 金缕梅科，檵木属（图 4-154）

［识别要点］高达 10m，常呈灌木状。小枝、嫩叶及花萼均有锈色星状毛。单叶互生，卵形或椭圆形，背面密生星状毛，全缘。头状花序顶生，花瓣带状条形，黄白色。蒴果椭圆形，2 裂。花期 4～5 月，果期 8～9 月。

［栽培变种］红花檵木'Rubrum' 叶暗紫色，花紫红色。常作盆景观赏。

［分布与习性］产我国河南南部、山东东部及长江流域以南至华南、西南各地。喜光，

稍耐半阴。喜温暖湿润的气候及酸性土壤，耐旱。萌芽力强，耐修剪。

[园林用途] 叶茂花繁，光彩夺目。红花檵木花叶俱红，更为艳丽。宜丛植于草坪、林缘、园路转角，作花篱及风景林下木栽培，与杜鹃等花灌木成片配植。盆栽观赏。

图 4-154 檵木

图 4-155 含笑

3. **含笑** *Michelia figo* Spreng. 木兰科，含笑属（图 4-155）

[识别要点] 高 2～3m；芽、幼枝、叶柄、花梗均被锈褐色绒毛。单叶互生，革质，倒卵状椭圆形，全缘。花单生叶腋，花被片 6 枚，肉质，淡乳白色，边缘带紫晕，具香蕉香味。花期 3～5 月。

[分布与习性] 产我国华南，长江流域以南地区有栽培；北方常温室盆栽。耐半阴，不耐曝晒和干燥，对氯气抗性较强。

[园林用途] 著名的芳香观花树种。适宜孤植、丛植在小游园、公园或街头绿地、草坪边缘、疏林下。北方盆栽观赏。花供熏茶或提取香精。

4. **火棘**（火把果、救军粮）*Pyracantha fortuneana* Li. 蔷薇科，火棘属（图 4-156）

[识别要点] 高达 3m；枝拱形下垂，幼枝被锈色柔毛，短侧枝常呈棘刺状。单叶互生，倒卵状长椭圆形，叶缘有钝锯齿。复伞房花序，花白色。梨果小，红色。花期 4～5 月，果期 9～11 月。

[分布与习性] 产我国华东、华中至西南等地。喜光，稍耐阴，耐旱力强，对土壤要求不严。萌蘖性强，耐修剪。

[园林用途] 初夏白花繁密，入秋红果累累，为优良的观果树种。适宜作绿篱，或丛植于草坪、园路转角、岩坡、池畔。也可作盆景，果枝是瓶插的好材料。

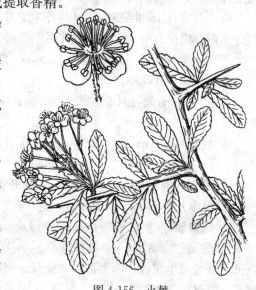

图 4-156 火棘

5. **月季**(月季花) *Rosa chinensis* Jacq. 蔷薇科，蔷薇属（图 4-157）

[识别要点] 高达 2m，南方常绿，北方落叶。小枝具倒钩皮刺，无毛。奇数羽状复叶，互生，小叶 3～5，宽卵形，叶缘有粗锯齿，托叶大部分和叶柄连生。花单生或几朵集成伞房状，花瓣 5 或重瓣，微香，有紫红、粉红色、白色等。花期 5～10 月，春秋两季开花最好。

[栽培变种]

① 月月红(紫月季) 'Semperflorens' 小灌丛，茎枝纤细，常带紫晕，叶较薄，花多单生，紫红或深红，花梗细长下垂，花期长。

② 小月季 'Minima' 植株矮小，一般不超过 25cm，花较小，玫瑰红色。单瓣或重瓣。

③ 绿月季 'Viridiflora' 花大，绿色，花瓣成狭绿叶状。

④ 变色月季 'Mutabilis' 幼枝紫红色，幼叶古铜色。花单瓣，初为黄色，继变橙红色，最后变暗红色。

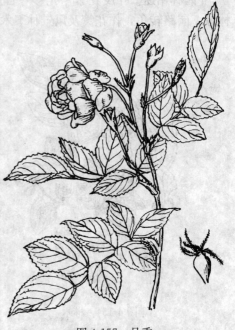

图 4-157 月季

[分布与习性] 原产我国中部，南至广东，西至云南、贵州、四川。国内外普遍栽培。喜温暖，不耐寒及炎热，生育适温白天 20～25℃，夜间 15℃左右，高于 30℃或低于 5℃及干燥时，即进入休眠或半休眠状态。喜光，喜肥沃、排水好的微酸性土壤；耐重剪，抗二氧化硫。

[园林用途] 花色艳丽，花期长，有花中"皇后"之称。是美化庭园的优良花木。适宜作花坛、花境、花篱及基础种植，也可在草坪、园路转角、庭园、假山等地配植，可配植成专类园，盆栽观赏，是世界四大切花之一。

现代月季自 18 世纪末至 19 世纪初，中国月季花及属中其他近 10 个种类传入欧洲，打开了创造现代月季的大门。现代月季品种繁多，花色各异，主要品种群有：

① 杂种香水月季 Hybrid Tea Roses 灌木，花大重瓣，花蕾秀美，花色丰富，有香味，梗长，四季开花不绝。

② 丰花月季(聚花月季) Floribunda Roses 灌木，具长梗，中小花聚簇成团，四季开花，抗寒兼耐热。

③ 壮花月季 Grandiflora Roses 灌木，一茎多花，四季开放，花大，生长势特为旺盛。

④ 微型月季 Miniature Roses 四季开花之极矮型月季，高约 20cm，枝密花繁。

⑤ 藤本月季 Climbing Roses 蔓性或攀援，一季、两季或四季开花。

6. **东瀛珊瑚**(桃叶珊瑚) *Aucuba japonica* Thunb. 山茱萸科，桃叶珊瑚属（图 4-158）

[识别要点] 高达 5m，树冠球形。小枝绿色，粗壮，无毛。单叶对生，叶革质，长椭圆形，叶缘疏生粗齿，两面油绿有光泽。圆锥花序腋生，密生刚毛，花小暗红色。浆果状核果，鲜红色。花期 3～4 月，果期 11 月至翌年 2 月。

［栽培变种］

① 洒金东瀛珊瑚 'Variegata' 叶面有黄色斑点。

② 金边东瀛珊瑚 'Picta' 叶边缘黄色。

③ 白果东瀛珊瑚 'Leucocarpa' 果白色。

④ 黄果东瀛珊瑚 'Luteocarpa' 果黄色。

［分布与习性］原产日本及我国台湾。长江流域以南露地栽培。耐阴，夏季怕日灼；喜暖湿气候，不耐寒；喜湿润、肥沃排水良好的土壤，不耐干旱。耐修剪，对烟尘和大气污染抗性强。

［园林用途］是珍贵的耐阴观叶灌木。适宜配植在林缘、树下、池畔湖边，丛植庭园一角，假山石背阴面或点缀庭园阴湿之处。华南地区可作绿篱及基础种植，北方盆栽陈设、布置厅堂、会场。枝叶可瓶插，作切花配叶。

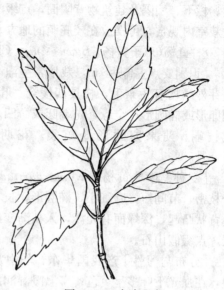

图 4-158 东瀛珊瑚

7. **八角金盘** *Fatsia japonica* Decne. et Planch. 五加科，八角金盘属（图 4-159）

［识别要点］高达 5m，幼嫩枝叶具易脱落性褐色毛。单叶互生，革质，掌状 7～11 裂，边缘有锯齿，叶柄长，基部膨大。伞形花序集成圆锥状复花序，花小乳白色。浆果紫黑色。花期 7 月，果期 8～10 月。

［栽培变种］

① 银边八角金盘 'Albo-marginata' 叶缘白色。

② 银斑八角金盘 'Variegata' 叶面上有白色斑纹。

③ 黄斑八角金盘 'Aureo-variegata' 叶面上有黄色的斑纹。

④ 黄纹八角金盘 'Aureo-reticulata' 叶面上有黄色网纹。

⑤ 波缘八角金盘 'Undulata' 叶缘波状，有时蜷缩。

⑥ 分裂叶八角金盘 'Lobulata' 叶片掌状深裂，裂片又再分裂。

［分布与习性］产日本。我国长江以南城市可露地栽培，北方温室盆栽。喜阴湿、温暖、通风环境，耐寒性差，亦不耐酷热和强光曝晒。在排水良好、肥沃的微酸性土壤上生长良好，不耐干旱。萌蘖性强，抗二氧化硫。

［园林用途］重要的观叶树种，日本称为"庭荫下木之王"。适宜配植于庭前、门旁、窗

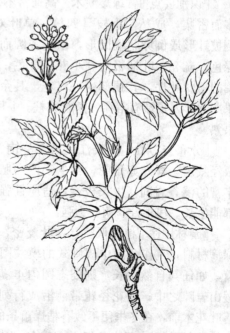

图 4-159 八角金盘

边、栏下、墙隅及建筑物背阴面，点缀于溪流、池畔或片植于草坪边缘、疏林之下。北方盆栽室内观赏，可摆放在较庇荫的地方。

8. **黄杨**(瓜子黄杨) Buxus sinica Cheng ex M. Cheng 黄杨科，黄杨属（图 4-160）

［识别要点］高达 7m，栽培常呈灌木状。小枝及冬芽外鳞均有短柔毛，枝具四棱脊。叶对生，革质，倒卵形或椭圆形，全缘，先端圆或微凹。花簇生叶腋或枝端。蒴果卵圆形 3 瓣裂。花期 4 月，果期 7~8 月。

［变种］珍珠黄杨 var. *margaritacea* M. Cheng 分枝密，节间短，叶细小，椭圆形，长不及 1cm，略龟背状凸起，深绿而有光泽，入秋渐变红色。可制盆景，点缀假山石。

［分布与习性］产我国华东、华中及华北。喜阴湿，在强光下叶多呈黄色；喜温暖湿润的气候，要求肥沃的沙质壤土，耐碱性较强。生长缓慢，萌蘖性强，耐修剪。抗烟尘，对二氧化硫、氯气等多种有害气体抗性强。

［园林用途］适宜列植、群植在公园绿地、庭前入口内侧作花径的背景树，或配植于树丛下作基调树种，点缀假山石旁，经过修剪造型者可对植门前、园中，尤为雅致。常作绿篱，亦可作盆景、桩景。也适于厂矿绿化。

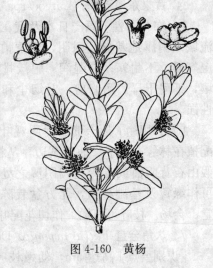

图 4-160 黄杨

9. **雀舌黄杨**(匙叶黄杨) Buxus bodinieri Lévl. 黄杨科，黄杨属（图 4-161）

［识别要点］常绿矮灌木，高通常不及 1m。分枝多而密集，成丛，小枝具四棱。单叶对生，革质，倒披针形或倒卵状椭圆形，顶端钝圆而微凹，表面绿色，光亮，叶柄极短。小花，黄色，单性，呈密集的穗状花序，其顶部生一雌花，其余为雄花。蒴果卵圆形，顶端有宿存的角状花柱。4 月开花，7 月果熟。

［分布与习性］产长江流域至华南、西南地区。久经栽培。喜光亦耐阴，常生于湿润肥沃、腐殖质丰富的溪谷岩间。生长极慢，适应性强，一般土壤都能生长。浅根性，萌蘖力强。

［园林用途］植株低矮，枝叶茂密，是优良的矮绿篱材料，宜作公园中规则式的模纹图案及花坛围篱，如任其自然生长，则姿态圆匀丰满，适于配植假山岩隙之中；在花径花带前沿成行列植，或植于落叶花木前，在冬季便不致有枯燥萧条的感觉。

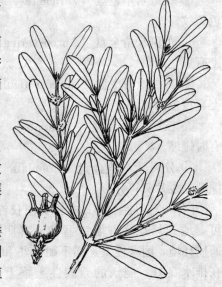

图 4-161 雀舌黄杨

［同属树种］**华南黄杨** B. *harlandii* Hance 与雀舌黄杨的区别在于叶较窄，分枝较

疏。产我国南方，很少见。

10. **海桐**（海桐花）*Pittosporum tobira* Ait. 海桐花科，海桐花属（图4-162）

［识别要点］高2～6m，树冠球形；小枝及叶集生枝顶。单叶互生，叶革质，全缘，长倒椭圆形，边缘略反卷，浓绿色，有光泽。伞形花序顶生；花白色，芳香。蒴果，3瓣裂。花期5月，果期10月。

［栽培变种］斑叶海桐'Variegata' 叶边有不规则白斑。

［分布与习性］产我国长江流域及东南沿海。喜光，也耐阴。喜温暖湿润的海洋气候及肥沃湿润土壤，在偏酸性或中性壤土上生长良好，耐盐碱，抗海潮风。萌蘖性强，耐修剪。对有毒气体抗性强。

［园林用途］枝叶茂密，叶色浓绿，花洁白芳香，种子鲜红色，颇为美观。可孤植于建筑物周围，丛植于草坪边缘。易修剪成型，配植于树坛、花坛、假山石旁，或作绿篱。也适于厂矿及沿海地区绿化。

图4-162 海桐

11. **扶桑**（朱槿、朱槿牡丹）*Hibiscus rosea-sinensis* L. 锦葵科，木槿属（图4-163）

［识别要点］高达6m，盆栽者1m多。单叶互生，广卵形或长卵形，叶缘粗锯齿，3出脉，表面有光泽。花单生上部叶腋，花冠鲜红色，雌蕊柱头伸出花冠外。蒴果卵圆形。花期夏季、秋季，冬春在室内也可开花。

［栽培变种］斑叶扶桑'Cooperi' 叶上有红色和白色斑。此外，还有白花、黄花、粉花及重瓣等品种。

［分布与习性］产于我国福建、台湾、广东、广西、云南、四川等地。长江流域及以北温室盆栽。喜光，喜温暖湿润气候，不耐寒，要求肥沃、排水良好的沙质土壤。

［园林用途］华南多露地栽培观赏，或作花篱。也是名贵的盆栽花木，可布置会场、厅堂、展室等。

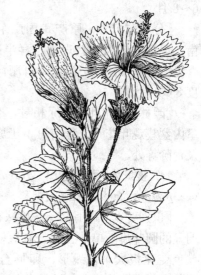

图4-163 扶桑

12. **一品红**（圣诞树）*Euphorbia pulcherrima* Willd. 大戟科，大戟属（图4-164）

［识别要点］高1～3m，茎光滑，植物体具乳汁，嫩枝绿色。单叶互生，无托叶长椭圆形，全缘或具浅裂，先端三角状。枝端花序下叶片较狭，全缘，苞片状，开花时呈鲜红色。杯状聚伞花序顶生。花期11月至次年3月。

［栽培变种］

① 一品白'Alba' 开花时总苞片乳白色。

② 一品粉'Rosea' 开花时总苞片粉红色。

③ 重瓣一品红'Plenissima' 除总苞片变色似花瓣外，小花也变成花瓣状叶片，直立向上，簇拥成团。

[分布与习性] 原产墨西哥及热带非洲。我国华南可露地栽培，长江流域及其以北温室盆栽。喜光，喜暖湿气候，不耐寒，要求疏松肥沃、排水良好微酸性土壤，对水分要求严格，土壤湿度过大，常会引起根部发病，导致落叶，土壤湿度不足，植株生长不良，也要落叶。为短日照植物，在日照10小时左右，温度高于18℃的条件下开花。

[园林用途] 花色鲜艳，花期长。华南可露地栽植于庭园作点缀，也可作切花。最宜盆栽，是元旦、春节、国庆等节日重要的观赏盆花。国外作圣诞节用花，故有"圣诞花"之称。

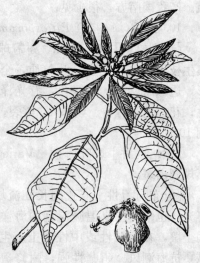

图 4-164 一品红

13. **红背桂**（青紫木、紫背桂）*Excoecaria cochinchinensis* Lour. 大戟科，土沉香属（图 4-165）

[识别要点] 高 1～2m，全株无毛。单叶对生，狭长椭圆形，叶缘细浅齿，表面绿色，背面紫红色。穗状花序腋生，花单性异株，黄白色。蒴果球形。花期 6～8 月。

[分布与习性] 原产我国广东、广西、台湾和越南。现各地广为盆栽观赏。喜半阴环境，不耐曝晒。喜温暖湿润气候，不耐寒，喜肥沃沙质壤土。越冬温度 8℃以上。

[园林用途] 叶片红绿相衬，秀丽雅气，是优良的室内盆栽观叶花卉。华南可植于庭园、屋隅、墙旁以及台阶等处。

14. **变叶木**（洒金榕）*Codiaeum variegatum* Bl. var. *pictum* Muell-Arg. 大戟科，变叶木属（图 4-166）

[识别要点] 高 1～2m；植株有乳汁，枝上有大而明显的圆叶痕。单叶互生，有短柄，厚革质，形状和颜色变化极大，自线形、卵形至椭圆形，全缘或分裂，有时微波状扭曲，常具白色、黄色、红色和紫色斑点或斑纹。总状花序。蒴果白色。花期 5～6 月。

图 4-165 红背桂

[栽培变种]

① 长叶变叶木'Ambiguum' 叶片长披针形，长约 20cm。

② 蜂腰变叶木'Appendiculatum' 叶细长，前端有一条主脉，主脉先端有汤匙状小叶。

③ 角叶变叶木'Cornutum' 叶片细长，有规则地螺卷，叶片先端有一翘起的小角。

④ 螺旋叶变叶木'Crispum' 叶片波浪起伏，呈不规则的扭曲和旋卷。

⑤ 戟叶变叶木'Lobatum' 叶片宽大常具3裂片，似戟形。

⑥ 宽叶变叶木'Platyphllum' 叶片卵形或倒卵形，有大、中、小型种，叶长5～20cm，宽3～10cm。

⑦ 细叶变叶木'Taenissum' 叶带状，宽仅及叶长的1/10。

[分布与习性] 原产马来西亚、太平洋群岛等地。我国广东、福建、台湾等地可露地栽培，其他地区温室盆栽。喜光照充足和高温多湿的环境，喜黏重、肥沃而有保水性的土壤。越冬温度12℃以上。

图4-166 变叶木

[园林用途] 变叶木在自然界的植物中，是叶色、叶形、叶斑变化最多的树种。为著名的观叶植物。华南一带可丛植于庭园；也常盆栽装饰厅、堂、会场，也可作切花配叶。

15. **茶梅** *Camellia sasanqua* Thunb. 山茶科，山茶属（图4-167）

[识别要点] 高3～6m；嫩枝有毛，芽鳞有伏生柔毛。单叶互生，椭圆形或长卵形，叶缘有锯齿，表面有光泽。花单生，无柄，白色，稍有香气，花丝离生，子房密生白毛。蒴果。花期11月至次年2月。

[分布与习性] 产我国长江流域以南地区；日本也有分布。喜光，稍耐阴。喜温暖气候及酸性土壤，不耐寒。

[园林用途] 南方常植于庭院观赏，作基础种植及花篱。北方盆栽观赏。

16. **杜鹃**（映山红）*Rhododendron simsii* Planch. 杜鹃花科，杜鹃花属（图4-168）

[识别要点] 高2～3m；分枝多而细弱。枝叶及花梗均密被黄褐色糙伏毛。顶芽发达，花芽较叶芽大，侧芽单生，无柄。单叶互生，纸质，卵状椭圆形，两面均有糙伏毛，全缘。花2～6朵簇生枝端，鲜红或深红色。蒴果卵圆形被糙伏毛。花期4～5月，果期10月。

图4-167 茶梅

[分布与习性] 产我国长江流域以南各地，东至台湾，西南达四川、云南，北至河南、山东南部。耐半阴，喜温暖湿润气候及酸性土壤，不耐烈日曝晒，耐干燥瘠薄，不耐浓肥和水淹。根具菌根，须带原土移植。

[园林用途] 为著名的园林花木。最适于群植湿润而有庇荫的林下、岩际、树丛、溪

边、池畔以及草坪边缘，在建筑物背阴面作花篱、丛植配植。设置杜鹃专类园时，上层可配植松类、槭类等观叶树种，组成群落景观。北方盆栽观赏。

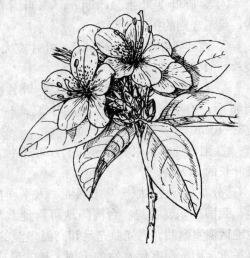

图 4-168　杜鹃　　　　　　　　　图 4-169　马银花

17. **马银花** *Rhododendron ovatum* Planch.　杜鹃花科，杜鹃花属（图 4-169）

[识别要点] 高达 4m，树冠长圆形。单叶互生，革质，卵状椭圆形，全缘，常集生枝端。花单生，淡紫色，有斑点，花冠深裂近基部。蒴果宽卵形。花期 4 月，果期 10 月。

[分布与习性] 我国长江以南山地习见的常绿杜鹃。喜温暖湿润的气候，常见于疏林下或山麓北部富含腐殖质的酸性红黄壤，忌石灰性和黏质土。根系发达，萌芽力强。

[园林用途] 在园林中群植或片植，点缀溪流之旁，山崖石隙之间。或与落叶花木参差配植，群芳争艳，甚觉妩媚动人。

18. **金丝桃**（金丝海棠）*Hypericum chinense* L.　藤黄科，金丝桃属（图 4-170）

[识别要点] 半常绿灌木，高达 1m，全株光滑。小枝对生，圆筒形，红褐色。单叶对生，无柄，长椭圆形，全缘，具透明腺点。花单生或聚伞花序顶生，金黄色。蒴果卵圆形。花期 6～7 月，果期 8 月。

[分布与习性] 产我国长江流域及其以南地区；暖地常有栽培。不耐寒，喜光，略耐阴，以肥沃的中性沙壤土最好，耐干旱，不耐积水。根系发达，萌蘖性强，耐修剪。

[园林用途] 黄花密集，花丝纤细，灿若金丝，绚丽可爱。是夏季优良的观赏花木。适于丛植或群植在草坪、树坛边、庭院角隅、门庭两侧、路口、假山石旁，亦可作花篱、盆栽及切花材料。

19. **枸骨**（猫儿刺、鸟不宿）*Ilex cornuta* Lindl.　冬青科，冬青属（图 4-171）

[识别要点] 高 3～4m，树冠阔圆形。单叶互生，硬革质，矩圆状四方形，具尖硬刺齿 5 枚，顶端刺反曲，表面

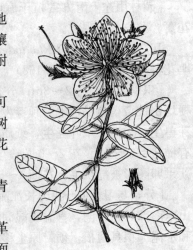

图 4-170　金丝桃

深绿而有光泽。花簇生于 2 年生枝叶腋，花小黄绿色。核果红色。花期 4～5 月，果期 10～11 月。

［变种和栽培变种］

① 无刺枸骨 var. *fortunei* S. Y. Hu 叶缘无刺齿。

② 黄果枸骨 'Luteocarpa' 果暗黄色。

［分布与习性］产我国长江中下游各地。喜光，稍耐阴；喜温暖、湿润的气候，耐寒性差；在肥沃、排水良好的微酸性土壤上生长良好。生长缓慢，萌芽、萌蘖力强，耐修剪。

［园林用途］枝繁叶茂，叶形奇特，入秋红果累累，经冬不落。是良好的观叶、观果树种。可孤植于花坛中，丛植于草坪角隅。或修剪成型，对植门庭、路口两侧。也常作基础种植、绿篱及岩石园材料，老桩作盆景。

图 4-171 枸骨

20. **大叶黄杨**（冬青卫矛）*Euonymus japonicus* Thunb. 卫矛科，卫矛属

［识别要点］高达 8m，树冠球形。单叶对生，革质，倒卵形或椭圆形，叶缘钝锯齿。聚伞花序腋生，花绿白色。蒴果粉红色，熟时 4 瓣裂，假种皮橘红色。花期 5～6 月，果期 9～10 月。

［栽培变种］

① 金边大叶黄杨 'Aureo-marginatus' 叶边缘金黄色。

② 银边大叶黄杨 'Albo-marginatus' 叶边缘白色。

③ 金心大叶黄杨 'Aureo-pictus' 叶中脉附近金黄色，不达叶缘，有时叶柄及枝端也变为黄色。

④ 银斑大叶黄杨 'Argenteo-variegatus' 叶有白斑和白边。

⑤ 斑叶大叶黄杨 'Viridi-variegatus' 叶形大，亮绿色，叶面有黄色和绿色斑纹。

［分布与习性］原产日本。我国南北各地均有栽培，长江流域尤多。喜光，亦耐阴，喜温暖湿润的气候，以中性肥沃土壤生长最佳，耐干旱瘠薄。极耐修剪，易整形。对烟尘、有毒气体抗性较强。

［园林用途］园林中多作绿篱；经修剪成型的植株，适于规则式的对植，花坛中心植，列植甬道两侧，更觉协调；如自然式配植庭园、建筑物周围、草坪边缘、入口及干道两旁，或作背景树处理，也具独特风趣。又是工矿区绿化的好树种。

21. **金橘**（金枣）*Fortunella margarita* Swingle 芸香科，金橘属（图 4-172）

［识别要点］高达 3m，树冠半圆形。枝密生，近无刺。单身复叶，互生，叶柄有狭翅，披针形或椭圆形。花 1～3 朵簇生叶腋，白色，芳香。果长圆形，长 2.5～3.5cm，金黄色。花期 7 月，果期 12 月。

［分布与习性］产我国东南部。各地盆栽观赏，是广州花市上重要的盆橘。喜温暖湿润气候，以土层深厚、肥沃、排水良好的中性、微酸性沙壤土为宜。对二氧化硫抗性强。

［园林用途］果金黄色，逗人喜爱。适于院落、庭前、门旁、窗下配植，群植于草坪或树丛周围。各地多盆栽观果。

图 4-172 金橘

图 4-173 米仔兰

22. 米仔兰(米兰、树兰) *Aglaia odorata* Lour. 楝科，米仔兰属（图 4-173）

[识别要点] 高 4~7m，多分枝，幼枝被星状锈色鳞片。奇数羽状复叶互生，总叶轴有宽翅，小叶 3~5，叶面亮绿。圆锥花序腋生，花小而多，黄色，极香。浆果。夏秋开花。

[分布与习性] 产亚洲东南部和我国华南地区；各地有栽培。喜光，耐半阴，喜温暖湿润的气候，不耐寒，土壤以微酸性为宜，不耐旱。越冬温度 10℃以上。

[园林用途] 在华南、西南可植于庭院。北方盆栽陈列客厅、书房、门廊等处。

23. 茉莉(茉莉花) *Jasminum sambac* Ait. 木犀科，茉莉属（图 4-174）

[识别要点] 高 1~3m，枝细长呈藤本状。单叶对生，卵形或椭圆形，全缘，质薄而有光泽，背面脉腋有簇毛。聚伞花序顶生，花白色，浓香。花期 5~10 月。

[分布与习性] 产于印度、伊朗及阿拉伯半岛。我国广东、福建及长江流域以南各地栽培，北方盆栽。喜光，喜温暖湿润气候及酸性土壤，不耐寒，不耐干旱、湿涝和碱土。越冬温度 8℃以上。

[园林用途] 叶色翠绿，花色洁白，香味浓厚，是著名的香花树种。盆栽点缀居室，清雅宜人，花可作襟花佩带。华南露地栽培，可作花篱。也常作香料栽培，花朵供窨茶或提炼香精。

24. 夹竹桃 *Nerium oleander* L. 夹竹桃科，夹竹桃属（图 4-175）

[识别要点] 高达 5m，嫩枝具棱。叶常 3 枚轮生，枝条下部叶对生，长条状披针形，革质，全缘而略反卷，侧脉密而平行，中肋显著。聚伞花序顶生；花冠粉

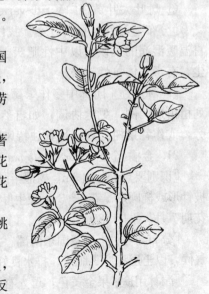

图 4-174 茉莉

红色，漏斗形。蓇葖果长角状。花期6~9月，果期12月至翌年1月。

［栽培变种］

① 白花夹竹桃'Album' 花白色，单瓣。

② 重瓣夹竹桃'Plenum' 花重瓣，粉红色。

［分布与习性］原产印度及伊朗，现广植于世界热带地区。我国长江以南广为栽培，北方温室盆栽。喜光，喜温暖湿润的气候，不耐寒。以肥沃的中性土最适宜，不耐水涝。抗烟尘及多种有毒气体。萌发力强，耐修剪。

［园林用途］适于孤植、群植于公园绿地、草坪、水滨、湖畔、墙角及篱边，列植于建筑物前，路边。是厂矿、街道优良的抗污染花木，可作防风林及固沙灌木。但树皮、叶有毒，人畜误食有致命危险。幼儿园、校园内避免栽植。

图4-175 夹竹桃

图4-176 栀子花

25. **栀子花**(栀子) *Gardenia jasminoides* Ellis 茜草科，栀子花属（图4-176）

［识别要点］高达3m，枝丛生。叶对生或3枚轮生，倒卵形或长椭圆形，全缘，革质，翠绿色，叶表有光泽。花单生枝顶，白色，浓香。浆果具5~9纵棱。花期5~7月，果期10~11月。

［变种、变型及栽培变种］

① 大花栀子 f. *grandiflora* Mak. 叶较大；花大，单瓣，浓香。

② 玉荷花'Fortuneana' 花大而重瓣。栽培较普遍。

③ 雀舌栀子 var. *radicana* Mak. 植株矮小，枝常平展匍地。叶较小，倒披针形，花也小，重瓣。宜作地被材料或盆栽。

［分布与习性］产我国长江流域及其以南地区；各地城乡多有栽培。喜光，但避免强直射。喜温暖湿润的气候，耐寒性较差。喜肥沃、排水良好的酸性土，是典型的酸性土植物。萌芽力强，耐修剪。对氯气有一定抗性。

［园林用途］是著名的香花树种。可丛植、列植，或作绿篱。也可盆栽、制盆景、作切花材料。可作街道、厂矿绿化。

26. **南天竹**(天竺) *Nandina domestica* Thunb. 小檗科，南天竹属（图4-177）

［识别要点］高达 2m，幼枝常红色，无毛。2～3 回奇数羽状复叶互生，各级羽片均对生，小叶全缘。圆锥花序顶生，花小，白色。浆果球形鲜红色。花期5～7月，果期9～10月。

［栽培变种］

① 玉果南天竹 'Leucocarpa' 叶翠绿色，果黄白色。

② 五彩南天竹 'Porphyrocarpa' 植株较矮小，叶狭长而密，叶色多变，常呈紫色。果紫色。

③ 丝叶南天竹(琴丝南天竹) 'Capillaris' 叶形狭窄如丝。

［分布与习性］产长江流域及浙江、福建、广西、陕西等地。暖地国庭多有栽培。喜光也耐阴，喜温暖湿润的气候，喜肥沃、湿润排水良好的土壤，是钙质土的指示植物。不耐积水，生长较慢。

图 4-177 南天竹

［园林用途］秋冬叶色变红，红果累累，经冬不落，是赏叶观果佳品。宜丛植于庭前、假山石旁或山径转弯处、漏窗前后。与松、蜡梅配植，绿叶、黄花、红果，色香俱全，雪中欣赏，效果尤佳。也可制作盆景和桩景。

27. **阔叶十大功劳** *Mahonia bealei* Carr. 小檗科，十大功劳属（图4-178）

［识别要点］高3～4m。奇数羽状复叶互生，小叶7～15，坚硬革质，卵状椭圆形，边缘反卷，叶缘有大刺齿2～5枚，侧生小叶基部偏斜，叶表有光泽。总状花序6～9条簇生，花黄色。浆果蓝黑色，被白粉。花期11月至翌年3月，果期4～8月。

［分布与习性］产我国南岭、西藏至秦岭、淮河以南。喜光，耐半阴。喜温暖湿润气候，不耐寒，以排水良好的沙壤土为佳。萌蘖性强，对有毒气体有一定抗性。

图 4-178 阔叶十大功劳

［园林用途］四季常青，枝叶奇特，秋后渐变红色，鲜艳悦目。适于布置树坛、岩石园、庭园、水榭等，常与山石配植。可作冬季切花材料。也可用于厂矿绿化。

［同属树种］十大功劳(狭叶十大功劳)*M. fortunei* Fedde 与阔叶十大功劳的区别：小叶5～9，狭披针形，叶缘有刺齿6～13对，花序4～8条簇生。产湖北、浙江、四川等地。

28. **长柱小檗** *Berberis lempergiana* Ahrendt 小檗科，小檗属

［识别要点］常绿小灌木，高达1m。枝方形，灰色。叶硬革质，长椭圆形，边缘有刺状锯齿，中脉下陷，侧脉不显，表面灰绿色，背面淡绿色。花3～5朵成簇，黄色，4～5月开放，花柱特长。浆果倒卵形，11月下旬成熟，蓝紫色，外被白粉。

［分布与习性］原系浙江野生，生于溪谷岩间，喜阴湿而富含腐殖质的酸性土壤。经杭州植物园引种栽培表明，已能适应平原生长。

[园林用途]入秋,叶转绯红,果蓝黑色,鲜丽悦目。宜成片配植于草坪边缘或作树丛中的下层观叶、观果树种,或点缀于假山、伏石之间,既与山石协调,又增添色彩变化。本种枝密多刺,作为境界绿篱或丛植于公用建筑、住宅周围亦很相宜。

29. **鸳鸯茉莉**(二色茉莉、番茉莉) *Brunfelsia australis* Benth. 茄科,鸳鸯茉莉属

[识别要点]高1m。单叶互生,全缘,叶矩圆形,叶柄短。花单生或数朵组成聚伞花序,花冠筒细长,上部5裂平展呈高脚蝶状,初开时蓝紫色,渐变淡蓝至白色,微香。浆果。花期4~10月。

[分布与习性]原产美洲热带。我国广泛栽培。喜光照充足温暖湿润的环境。要求肥沃疏松排水良好的微酸性土壤,不耐涝。越冬温度10℃以上。

[园林用途]多作盆花栽培,是良好的冬季室内盆花。华南可露地布置庭院。

30. **亮叶蜡梅** *Chimonanthus nitens* Oliv. 蜡梅科,蜡梅属

[识别要点]常绿灌木,高达2~3m,丛生。叶对生,小而革质,椭圆状卵形或倒卵形,先端急尖,表面深绿色,光亮,背面黄绿色;叶柄细瘦,紫褐色。9~11月开花,初微黄,渐转白色,瓣狭长而扭曲。瘦果矩圆形,6月成熟,褐色。

[分布与习性]产长江流域及其以南地区。浙江南部有野生,适应性强。性喜温暖湿润气候,生长于低山坡灌丛中,在微酸性黄壤生长良好。引种杭州后发育正常,生势旺盛,栽种旷地未见日灼和冻害,根系发达,萌蘖力强。

[园林用途]蜡梅中常绿而在秋季开花者惟有本种,其叶暗绿茂密,花青白繁多,是新引入之佳种。最适宜配植在庭园进口两侧和甬道、草坪角隅作隐蔽遮挡之用。亮叶蜡梅株形大而不规则,用于假山或花丛背景树,更为相宜。性耐阴,亦可作为落叶乔木的下木。

31. **乌药** *Lindera aggregata* Kosterm. 樟科,山胡椒属

[识别要点]常绿灌木或小乔木,高可达5m。小枝细,幼时密生锈色毛,老则无毛。叶革质,三出脉,椭圆形或卵形,先端长渐尖,上面绿色,光泽,下面密生灰白色柔毛。花单性,雌雄异株,伞形花序腋生;3~4月开黄绿色小花。核果椭圆形,初熟鲜红色,全熟紫黑色;9~10月果熟。

[分布与习性]中性树种,喜光亦耐阴。性喜温暖湿润气候,耐旱力强,多生于山坡、谷地林缘,对土壤的要求较严,适应酸性土壤,平原引种须择排水良好之地。

[园林用途]枝繁叶常绿,果熟或红或紫,兼有观叶观果的特色。适于散种高干花之下或列植甬道林间,也可配植在林缘、草坪四周,若山石之中穿插点缀一、二丛,亦十分得体。

32. **胡颓子** *Elaeagnus pungens* Thunb. 胡颓子科,胡颓子属(图4-179)

[识别要点]常绿灌木,高达4m。枝条开展,通常有刺,小枝褐色。叶长椭圆形或长圆形,边缘波状而常反卷,表面暗绿色,有光泽,背面银白色杂有褐色鳞片。10月开花,银白色略带芳香,1~4朵簇生于叶腋,下垂。浆果状核果,长椭圆形,翌年5月成熟,棕红色,

图4-179 胡颓子

味酸甜。

[分布与习性]产长江中下游及其以南地区；各地庭园偶有栽培。喜光而又耐阴，常生于山坡疏林下或林缘灌丛的阴湿环境。对土壤要求不严，中性、酸性或石灰质土壤均能生长。抗寒性尚强，稍北地区亦能越冬。

[园林用途]枝条交错，叶背银灰，花有芳香，果色红艳，极为可爱。宜配植花丛或林缘，孤植在阳光充足的空旷地或配植假山石旁，草坪之中，颇具特色；在小型花丛中作为上木，周围植以多种喜阴小灌木和花草，自上至下，富于变化。若在儿童游戏场上孤植几株，整其干枝，促使广展，其下围以圆椅供休憩纳凉，则尤饶风趣。

[栽培变种]银边胡颓子'Variegata' 叶缘黄白色，萌芽力强。宜盆栽观赏。

[同属树种]**佘山胡颓子**(羊奶子) E. argyi Lévl. 半常绿大灌木，偶为小乔木，高达6m，呈伞形树冠。叶发于春秋两季，大小不一，叶形差异很大，大的多为椭圆状倒卵形，小的长椭圆形，背面银白色，散生褐色鳞片，果柄短细，生长势、适应性均较胡颓子为强。产长江中下游地区，可植于庭园观赏。

33. **六月雪** *Serissa japonica* Thunb. 茜草科，六月雪属（图4-180）

[识别要点]常绿矮小灌木，高不及1m，丛生，分枝繁多。叶对生成簇，近于无柄，薄革质，狭椭圆形，先端有小突尖，基部渐狭至柄，背面和叶柄均具白色微毛，托叶宿存。5~6月间开花，顶生或簇生；萼裂三角形，花冠漏斗状，长为萼的2倍，白色带红晕。

[变种及栽培变种]

① 金边六月雪'Aureo-marginata' 叶缘金黄色。

② 重瓣六月雪'Pleniflora' 花重瓣。

③ 荫木 var. crassiramea Mak. 较原种矮小，叶质厚，层层密集；花冠白色带紫晕。

④ 重瓣荫木 var. *crassiramea* 'Plena' 花重瓣。

[分布与习性]原产我国台湾及日本。性喜温暖阴湿环境，在向阳而干旱处栽培，生长不良。对土壤要求不严，中性、微酸性土均能适应。萌芽力、萌蘖力均强，耐修剪。

图4-180 六月雪

[园林用途]枝叶密集，初夏白花盛开，宛如雪花满树，雅洁可爱。适宜作花坛境界、花篱和下木；庭园路边及步道两侧作花径配植，极为别致，若交错配植在山石、岩际、开花时节，几同绣谷，引人入胜。可作盆景，亦是水石盆景上点缀之材料，剪扎成型，适足赏心。

[同属树种]**山地六月雪** S. serissoides Druce 高达1m，小枝疏生。叶倒卵形成或倒披针形。6~9月开花，纯白色，花冠与萼片近于等长。甚耐阴，喜微酸性黄壤。因种子容易采得，除扦插外，亦可播种育苗。产长江下游至华南地区，山地自生。也可栽培观赏。

34. **金边富贵竹** *Dracaena sanderiana* 'Golden Edge' 百合科，龙血树属（图4-181）

［识别要点］高 2～3m，单干，细长直立。叶抱茎，长披针形，绿色，沿边缘有黄白色纵条纹，极美丽。

［分布与习性］原产西非喀麦隆及刚果；各地室内盆栽。喜光，但忌强光直射。喜高温、高湿，不耐寒，稍耐旱，对土壤要求不严。夏季注意庇荫，但光线过暗叶色不鲜艳。越冬温度10℃以上。

［园林用途］为优良的室内观叶植物。适合家庭绿化装饰，布置窗台、阳台和案头。也可在宾馆、展厅、会场等摆放，装饰效果极佳。是目前国际市场上十分流行的插花材料。可将其光滑翠绿的茎干截成10～15cm，剪掉叶片，缚扎成宝塔形，水养观赏。

图 4-181　金边富贵竹

35. **朱蕉**(红叶铁树) *Cordyline terminalis* Kunth　百合科，朱蕉属（图 4-182）

［识别要点］高达3m，地下块根能发出萌蘖，茎直立，少分枝。单叶聚生茎顶，革质，剑状，端尖。绿色带紫红、粉红条纹，幼叶在开花时变深红色，叶柄长，有深沟，中肋明显。圆锥花序，花小白色。浆果。花期5～7月。

［栽培变种］

① 锦朱蕉'Amabilis'　叶亮绿色或铜绿色，带白色或边缘白色并有桃红色晕。

② 竹朱蕉'Ti'　叶长圆形，螺旋形着生茎顶，黄绿色。原产太平洋岛屿。

③ 小朱蕉'Baby Ti'　小型植株，叶狭外翻，深绿色，有金属光泽（带铜绿色），边缘红色。

图 4-182　朱蕉

此外，日本的新品种爱知赤'Aichiaka'、五彩朱蕉'Goshikiba'、白叶朱蕉'Hakuba'等在华南已引进生产。

［分布与习性］原产大洋洲北部和热带地区。我国各地普遍栽培。喜光，但忌烈日直射，不耐阴；喜温暖多湿的环境，不耐寒；对土壤要求不严，但忌碱性土。越冬温度10℃以上。

［园林用途］是良好的观叶植物，宜盆栽装饰厅、堂、会场及展室等。

36. **凤尾兰**(菠萝花) *Yucca gloriosa* L. 百合科，丝兰属（图 4-183）

［识别要点］高达2.5m，植株具茎。叶剑形，硬直，顶端硬尖，丛生，叶边缘无纤维丝，或老时有少许丝线。圆锥花序顶生，较窄；花被6片，乳白色。蒴果不开裂。花期夏（6月）、秋（10月）二次开花。

图 4-183　凤尾兰

［分布与习性］原产北美。我国各地有栽培，北京可露地栽培。喜排水良好的沙质壤土及光照良好的通风环境，耐干旱，耐寒，耐水湿。

［园林用途］宜植于花坛中心、草坪一角或假山石旁，也可盆栽观赏。

［同属树种］**丝兰** *Y. smalliana* Fern. 与凤尾兰区别：植株近无茎。叶丛生，较硬直，线状披针形，先端成针刺尖，边缘有卷曲的白丝，圆锥花序宽大直立。

37. **棕竹**(观音竹、筋头竹) *Rhapis excelsa* A. Hery 棕榈科，棕竹属（图4-184）

［识别要点］丛生灌木，高2～3m；茎圆柱形，有节。上部为纤维状叶鞘包围。叶似棕榈而小，掌状4～10深裂，裂片条状披针形。边缘和主脉有褐色小锐齿，叶柄细长，无刺，顶端有小戟突。花单性异株，圆锥状肉穗花序腋生。浆果。花期4～5月，果期11～12月。

［分布与习性］产我国海南、广东、广西、贵州、云南等地。北方温室盆栽。喜温暖湿润的半阴环境，不耐寒。要求肥沃、疏松排水良好的土壤。

［园林用途］宜丛植于花坛、廊隅、窗下，列植于路边。盆栽室内装饰或制作盆景。

［同属树种］**矮棕竹** *R. humilis* Bl. 高1.5～3m。叶掌状7～20深裂。产我国华南及西南地区。是很受欢迎的观叶树种。

图4-184 棕竹

38. **散尾葵** *Chrysalidocarpus lutescens* Wendl. 棕榈科，散尾葵属

［识别要点］丛生灌木，高达7～8m。干光滑黄绿色，幼时被蜡粉，环状鞘痕明显。叶长达1m左右，稍拱形。羽状全裂，裂片条状披针形，背面光滑主脉隆起，叶柄黄绿色，上部有槽，叶鞘光滑。肉穗花序，花金黄色。花期3～4月。

［分布与习性］原产马达加斯加。我国华南有栽培，长江流域以北地区温室盆栽。极耐阴。喜高温、湿润的环境，不耐寒。适宜疏松、肥沃排水良好的壤土。越冬温度10℃以上。

［园林用途］华南可用于庭院草地绿化，建筑物的背阴面与高大的棕榈类配植，呈现一派热带自然景观。北方盆栽布置客厅、书房、卧室、室内花园、礼堂、会场，也是宾馆、商厦、车站等公共场所常见的观叶植物。

39. **美丽针葵**(软叶刺葵) *Phoenix roebelenii* O'Brien. 棕榈科，刺葵属

［识别要点］高1～3m，单干或丛生，干上有残存的三角状叶柄基。叶羽状全裂，长1～2m，稍下垂，裂片狭条形，较柔软，2列，近对生，基部内折，基生小叶呈刺状。肉穗花序腋生，花单性异株。核果椭圆形。花期4月，果期11月。

［分布与习性］原产东南亚。我国广州等地有栽培，其他各地温室盆栽。喜光，也耐阴。喜排水良好的酸性沙质土壤，较耐干旱，不耐寒。越冬温度8℃以上。

［园林用途］是良好的室内观叶植物。华南可露地栽培。宜植于草坪、溪边、林下，常见盆栽，用于室内装饰及会场门厅布置。

40. 袖珍椰子 *Chamaedorea elegans* Mart. 棕榈科，玲珑椰子属（图 4-185）

[识别要点] 高 1~3m。茎细长，绿色，有环纹。叶羽状全裂，裂片 20~40 枚，镰刀形深绿色，有光泽。花单性异株，肉穗花序直立，有分枝，花小，黄绿色。果橙红色。花期 3~4 月。

[分布与习性] 原产墨西哥北部和危地马拉。我国南部以及台湾均有栽培。忌日光直射。喜温暖、湿润、半阴环境，不耐寒。喜湿润、肥沃、排水良好的土壤。越冬温度 5℃ 以上。

[园林用途] 株形优美，为优良的室内观叶植物。用于盆栽，点缀卧室，布置礼堂、会场等，可在楼梯转角处摆放。

图 4-185 袖珍椰子

第六节 藤本植物

一、落叶藤木

1. 木香（木香花）*Rosa banksiae* Ait. 蔷薇科，蔷薇属（图 4-186）

[识别要点] 茎长达 6m。枝细长，少刺，绿色。奇数羽状叶互生，小叶 3~5，卵状披针形，缘有细齿，托叶线形，与叶柄离生，早落。伞房花序生于新枝顶端，花小，白色或淡黄色，芳香，单瓣或重瓣。蔷薇果球形，红色。花期 5~7 月，果期 9~10 月。

[栽培变种]

① 重瓣白木香 'Alba-plena' 花白色，重瓣，香气最浓，栽培最普遍。

② 重瓣黄木香 'Lutea' 花淡黄色，重瓣，淡香。

[分布与习性] 产我国南部及西南。各地园林多栽培，北京小气候良好处能露地栽培。喜光，耐半阴；喜温暖、湿润环境；喜深厚、肥沃土壤，耐干旱，忌积水。生长快，管理简单。

图 4-186 木香

[园林用途] 宜于棚架、篱垣、凉廊、墙隅、假山岩壁等处配植。亦可孤植在草坪、林缘、坡地，还可盆栽。花可提炼香精。

2. 紫藤（藤萝）*Wisteria sinensis* Sweet 蝶形花科，紫藤属（图 4-187）

[识别要点] 茎长达 30m，缠绕性藤本；小枝被柔毛。奇数羽状叶互生，小叶 7~13，卵状长椭圆形，全缘。总状花序下垂，花序、花梗均被白色柔毛；花淡紫色，芳香。荚果长条形，密被银灰色有光泽的短茸毛，种子间有缢缩。花期 4~6 月，果期 9~10 月。

［栽培变种］

① 白花紫藤（银藤）'Alba' 花白色，香气浓郁。

② 粉花紫藤'Rosea' 花粉红至玫瑰红色。

③ 重瓣紫藤'Plena' 花重瓣，堇紫色。

［分布与习性］主产我国华北，现南北各地均有栽培。喜光，对气候、土壤适应性强，以深厚肥沃排水良好的土壤为佳。主根深，侧根少，不耐移植。对二氧化硫、氯化氢和氯气等有害气体抗性强。生长快，寿命长。

［园林用途］为著名的观花藤本植物。园林中常作棚架、篱垣、岩壁、门廊、凉亭、枯树、灯柱及山石的垂直绿化材料，或修剪成灌木状点缀于湖边、池畔。孤植于草坪、林缘、坡地别有风姿。也用于厂矿绿化，或作树桩盆景，花枝可作插花材料。

3. 云实 *Caesalpinia decapetala* Alston 苏木科，苏木属（图 4-188）

图 4-187 紫藤

［识别要点］落叶攀援灌木，高达 5m；枝干、叶轴均有倒生弯曲钩刺，枝先端拱状下垂或攀援。叶偶数二回羽状复叶，小叶 6～12 对，膜质，矩圆形，先端钝，全缘，背面略带白粉。5～6 月新枝梢端或叶轴下开黄花，约 20 朵组成总状花序。荚果长椭圆形，偏斜有喙，9～10 月成熟，赤褐色，沿腹缝开裂，内含种子 6～9 粒，黑棕色。

［分布与习性］产长江以南及西南地区。喜光，稍耐阴，不甚耐寒，常生于温暖湿润山谷、溪边灌丛中。对土壤要求不严，而以石灰岩发育的山地黄壤生长最盛。萌蘖力强。

［园林用途］金花成串，别具风姿。攀援性强，宜用于花架、花廊的垂直绿化，作屏障配植，功效显著，若孤植旷地，又另有一番景色。

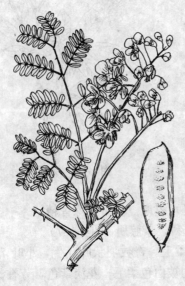

图 4-188 云实

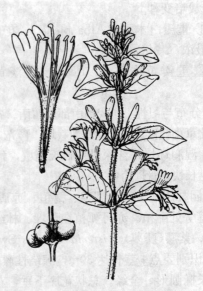

图 4-189 金银花

4. 金银花(忍冬、金银藤) *Lonicera japonica* Thunb. 忍冬科,忍冬属（图4-189）

［识别要点］缠绕藤本,长达5m。茎皮条状剥落,小枝中空,密生柔毛和腺毛。单叶对生,卵形或椭圆形,幼叶两面具柔毛。花成对腋生,花冠二唇形,由白色变为黄色,芳香。浆果黑色。花期5～7月,果期8～10月。

［变种及栽培变种］

① 红金银花 var. *chinensis* Baker　茎及嫩叶带紫红色；叶近光滑,背面稍有毛；花冠外面带紫红色。

② 紫脉金银花 var. *repens* Rehd.　叶近光滑,叶脉带紫红色,叶基部有时有裂；花冠白色带淡紫色。

③ 黄脉金银花 'Aureo-reticulata'　叶较小,叶脉黄色。

④ 四季金银花 'Semperflorens'　晚春至秋末陆续开花不断。

［分布与习性］产我国辽宁、华北、华东、华中及西南。各地有栽培。喜光,也耐阴。对土壤要求不严,耐干旱和水湿。在酸性或碱性土中均能适应,耐寒性强；根系发达,萌蘖性强。茎着地节处即能生不定根。

［园林用途］为轻细藤本,可作篱垣、凉台、绿廊、花架等垂直绿化材料；也可盘扎成各种形状,或植于山坡、沟边等处作地被。

5. 南蛇藤 *Celastrus orbiculatus* Thunb. 卫矛科,南蛇藤属（图4-190）

［识别要点］缠绕性藤本,长达12m。单叶互生,近圆形或倒卵形,叶缘具疏钝锯齿。聚伞状花序腋生或在枝端与叶对生；花小,黄绿色。蒴果球形,橙黄色,熟时3裂；假种皮红色。花期5～6月,果期9～10月。

［分布与习性］产我国东北、华北、西北至长江流域。喜光,耐半阴。喜温暖湿润气候,耐寒性强。在肥沃、排水良好的土壤上生长良好,耐干旱。

［园林用途］秋叶红色或黄色,蒴果鲜黄,裂开后假种皮红色,更为美观。宜作棚架、墙垣、岩壁垂直绿化材料,或植于溪边、池塘岸边、斜坡,颇具野趣,也可作地被覆盖材料。果枝瓶插,可装饰居室。

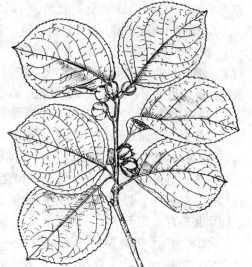

图4-190　南蛇藤

6. 爬山虎(地锦、爬墙虎) *Parthenocissus tricuspidata* Planch. 葡萄科,爬山虎属（图4-191）

［识别要点］藤本,茎长达15m；借卷须分枝顶端的黏性吸盘攀援。单叶互生,广卵形,常3裂,基部心形,边缘粗锯齿,幼苗或营养枝上的叶常全裂成3小叶。聚伞花序生于短枝上,花小黄绿色。浆果蓝黑色,被白粉。花期6月,果期10月。

［分布与习性］产于我国华南、华北至东北南部。各地普遍栽培。喜阴湿,在强光下也能旺盛生长。对土壤及气候适应能力很强。耐寒冷,耐干旱。对氯气抗性强。

［园林用途］攀援力强,生长迅速,短期内可见绿化效果。秋叶红色或橙红色。可配植

于墙壁、墙垣、园门、假山石缝或老树上，可用于厂矿及居民区绿化，也可作地被栽培。

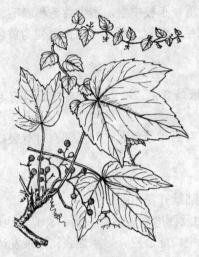

图4-191 爬山虎

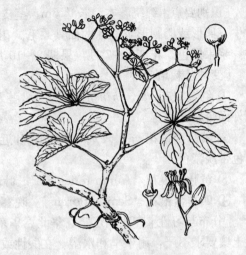

图4-192 美国地锦

[同属树种]**美国地锦**(五叶地锦)*P. quinquefolia* Planch. 植株无毛，长达20m；小枝圆柱形，卷须具5～12分枝。掌状复叶，小叶5，卵状椭圆形，长达15cm，缘有粗齿，具短柄，叶无白粉，背面苍白色。花由聚伞花序组成圆锥花序。浆果球形，径约9mm。原产美国；华北及东北地区有栽培。

7. **葡萄** *Vitia vinifera* L. 葡萄科，葡萄属(图4-193)

[识别要点]茎长达3m，靠卷须攀援；茎皮紫褐色，长条状剥落。具分叉的卷须，与叶对生。单叶互生，卵圆形，掌状3～5浅裂，具不规则的粗锯齿。圆锥花序与叶对生；花小，黄绿色。浆果球形，紫红色或黄绿色，被白粉。花期5～6月，果期8～9月。

[栽培品种]品种多达300多个，著名的如'玫瑰香'、'金皇后'、'巨峰'、'无核白'、'牛奶'、'白香蕉'、'龙眼'等。

[分布与习性]原产亚洲西部。我国引种已有2000多年，各地普遍栽培。喜光。耐干燥和夏季高温的大陆性气候，较耐寒。以肥沃、疏松的沙壤土，pH5～7.5之间生长最好。耐干旱，忌涝及重黏土、盐碱土。

[园林用途]世界温带主要果树之一，是园林结合生产的理想树种。叶大繁茂，遮荫效果好。可作棚架、长廊、门廊、花架、阳台等垂直绿化。还可盆栽观赏。

8. **凌霄** *Campsis grandiflora* Loisel. 紫葳科，凌霄属(图4-194)

[识别要点]茎长达10m，借气生根攀援。奇数羽状叶对生，小叶7～9，卵形或卵状披针形，叶缘疏生7～8粗齿，两面无毛。聚伞或圆锥花序顶生；花冠唇状漏斗形，红色。蒴果细长。花期7～8月，果期10月。

[分布与习性]产我国长江流域中下游地区，南起

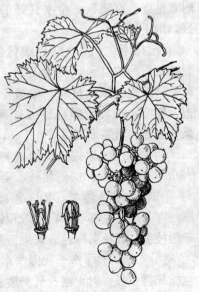

图4-193 葡萄

海南，北达北京、河北均有栽培。喜光，较耐阴；喜温湿气候，耐寒性较差；适于背风向阳、排水良好的沙壤土上生长，耐干旱，不耐积水。萌芽、萌蘖力强。

[园林用途] 花大色艳，花期长，为夏秋主要观花棚架植物之一。可搭棚架、作花门，或攀援于老树、假山石壁、墙垣等处，还可作桩景。花粉有毒，能伤眼睛，须注意。

[同属树种] **美国凌霄** *C. radicans* Seem. 与凌霄相似，主要不同点是：小叶较多，9~13枚，背面至少脉上有毛；花冠较小，橘黄或深红色；花萼棕红色，质地厚，无纵棱，裂得较浅（约1/3）；蒴果先端尖。原产美国西南部。耐寒性比凌霄强。我国各地庭园常见栽培观赏，北京园林中栽培的绝大部分是此种。其黄花品种'Flava'花鲜黄色。

 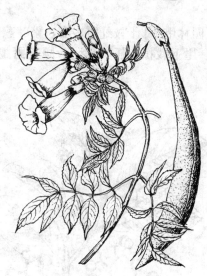

图4-194 凌霄　　　　　　　图4-195 美国凌霄

9. **猕猴桃** *Actinidia chinensis* Planch. 猕猴桃科，猕猴桃属（图4-196）

[识别要点] 落叶藤本，幼枝及叶柄密生棕黄色毛，老枝无毛，髓大白色，片状分隔。叶膜质，着生营养枝上的叶阔卵圆形或椭圆形，花枝上则近圆形，边缘具纤毛状小锯齿，表面暗绿色，背面灰白色，两面均有毛。花杂性，多为雌雄异株，3~6朵形成聚伞花序；5月开放，初为白色，后转橙黄色。浆果近球形，径3.5~5cm，黄褐色，密生长毛；10月成熟。

[分布与习性] 产长江流域及其以南地区，北至陕西、河南。较耐寒，喜光，稍耐阴；多生于土壤湿润肥沃的溪谷、林缘。适应性强，酸性、中性土均能生长。二年生植株具有高度的生长势和生长量，是形成主侧蔓的基础，给迅速生长发展和开花结实带来有利条件。根系肉质，主根发达，形成簇生性的侧根群；萌蘖力强，有较好的自然更新习性。

[园林用途] 花色雅丽，果实圆大，颇为可爱。适于花架、绿廊、绿门配植，若任其攀附树上或攀缠山石陡壁，也甚可观。

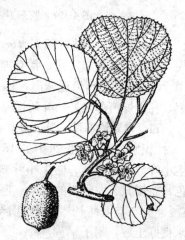

图4-196 猕猴桃

二、常绿藤本

10. 胶东卫矛（胶州卫矛）*Euonymus kiautschovicus* Loes. 卫矛科，卫矛属（图 4-197）

［识别要点］半常绿攀援灌木。单叶对生，薄革质，倒卵形或椭圆形，先端急尖，基部窄楔形，柄短，缘齿钝而密。8月开淡绿色小花，由多花形成疏散的聚伞花序。蒴果圆球形，粉红色，种子具橙红色假种皮；11月成熟。

［分布与习性］产我国东部及中部地区。较耐寒，适应性强，喜阴湿环境，常攀援树上岩间。对土壤要求不严，最适生含腐殖质丰富的微酸性壤土，中性土、石灰质土亦能生长。

［园林用途］干枝虬曲多姿，繁叶葱笼。适于老树旁、岩石上或花格墙垣配植；若在陡嵌、崖下栽植，任其攀附，颇有野趣；孤植于公园旷地，下以怪石立峰支撑，景趣尤异。

图 4-197　胶东卫矛

图 4-198　扶芳藤

［同属树种］**扶芳藤** *E. fortunei* Hand.-Mazz. 常绿藤本，茎匍匐或攀援，小枝微起棱，具小瘤状突起皮孔，常有随生根。叶薄革质，缘齿疏钝。花梗短，花序多花而紧密成团；6月开花。蒴果近球形，10月成熟，淡黄紫色。适应性强，分布广，常匍匐于林缘岩上，在干燥瘠薄之处，叶质增厚，色黄绿，气根增多，致以适应。

11. 常春油麻藤 *Mucuna sempervirens* Hemsl. 蝶形花科，油麻藤属（图 4-199）

［识别要点］茎长达10~15m；小枝纤细，深绿色，具明显皮孔。3出复叶互生，顶生小叶卵状椭圆形，侧生小叶斜卵形，薄革质。总状花序常生于老枝上，蝶形花冠深紫色，旗瓣只有龙骨瓣的1/2。荚果条形，种子间缢缩。花期4月，果期10月。

［分布与习性］产我国西南至南部。耐阴，喜温暖湿润气候，不耐寒；喜石灰质、排水良好土壤，耐干旱。

［园林用途］花序大而美丽，适宜布置棚架、门廊、山石、枯树等。

图 4-199　常春油麻藤

图 4-200　常春藤

12. **常春藤**(洋常春藤) *Hedara helix* L. 五加科，常春藤属（图 4-200）

[识别要点] 茎长达 5m，借气生根攀援；幼枝具褐色星状毛。单叶互生，营养枝上的叶 3~5 浅裂，花、果枝上的叶不裂，为卵状菱形，全缘。伞形花序，花白色。浆果状核果黑色。花期 9~11 月，果期次年 4~5 月。

[栽培变种]

① 金边常春藤 'Aureo-variegata'　叶缘黄色。

② 银边常春藤 'Silves Queen'　叶灰绿色，叶缘乳白色，入冬白边变粉红色。

③ 金心常春藤 'Goldheart'　叶 3 裂，中心部黄色。

④ 彩叶常春藤 'Discolor'　叶小，乳白色，带红晕。

⑤ 三色常春藤 'Tricolor'　叶灰绿色，边缘白色，秋后变成玫瑰红色，春暖又恢复原状。

⑥ 银斑常春藤 'Argenteo-variegata'　叶具不规则的白色斑纹。

[分布与习性] 原产欧洲。现世界各地普遍栽培。我国长江流域最适生长，北方盆栽。喜温暖、湿润的半阴环境，夏季避日光直射。要求肥沃、湿润、排水良好的土壤。

[园林用途] 江南的庭院中常作阴面墙垣、假山、岩石、建筑物北面垂直绿化材料。北方盆栽布置室内及窗台绿化，可绑扎各种支架，牵引整形。

[同属树种] **中华常春藤** *H. nepalensis* K. Koch var. *sinensis* Rehd.　与常春藤的主要区别：茎长达 20~30m；幼枝上柔毛为鳞片状；核果黄色或红色。喜阴湿环境。产我国中部至南部、西南部。华北可于小气候良好的微阴环境栽植。

13. **薜荔**(凉粉果) *Ficus pumila* L. 桑科，榕属（图 4-201）

[识别要点] 常绿藤本，借气生根攀援；小枝有褐色茸毛。叶异型，营养枝上的叶薄而小，心状卵形，基部偏斜，几无梗；结果枝上的叶大而宽，厚革质，卵形，有柄，基部 3 主脉，全缘，表面光滑，背面网脉隆起，并构成显著小凹眼。隐花果单生叶腋，梨形或倒卵形，暗绿色。花期 4~5 月，果期 9~10 月。

［栽培变种］小叶薜荔'Minima'叶特细小。是点缀假山及矮墙的理想材料。

［分布与习性］产我国长江流域以南至海南、广东、云南等地。喜阴，喜温暖湿润气候，耐寒性差。适生于富含腐殖质的酸性土壤，耐干旱。

［园林用途］叶质厚实，深绿发亮，寒冬不凋。可配植于岩坡、假山、墙垣和树干上，郁郁葱葱，可增加自然情趣。亦可用于岩石园绿化覆盖，若与凌霄配植一起，则隆冬碧叶，夏秋红花，备觉可爱。

14. **叶子花**（三角花、毛宝巾）*Bougainvillea spectabilis* Willd. 紫茉莉科，叶子花属

图 4-201 薜荔

［识别要点］常绿藤木，枝拱形下垂，有刺。单叶互生，卵圆形，全缘，密被柔毛。花小，常 3 朵簇生新枝顶端，苞片大，3 枚，叶状三角形或椭圆状卵形，常为鲜红色，花梗与苞片中脉合生。瘦果。花期 10 月至翌年 6 月。

［栽培变种］

① 白叶子花'Alba' 苞片白色。

② 砖红叶子花'Lateritia' 苞片砖红色。

③ 红叶子花'Crimson' 苞片深红色，有光泽。

［分布与习性］原产巴西。我国南北各地有栽培，是长江流域以北重要盆花，华南可露地越冬。喜光照充足、温暖、湿润的环境，不耐寒，耐炎热，要求肥沃排水良好土壤，耐旱、忌涝。萌芽力强，耐修剪。越冬温度 7℃以上。

［园林用途］花期长，苞片色彩艳丽，盆栽造型可提高观赏价值。长江以北盆栽布置夏、秋花坛，是节日布置的重要花卉；在华南是十分理想的垂直绿化材料，用于花架、拱门、墙面等，也可植于河边、坡地作地被栽植或孤植于草坪中。

15. **络石**（卐字茉莉）*Trachelospermum jasminoides* Lem. 夹竹桃科，络石属（图 4-202）

［识别要点］长达 10m，借气生根攀援；茎赤褐色，含乳汁，幼枝有黄色柔毛。单叶对生，薄革质，营养枝的叶多披针形，脉间常呈白色；花枝叶椭圆形，叶缘全缘，深绿色。聚伞状花序腋生或顶生；花冠白色，高脚蝶状，排成右旋风车形，芳香。蓇葖果长圆柱形，两个对生；种子线形，有白毛。花期 6～7 月，果期 9～10 月。

［变种及栽培变种］

① 石血（狭叶络石）var. *heterophyllum* Tsiang 叶狭披针形。

② 斑叶络石（花叶络石）'Variegatum' 叶具白色或淡黄色斑纹，边缘乳白色。

［分布与习性］产我国东南部及黄河流域以南各地。喜光又耐阴，喜温暖湿润气候。在阴湿而排水良好的酸性、中性土壤上生长旺盛；耐干旱，不耐水淹。生长快，萌蘖力强。

［园林用途］叶色浓绿，入秋变红，花白色芳香，是优美的垂直绿化和地被植物材料。

适于小型花架、陡坡、岩石等处栽培，可攀附于树干、建筑物、墙垣之侧，颇具野趣。北方常盆栽或制作盆景观赏。

16. 鹰爪枫 *Holboellia coriacea* Diels. 木通科，八月瓜属

［识别要点］常绿藤本，长达5m以上。全体光滑无毛；幼枝细柔，紫色。复叶互生，小叶3，厚革质，矩圆状倒卵形或卵圆形，顶端渐尖，基部楔形，全缘，表面深绿色，有光泽，叶背浅黄绿色。花单性同株，雄花萼片白色，雌花紫色。浆果矩圆形，肉质，紫红色。4月开花，9月果熟。

［分布与习性］产长江流域及陕西、广西等地。喜温暖湿润气候，耐阴，不甚畏寒，常生于有林的山谷、坡地和岩旁；在腐殖质丰富的酸性山地黄壤，生长尤盛。平原栽植应选择排水良好、通风而凉爽的环境。

图 4-202 络石

［园林用途］山野自生的常绿缠绕藤本，以其小叶有三，质厚，似鹰爪，故名。白花，清香，是优良的垂直绿化树种。惟性好湿润，宜配植林缘、岩旁或背阴墙脚，若用于花架、花廊，其周围须有林木掩护，则生长自茂。

17. 南五味子 *Kadsura longipedunculata* Fin. et Gagn. 五味子科，南五味子属（图4-203）

［识别要点］常绿藤本，小枝圆柱形，褐色或紫褐色，表皮有时剥落。叶厚而柔软，椭圆形或椭圆状披针形，边缘有疏锯齿，表面暗绿色，光泽，背面淡绿带紫色。花单性异株，单生于叶腋，淡黄色，杯状，花梗细长下垂。聚合果由多数浆状果集成球形，深红色，鲜艳可爱。5～6月开花，10月果熟。

［分布与习性］产华东、中南及西南地区。喜阴湿环境，生于山坡、溪谷的灌木丛中。对土壤要求不严，湿度大而排水好的酸性土、中性土上均生长良好。根系发达，主根粗壮，耐旱性尚强。

［园林用途］黄花含香，果红成团，是重要的垂直绿化材料。用于廊架、花架、门廊、花格墙和花栏杆，攀援其上，逗人喜爱。此外，风景林和森林公园中散植一二，依附落叶乔木上，可丰富林间色彩，效果甚佳；若在苍老的古木旁配植数干，任其缠绕，野趣骤增；或在公园入口对景的孤石主峰上点缀几丛，也相得益彰，风韵别致。

18. 山木香（小果蔷薇）*Rosa cymosa* Tratt. 蔷薇科，蔷薇属（图4-204）

［识别要点］常绿攀援灌木，高达5m；小枝纤细，

图 4-203 南五味子

有钩状皮刺。奇数羽状复叶互生，小叶3～7，卵状披针形或椭圆形，先端渐尖，基部宽楔形，边缘具内弯细锯齿，革质，背面叶轴具倒钩刺。4～5月开白色小花，由多花组成伞房花序。蔷薇果近球形，橙红色；12月成熟。

〔分布与习性〕产华东、中南及西南地。喜光、耐半阴，常生于温暖湿润的溪谷、疏林间；喜微酸性黄壤，中性土亦能适应，微碱土生长不良。萌芽力强，耐修剪整形。移植在冬、春二季皆可进行，移植时可修去过长藤蔓，须带宿土。

〔园林用途〕茎蔓细长，葱郁常青，繁花竞发，香气浓郁。适于花架、花廊、墙隅配植，草坪边缘、禁游区群植数丛，可起到屏障分隔作用；在假山石旁点缀一二，颇有野趣。

19. **雀梅藤** *Sageretia thea* Johnst. 鼠李科，雀梅藤属（图4-205）

〔识别要点〕常绿攀援灌木。树皮紫褐色，片状剥落，形成灰白色斑纹；小枝细长，近对生，暗褐色，密生短柔毛，具刺状短枝。叶薄革质，卵形或椭圆形，边缘有细锯齿，表面光泽，背面有疏短毛。10月开淡黄色小花，芳香；排列成穗状分枝的圆锥花序。核果近球形，紫黑色，味酸甜可食；翌年4～5月成熟。

〔分布与习性〕产长江流域及其以南地区。中性树种，喜温暖湿润气候；生于山坡裸岩旁、林缘和山麓沟边；对土壤要求不严，酸性土、中性土均能适应；耐瘠薄干燥，在半荫处生长尤盛。萌芽、萌蘖力强，耐修剪、整形。

〔园林用途〕藤蔓绕石攀崖，枝叶斜展横出，疏密有致，状甚古雅。适于配植山坡岩间、陡坎石壁；在假山、石矶的隐蔽面，以雀梅藤作遮挡覆盖，或在高耸处以石支撑，任其攀附，自上倒悬均饶风趣；亦可以自然式或规则式配植为绿篱。雀梅藤老根古枝，蟠结纵横，又是制树桩盆景的好材料。

20. **龟背竹**（蓬莱蕉）*Monstera deliciosa* Liebm. 天南星科，龟背竹属（图4-206）

〔识别要点〕茎长达10m以上，攀援状。粗壮，少分枝，茎节明显，其上着生多数气生根，线状下垂。单叶互生，厚革质，幼叶心脏形，无孔，全缘，正常成熟叶大型矩圆形，羽状深裂，叶脉间有椭圆形孔洞，叶柄长，基部延伸成叶鞘。肉穗花序顶生，佛焰苞片黄白色。浆果呈松球果状。花期

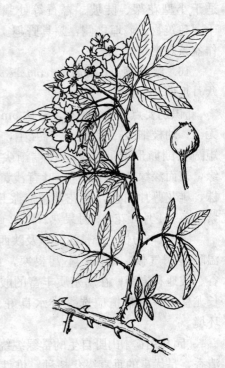

图4-204 山木香

图4-205 雀梅藤

7～9月，果期翌年5～7月。

[分布与习性] 原产美洲热带雨林。我国南北各地广泛栽培，多温室盆栽。喜温暖、潮湿的半阴环境，忌强光直射，不耐寒。冬季温度要保持13～18℃，夜间温度不低于5℃，要经常保持环境湿润。要求富含腐殖质、排水良好的土壤。

[园林用途] 耐阴性强，极适于室内布置应用，陈设于厅堂、大型会场、房间角隅，可培养成攀援式或垂吊式大型植株，气派不凡。在南方庭院中植于池旁、溪边、山石间也独具异趣。

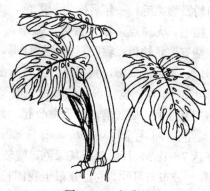

图 4-206 龟背竹

第七节 竹 类

1. 孝顺竹（凤凰竹）*Bambusa glaucescens* Sieb. ex Munro 禾本科，孝顺竹属（图 4-207）

[识别要点] 竹秆丛生，高2～7m，径0.5～2.2cm。幼秆稍有白粉，节间上部有白色或棕色刚毛。每节多分枝，其中1枝较粗壮。箨鞘薄革质，硬脆，淡棕色，无毛；无箨耳或箨耳很小、有纤毛，箨舌不显著，高约1mm。每小枝有叶5～12枚，叶窄披针形，长4～14cm，二列状排列。笋期6～9月。

[栽培变种]

① 凤尾竹 'Fernleaf' 植株矮小，常为1～2m，径不超过1cm。每小枝具多数叶，叶细小，长3～6cm，羽状排列。枝叶纤细稠密，为优良观赏竹种。盆栽观赏或作竹绿篱。耐寒性不及孝顺竹。

② 花秆孝顺竹 'Alphonse Karr' 节间鲜黄，但秆上夹有显著的绿色纵条纹。庭院栽培或盆栽，供观赏。

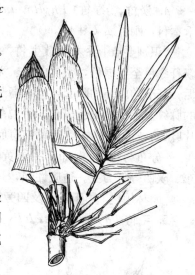

图 4-207 孝顺竹

[分布与习性] 我国华南、西南直至长江流域各地都有分布。喜温暖湿润气候及排水良好、湿润的土壤，是丛生竹类中分布最广、适应性最强的竹种之一。

[园林用途] 孝顺竹枝叶清秀，姿态潇洒，为优良的观赏竹种。可丛植于池边、水畔，亦可对植于路旁、桥头、入口两侧；列植于道路两侧，可形成素雅宁静的通幽竹径。

2. 佛肚竹（小佛肚竹）*Bambusa ventricosa* McClure 禾本科，孝顺竹属（图4-208）

[识别要点] 灌木状丛生竹，秆高2.5～5m。正常竹秆圆筒形，节间长10～20cm；畸形秆，节间短，下部节间膨大呈瓶状，长仅2～3cm。箨鞘无毛，箨耳发达，大小不一，具繸毛，箨舌极短。

[分布与习性] 原产我国广东，南方庭院多栽培。喜温暖湿润。宜盆栽观赏。

3. 紫竹（黑竹、乌竹）*Phyllostachys nigra* Munro 禾本科，刚竹属

[识别要点] 散生中小型竹，秆高3～10m，直径2～5cm。秆节两环隆起，新秆绿色，有

白粉及细柔毛,一年后变为紫黑色,无毛。箨鞘背面密生粗毛,无斑点。箨舌紫色,弧形,与箨鞘顶部等宽,先端有波状缺齿。箨叶三角状披针形,箨耳椭圆形或长卵形,常裂成2瓣,紫黑色,上有弯曲的肩毛。每小枝有叶2~3片,披针形,质较薄,叶背基部有细毛。叶鞘初背缘毛,后脱落,叶舌微凸起。笋期5月。

[变种] 毛金竹 var. *henonis* Stapf ex Rendle 秆高大可达7~18m,秆绿色至灰绿色,壁较厚。

[分布与习性] 主要分布于我国长江流域。较耐寒,可耐-18℃低温,北京可露地栽培。

[园林用途] 秆紫黑色、叶翠绿,极具观赏价值。宜与黄槽竹、斑竹等秆具色彩的观赏竹种配植在山石之间、园路两侧、池畔水边、书斋和厅堂四周。亦可盆栽观赏。

图4-208 佛肚竹

4. **淡竹**(粉绿竹) *Phyllostanhys glauca* McClure. 禾本科,刚竹属(图4-209)

[识别要点] 乔木状散生竹,秆高10~12m,直径2~5cm,中部节间长可达40cm。新秆绿色至蓝绿色,密被白粉、无毛;老秆绿色或灰绿色,在秆箨下方常留有粉圈或墨污垢;秆节的两环均降起,但不高凸,节内距离甚近。箨鞘淡红色至淡绿色,背面初有紫色的脉纹及稀疏的褐色斑点,后脱落;箨舌紫色或紫黑色,无箨耳和肩毛。每小枝有3~5片叶(萌枝可达9片),叶鞘初有叶耳及肩毛,后脱落。叶舌紫色或紫褐色。笋期4~5月。

[分布与习性] 分布于我国黄河及长江中下游各地,以江苏、安徽、浙江、河南、山东、陕西等省为主。适应性强,是竹类中耐寒性强的一种,能耐干旱瘠薄和轻度盐碱土。

[园林用途] 用于庭园及四旁绿化,尤其适合华北地区用的竹种。

5. **毛竹** *Phyllostachys edulis* H. de Leh. 禾本科,刚竹属(图4-210)

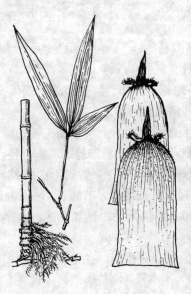

图4-209 淡竹

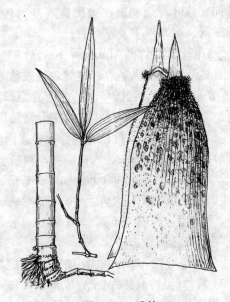

图4-210 毛竹

[识别要点]大型散生竹,高可达20～25m,直径12～20cm。秆节间稍短,分枝以下的秆环平,箨环隆起。新秆绿色,密背白粉及细毛;老秆无毛,仅在节下有白粉环,后渐变为黑色。秆箨背面密生黑褐色斑点及深棕色的刺毛;箨舌宽短,两侧下延呈尖拱形,边缘有长纤毛;箨叶三角形至披针形,绿色,初直立,后反曲;箨耳小,但肩毛发达。每小枝有叶2～3,叶较小,披针形。叶舌隆起,叶耳不明显。笋期3～4月。

[栽培变种]龟甲竹'Heterocycla' 秆较原种矮小,高仅3～6m,秆下部节间极度短缩、膨大,交错成斜面,甚为美观。宜于庭园种植观赏。

[分布与习性]产我国秦岭、淮河以南,南岭以北,是我国分布最广的竹种;浙江、江西、湖南等地是分布中心。在海拔800m以下的丘陵山地生长最好,山东等地有引种。喜光,亦耐阴。喜湿润凉爽气候,较耐寒,能耐－15℃的低温,若水分充沛时耐寒性更强。更喜沃湿润、排水良好的酸性土,干燥或排水不畅以及碱性土均生长不良。在适生地生长快,植株生长发育周期较长,可达50～60年。

[园林用途]毛竹秆高叶翠,端直挺秀,最宜在风景区大面积种植,形成谷深林茂、云雾缭绕的景观。竹林中若有小径穿越,曲折幽静,宛若画中。也可在湖边、农村屋前宅后、荒山空地上种植,既可改善、美化环境,又具有很高的经济价值。

6. **刚竹**(胖竹)*Phyllostachys viridis* McClure 禾本科,刚竹属

[识别要点]中型散生竹,秆高达15m,直径4～9cm。分枝以下秆环不明显,仅箨环隆起。新秆鲜绿色,无毛,微有白粉;老秆仅在节下残留白粉环。秆箨背部常有浅棕色较密的斑点,无毛;箨叶狭三角形至带状,下垂,多少波折;无箨耳,箨舌近平截,无箨耳或肩毛。每小枝有叶2～6枚,叶片披针形,有发达的叶耳和硬肩毛,宿存或脱落。笋期5～7月。

[栽培变种]

① 槽里黄刚竹'Houzeau' 秆绿色,着生分枝的一侧纵槽为金黄色。

② 黄皮绿筋刚竹'Robert Young' 秆常较小金黄色,秆节下面或节间内常有绿色的环带及纵条纹。

[分布与习性]原产中国,分布于黄河至长江流域以南广大地区,多生于平地缓坡。喜光,亦耐阴;耐寒性较强,能耐－18℃的低温,喜肥沃深厚、排水良好的土壤,较耐干旱瘠薄,耐含盐量0.1%的轻盐碱土和pH8.5的碱性土。幼秆节上潜伏芽易萌发。

[园林用途]刚竹秆高挺秀,枝叶青翠,其栽培变种观赏价值更高。可配置于建筑前后山坡、水池边、草坪一角,宜在居民新村、风景区种植绿化美化。

7. **桂竹**(刚竹)*Phyllostachys bambusoides* Sieb. et Zucc. 禾本科,刚竹属(图4-211)

[识别要点]中型散生竹,秆高可达11～20m,直径14～16cm。新秆绿色或深绿色,通常

图4-211 桂竹

无白粉及毛；秆环微隆起，与箨环同高。箨鞘黄褐色，背面密背近黑色的小斑点，并疏生少的硬毛；箨舌微隆起，呈弧形，先端有纤毛；箨叶带状，橘红色而有绿色边缘，平展或微皱，下垂；箨耳较小，有弯曲的长继毛。每小枝有叶5～6枚，后常保留2～3叶，有叶耳及长肩毛，脱落性；叶片带状披针形，叶背粉绿色，近基部有毛。笋期5月下旬至6月。

[栽培变种] 斑竹'Tanakae' 竹秆和分枝上有紫褐色斑块或斑点。

[分布与习性] 主要分布于我国长江流域下游各省区，黄河流域中下游栽培也较多。抗性强，能耐-18℃的低温。

[园林用途] 是长江流域重要用材竹，也常用于园林绿地及风景区栽种。

8. **早竹** *Phyllostachys praecox* C. D. Chu et C. S. Chao 禾本科，刚竹属（图 4-212）

[识别要点] 散生竹，秆高8～10m，径4～5cm，绿色，秆有沟槽；每节有2分枝。末极分枝具2～6叶。笋期3月中旬至4月中旬。

[栽培变种]
① 黄槽早竹'Notata' 与原种之间的区别在于秆之节间沟槽有黄色条纹。
② 雷竹'Prevernalis' 与原种之间的区别在于节间向中部稍瘦削，笋期3月上旬。

[分布与习性] 分布于浙江，大量作笋竹栽培，园林中也有栽培。阳性，适生于疏松肥沃的酸性土，中性土也能种植；有一定的耐湿能力。

[园林用途] 适合种植成小竹团。笋味鲜美，笋期早，持续时间长，是优良笋竹。秆可做晒衣竿用。

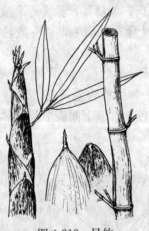

图 4-212　早竹

图 4-213　方竹

9. **方竹** *Chimonobambusa quadrangulars* Mak. 禾本科，方竹属（图 4-213）

[识别要点] 散生竹，秆高3～8m，胸径1～5cm。秆两型，有圆筒形或微呈四方形，常分枝一侧扁平或具沟槽；基部数节常各具一圈刺瘤状之气根；第一节常单生1枝，第二节以上具3分枝，以后为更多。竹秆表面具小瘤而粗糙，节间下部近方形，上部圆形，秆环甚隆起。箨鞘近革质，无毛，鞘口有须毛，叶舌短。花枝无叶，小花雄蕊5枚，花柱2裂，柱头羽毛状。颖果坚果状，椭圆形。

[分布与习性] 产我国江南诸省，以广东、福建、台湾为多，广西、浙江、江苏及秦岭南坡等地亦有。性喜暖，宜在湿润、疏松、肥沃而排水良好的沙壤上生长。萌发力强，四季均可发笋。

［园林用途］秆呈四方形或微呈方形，故名"方竹"。常配置于公园、绿地，点缀山林石景和庭院观赏。

10. **四季竹**（唐竹）*Sinobambusa tootsik* Mak. 禾本科，唐竹属（图4-214）

［识别要点］复轴混生型竹，秆高4～7m，径1～3.5cm。无分枝处秆圆筒形，有分枝之节间有沟槽节间长可达80cm；秆上最下方的仅有1分枝，向上渐增至3～4个。末级分枝有叶5～6枚。笋期5～10月。

［分布与习性］该品种分布于浙江、福建、广东、广西；园林中有栽培。喜光而稍耐阴；酸性土或中性土均能适应，耐寒、耐旱。竹鞭萌芽力强。

［园林用途］秆绿叶秀，笋期长，在不同季节均能欣赏笋竹之美。可植作小竹园；也可在池畔、河岸丛植，有固堤作用，亦可作屏障遮拦用。秆可劈篾供编织。

11. **阔叶箬竹** *Indocalamus latifolius* McClure 禾本科，箬竹属

［识别要点］竹秆混生型，灌木状；秆高约1m，径5mm，通直，近实心；每节分枝1～3，与主秆等粗。箨鞘质坚硬，鞘背的棕色小刺毛，箨舌平截，鞘口继毛流苏状。小枝有叶1～3片，上面翠绿色，近叶缘有刚毛，下面白色微有毛。笋期5月。

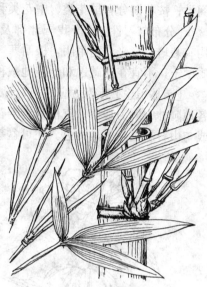

图4-214 四季竹

［分布与习性］原产我国，分布于华东、华中地区及陕西、汉江流域；山东南部有栽培。较喜光，在林下、林缘生长良好；喜温暖湿润的气候，稍耐寒；喜土壤湿润，稍耐干旱。

［园林用途］阔叶箬竹植株低矮，叶色翠绿，是园林中常见的地被植物。丛植点缀假山、坡地，也可以密植成篱，适合于林缘、山崖、台坡、园路、石级左右丛植；亦可植于河边、池畔，既可护岸，又颇具野趣。

12. **菲白竹** *Sasa fortunei* Fiori 禾本科，赤竹属

［识别要点］小型竹，秆矮小，高达0.5～1.5m，直径0.2～0.3cm。节间圆筒形，秆环平。秆箨宿存，箨鞘无毛，无箨耳及继毛；箨舌不明显；箨叶小，披针形。叶披针形，两面具白色柔毛，背面较密；叶片绿色，具明显的白色或淡黄色纵条纹。笋期5月。

［分布与习性］原产日本，我国华东一些城市有引种栽培。

［园林用途］本种秆矮小，叶具不规则色或淡黄色条纹，甚美丽，为优良观赏竹种，可丛植草坪角隅，或修剪使其矮化，栽作地被，或绿篱；也可作盆景配料。

第八节 宿根、球根花卉

1. **芍药** *Paeonia lactiflora* Pall. 芍药科，芍药属（图4-216）

［识别要点］多年生草本，株高60～120cm；根肉质，粗壮。二回三出羽状复叶，小

叶通常为3深裂，裂片全缘，上部渐变为单叶。花大，径10～20cm，单瓣或重瓣，芳香，白色、淡红或紫红色，单生枝端。花期4～6月。

[品种] 芍药栽培历史久，品种非常丰富。按花型分有单瓣类、千瓣类、楼子类和台阁类；按花期分有早花类、中花类和晚花类；按花色分有白、黄、粉、紫等色系。

[分布与习性] 原产我国北部及日本、朝鲜。在我国各地园林中除南部炎热地区外，均有栽培。喜光，稍耐阴，极耐寒，喜凉爽、干燥气候，忌酷热和积水。喜肥沃、深厚沙质壤土，不宜在盐碱地和低洼地栽种。

[园林用途] 芍药适应性强，管理简单，花大色艳，富丽堂皇，是我国传统名花之一，各地园林中广为栽植。宜植为专类花坛或专类园；亦可布置花境、自然片植于林缘草地，或与山石配植，更具特色。还可盆栽观赏或作切花材料。

图 4-215 芍药

图 4-216 美人蕉

2. **美人蕉**（大花美人蕉）*Canna generalis* Bailey 美人蕉科，美人蕉属（图 4-216）

[识别要点] 多年生草本，株高可达1.5米，地下具粗大根状茎。单叶互生，宽大，长椭圆状披针形。总状花序顶生，着花10余朵。花径约10～20cm，花瓣5枚，似萼片状，瓣化雄蕊5枚，为主要观赏部位，有深红、橙红、淡黄、粉红、乳白、洒金等色。花期6～10月，在华南可四季开放。

[分布与习性] 原产美洲热带和亚热带。我国各地园林广为栽培。喜温暖，不耐寒，经霜即枯萎；喜湿润、肥沃、排水良好的深厚土壤。长江以南可露地越冬；长江以北将根状茎掘起，贮藏室内，翌年再种。

[园林用途] 美人蕉的植株高大，花繁叶茂，在园林中应用广泛。宜作花境背景或花坛的中心材料，矮生种可盆栽观赏。

3. **郁金香** *Tulipa gesneriana* L. 百合科，郁金香属（图 4-217）

[识别要点] 多年生草本，地下鳞茎扁圆锥形；茎、叶被

图 4-217 郁金香

白粉。叶3～5枚基生，带状披针形至卵状披针形，全缘，边微波状皱。花大，单生；花被片6枚，直立杯状，洋红色，基部常黑紫色。花期3～5月。

〔品种〕品种繁多，约有数千个。花型有碗型、卵型、球型、百合花型及重瓣型等。花色有白、粉、红、紫、褐、黄、橙等多色，深浅不一的单色或复色。花被片有全缘、具缺刻、带锯齿或有皱褶等。

〔分布与习性〕原产地中海沿岸、土耳其、伊朗及我国新疆。极耐寒，球根能耐-35℃的低温。花芽分化温度17～23℃，生长适温15～18℃。属长日照花卉，喜冬季温暖湿润，夏季凉爽稍干燥气候。喜富含腐殖质、排水良好的砂质壤土，忌低湿粘重土壤。

〔园林用途〕郁金香是世界著名的球根花卉，株形整齐，花色艳丽，花瓣厚，宜作切花材料或布置早春花坛、花境，或植于林缘、草坪边缘。

4. 萱草 *Hemerocallis fulva* L. 百合科，萱草属（图4-218）

〔识别要点〕根状茎粗短，有多数肉质根。叶线状披针形，长30～60cm，宽2.5cm。花葶高达1m以上，圆锥花序，着花6～12朵；花橘红至橘黄色，阔漏斗形，花瓣内外二轮，每轮3片。花期6～7月。

〔品种〕有重瓣、长筒、玫瑰红、大花等品种。

〔分布与习性〕原产我国南部，各地园林多栽培。性强健而耐寒，对环境适应性较强。喜光，亦耐半阴，在华东不加防寒就可露地越冬。对土壤选择性不强，但以富含腐殖质、排水良好之湿润土壤为好。

〔园林用途〕萱草栽培容易，春季萌发甚早，绿叶成丛，极为美观。园林中多丛植或于花境、路旁栽植，也可做疏林地被及岩石园栽植；又可作切花之用。

图4-218 萱草

5. 卷丹 *Lilium lancifolium* Thunb. 百合科，百合属（图4-219）

〔识别要点〕多年生草本，地下鳞茎广卵状球形；株高50～150cm，茎紫褐色，被白色绵毛。叶互生，狭披针形，上部叶腋着生黑紫色珠芽。花朵下垂，径约9～12cm，花被片开后反卷，橙红色，内面散生紫黑色斑点，雄蕊向四面开张，花药紫色。花期7～8月。

〔品种〕有黄花、重瓣、尖瓣大花等品种。

〔分布与习性〕原产中国、日本及朝鲜。性强健，耐寒，耐强光照射，喜深厚肥沃、微酸性沙质壤土。

〔园林用途〕卷丹是重要的球根花卉，宜片植点缀庭园，或布置专类园，亦可布置花坛、花境及点缀岩石园。

6. 玉簪 *Hosta plantaginea* Aschers 百合科，玉簪属

〔识别要点〕多年生草本花卉。根状茎粗大，有多数须根。总状花序着花9～15朵；花白色，管状漏斗形，有

图4-219 卷丹

芳香。目前已培育出一些较耐晒的较耐寒或花叶品种，如'甜心'玉簪、'金杯'玉簪等。

[分布与习性] 原产中国及日本。喜半阴，忌烈日直射；耐湿，耐寒。在肥沃湿润、排水良好的沙质土中生长良好。

[园林用途] 玉簪适合布置花境，或作林缘地被，或栽植于建筑物周围的蔽荫处，也可盆栽观赏。

[同属植物]

(1) **紫萼** *H. ventricosa* stearn 其花浅紫色，其他同玉簪。

(2) **狭叶玉簪** *H. lancifolia* Engl. 叶披针形，花淡紫色。原产日本。

7. **唐菖蒲**(菖兰) *Gladiolus hybridus* Hort. 鸢尾科，唐菖蒲属（图4-220）

[识别要点] 多年生草本，球茎扁圆形，有褐色膜质外鳞片。叶基生，剑形，两列嵌叠状着生。穗状花序着花8～20朵，由下向上渐次开放；花被片呈扁漏斗形，有白、粉、黄、橙、紫、蓝等色，深浅不一，或具复色及斑点、条纹等。花期7～8月。

[品种] 有平瓣、皱瓣、波瓣等不同瓣型品种；花期有春花种和夏花种。夏花种又依生长期分为早花类（50～70天开花）、中花类（70～90天开花）和晚花类（90～120天开花）。

[分布与习性] 原产南非好望角和地中海地区；现广为栽培。喜冬季温暖，夏季凉爽环境，生长适温20～25℃，球茎在4～5℃萌动。为典型长日照花卉，长日促花芽分化，分化后短日能提早开花。喜深厚、肥沃及排水良好的砂质壤土，pH5.6～6.5为佳。

[园林用途] 唐菖蒲花形美观，色彩艳丽，水养性好，是世界著名四大切花之一。也可布置花境及专类花坛。

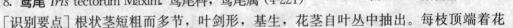

图4-220 唐菖蒲

8. **鸢尾** *Iris tectorum* Maxim. 鸢尾科，鸢尾属（4-221）

[识别要点] 根状茎短粗而多节，叶剑形，基生，花茎自叶丛中抽出。每枝顶端着花1～2朵，由佛焰苞抽出。花被6片，基部联合成筒状；外3片大，下垂或反卷，上面具有鸡冠状皱，称"垂瓣"，蓝紫色；内3片较小，呈拱形直立，基部细狭，称"旗瓣"，为淡蓝色；花柱花瓣状，与旗瓣同色。花期5月。

[分布与习性] 原产我国云南、浙江、江苏、四川等地。耐寒，耐旱，不耐水湿。

[园林用途] 鸢尾类花卉品种繁多，适合布置花境、专类园，也可用作地被种植，或作水景布置。

[同属植物]

(1) **德国鸢尾** *I. germanica* L. 原产欧洲东部。为园艺品种最多的一个。花色有白、黄、淡红、淡紫等，有香气；花径可达10～17cm。垂瓣倒卵形，中肋处有黄白色须毛及

图4-221 鸢尾

斑纹，旗瓣较垂瓣色淡，拱形直立。花期5~6月。

（2）**马蔺** I. ensata Thunb. 叶丛直立，叶狭条形，细长。花常单生，略小，蓝紫色；花期5月。

（3）**花菖蒲** I. kaempferi Sieb. 又叫玉蝉花。原产我国东北、日本和朝鲜。是本属中育种较早，园艺水平较高的一种。根茎粗壮，叶中肋明显，花色丰富，重瓣性强，花径可达9~15cm，垂瓣为广椭圆形，无须毛；旗瓣色稍浅；花期6月。喜水湿和酸性土壤，不耐干旱。适宜栽种在河畔、水池或溪边等处。

（4）**西班牙鸢尾** I. xiphium L. 原产法国南部至北非。球茎外被褐色皮膜，花紫色或黄色。荷兰和日本培育出许多栽培品种，我国多作切花促成栽培。喜光，稍耐阴；喜沙质土壤，喜凉爽、不耐严寒，又忌炎热；秋冬季生长，早春开花，初夏休眠。

9. **水仙** Narcissus tazetta var. chinensis Roem. 石蒜科，水仙属

［识别要点］多年生球根花卉。地下肥大的鳞茎着生多层肉质鳞片，鳞片中间着生花芽和叶芽；花葶自叶丛抽出，每葶通常着生4~6朵花，形成伞形花序。花乳白至淡黄色，花心部分有副花冠一轮，鲜黄色，花具清香。常见有2个品种：花单瓣的叫'金盏银台'，香气浓郁；重瓣的叫'玉玲珑'，花形奇特，香味较淡。花期1~2月。

［分布与习性］原产欧洲地中海沿岸，北非、西亚也有分布。我国水仙栽培基地中最著名的是福建漳州和上海市崇明岛。水仙喜温暖温润的气候，怕炎热高温，喜水湿，较耐寒；喜阳光充足的环境，否则易徒长且花少、香味不足；喜水、喜肥，也耐干旱瘠薄和半阴，但花期必须有充足的阳光。水仙是秋植球根花卉，具有秋冬生长、冬春开花并贮存养分、夏季休眠的习性。

［园林用途］水仙适合散植于草坪中，镶嵌在假山石缝中，或布置在花境中，或布置在疏林下作地被种植，也适合布置水仙专类园，还可盆栽观赏，或水养，或作切花。

［同属植物］

（1）**红口水仙** N. poeticus L. 原产法国、希腊至地中海沿岸，我国也引种栽培。叶略带白粉。花葶2棱，比叶略高；花白色，花期4月上中旬。副花冠浅杯状，橙红色；

（2）**明星水仙** N. incomparobilis Mill. 产西班牙和法国南部。叶粉绿色，花葶有棱，与叶同高，葶上花单生，黄色；花期4月上旬。

（3）**丁香水仙** N. jonquilla. L 分布于西班牙东部、丹麦等地。鳞茎球很小，径2~3cm；叶深绿色。一球开1~2支花，每支有花2~6朵；花高脚碟状，深黄色，香味浓郁，花期4月中下旬。

（4）**喇叭水仙** N. pseudonarcissus L. 又叫洋水仙，原产法国、英国、西班牙等地。鳞茎卵圆形。叶4~6枚丛生，灰绿色，具白粉。花葶高20~30cm，每葶开花一朵；花大，花被片白色带淡黄色；副冠直

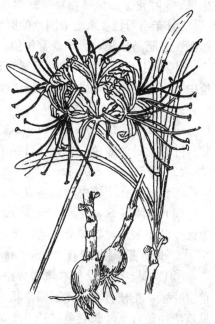

图4-222 石蒜

立，边缘有齿牙或皱褶，色橘黄，喇叭状，有芳香；花期4~5月。

10. **石蒜**(红花石蒜) *Lycoris radiata* Herb. 石蒜科，石蒜属(图4-222)

[识别要点] 多年生草本，鳞茎广椭圆形，皮膜紫褐色。叶细带状，茎生，于花后抽出。花葶长30~60cm，顶生伞形花序，着花4~12朵；花被片狭长倒披针形，反卷，边缘微皱，雄蕊及花柱伸出较长，均为鲜红色。花期7~9月。

[品种] 白花石蒜'Alba'花白色；矮小石蒜'Pumila'，植株低矮。

[分布与习性] 原产中国及日本，长江流域及西南地区有野生。性强健，较耐寒，喜阴湿环境，喜肥沃、湿润而排水良好的沙质壤土及石灰质壤土。华北地区需保护越冬。

[园林用途] 石蒜性强健，易管理，最宜作疏林地被，或于溪间石旁自然式布置，也可盆栽、水养或作切花。

11. **葱兰**(白花菖蒲莲) *Zephyranthes candida* Herb. 石蒜科，葱兰属

[识别要点] 多年生常绿草本，鳞茎狭卵形，颈部细长。叶基生，线形，稍肉质。花葶自叶丛一侧抽出，花顶生，漏斗状，径3~4cm，白色或外略带紫红晕。花期7~11月。

[分布与习性] 原产南美，我国各地园林常见栽培。耐寒性较强，在沪、杭一带可露地越冬；喜光，亦耐阴湿，喜肥沃、排水良好的略黏质土壤。

[园林用途] 葱兰耐粗放管理，株丛整齐，缀以秀雅的白色小花。最适作疏林、坡地或半阴处地被植物，也适作花坛、花境、草坪的镶边材料；还可盆栽观赏。

第九节 地被植物

1. **垂盆草**(爬景天) *Sedum sarmentosum* Bunge 景天科，景天属

[识别要点] 多年生常绿肉质草本花卉。植株低矮，匍匐状丛生，近地面的茎节处易生根；3叶轮生，全缘，宽披针形，基部有鳞片状距。花小，黄色；花期6~8月。

[分布与习性] 原产中国、朝鲜和日本。喜阴湿，耐干旱，耐寒，耐瘠薄，不择土壤；过湿、过肥易徒长，影响观赏价值。

[园林用途] 垂盆草叶色葱绿，适合作封闭式地被种植，或作屋顶绿化材料，或在花境中与石蒜类相配效果更佳。

[同属植物]

(1) **佛甲草** *S. lineare* Thunb. 原产中国、日本。茎幼时直立，后下垂，肉质，呈丛生状；叶在阴处为绿色，在充分日照下呈黄绿色；花黄色，花期5~6月。

(2) **景天** *S. aizoon* L. 又叫费菜，原产日本北部；我国广泛栽培。具明显的根状茎，冬季的越冬芽在土壤中形成茎直立，不分枝。叶互生，深绿色。花黄色，花期7月。

(3) **松鼠尾** *S. morganianum* E. Walth. 又叫串珠草，原产美洲、亚洲、非洲温热带地区。叶小多汁，纺锤形，紧密地重合在一起。花小，深玫红色，春天开。

2. **长春蔓**(蔓长春花) *Vinca major* L. 夹竹桃科，长春花属

[识别要点] 常绿半木质匍匐植物，茎细长而蔓长。叶对生。绿色、卵形、全缘。花单生叶腋，花枝直立；花冠漏斗状，浅蓝色，径约2.5cm，具白色副花冠。花期5月。常见栽培品种有斑叶长春蔓'Variegata'，叶边近白色，叶片具有淡黄白色斑点。

[分布与习性] 原产欧洲。喜温暖湿润气候，喜半阴环境，不很耐寒。

〔园林用途〕长春蔓四季常绿，适合作地被种植，也可供绿廊、山石等处的垂吊应用，或作盆栽观赏。

3. 金叶过路黄 *Lysimachia christinae* Hance 'Aurea' 报春花科，珍珠菜属

〔识别要点〕常绿宿根草本植物，匍匐生长，节上生根。叶对生，卵圆形，较过路黄小；叶春夏秋金黄色，冬天叶色变成暗紫红色。单花对生叶腋，黄色杯状；花期5～7月。

〔分布与习性〕产长江流域及山西、陕西、云南、贵州等地。喜光稍耐阴，较耐寒，经-3～4℃低温后，叶片由金黄色变成暗紫红色，并有部分叶片受冻干枯。喜疏松、排水良好的土壤。

〔园林用途〕金叶过路黄非常适合作色叶地被种植观赏，或作盆栽、垂吊植物应用。

4. 虎耳草 *Saxifraga stlolnifera* Meerb. 虎耳草科，虎耳草属

〔识别要点〕多年生常绿草本，高20～30cm，全株被白柔毛。单叶基生，叶柄长；花葶从叶丛中抽出，顶生圆锥花序，花白色；花期4～5月。

〔分布与习性〕原产中国和日本。喜温暖湿润的半阴环境，稍耐寒，对土壤要求不严，适应性强。

〔园林用途〕植株生长迅速，叶色秀丽，适宜作阴湿处的地被植物种植，也可植于水池边、假山石溪间，或制作盆景、盆栽观赏。

5. 白车轴草(白三叶) *Trifolium repens* L. 蝶形花科，三叶草属

〔识别要点〕多年生草本，具匍匐茎，节部易生不定根，分枝无毛。叶为三小叶互生，小叶倒卵形至倒心脏形，深绿色，边缘具细锯齿；托叶椭圆形，抱茎。花多数，密集成头状或球状花序，有较长总梗，高出叶面；花冠白或淡红色。荚果。

〔分布与习性〕原产欧亚非洲交界地区，现已成为世界广布型的豆草。多生于低湿草地、河岸、路边及林缘。喜湿润，较耐阴，耐干旱及寒冷，对土壤要求不严，各种土壤均能生长。生长迅速，尤其夏季生长更快。耐践踏，耐修剪。叶绿色时间长，在南京地区常绿。

〔园林用途〕其花叶均有观赏价值，适宜作封闭式观赏草坪。

6. 百脉根(牛角花) *Lotus corniculatus* L. 蝶形花科，百脉根属

〔识别要点〕多年生草本，茎高10～16cm。羽状复叶互生，小叶5，卵形，先端尖，基部圆楔形。花冠黄色；花3～4朵成伞形花序，具叶状总苞。荚果，长圆柱形。

〔分布与习性〕原产欧亚的温暖地带；我国湖北、湖南、四川、云南、甘肃、陕西等地均有分布，多生于山坡草地的湿润处。耐热，耐湿，但不耐寒，对土壤要求不严。再生性强，较耐践踏。

〔园林用途〕枝叶繁茂，花色美，绿色期长，覆盖度高达90%，为美化环境的良好草种。

7. 红花酢浆草 *Oxalis rubra* St. Hill. 酢浆草科，酢浆草属（图4-223）

〔识别要点〕多年生草本，地下具球形根茎，白色透明。基生叶，叶柄长，三出复叶，小叶倒心形，三角状排列。花自叶丛中抽生，伞形花序顶生，总花梗稍高出叶丛；花瓣5枚，淡玫红色；花期4～10月。花叶对阳光敏感，白天、晴天开放，夜间及阴雨天闭合。

〔分布与习性〕原产巴西及南非，世界各地有栽培。喜温暖湿润环境，不耐寒，华北

地区不能露地越冬；耐阴，喜腐殖质丰富的沙壤土。夏季有短期休眠。

[园林用途] 可用于布置树坛或树丛下地被植物。

[同属植物] 紫叶酢浆草 Oxalis corniculata L. 'Atropurpurea' 叶片深紫红色；花粉白色。在园林绿化中作紫色地被植物。

8. **沿阶草**（书带草）Ophiopogon japonicus Ker-Gawl. 百合科，沿阶草属

[识别要点] 多年生常绿草本；须根较粗，膨大成纺锤形肉质小块根，地下走茎细长。叶丛生线形，先端渐尖，叶面粗糙，革质。花葶自叶丛中抽出，有棱，顶生总状花序，较短；花白色至淡紫色；花期8~9月。浆果圆球形，蓝黑色。

图4-223 红花酢浆草

[分布与习性] 原产我国，各地园林栽培极为广泛。耐寒力强，喜阴湿环境，对土地要求不严。稍耐践踏。

[园林用途] 在南方多栽于建筑物台阶的两侧，北方常栽于通道两侧，是极好的观叶及镶边植物。

[栽培变种]

① 白脉沿阶草 'Albo-striatus' 叶脉白色。

② 金星沿阶草 'Au-reopunctalus' 叶上有金黄色星斑。

③ 长叶沿阶草 'Longifolius' 叶长超过30cm；花葶、花序均短。

9. **山麦冬** Liriope spicata Lour. 百合科，土麦冬属

[识别要点] 多年生常绿草本，根状茎粗短。须根发达，常膨大成纺锤状肉质块根，地下具匍匐茎。叶丛生，窄条带状，稍革质。花葶自叶丛中央抽出，总状花序，小花梗短而直立；花淡紫至白色；花期8~9月。浆果黑色，球状。

[分布与习性] 原产我国及日本；我国广泛栽培。喜阴湿环境，忌阳光直射，耐寒性强，长江流域可露地越冬，对土壤要求不严。

[园林用途] 山麦冬植株低矮，终年常绿，是良好的地被植物及花坛的镶边材料。

10. **二月兰**（诸葛菜）Orychophragmus violaceus L. 十字花科，诸葛菜属（图4-224）

[识别要点] 一二年生草本，全株光滑。叶无柄，叶片基部耳状，抱茎。基生叶羽状裂，茎生叶倒卵状长圆形。花紫色，成疏总状花序。长角果，有四棱。花期4~6月。

[分布与习性] 分布于我国华北、东北、华东、华中等地；多生于平地、宅边或小丘。喜凉爽环境，不耐炎热，耐寒，对光照要求不严。

[园林用途] 植株成片而生，是早春开花的良好地被植物。

图4-224 二月兰

第十节 草坪植物

现代园林很注重自然美和生态效益，充分发挥绿化在促进城市生态系统中良性循环的作用，并采用多种措施提高绿化覆盖率，其中草坪受到普遍重视。草坪植物是以具有匍匐茎的多年生草本植物为主，绝大多数为禾草，少数为苔草和其他植物。

1. 羊胡子草（白颖苔草、细叶苔草）*Carex rigescens* V. Kreca. 莎草科，苔草属（图2-225）

〔识别要点〕多年生低矮草木，具细长横生根茎，根系发达，茎秆三棱形，低矮。叶片纤细，光滑无毛而柔软，叶色草绿，覆盖力不强。花雌雄同穗顶生，小花数目少，花序呈卵状。

〔分布与习性〕分布我国华北、西北、东北各地，为北方草坪的乡土草种。耐寒性强，喜光亦耐阴，喜湿润，不耐干旱。北京地区持绿时间240～250天，生长快，覆盖度和均匀度差，不耐践踏。

〔园林用途〕为良好的冷季型草坪植物。

图 4-225 羊胡子草

图 4-226 异穗苔草

2. 异穗苔草（黑穗草）*Carex heterostachya* Bunge 莎草科，苔草属（图2-226）

〔识别要点〕多年生草本，根状茎细长，根系发达。茎秆三棱形，较高。叶基生线形，短于秆。小穗3～4，顶生雄性，侧生雌性，花密。

〔分布与习性〕分布于我国华北、东北、西北、山东等地区；野生于旷野干燥草地或山坡路旁及水边。耐寒性强，为我国北方主要乡土草坪草种，喜光亦耐阴，耐旱又耐湿，适应性强。北京地区持绿期240～260天，不耐践踏，常作为封闭式草坪品种。

〔园林用途〕抗性较强，持绿时间长，最优良草坪植物之一。

3. 羊茅草（酥油草）*Festuca ovina* L. 禾本科，羊茅属（图2-227）

〔识别要点〕多年生密丛型禾草。须根，秆瘦细，直立，全为鞘内分枝，节少。叶片内卷或针状，质软。圆锥花序紧缩，小穗绿色或带紫色。

[分布与习性] 分布于我国西北、西南各省，华东、华北也多有栽培。耐旱、耐寒、耐践踏、适应性强。北京地区一般持绿时间为280天左右，种子发芽率高，苗期生长缓慢。

[园林用途] 广泛用于混合草坪；园林中可作花坛、花境的镶边植物。

[同属植物] **紫羊茅** F. rubra L. 比羊茅草高，分枝丛生，先匍匐后直立，有短匍匐茎。叶细长，光滑油绿色，柔软。根系发达，生长缓慢，再生力强，耐刈剪，极耐寒。

4. **匍茎剪股颖** Agrostis stolonifera L. 禾本科，剪股颖属（图2-228)

[识别要点] 多年生草本，秆基平卧地面，具发达匍匐茎，节上生根。叶鞘无毛，稍带紫色；叶长15cm，两面有刺毛，质粗糙。圆锥花序；花期在夏秋季。

图 4-227 羊茅草

[分布与习性] 产北半球温带，多生于潮湿草地；我国华北、西北、浙江均有分布。喜湿润肥沃土壤，耐寒性强，对光照要求不严格，不耐干旱及碱性土壤。再生能力强，耐刈剪，耐践踏。华北地区持绿期为250～260天。

[园林用途] 可单用或混播。欧、美各国选择它作高级高尔夫球场的球盘用草种。

5. **小糠草**(红顶草) Agrostis alba L. 禾本科，剪股颖属

[识别要点] 多年生草本，茎丛生，有细长根状茎；秆高而直立。叶鞘无毛，短于节间；叶面宽，边缘和下部具小刺毛而粗糙。散穗形圆锥花序，疏松开展；花期6～9月。

[分布与习性] 我国内蒙古、华北、西南以及长江流域均有分布。多生于潮湿山坡或山谷。适应性强，耐寒、耐旱，抗炎热。喜湿润气候，不耐庇荫，对土壤要求不严。全年北京地区持绿可达260天。为北方常用草种之一。

图 4-228 匍茎剪股颖

[园林用途] 可形成粗而疏松的草皮，多用于混播。

6. **黑麦草**(多年生黑麦草) Lolium perenne L. 禾本科，黑麦草属

[识别要点] 多年生草本，具细弱根状茎，须根稠密，秆柔软。叶片窄而长，有微柔毛。穗状花序顶生。

[分布与习性] 原产欧亚非交界地带，欧美广为栽培。喜温暖湿润气候，耐寒而怕暑热，盛夏短期休眠。喜光，也耐半阴。北方冬季生长停滞。对二氧化硫有较强抗性。

[园林用途] 为混合草坪的主要成分，多用于运动场。在小型绿地上，常把其作"先锋草种"以便形成急需草坪。也可作为冶炼厂周围净化草坪。

7. **草地早熟禾**(六月禾) Poa pratensis L. 禾本科，早熟禾属（图2-229)

[识别要点] 多年生草本，具疏根状茎及须根；秆丛生，直立光滑。叶片条形，柔软，细长，密生基部。圆锥花序开展。

[分布与习性] 原产欧洲、亚洲北部及非洲北部。我国东北、山东、江西、河北、内蒙古等地均有分布。生于山坡、路边及草地，喜湿润环境。耐寒性强，喜疏松肥沃的土壤，耐旱、耐热性稍差，在夏季生长停止，秋凉时生长茂盛；喜光，稍耐阴，耐践踏。华北地区持绿期可达 270 天。

[园林用途] 叶色鲜绿，质地柔软，持绿时间长，是目前流行的主要草坪品种。

8. **结缕草**(老虎皮) *Zoysia japonica* Steud. 禾本科，结缕草属（图 2-230）

[识别要点] 多年生草本，具根状茎，须根；秆直立。叶鞘无毛，叶条状披针形，叶片短而宽。总状花序，小穗卵形。

[分布与习性] 原产我国华北及华东一带，朝鲜、日本也有分布。抗旱力强，喜光，耐高温，不耐阴，为主要的暖地型草种。耐践踏，具一定的弹性及韧度。沪、宁、杭地区持绿期 260 天，北京地区为 180～210 天。

图 4-229 草地早熟禾

[园林用途] 我国草坪植物中栽培最早、应用最多的一个草种。常用于各种场地，如足球场、运动场、儿童活动场等。

9. **细叶结缕草**(天鹅绒草) *Zoysia tenuifolia* Willd. 禾本科，结缕草属

[识别要点] 多年生草本，秆直立，茎纤细，匍匐茎发达。叶线状内卷，革质，较细密，似毯。总状花序，小穗披针形。

[分布与习性] 分布于中国及美洲；多生于海边沙土地。喜光，不耐阴，耐湿、耐热、耐旱，不耐寒，华北地区不能越冬，喜黄壤土，耐践踏。沪、宁、杭地区持绿期达 260～270 天。

[园林用途] 是暖地公园及居住区良好的细叶型草坪植物。

10. **狗牙根**(绊根草) *Cynodon dactylon* Pers. 禾本科，狗牙根属（图 2-231）

图 4-230 结缕草

[识别要点] 多年生草本；植株低矮，生长势强，具细长匍匐枝，茎节着地生根。叶扁平，先端渐尖，边缘有细齿，叶色浓绿。穗状花序指状排列于茎顶。

[分布与习性] 世界广布种，南北回归线之间常绿，越过回归线，绿期随着纬度的升高而降低；多生于旷野、路边及草地。耐旱、耐热，但不耐阴，不耐寒，轻霜即枯死，对土壤要求不严。耐践踏，生活力强。北京地区持绿期达 180 天左右。

[园林用途] 可广泛用于游戏草坪、运动场及护坡草坪。

11. **假俭草**(苏州草) *Eremochloa ophiuroides* Hack. 禾本科，假俭草属

[识别要点] 多年生草本，有匍匐茎。叶片扁平，先端钝。总状花序单生秆顶，小穗成对生于各节。

[分布与习性] 分布于我国长江流域以南各省区，为我国酸性土地区优良草种。喜光，亦

耐阴湿,耐干旱。草层弹性好,较耐磨,耐践踏,耐修剪。沪宁地区持绿时间可达240天。

[园林用途] 为典型的暖地草种,可广泛应用于游戏草坪、运动场草坪等。

12. **野牛草** *Buchloe dactyloides* Engelm. 禾本科,野牛草属(图2-232)

[识别要点] 根系发达,具根状茎或细长匍匐枝。叶片线形,两面疏生有细小柔毛,质地柔软,苍绿色。花雌雄同株或异株。

[分布与习性] 原产北美大平原干旱地区;我国有引种。耐干旱瘠薄,具较强的耐寒性。生长迅速均匀,耐践踏,再生力强,与杂草竞争力强。北京持绿期达180天左右,南京地区持绿期可达230~240天。

[园林用途] 是良好的暖地型草坪植物,又可保持水土及作为牧草。

13. **地毯草** *Axonopus compressus* Beauv. 禾本科,地毯草属(图2-233)

图4-231 狗牙根

[识别要点] 多年生草本,具长匍匐枝;节上可生根,密生灰白色柔毛。叶片阔条形,先端钝。总状花序穗状,常2~5枚排列于秆上部。

[分布与习性] 主要分布西印度群岛;我国广东、海南、台湾也有引种。匍匐枝蔓延迅速;宜沙质土,喜湿润环境。在热带地区常绿,在亚热带地区夏绿。南京地区为一年生或短期多年生草。

[园林用途] 可用于护坡草坪。

图4-232 野牛草

图4-233 地毯草

第五章 园林制图基础知识

第一节 制图标准及规格

工程图样是指导生产和进行技术交流的工程技术语言。为了使工程图样统一，便于绘制和阅读，必须对图样的表达方法、尺寸标注、所用符号等制定统一的规定。为此。我国自 1986 年以来，先后修订颁布了一系列国家标准或行业标准，对图样制作作了统一的技术规定和要求。本节主要介绍《房屋建筑制图统一标准》（GB/T 50001—2001）、《建筑制图标准》（GB/T 50103—2001）、《建筑结构制图标准》（GB/T 50105—2001）、《草图制图标准》（GB/T 50103—2001）中关于图幅、图线、字体、尺寸标注等有关规定。

一、图纸幅面和格式

1. 图纸幅面尺寸

图纸的幅面是指图纸的尺寸大小。为了便于图样的装订、管理和交流，制图标准对图纸幅面的尺寸大小作了统一规定。绘制工程图样时应优先采用表 5-1 中所规定的基本幅面。必要时，可以沿长边加长，但加长的尺寸必须符合制图标准的规定（表 5-2）。

幅面及图框尺寸（单位：mm） 表 5-1

幅面代号 尺寸代号	A_0	A_1	A_2	A_3	A_4
$b×l$	841×1189	594×841	420×594	297×420	210×297
c	10			5	
a	25				

图纸长边加长尺寸（单位：mm） 表 5-2

图幅代号	长边基本尺寸	长边加长后尺寸
A_0	1189	1486　1635　1783　1932　2080　2230　2338
A_1	841	1051　1261　1471　1682　1892　2102
A_2	594	743　891　1041　1189　1338　1486　1635　1783　1932　2080
A_3	420	630　841　1051　1261　1471　1682　1892

从表 5-1 可见，A_0 幅面对裁得 A_1 幅面，A_1 幅面对裁得 A_2 幅面，其余类推。

图框有横式和竖式两种，无论是否装订，均应按表 5-1 的规定参照图 5-1 图框的格式画出各周边的图框线。

2. 标题栏和会签栏

标题栏置于图纸的右下角，其格式、大小及内容按图 5-2 所示用细实线绘制。

会签栏在图纸的位置如图 5-1 所示，其格式按图 5-3 所示用细实线绘制。

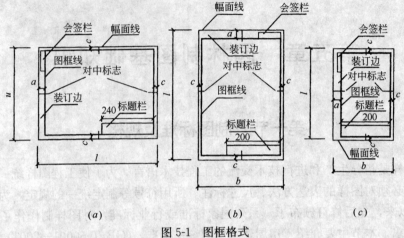

图 5-1 图框格式
(a)$A_0 \sim A_3$ 横式；(b)$A_0 \sim A_3$ 立式；(c)A_4 幅面

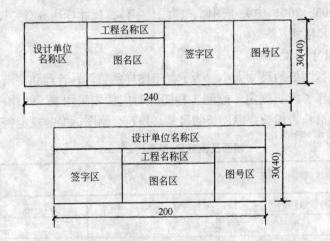

图 5-2 标题栏格式及尺寸

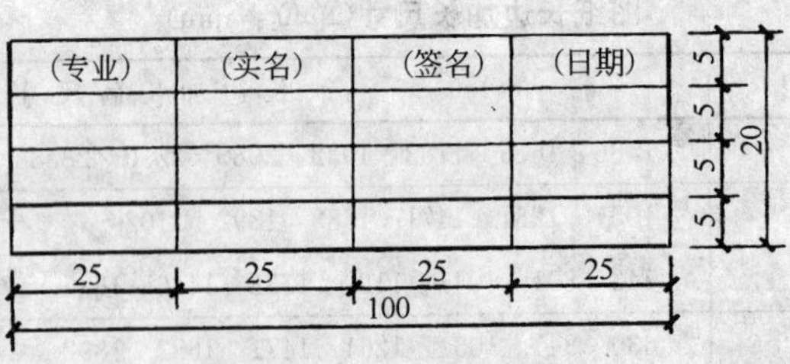

图 5-3 会签栏格式及尺寸

二、图线

图纸上所画的图形都是用各种不同的图线组成的。图线的宽度（简称线宽）b，应从下列线宽系列中选取：0.18、0.25、0.35、0.5、1.0、1.4、2.0mm。绘图时，应根据图样的复杂程度与比例大小，先确定基本线宽 b，再选用表 5-3 中适当的线宽组。

线 宽 组　　　　　　　　　　　　　　　表 5-3

线宽比	线 宽 组/mm					
b	2.0	1.4	1.0	0.7	0.5	0.35
$0.5b$	1.0	0.7	0.5	0.35	0.25	0.18
$0.25b$	0.5	0.35	0.25	0.18		

工程建设制图中应选用表 5-4 中的图线。图样的图框线和标题栏线，建议采用表 5-5 的线宽。

图　线　　　　　　　　　　　　　　　表 5-4

名称		线型	宽度	用途
实线	粗	———	b	1. 一般作主要可见轮廓线 2. 平、剖面图中被剖切的主要建筑构造（包括构配件）的轮廓线 3. 建筑立面图中的外轮廓线 4. 建筑构配件详图中的外轮廓线 5. 总平面图中新建建筑物±0.00高度的可见轮廓线
	中	———	$0.5b$	1. 建筑平、立、剖面视图中建筑构配件的轮廓线 2. 平、剖视图中被剖切的次要建筑构造的轮廓线 3. 总平面图中新建构筑物、道路、桥涵、围墙等及其他设施的可见轮廓线和区域分界线 4. 尺寸起止符号
	细	———	$0.25b$	1. 总平面图中新建道路路肩、人行道、排水沟、树丛、草地、花坛的可见轮廓线，原有建筑物、构筑物、铁路、道路、桥涵、围墙的可见轮廓线 2. 图例线、索引符号、尺寸线、尺寸界线、引出线、标高符号、较小图形的中心线
虚线	粗	－ － －	b	1. 总平面图中新建筑物、构筑物的不可见轮廓线 2. 结构图中不可见的钢筋及螺栓线
	中	－ － －	$0.5b$	1. 一般不可见轮廓线 2. 建筑构造详图及建筑构件配件不可见轮廓线 3. 总平面图计划扩建的建筑物、构筑物、预留地、铁路、道路、桥涵、围墙及其他设施的轮廓线 4. 平面图中吊车轮廓线
	细	－ － －	$0.25b$	1. 总平面图中原有建筑物、构筑物、铁路道路、桥涵、围墙的不可见轮廓线 2. 结构详图中不可见的钢筋混凝土构件轮廓线 3. 图例线
单点长画线	粗	—·—	b	1. 吊车轨道线 2. 结构图中的柱间支撑、垂直支撑
	中	—·—	$0.5b$	土方填挖区的零点线
	细	—·—	$0.25b$	分水线、中心线、对称线、定位轴线
双点长画线	粗	—··—	b	预应力钢筋线
	细	—··—	$0.25b$	假想轮廓线、成型前原始轮廓线
折断线		─⋀─	$0.25b$	断开界线
波浪线		～～	$0.25b$	断开界线

图框线、标题栏线的宽度(单位：mm)　　　　　　表 5-5

图纸幅面	图框线	标题栏外框线	标题栏分格线会签栏线
A_0　A_1	1.4	0.7	0.35
A_2　A_3　A_4	1.0	0.7	0.35

绘制图线时，应注意以下问题：

（1）在同一张图纸内，相同比例的各图样，应选用相同的线宽组；

（2）图线不得与文字、数字或符号重叠、混淆，不可避免时，应首先保证文字等的清晰；

（3）虚线、单点长画线或双点长画线的线段长度和间隔，宜各自相等；

（4）单点长画线或双点长画线的两端应以线段结束，点画线与点画线交接或与其他图线交接时应以线段相交；虚线与虚线交接或与其他图线交接时，也应以线段交接。

三、字体

图样中书写的汉字、数字和字母必须做到：字体端正，笔画清晰，排列整齐，间隔均匀。字体高度（用 h 表示）的公称尺寸系列为：1.8、2.5、3.5、5、7、10、14、20mm（汉字不宜采用2.5mm），字宽约等于字高的三分之二。

1. 汉字

工程图中的汉字应采用长仿宋体字，且其简化书写必须遵守国家正式公布推行的简化字。大标题、图册封面及地形图等的汉字，也可书写成其他字体，但应易于辨认。图 5-4 为图样上常用的长仿宋体字样。

园林制图

长仿宋体汉字书写要领

横平竖直 结构均匀 高三宽二 填满方格

图样中书写的汉字数字和字母必须做到

字体端正 笔画清晰 排列整齐 间隔均匀

图 5-4　汉字长仿宋体字例

2. 数字和外文字母

一般书写成斜体字，其字头向右侧倾斜（与水平方向角度约成75°）。数字和外文字母与汉字并列书写时，其字高应略小于汉字。图 5-5 为数字和外文字母斜体字例。

0123456789

ABCDEFGHIJKLMNOPQRSTUVWXYZ

abcdefghijklmnopqrstuvwxyz

图 5-5　数字和外文字母字例

四、比例

图样的比例是指图形与实物相对应部分的线性尺寸之比,一般用阿拉伯数字来表示,如1∶100、1∶500等。绘图时必须将实物按一定比例缩小后才能画出,且在图样中必须注明绘图所用的比例。

绘图时应根据图样的用途及表达对象的复杂程度,优先选用表5-6中的常用比例。

比 例 表5-6

常 用 比 例	可 用 比 例
1∶1　1∶2　1∶5　1∶10　1∶20　1∶50　1∶100　1∶150 1∶200　1∶500　1∶1000　1∶2000　1∶5000　1∶10000 1∶20000　1∶50000　1∶100000　1∶200000	1∶3　1∶4　1∶6　1∶15　1∶25　1∶30 1∶40　1∶60　1∶80　1∶250　1∶300 1∶400　1∶600

在园林设计中,各类图纸的常用比例范围是:总体规划设计图1∶(1000~2000);总平面图1∶(200~1000);植物种植设计图1∶(100~500);建筑设计图1∶(50~200);园林小品设计图1∶(20~100);剖面图与断面图1∶(100~200)。

应当说明的是,无论绘图时选用何种比例,图样上标注的尺寸均为物体的实际尺寸。

五、尺寸标注及标高

1. 尺寸标注

在建筑和其他构筑物的设计图上,必须准确、清晰地标注物体各部分的实际尺寸,以确定其大小,作为放样施工的依据。

尺寸标注符号包括尺寸界线、尺寸线、尺寸起止符号和尺寸数字,如图5-6所示。尺寸线应平行于所标注的轮廓线;尺寸界线应垂直于所标注的轮廓线,其一端离开轮廓线的距离应不小于2mm,另一端应超出尺寸线2~3mm;尺寸线与尺寸界线均用细实线绘制。尺寸起止符一般用中实线绘制,其倾斜方向应与尺寸界线成顺时针45°,长度以2~3mm为宜。

半径、直径、角度的尺寸标注,如图5-7所示。

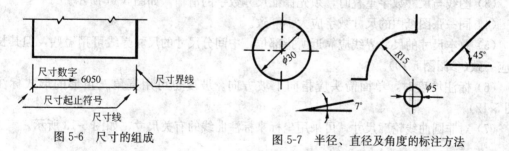

图5-6 尺寸的组成　　图5-7 半径、直径及角度的标注方法

尺寸起止符号也可用圆点(直径1~2mm)表示,如图5-8所示。

按制图标准规定,图样上的尺寸大小一律用阿拉伯数字注写,除标高及总平面图用m作单位外,其余均以mm为单位。标高及总平面图的单位(m)需在图上注明;凡不注写单位的均为mm。

尺寸标注时应注意的问题:

(1) 尺寸数字应写在尺寸线的上方(或外侧)中部,若尺寸较小,相邻尺寸数字可错开

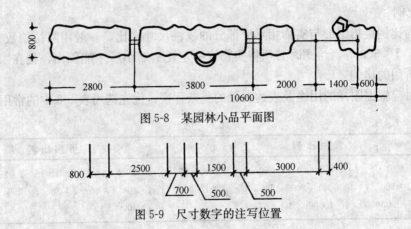

图 5-8 某园林小品平面图

图 5-9 尺寸数字的注写位置

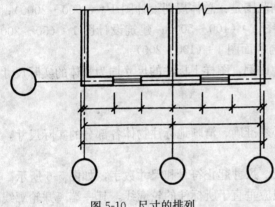

图 5-10 尺寸的排列

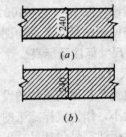

图 5-11 尺寸数字与图线
重叠时的标注方法
(a)正确；(b)错误

注写，也可引出注写，如图 5-9 所示。

（2）小尺寸置于内侧，大尺寸靠外侧，层次要分明，如图 5-10 所示。

（3）图线与尺寸数字重叠时，须先保证尺寸数字的清晰，如图 5-11 所示。

（4）同一张图纸内的尺寸数字应大小一致。

（5）总本尺寸的尺寸界线应靠近所指部位，中间分尺寸的尺寸界线可稍短些，但其长度应一致（参阅图 5-10）。

（6）标注坡度时，单面箭头应指向下坡方向。坡度也可用直角三角形的形式标注（图 5-12）。

（7）对非圆曲线轮廓尺寸，可采用坐标来标注曲线的有关尺寸，如图 5-13 所示。

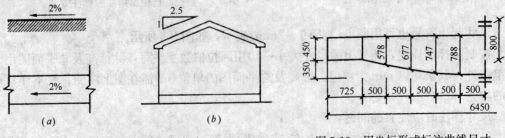

图 5-12 坡度的标注方法　　　图 5-13 用坐标形式标注曲线尺寸

(8) 对复杂的图形，用网格形式标注尺寸较为方便，如图 5-14 所示。

2. 标高

标高符号用直角等腰三角形绘制，其尖端应指至所标注高度的部位，尖端既可朝上，也可朝下。图 5-15a 为建筑物的高程标注方法，图 5-15b 为标高指向。

总平面图的标高符号宜采用涂黑的三角形，如图 5-16 所示。

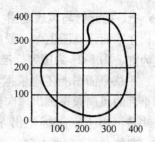

图 5-14　用网络形式标注尺寸

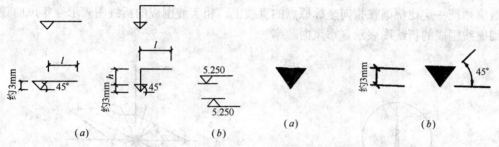

图 5-15　高程标注方法
(a)建筑物标高符号；(b)标高指向
l—注写标高数字的长度；h—高度，视需要而定

图 5-16　总平面图标高符号

六、引出符号

1. 索引符号与详图符号

建筑设计图中的某一部位或构件需另作详图时，应以索引符号进行索引。索引符号用细实线绘制的圆表示(圆的直径以 10mm 为宜)，并在其上半圆中注明该详图的编号，下半圆注明详图所在图纸的图纸编号，如图 5-17 所示。

详图符号用粗实线绘制的圆表示，圆的直径为 14mm。若详图与被索引的图样在同一图样内，应在该符号内注明详图的编号，否则应在符号的上半圆中注明详图的编号，在下半圆中注明被索引的图纸编号，如图 5-18 所示。

图 5-17　索引符号 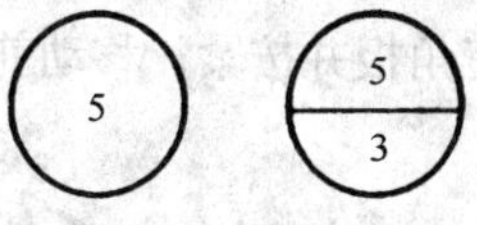　　　　　　　　　图 5-18　详图符号

索引符号和详图符号应用引出线指至被索引的部位。

2. 引出线

引出线宜用细实线绘制。多层构造的引出线应通过被引出的各层，同时文字说明的顺序须与被说明的层次顺序一致(图 5-19～图 5-20)。

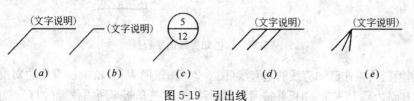

图 5-19　引出线

七、指北针与风玫瑰图

在平面设计图上，一般应标出正北方向。指北针的形状以简捷为宜，图 5-21 为国家标准规定的指北针式样。

在总平面图上还应根据该地区全年及夏季 6 月、7 月、8 月三个月的风向频率画出风向频率玫瑰图，简称风玫瑰图。其绘制方法是：用十字坐标定出东、南、西、北、东南、东北、北偏东、东偏北等 16 个方向，再根据该地区多年统计的各个方向的风向百分数平均值，以粗实线和细虚线画出折线图形，如图 5-22 所示。各个方向的风向百分数值须按一定比例画在指向坐标原点的直线上。粗实线围成的折线图表示全年风向频率，细虚线围成的折线图表示夏季风向频率。

图 5-20　多层构造引出线

图 5-21　指北针

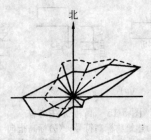

图 5-22　风玫瑰图

第二节　几何作图

根据已知条件，借助各种制图工具，运用几何学原理和作图方法正确绘制直线、曲线和平面图形，是学习绘制物体正投影图的基础。

一、直线

1. 作平行线和垂直线

(1) 利用三角板作已知直线的平行线(图 5-23)。先将三角板一直角边对准已知直线 AB，再靠上另一三角板并按紧；移动前一三角板至所需位置(如 C 点)，由左向右画线即得。

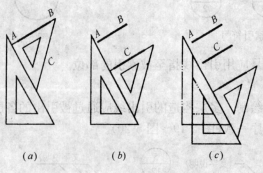

图 5-23　作已知直线的平行线

(2) 利用三角板作已知直线的垂直线(图 5-24)。先把 45°三角板一直角边对准已知直线 AB，再在其斜边靠上 30°三角板并按紧，然后移动 45°三角板至所需位置(如 C 点)画线即得。

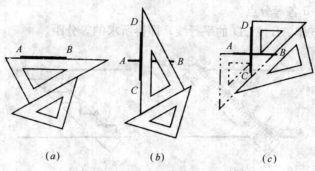

图 5-24 作已知直线的垂直线

2. 作直线的垂直平分线

(1) 图 5-25 所示为直线垂直平分线的几何作图方法。

① 分别以 A、B 为圆心，以大于 AB/2 的长度为半径画弧，分别交于 C、D 两点。

② 连接 C、D，则 CD 即为所求的垂直平分线。

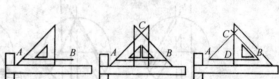

图 5-25 作已知直线的垂直平分线(a)

(2) 图 5-26 所示为用丁字尺和三角板作水平位置直线的垂直平分线的画法。

3. 任意等分

线段和平行线间距的任意等分一般采用平行线法作图。

(1) 线段的任意等分(图 5-27)。

图 5-26 作已知直线的垂直平分线(b)

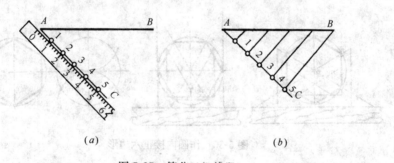

图 5-27 等分已知线段

① 先过 A 点作任意直线 AC，并在 AC 上截取所要求的等分数(本例为五等分)，得 1、2、3、4、5 点。

② 连接 B5，并过其余各点分别作 B5 的平行线，它们与 AB 的交点即为所求的等分点。

(2) 两平行线间距的任意等分(图 5-28 所示为六等分)。

① 首先，将直尺上的刻度 0 点置于 CD 线上，摆动直尺，使刻度 6 点落在 AB 线上，

记下 1、2、3、4、5 各等分点。

② 过各等分点作 AB 或 CD 的平行线，即得所求的等分距。

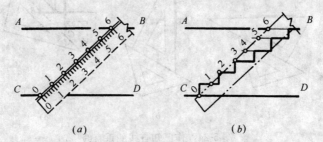

图 5-28 等分两平行线间的距离

二、平面图形

1. 正多边形的画法

正三角形、正方形和正六边形等正多边形一般利用外切辅助圆运用三角板配合丁字尺画出。正六边形亦可利用其边长等于外切圆半径的特点，直接等分圆周作图。

图 5-29、图 5-30 所示为正三角形、正六边形的作图方法。

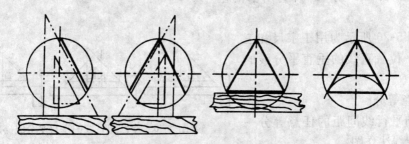

图 5-29 作圆内接正三角形

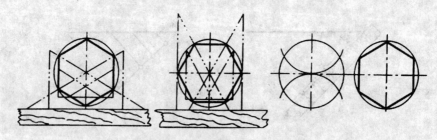

图 5-30 作圆内接正六边形

图 5-31 所示为圆内接正五边形的作图方法。作图时，首先平分半径 OB，求出中点

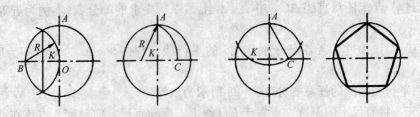

图 5-31 作圆内接正五边形

K,截取 $KC=KA$,求得 C 点,AC 即为正五边形的边长。以 AC 长度等分圆周得五个分点并依次连接,即得正五边形。

2. 椭圆

椭圆是工程图中常用的平面曲线。由椭圆的几何学定义可知,根据椭圆的长轴和短轴即可画出椭圆。椭圆的画法较多,这里只介绍常用的八点法和四心法。

已知椭圆的长轴 AB 和短轴 CD,则椭圆的作图方法如下:

(1) 八点法(图 5-32)。

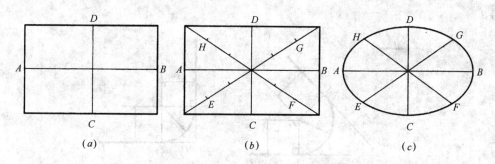

图 5-32 用八点法作椭圆

先按椭圆的长轴 AB 和短轴 CD 画出椭圆的外切矩形,A、B、C、D 为切点;然后分别在矩形对角线一半的长度上作三等分,得 E、F、G、H 四个点;最后用曲线板依次连接上述八个点,即得所求椭圆。

(2) 四心法(图 5-33)。

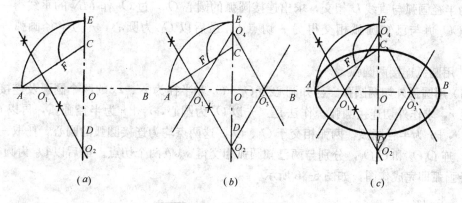

图 5-33 四心法作椭圆

① 连接 AC,以 O 为圆心、OA 为半径画弧,交 OC 延长线于点 E。再以 C 为圆心、CE 为半径画弧,交 AC 于 F,如图 5-33a 所示。

② 作 AF 的垂直平分线,交长轴 AB 于 O_1,交短轴 CD(或其延长线)于 O_2。然后在 AB 线上截取 $OO_3=OO_1$,在 CD 或其延长线上截取 $OO_4=OO_2$,得 O_1、O_2、O_3、O_4 四点,连接 O_2O_3、O_4O_3、O_4O_1 并延长之,得四条连心线,如图 5-33b 所示。

③ 分别以 O_2、O_4 为圆心,以 O_2C、O_4D 为半径画弧至连心线。再分别以 O_1、O_3 为圆心、以 O_1A、O_3B 为半径画弧至连心线,即可作出近似椭圆,如图 5-33c 所示。

三、圆弧连接

在园林设计图中，常出现由直线过渡为曲线或连续弧线连接等线形，作图时必须根据已知条件（如圆弧半径），准确求出连接圆弧的圆心及连接点（切点）的位置。

1. 用圆弧连接线

如图 5-34 所示，已知两直线 AB 和 CD 及连接圆弧的半径 r，求作连接圆弧。作图方法：分别作 AB 和 CD 的平行线，并使其间距等于 r，交点 O 即为连接圆弧的圆心。过 O 点分别作 AB 和 CD 的垂线，垂足 T_1、T_2 即为连接点。以 O 点为圆心、r 为半径画弧即得。

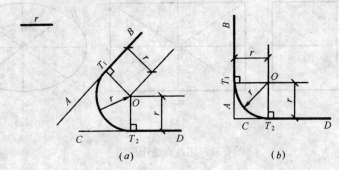

图 5-34　用圆弧连接已知直线

2. 用圆弧连接一直线和一圆弧

图 5-35 所示为用一圆弧连接一直线和另一圆弧的作图方法。具体步骤是：以连接圆弧的半径 r 为间距作已知直线 MN 的平行线 L。再以已知圆（半径为 R）的圆心为圆心、$R+r$ 为半径画弧与直线 L 相交，求出连接圆弧的圆心 O_1，过 O_1 作 MN 的垂线得一切点 a，连 OO_1 并与已知圆弧相交得另一切点 b。最后以 O_1 为圆心，r 为半径画弧，完成作图。

3. 用圆弧连接两圆弧

（1）用圆弧外切两圆弧　已知圆心为 O_1、O_2 和半径为 r_1、r_2 的两个圆弧及连接圆弧的半径 r，求作外切连接圆弧。作法是：先以 O_1 为圆心，r_1+r 为半径画弧，再以 O_2 为圆心、r_2+r 为半径画弧，两弧相交于 O_3、O_4。这两点均为连接圆弧的圆心，任取一个圆心 O_3，连 O_1O_3 和 O_2O_3，分别与两已知圆弧相交得 a、b 两个切点。最后以 O_3 为圆心、r 为半径画弧即完成作图，如图 5-36 所示。

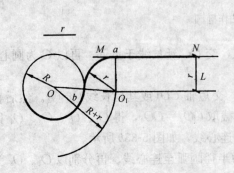

图 5-35　用圆弧连接已知直线及圆弧

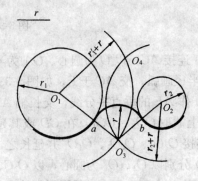

图 5-36　作圆弧外切两圆弧

(2) 用圆弧内切两圆弧　如图 5-37 所示，已知圆心为 O_1、O_2 和半径为 r_1、r_2 的两个圆弧及连接圆弧的半径 r，其内切连接圆弧的作法是：先以 O_1 为圆心、$r-r_1$ 为半径画弧，再以 O_2 为圆心、$r-r_2$ 为半径画弧，两弧相交于 O_3、O_4，这两点均为连接圆弧的圆心。任取一个圆心 O_3，连 O_1O_3 和 O_2O_3，分别与两已知圆弧相交得 a、b 两个切点。最后以 O_3 为圆心、r 为半径画弧即完成作图。

工程图样是根据各种投影法绘制而成的。工程制图中的投影法包括平行投影法和中心投影法，平行投影法又分为正投影法和斜投影法，其中正投影法是绘制工程图样特别是施工图样的重要方法，必须掌握。斜投影法以及中心投影法常用于辅助设计和表现设计效果。本章主要介绍运用正投影法作图的基本原理和方法，以及绘制设计效果表现图常用的轴测投影法。

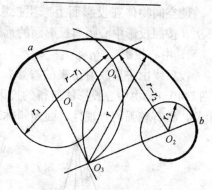

图 5-37　作圆弧内切两圆弧

第三节　投影作图基本知识

一、投影的概念

日常生活中，物体在灯光或阳光照射下就会在墙面或地面上产生影子（图 5-38），这种自然现象称为投影。经人们科学的总结、抽象，找到了影子和物体间的几何关系，逐步形成了在平面上表达空间物体的各种投影法。

将图 5-38 抽象为图 5-39a，并把相当于光源的点 S 称为投射中心，影子所在的平面 P 称为投影面，相当于光线的 SA、SB、SC 等直线称为投射线。过投影中心 S 和空间点 A，作投射线 SA 并延长，与投影面 P 相交于 a，则 a 称为空间点 A 在投影面 P 上的投影（图 5-39b）。同样，b 点为空间点 B 在投影面 P 上的投影。

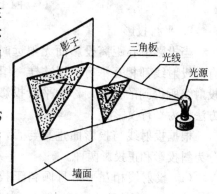

图 5-38　物体的影子

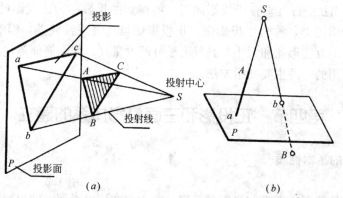

图 5-39　投影图的形成

二、投影的类型

使空间物体在投影面上产生投影的方法，称投影法。按照投影中心距离投影面的远近，可将投影分为中心投影和平行投影两种。

1. 中心投影

投射线由一点放射出来的投影，称为中心投影。这种投影的方法，称为中心投影法（图 5-40a）。由中心投影法所得的投影图样具有较好的立体感（图 5-41），接近人们的视觉印象，具有较强的直观性，因而园林设计中，常用其表现设计效果。

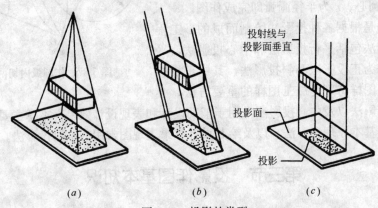

图 5-40 投影的类型
(a)中心投影；(b)斜投影；(c)正投影

2. 平行投影

当投影中心距离投影面无限远时，可认为所有的投射线都相互平行，用这样一组相互平行的投射线所得到的投影，称为平行投影。这种投影方法称为平行投影法。

根据投射线与投影面垂直与否，平行投影又分为斜投影和正投影两种。

图 5-41 用中心投影法绘制的图样

(1) 投射线相互平行且倾斜于投影面时，所得到的投影称为斜投影（图 5-40b），用斜投影法画具有较好的直观性，这种方法常应用于轴测斜投影作图。

(2) 投影线相互平行且垂直于投影面时，所得到的投影称为正投影（图 5-40c）。用正投影法画出的物体图形，称为正投影图。正投影图虽然直观性较差，但经多面投影处理后，能反映物体的真实形状和大小，且具有较好的度量性、作图简便等优点，因而在为工程制图中广泛采用的一种主要图示方法。

第四节 正投影和三面投影体系的建立

一、正投影的基本性质

1. 可量性

如果空间直线或平面图形与投影面平行，则它们在该投影面上的投影反映线段的实长或平面图形的实形,如图5-42所示。

2. 积聚性

如果空间直线或平面图形与投影面垂直,则直线的投影积聚为一点,平面图形的投影积聚为一直线,如图5-43所示。

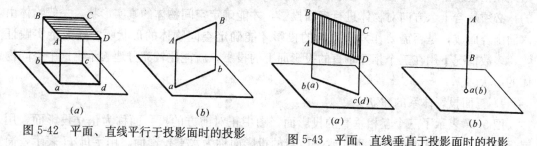

图5-42 平面、直线平行于投影面时的投影

图5-43 平面、直线垂直于投影面时的投影

3. 类似性

如果空间直线或平面图形与投影面倾斜,则其投影仍为直线或平面图形,且与原形状类似,但投影的长度或大小发生了变化,如图5-44所示。

4. 从属性

若点在直线上,则点的投影必在该直线的投影上;若点(或直线)在平面上,则点(或直线)的投影必在该平面的投影内。

5. 平行比例不变性

若两直线段平行,它们在同一投影面上的投影也必平行,同时两线段之比与在同一投影面上投影之比相等。

某点截分线段所成的比例,与该点投影所分线段投影的比例相等;直线截分平面所成的面积比,与该直线投影所分平面投影的面积比相等。

应强调和注意的是,工程设计施工图应按正投影法绘制,并设想投影线能够穿透物体,使物体各部分结构的轮廓均能在投影里反映出来,如图5-45所示。

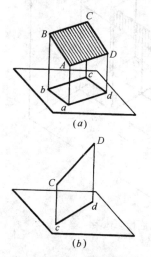

图5-44 平面、直线倾斜于投影面时的投影

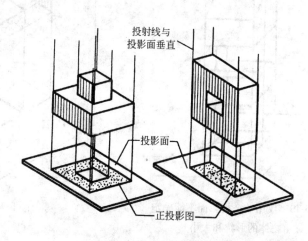

图5-45 物体的正投影

以后章节中如无特别说明，所作投影图均指正投影图。

二、三面投影及其对应关系

图 5-46 中，空间五个物体的形状各异，但它们在同一个投影面上的投影却是相同的。因此在正投影中，物体在一个投影面上的投影，一般是不能全面真实地反映空间物体形成的，必须从若干个方向对物体进行多面投影，才能确定空间物体的真实形状。一般物体由六面围合而成，是否需要作六个方向的投影才能确定空间物体的形状呢？经大量实践证实，多数情况下用在三个相互垂直的投影面上的投影，就能比较充分地表示出这个空间物体的形状。

1. 三面投影体系的建立

图 5-47 表示了三个互相垂直的投影面，图中正对前方的投影面称为正立投影面，用字母 V 表示，简称正面或 V 面；水平位置的投影面称为水平投影面，用字母 H 表示，简称水平面或 H 面；右面侧立的投影面称为侧立投影面，用字母 W 表示，简称侧面或 W 面。各投影面之间的交线称为投影轴，其中 V 面与 H 面的交线称为 X 轴，W 面和 H 面的交线称为 Y 轴，V 面和 W 面间的交线称为 Z 轴，三个投影轴的交点 O，称为原点，亦即 OX、OY、OZ 是三条相互垂直的投影轴。

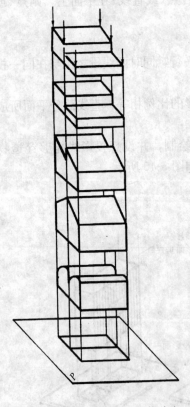

图 5-46　仅用一个投影面不能确定物体的形状和大小

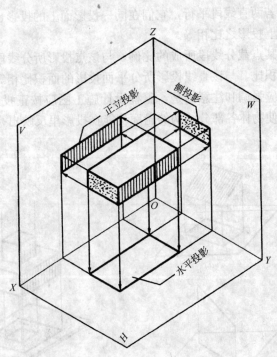

图 5-47　三面投影体系

将物体放置在三面投影体系中，按正投影法向各投影面投射，投射线由前向后在 V

面产生的投影称正立投影图，简称正立面图；投射线自上而下在 H 面上产生的投影称水平投影图，简称平面图；投射线由左向右在 W 面产生的投影称侧立投影图，简称侧立面图。

2. 三面投影体系的展开

为方便作图和阅读图样，实际作图时需将互相垂直的三个投影面展开在同一平面上，以把物体表现在同一平面（图纸）上。展开方法是：V 面不动，将 H 面绕 OX 轴向下旋转 $90°$，将 W 面绕 OZ 轴向右旋转 $90°$即可，如图 5-48 所示。这样，三个投影图就能画在同一平面的图纸上了。

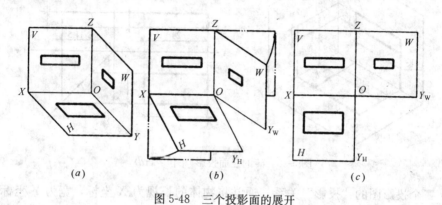

图 5-48　三个投影面的展开

三个投影面展开后，三条投影轴成为两条垂直相交的直线。原 OX、OZ 轴位置不变，原 OY 轴则被一分为二，分别用 OY_H（在 H 面上）和 OY_W（在 W 面上）表示。

用两个以上（一般是三个）的正投影图，共同表达一个实物是工程制图的基本图示方法，这种方法叫正投影分面图法。建筑设计图样就是按此方法绘制的，如图 5-49 所示。应指出的是，投影面是假想的，在工程图样中，投影面的外框和投影轴均不必画出，这种

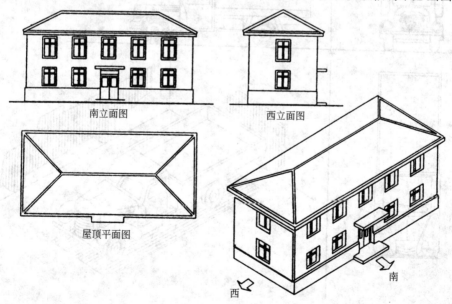

图 5-49　建筑物的三面投影图（右下为轴测图）

图叫无轴投影图。因为它仍能确定物体的形状、大小和各几何要素间的相关位置，因此工程图一般均采用无轴投影图。

3. 三个投影图之间的对应关系

（1）三个投影图的位置关系　图 5-50 所示的砖的三面投影，以正立面图为准，平面图位于其下面，侧立面图位于其右面。

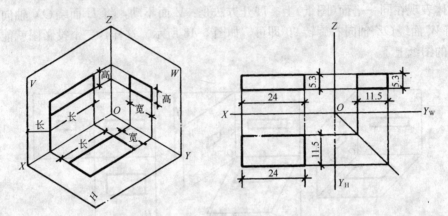

图 5-50　砖的三面投影（单位：cm）

（2）三个投影图的"投影"关系　通常将物体的长视为 X 坐标，宽为 Y 坐标，高度为 Z 坐标。

正立面图反映物体的长度和高度，平面图反映物体的长度和宽度，侧立面图反映物体的高度和宽度，如图 5-51 所示。

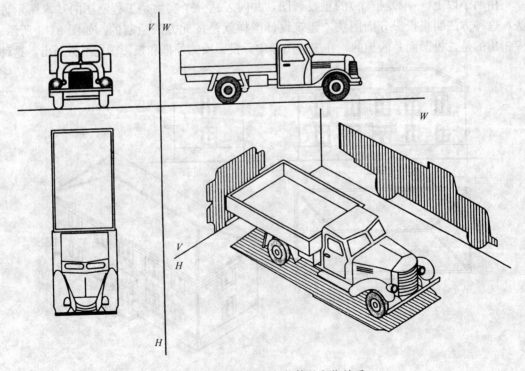

图 5-51　三个投影图与物体的方位关系

由此归纳得出：

正立面图与平面图中相应投影的长度相等且要对正，即长对正；正立面图与侧立面图中相应投影的高度相等且要平齐，即高平齐；平面图与侧立面图中相应投影的宽度相等，即宽相等。

应当指出，无论是整个物体还是物体的局部，其三个投影图都符合上述"三等"关系。

(3) 三个投影图与物体的方位关系 物体对投影面的相对位置一经确定后，物体的前后、左右和上下的方位关系就反映在三个投影图上(图 5-51)。

由图 5-51 可见，正面投影反映物体的高、矮和宽、窄；水平投影反映物体的左、右和前、后；侧面投影反映物体的上、下和前、后。

应注意的是，物体的前面和后面在水平投影和侧面投影中较容易弄错，这是由于侧立投影面在展开时向后旋转了 90°，所以在侧立面图中反映的是物体的左面和右面，不要误认为是物体的前面和后面。同时在水平投影和侧面投影中靠近正面投影的部分反映物体的后面，远离正面投影的部分反映物体的前面。

三、立体表面上点、直线和平面的投影

各种形体都是由平面或曲面所围成的。平面和曲面可看成是直线或曲线运动的轨迹，直线和曲线又可看成是点运动的轨迹。因此，要想认识和掌握形体正投影的规律，就得了解点、线、面正投影的基本规律。这里先介绍点、直线、平面的正投影规律。

(一) 点的投影及其规律

点的正投影仍是点。点的三面投影及其规律如图 5-52 所示。空间点及投影的标注规定：空间点用大写字母表示，例如 A、B、C……；水平投影用相应的小写字母表示，如 a、b、c……；正面投影用相应的小写字母加一撇表示，如 a'、b'、c'……；侧面投影用相应的小写字母加两撇表示，如 a''、b''、c''……；不可见点的投影应加注括号以示区别，如 (a)、(a')、(a'') 等。

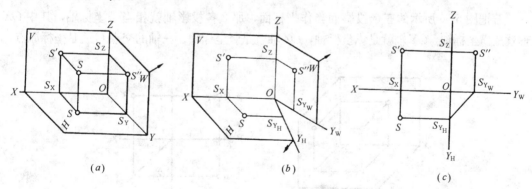

图 5-52 点的三面投影
(a)空间分析；(b)展开；(c)投影图

通过上述点的三面投影形成过程，可总结出点的投影规律：

(1) 点的两面投影的连线，必定垂直于该两投影面所夹的投影轴，即点的水平投影 a 和正面投影 a' 的连线垂直于 OX 轴；点的正面投影 a' 和侧面投影 a'' 的连线垂直于 OZ 轴；

(2) 点的投影到投影轴的距离，分别等于空间点到相应的另一个投影面的距离。

这些特性说明，在点的三面投影图中，每两个投影都具有一定的联系性。因此，只要给出一点的任何两个投影，就可以求出其第三投影。

【例1】 已知一点 B 的水平投影 b 和正面投影 b'，求侧面投影 b''。

作图过程如图 5-53 所示。

① 过 b' 引 OZ 轴的垂线 $b'b_z$。

② 在 $b'b_z$ 的延长线上截取 $b''b_z=bb_x$，b'' 即为所求。

【例2】 已知一点 A 的 H 面投影 a 和 V 面投影 a'，求作侧面投影 a''。

作图方法一见图 5-54。

作图方法二见图 5-55。

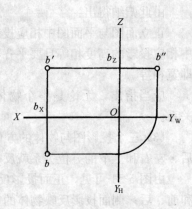

图 5-53 由点的正面投影和水平投影作侧面投影

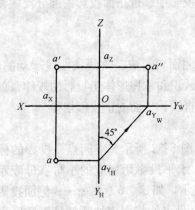

图 5-54 45°斜线做法

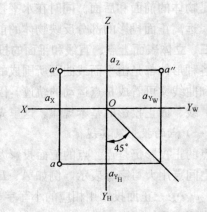

图 5-55 45°分角线做法

若把图 5-56 所示的三个投影面当作坐标面，那么各投影轴就相当于坐标轴，其中 OX 轴就是横坐标轴，OY 轴就是纵坐标轴，OZ 轴就是竖坐标轴。三轴的交点 O 就是坐标原点。

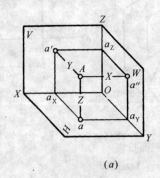
(a)

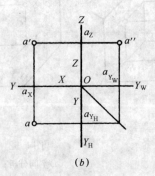
(b)

图 5-56 点的投影与直角坐标的关系(1)

X-A 点到 W 面的距离；Y-A 点到 V 面的距离；Z-A 点到 H 面的距离

这样，空间 A 点到三个投影面的距离就等于它的三个坐标：

A 点到 W 面的距离 $Aa''=A$ 点的 X 坐标 Oa_x；A 点到 V 面的距离 $Aa'=A$ 点的 Y 坐标 Oa_y；

A 点到 H 面的距离 $Aa''=A$ 点的 Z 坐标 Oa_z。并规定 A 点坐标的书写格式为 $A(X, Y, Z)$。

从图上可以清楚地看出：由 A 点的 X、Y 两坐标可以决定 A 点的水平投影 a（图5-57a）；由 A 点的 X、Z 两坐标可以决定 A 点的正面投影 a'（图5-57b）；由 A 点的 Y、Z 两坐标可以决定 A 点的侧面投影 a''（图 5-57c）。

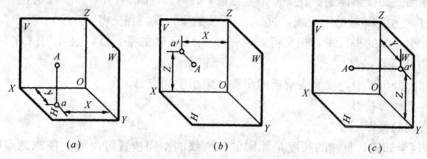

图 5-57 点的投影与直角坐标的关系(2)

因此，已知一点的三面投影，就可以量出该点的三个坐标；反之，已知一点的三个坐标，也可以求出该点的三面投影。

【例3】 已知点 A 的坐标为 $x=15$，$y=10$，$z=20$，求 A 点的三面投影，并用直观图来表达 A 点的空间位置。

做法如下：

(1) 由 $A(15，10，20)$ 作 A 点的三面投影图。

① 先作投影轴，即坐标轴。在 OX 轴上从点 O 起向左截取 X 坐标 15，过截得点引 OX 轴的垂线，则 $a(15，10)$ 和 $a'(15，20)$ 必在该垂线上（图5-58a）。

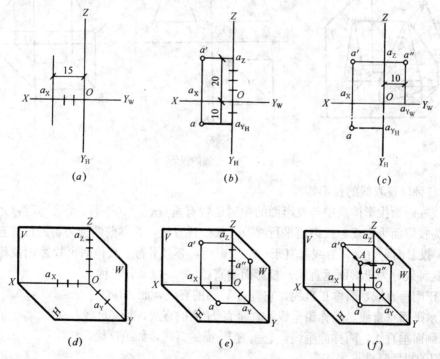

图 5-58 根据坐标作三面投影及直观图

② 在作出的垂线上，从 OX 轴向下截取 $y=10$ 得 a，向上截取 $z=20$ 得 a'（图 5-58b）。

③ 过 a' 引 OZ 轴的垂线 $a'a_z$，在 $a'a_z$ 的延长线上，从 OZ 轴向右截取 $y=10$ 得 a''（图 5-58c）。

(2) 由 $A(15，10，20)$ 作 A 点的直观图。

① 作出三面投影体系。在 OX 轴上截取 $Oa_x=15$，$Oa_y=10$，$Oa_z=20$（图 5-58d）。

② 过 a_x 引 OY 轴的平行线，过 a_y 引 OX 的平行线，相交得 a。过 a_x 引 OZ 轴的平行线，过 a_z 引 OX 的平行线，相交得 a'。过 a_y 引 OZ 轴的平行线，过 a_z 引 OY 的平行线，相交得 a''（图 5-58e）。

③ 如图 5-58f 中，按箭头所指的步骤，定出空间点 A。

(二) 直线的投影

1. 直线的投影

从几何学知道，直线的长度是无限的。直线的空间位置可由线上任意两点的位置确定，即两点定一直线。直线还可以由线上任意一点和线的指定方向（例如规定要平行于另一已知直线）来确定。直线可以取线内任意两点的字母来标记。直线上两点间的一段，称为线段。线段有一定长度并用它的两个端点作标记。

直线的投影仍为直线，可由直线两个端点的同面投影来确定。如图 5-59 所示，已知四棱锥的侧棱线 SB 的投影，可分别求出其两个端点 S、B 的三面投影，然后将两点的同面投影连接起来，即得直线 SB 的三面投影 sb、sb'、sb''。

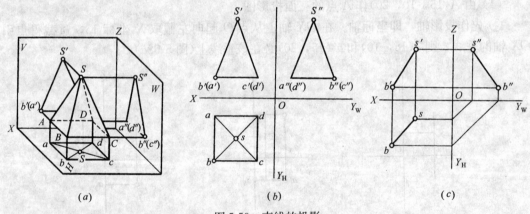

图 5-59 直线的投影

2. 各种位置直线的投影特性

直线在三面投影体系中与投影面的相对位置有垂直（⊥）、平行（∥）、倾斜（／）三种，分别称为投影面垂直线、投影面平行线及一般位置直线，并称前两种为特殊位置直线。

(1) 投影面垂直线　直线垂直于一个投影面，必然平行于其他两个投影面及相应的投影轴，这种线称为投影面垂直线。投影面垂直线（表 5-7）又分三种：

① 正面垂直线，简称正直线，它垂直 V 面的直线，如 AB 线；

② 水平面垂直线，简称铅垂线，它垂直 H 面的直线，如 AC 线；

③ 侧面垂直线，简称侧垂线，它垂直 W 面的直线，如 AD 线。

它们的投影特性见表 5-7。

投影面垂直线的投影特性 表 5-7

名 称	直观图	投影图	投影特性
正垂线 $AB \perp V$	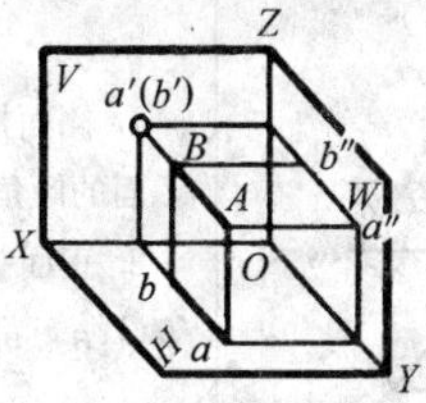	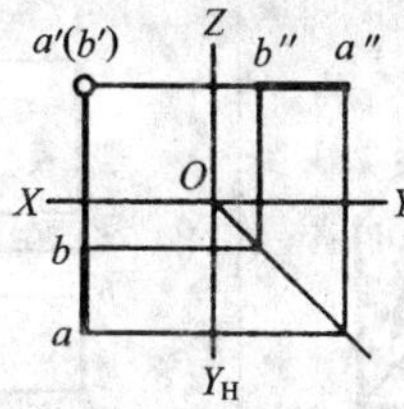	1. 正面投影积聚成一点 2. 水平及侧面投影都平行于 OY，反映实长
铅垂线 $AC \perp H$	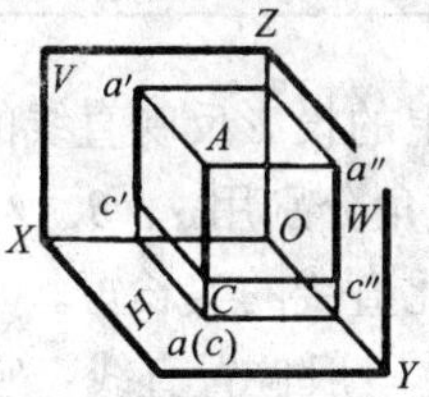	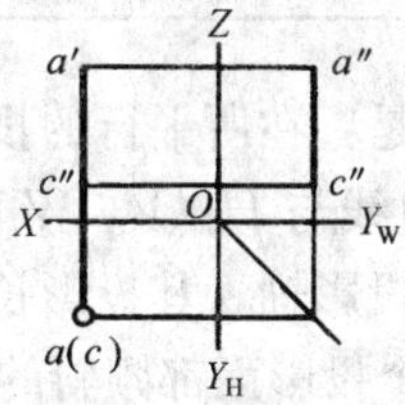	1. 水平投影积聚成一点 2. 正面及侧面投影都平行于 OZ，反映实长
侧垂线 $AD \perp W$	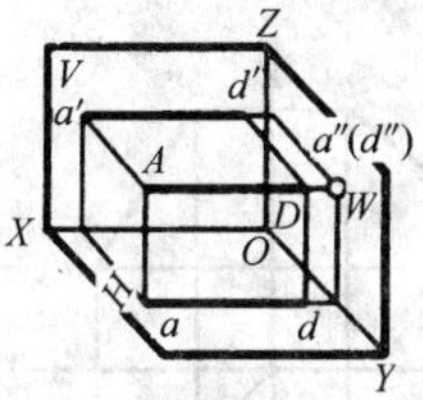	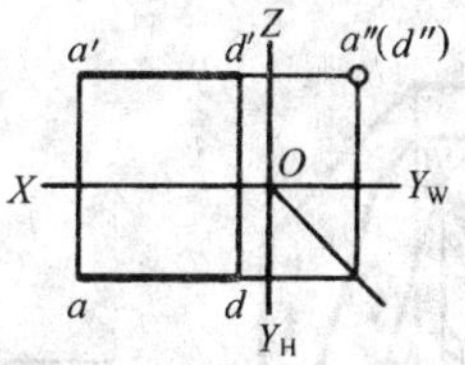	1. 侧面投影积聚成一点 2. 正面及水平投影都平行于 OX，反映实长

三种投影面垂直线的共性是：直线垂直于哪个投影面，它在该投影面上的投影积聚成一点，其他两个投影与相应的投影轴垂直，并反映直线的实长。

(2) 投影面平行线 平行于一个投影面同时倾斜于其他两个投影面的直线，称为投影面平行线。平行于 V、H 或 W 面的直线分别称为正平线、水平线及侧平线。它们的投影特性见表 5-8。

投影面平行线的投影特性 表 5-8

名 称	直观图	投影图	投影特性
正平线 $AB//V$	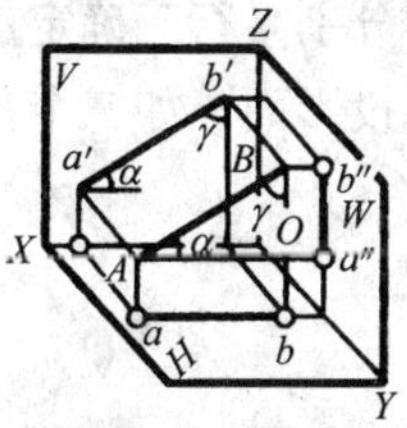	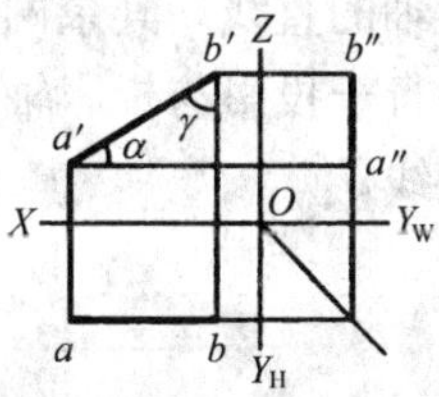	1. 正面投影反映实长及与 H、W 面的倾角 α、γ 2. 水平投影 $//OX$，侧面投影 $//OZ$，都缩短
水平线 $AC//H$	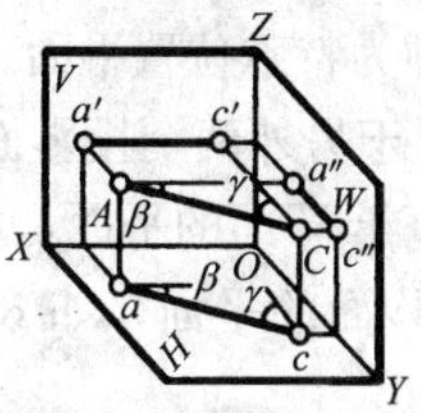	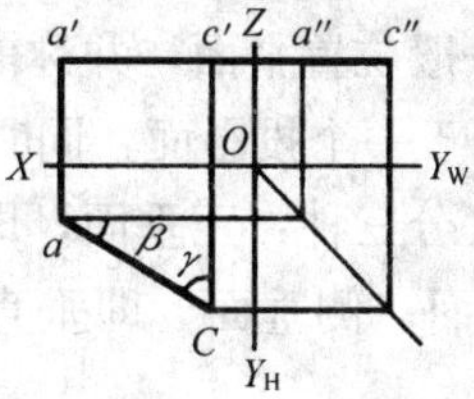	1. 水平投影反映实长及与 V、W 面的倾角 β、γ 2. 正面投影 $//OX$，侧面投影 $//OY_W$，都缩短

续表

名　称	直观图	投影图	投影特性
侧平线 $BC/\!/W$			1. 侧面投影反映实长及与 H、V 面的倾角 α、β 2. 正面投影 $/\!/OZ$，水平投影 $/\!/OY_H$，都缩短

三种投影面平行线的共性是：在所平行的投影面上的投影反映直线的实长，同时反映直线与另两个投影面的倾角（直线与 H、V、W 面的倾角分别用 α、β、γ 表示）；直线的其他两个投影分别平行于相应的投影轴，其投影长度均比直线的实长短。

(3) 一般位置直线　与三个投影面都倾斜的直线称一般位置直线，它的三个投影都不平行于投影轴，且都不反映实长和倾角大小（图 5-60）。

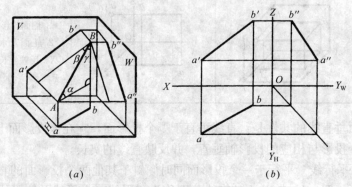

图 5-60　一般位置直线的投影
(a)直观图；(b)投影图

比较这三种直线的投影特性，可以看出：如某直线的一个投影是点，其余两个投影为平行于同一投影轴的直线，则该直线是投影面垂直线，即垂直于投影积聚为一点的投影面；如一个投影是倾斜于投影轴的直线，其余两个投影分别平行于确定前者投影面的投影轴，则是投影面平行线，即平行于投影与投影轴倾斜的投影面；如三个投影都是倾斜于投影轴的直线，则是一般位置直线。

(三) 平面的投影

1. 各种位置平面

平面在三面投影体系中与投影面的相对位置也有垂直、平行、倾斜三种，分别称投影面垂直面、投影面平行面及一般位置平面，并称前两种为特殊位置平面。

(1) 投影面垂直面　垂直于一个投影面，同时倾斜于另外两个投影面的平面，称为投影面垂直面。投影面垂直面又分三种：正垂面，即垂直于 V 面的平面，如 Q 面；铅垂面，即垂直于 H 面的平面，如 P 面；侧垂面，即垂直于 W 面的平面，如 R 面。它们的投影特性见表 5-9。

投影面垂直面的投影特性　　　　　　　　　　　　　　　　　　　表 5-9

名　称	直观图	投影图	投影特性
正垂面 $Q \perp V$			1. 正面投影 q 积聚为一直线，并反映对 H、W 面的倾角 α、γ 2. 水平投影 q 和侧面投影 q'' 为与 Q 类似的图形，且面积缩小了
铅垂面 $P \perp H$			1. 水平投影 p 积聚为一直线，并反映对 V、W 面的倾角 β、γ 2. 正面投影 p' 和侧面投影 p'' 为与 P 类似的图形，且面积缩小了
侧垂面 $R \perp W$			1. 侧面投影 r'' 积聚为一直线，并反映对 H、V 的倾角 α、β 2. 水平投影 r 和正面投影 r' 为与 R 类似的图形，且面积缩小了

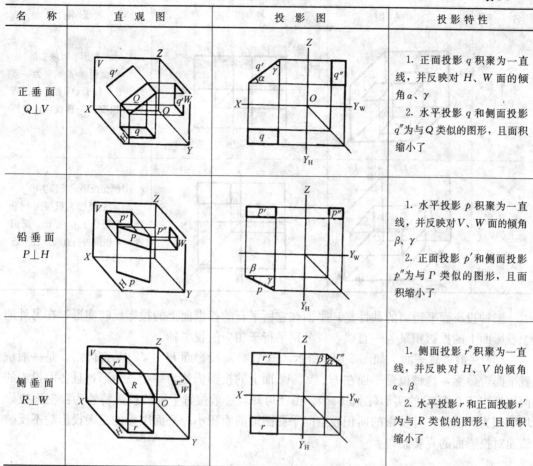

三种投影面垂直面的共性是：平面在它所垂直的投影面上的投影积聚为一直线，该直线与投影轴的夹角分别反映平面对另两个投影面的倾角；平面在另外两个投影面上的投影均为与平面图形相类似的图形，但面积缩小了。

（2）投影面平行面　平行一个投影面，同时垂直于其他两个投影面的平面，称为投影面平行面。平行于 V、H 或 W 面的平面分别称为正平面（如 Q 面）、水平面（如 P 面）和侧平面（如 R 面），它们的投影特性见表 5-10。

投影面平行面的投影特性　　　　　　　　　　　　　　　　　　　表 5-10

名　称	直观图	投影图	投影特性
正平面 $Q // V$			1. 正面投影 q' 反映实形 2. 水平投影 q 积聚为一直线，且平行于 OX 轴，侧面投影 q'' 积聚为一直线，且平行于 OZ 轴

名 称	直 观 图	投 影 图	投 影 特 性
水平面 $P/\!/H$			1. 水平投影 p 反映实形 2. 正面投影 p' 积聚为一直线，且平行于 OX 轴。侧面投影 p'' 积聚为一直线，且平行于 OY_W 轴
侧平面 $R/\!/W$			1. 侧面投影 r'' 反映实形 2. 水平投影 r 积聚为一直线，且平行于 OY_H 轴，正面投影 r' 积聚为一直线，且平行于 OZ 轴

三种投影面平行面的共性是：平面在它所平行的投影面上的投影反映实形，在另外两个投影面上的投影积聚为一直线，且分别平行于相应的投影轴。

(3) 一般位置平面 如图 5-61a 所示，△ABC 对投影面 H、V、W 都倾斜，是一般位置平面。显然，这种位置平面在 H、V、W 面上的投影仍然为一个三角形，且各面投影的面积都小于△ABC 的实形(图 5-61b)。由此可知，一般位置平面的投影特性为：三面投影均表现为类似性，且投影的面积较空间平面图形的面积小；平面图形的三面投影均不反映该面对投影面的真实倾角。

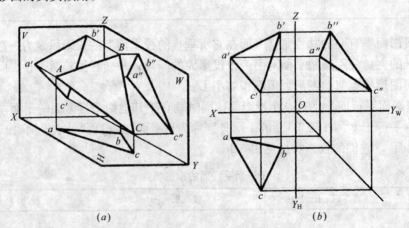

图 5-61 一般位置平面的投影
(a)直观图；(b)投影图

比较这三种平面的投影特性，可以看出：如果平面的某投影积聚为直线，则视其与投影轴平行或倾斜来确认其为投影面平行面或投影面垂直面。投影面平行面在其所平行的投影面的投影反映实形；投影面垂直面在其所垂直的投影面的投影反映该平面与另外两个投影面的倾角，在另外两个投影面的投影为类似图形；若平面的三个投影皆为类似图形，它必为一般位置平面。

四、曲线和曲面

建筑工程中的圆柱、壳体屋盖、隧道的拱顶以及常见的设备管道等(图5-62)，其几何形状为曲面立体，在制图、施工中应熟悉它们的投影特性。

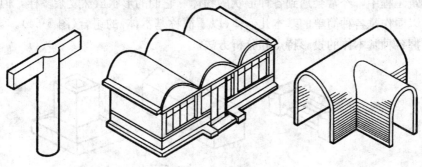

图 5-62 曲面体

1. 曲线

任意三个连续点不在同一直线上的线称为曲线。

所有点均在同一平面内的曲线称为平面曲线，如圆、椭圆、双曲线、抛物线等。任意曲线上四个连续点不在同一平面内的曲线称为空间曲线，如螺旋线等。

2. 曲面

曲面可看作一条动线在空间连续运动所形成的轨迹。形成曲面的动线称为母线。母线在曲面上的任何一个位置上都称为曲面的素线。控制母线运动的几何元素，(线或面)称为导元素(导线或导面)。根据母线为直线或曲线，又可将曲面分为直线面(直纹面)和曲线面(非直纹面)两大类：如果母线是直线，则称为直线面，如柱面、锥面等；如果母线是曲线，则称为曲线面，如球面。工程上常见的曲面多为直线面。

如图5-63所示，圆柱曲面可看作是一条直线(母线)围绕着一条轴线(导线)始终保持平行和等距旋转而成；圆锥曲面是一条直线(母线)与轴线(导线)交于一点并始终保持一定夹角旋转而成；球面是由一条半圆弧线(母线)以其直径为轴(导线)旋转而成。

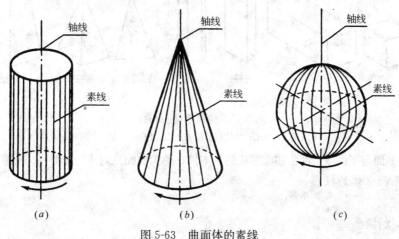

图 5-63 曲面体的素线
(a)圆柱曲面；(b)圆锥曲面；(c)球面

第五节 体 的 投 影

一、基本几何体投影

在建筑工程中，经常会遇到各种形状的物体，它们的形状虽然复杂多样，但是加以分析，都可以看作是各种简单的基本几何体（以下简称基本体）的组合（图5-64）。学习制图，首先要掌握各种基本体的投影特点和分析方法。

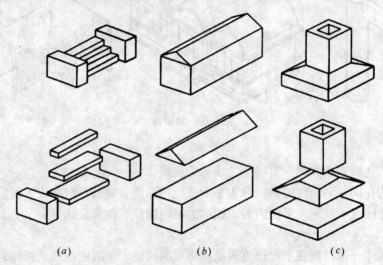

图 5-64 建筑形体分析(1)
(a)台阶；(b)两坡顶房子；(c)杯形基础

根据基本体的投影特点，可将其分为两种类型：平面立体和曲面立体。

表面由平面围成的基本体称为平面立体。建筑工程中绝大部分属于这一类。常见的平面立体有：棱柱、棱锥、棱台，如图 5-65 所示。

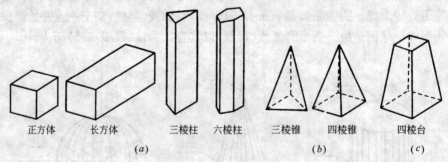

图 5-65 建筑形体分析(2)
(a)棱柱；(b)棱锥；(c)棱台

表面由曲面与平面或全部由曲面围成的基本体，称为曲面几何体，如圆柱、圆锥、球体等。

（一）平面立体的投影

1. 棱柱

(1) 形状特征

棱柱一般由上、下底面和侧面组成。如图 5-66a 所示，正六棱柱的正六边形的上、下底面为水平面；而六个侧面中，前、后侧面为正平面，另外四个侧面均为铅垂面。

（2）投影分析

① H 面投影　反映上、下底面的实形即正六边形。组成正六边形的直线段也是六个侧面的积聚性投影，而六条棱线的积聚性投影，在正六边形的六个顶点上。

② V 面投影　投影为三个矩形，其中中间矩形为前、后侧面的反映实形的重合投影。另两个矩形，左边一个为左侧前、后两侧面的重合投影；右边一个为右侧前、后两侧面的重合投影，它们均为类似形，而上、下底面的投影积聚为直线段。

③ W 面投影　投影为两个矩形，分别是前、后四个铅垂面的重合投影；而上、下底面和前、后侧面均积聚为直线段。

（3）投影作图

根据上述对正六棱柱各组成平面的投影分析，各组成平面分别是投影面垂直面或投影面平行面。因此，作图可从"面"出发，先绘出各平面的积聚性投影，然后再按投影关系绘出其他两个投影。其作图方法如下（图 5-66）：

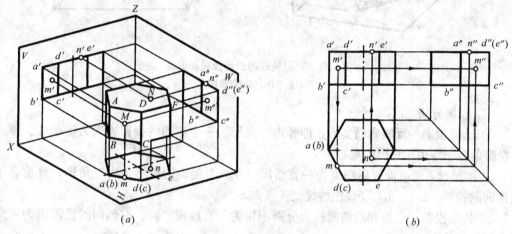

图 5-66　正六棱柱的投影及表面取点
（a）直观图；（b）投影图

① 画 H 面投影的中心线和 V 面、W 面投影的轴线。

② 在 H 面上画出与棱柱底面相等的正六边形。

③ 在 V 面上画出棱柱下底面的积聚投影线，并按长对正和高平齐求出左前、中间和右前三个侧面的投影。

④ 在 W 面上按宽相等、高平齐求出左前、左后两个侧面的投影，即完成作图。

（4）在棱柱表面上取点

如图 5-66 所示，已知 ABCD 棱面上 M 点的正面投影 m'，要求它的水平投影 m 和侧面投影 m''。其作图方法如下（图 5-66）：

① 棱面 ABCD 为铅垂面，其水平投影 abcd 具有积聚性，所以 M 点的水平投影 m 必在 abcd 上，过 m' 向下作出垂线与水平投影 abcd 的交点即为所求的 m。

② 按"三等"关系根据 m' 和 m 即可求出 m''。又如已知顶面上 N 点的水平投影 n，同样可求出它的正面投影 n' 和侧面投影 n''。

2. 棱锥

(1) 形状特征

图 5-67 所示为一个正三棱锥，其底面为等边三角形且与 H 面平行；其他三个侧面也是等边三角形，且交于顶点 S，其中△SAC 侧面是侧垂面，另外两个侧面为一般位置平面，棱线 AB、BC 为水平线，AC 为侧垂线，SB 为侧平线，SA、SC 为一般位置直线。

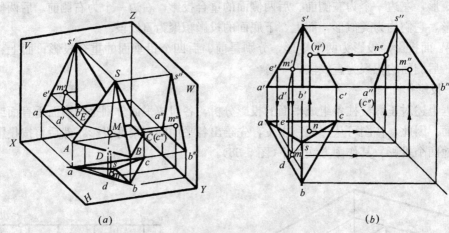

图 5-67 正三棱锥的投影及表面取点
(a)直观图；(b)投影图

(2) 投影分析

① H 面投影　反映底面实形，即等边三角形。三个侧面的投影表现为类似性。顶点 S 投影重合于等边三角形的垂心。

② V 面投影　底面投影积聚为一直线段，左、右侧面的投影仍为三角形，且重合于后侧面的投影。SA、SB、SC 三棱线交于顶点 S。

③ W 面投影　底面和后侧面投影分别积聚为一直线段。左、右侧面的投影仍为三角形，且相互重合。

(3) 投影作图

其作图方法如下(图 5-67b)：

① 在 H 面上先画出反映棱锥底面实形的等边三角形，再通过作其垂心求出顶点 S 的水平投影 s，并依次与三角形顶点连接得棱线的水平投影。

② 在 V 面上按长对正画出锥体底面的积聚投影线，按锥体高度定出顶点并连线。

③ 在 W 面上按高平齐、宽相等画出锥体顶点及底面积聚投影并连线，完成作图。

(4) 在棱锥表面上取点。组成棱锥的表面有特殊位置平面，也有一般位置平面。特殊位置平面上点的投影可利用平面的积聚性作图。一般位置平面上点的投影可选取适当辅助直线作图。

如图 5-67a 所示，M 点在棱面 SAB 上，已知 M 点的正面投影 m'，要求出 M 点的其他投影。其作图方法一为(图 5-67b)：

① 棱面 SAB 是一般位置平面，过顶点 S 及 M 点作一辅助线 SD，即在 V 面上连接 $s'm'$ 并延长至 $a'b'$ 得 $s'd'$。

② 在 H 面上过 d' 向下作垂线与 ab 相交得 d，连接 sd，过 m' 作垂线与 sd 相交即可求出 m。

③ 根据 m 和 m' 即可求出 m''。

作图方法二：

① 过 M 点在 SAB 面上作 AB 的平行线 EM，即在 V 面上过 m' 作 $e'm' // a'b'$。

② 在 H 面上，过 e' 作垂线与 sa 相交得 e，再过 e 作 ab 的平行线，并过 m' 作垂线与平行线相交可求出 m。

③ 根据 m、m' 即可求出 m''。

又如图 5-67a 所示，N 点在棱面 SAC 上，已知 N 点的水平投影 n，要求出 N 点的其他投影。其作图方法如下：

① 棱面 SAC 是侧垂面，其侧面投影 $s''a''(c'')$ 具有积聚性。过 n 作平行线至 45°线，转向上引垂线与 $s''a''$ 相交即可求出 n''。

② 根据 n 和 n'' 即可求出 n'。

3. 棱台

(1) 形状特征

如图 5-68a 所示为一个正四棱台，该棱台上、下底面均平行于 H 面，前、后、左、右四个面均为斜面，且前、后两个面垂直于 W 面而倾斜于 V、H 面，左、右两个面垂直于 V 面而倾斜于 W、H 面。

(2) 投影分析

① H 面投影　上、下底面投影反映实形，前、后、左、右四个面投影表现为类似性。

② V 面投影　上、下底面和左、右两个面投影均积聚为直线，前、后两个面投影表现为类似性且相重叠。

③ W 面投影　上、下底面和前、后两个面投影均积聚为直线，左、右两个面投影表现为类似性且相重叠。

(3) 投影作图

其作图方法如下(图 5-68b)：

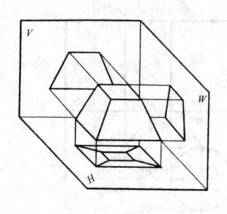

(a)　　　　　　　　　　　　　　(b)

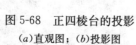

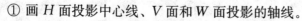

① 画 H 面投影中心线、V 面和 W 面投影的轴线。

② 在 H 面上画出反映上、下底面实形投影的正方形,并连接各顶点。

③ 在 V 面上按长对正画出棱台下底面的积聚投影线,并按棱台高度定出上、下底面位置,按长对正画出上底面的积聚投影线并连线。

④ 在 W 面上按高平齐、宽相等画出棱台上、下底面的积聚投影并连线,完成作图。

(二) 曲面立体

曲面立体的表面全部由曲面或由曲面与平面构成。建筑中常见的曲面立体有以下三种:圆柱体、圆锥体和球体。它们均由直线或曲线围绕轴线旋转而成,故统称为旋转体。画旋转体的投影时,应首先画出它们的轴线(用点画线表示)。

1. 圆柱

以直立的圆柱(柱轴线垂直于 H 面)为例(图 5-69)。

(1) 圆柱面的形成

如图 5-69 所示,由一条直线 AB 绕与之平行的固定轴线 OO 回转形成的曲面,称为圆柱面,轴线 OO 称为回转轴,直线 AB 称为母线。因此可以把圆柱面看成是由许多直线沿圆周密集排列而成,这些直线称作素线。

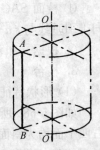

图 5-69 圆柱面的形成

(2) 投影分析(图 5-70a)

① 柱面在 V 面和 W 面的投影为其轮廓线(分别是左右和前后最宽处的素线)的投影。

② 柱面是一个直线曲面,且柱面上所有素线均垂直于 H 面,因此整个柱面也垂直于 H 面,其投影积聚为一个圆,与圆柱体的上下底的投影相重合。了解柱面投影的积聚性很重要,如图 5-69 表示出由于柱面垂直于投影面,因此柱面上的任何点或线的投影也都积在圆周上。

(3) 投影作图(图 5-70b)

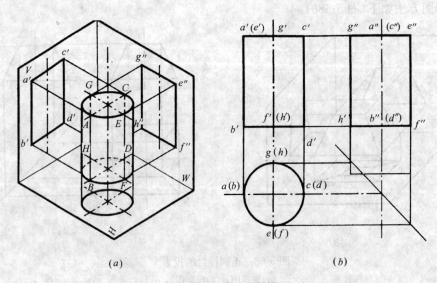

(a)　　　　　　　　　　　(b)

图 5-70　圆柱的投影
(a)直观图;(b)投影图

其作图方法如下：
① 画 H 面投影中心线、V 面和 W 面投影的轴线。
② 在 H 面上按圆柱的直径画出反映其上、下底面实形投影的圆。
③ 按"三等"关系和柱高画出 V 面和 W 面投影（分析为一线框），完成作图。
(4) 求圆柱表面上点的投影
由于圆柱面上的任一点一定在某一条素线上，因此只要求出该素线的投影，即可根据"三等"关系求出该点的投影。这种方法称为素线法。

如图 5-71 所示，已知圆柱上前面一点 A 的投影 a'，则其 a 和 a'' 的求法如下：

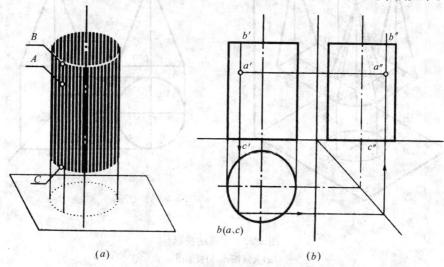

图 5-71　求圆柱体表面上点的投影

① 过 a' 作素线的正面投影 $b'c'$，并求出其水平投影 bc（积聚为一点）及侧面投影 $b''c''$，求得 A 点的水平投影 a（与 b、c 重合）。
② 根据 a 及 a' 求出 a''，且 a'' 必在 $b''c''$ 上。

2. 圆锥

(1) 圆锥面的形成
圆锥体由圆锥面及底平面所围成。圆锥面为一曲面，由一直线 AB（母线）绕与它相交的固定轴线 OO 回转而形成（图 5-72）。

(2) 投影分析
圆锥面在 V 面和 W 面的投影由 SA、SB 和 SC、SD 这四条左右、前后最宽处的素线以及底平面产生，SA、SB 和 V 面平行，SC、SD 和 W 面平行，锥底平面为水平面，在 V 和 W 面上均积聚成直线。因而圆锥在 V 面和 W 面上的投影为三角形。

圆锥体的锥面为直线曲面，锥面上的素线均与 H 面成一定角度，因此圆锥的水平投影（为一圆形）不但是锥底的实形投影，同时也是锥面的投影。圆心 S 点是锥顶的投影。

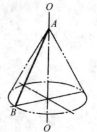

图 5-72　圆锥面的形成

(3) 投影作图
其作图方法如下：

① 画出 H 面投影中心线、V 面和 W 面投影的轴线。

② 在 H 面上画出与圆锥底面直径相等的圆,其圆心为锥顶的水平投影。

③ 按长对正、宽相等分别在 V 面和 W 面上画出圆锥底面的积聚投影,再在形体轴线上按圆锥高度确定顶点投影,然后分别连接成三角形,完成作图,如图 5-73 所示。

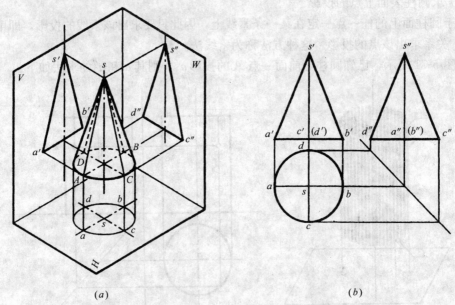

图 5-73 圆锥的投影
(a)直观图;(b)投影图

(4) 求圆锥面上点的投影

如图 5-74a,已知圆锥面上前面一点 A 的正面投影 a',可采用两种方法求 A 点的水平投影 a 和侧面投影 a''。

① 素线法 先过 a' 作素线 SL 的正投影 $s'l'$,然后由 $s'l'$ 求出它的水平投影 sl 和侧面投影 $s''l''$,再由 a' 根据投影规律作出 a 和 a'',如图 5-74b 所示。

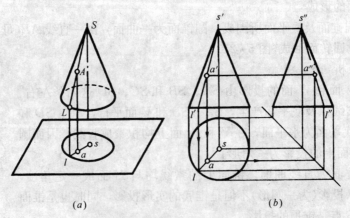

图 5-74 圆锥表面上点的投影(素线法)

② 纬圆法(辅助圆法) 设想将圆锥面沿水平方向切成许多圆,每个圆均平行于 H

面，称为纬圆。锥面上任何一点都必然在与其等高的纬圆上，因此只要求出过该点的纬圆投影，即可求出该点的投影。

仍以上题为例。做法：先过 a' 作纬圆的正面投影（积聚为一直线），并画出纬圆的水平投影，然后由 a' 求出 a，再由 a 及 a' 求出 a''，如图 5-75 所示。

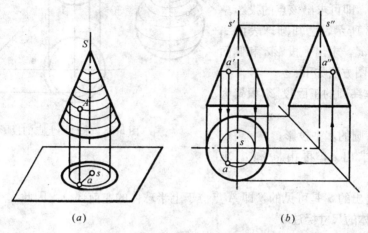

图 5-75 圆锥表面上点的投影（纬圆法）

3. 球体

（1）球面的形成

球体的球面是由半圆的弧线旋转而成的，是一种曲线曲面。球面上的素线是半圆弧线（图 5-76）。

（2）投影分析

球体的三面投影均为圆，是球体上与三个投影面分别平行并过球心的圆的实形投影，如图 5-77a 所示。

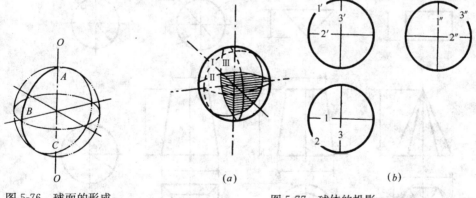

图 5-76 球面的形成　　图 5-77 球体的投影

（3）投影作图

其作图方法如下：

① 分别画出三面投影的中心线。

② 根据球体直径，在三个投影面上分别画出相等的圆，如图 5-77b 所示。

（4）求球面上点的投影

球面上点的投影可用纬圆法求出。设将球面沿水平方向切成若干个圆，即纬圆，球面上任一点必然在与其高度相同的某一纬圆上。因此只要求出过该点的纬圆的投影，即可求出该点的投影。

如图 5-78 所示，已知圆球表面 A 点的正面投影 a'，求出平投影 a 和侧面投影 a''。其作图方法如下：

① 过 a' 作纬圆的正面投影（积聚为一直线）。

② 求出纬圆的水平投影。

③ 由 a' 求出 a，再由 a 和 a' 求出 a''。

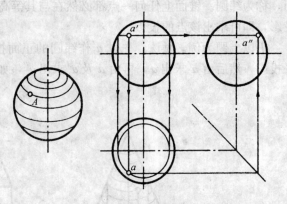

图 5-78 求球面上点的投影

④ 由于给出的 a' 是可见的，即 A 点位于上半球体的左前部分，因此 a、a'' 均可见。

二、基本体的尺寸标注

为了确切地表达形体，除用投影图表达形状外，还必须标注尺寸，以确定其大小。

任何基本体都有长、宽、高三个方向的尺寸，标注时，必须将这三个方向的尺寸标注齐全。图 5-79 为常见基本体的尺寸注法。

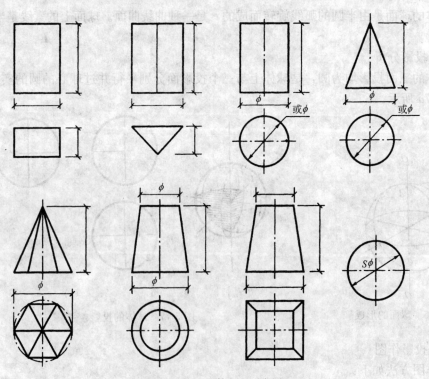

图 5-79 基本体的尺寸标注

在能够准确地表达出物体形状和大小的前提下，投影图数量应尽量少，一般为三个，也可为两个或一个（如球体，只需画出一个投影图，在直径尺寸前加注"$S\phi$"字样即可）。

三、组合体投影

任何较为复杂的形体，都是由一些简单的基本体通过叠加、切割等形式组合而成的。由多个基本体按一定形式组合而成的形体，称为组合体(图5-80)。

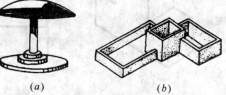

图 5-80　组合体

(一) 组合体的组合形式

组合体的组合形式大致可归纳为两种：

1. 叠加式

组合体由若干基本体堆砌或拼合而成，如图5-81所示。

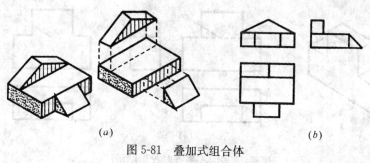

图 5-81　叠加式组合体
(a)形体分析；(b)投影图

2. 切割式

切割式组合体由一个基本体被切割了某些部分而形成，如图5-82所示。

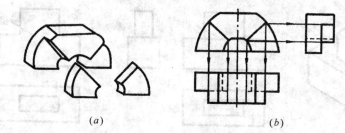

图 5-82　切割式组合体
(a)形体分析；(b)切割后的交线需画出

实际上，组合体的组合形式可以是单一的一种，也可以是二者兼备。具体分析方式，应以对组合体的作图简便和易于分析理解为主要思路。

(二) 组合体表面交线的画法及三面投影

组合体在叠加和切割过程中，由于不同的连接关系，将形成各种类型的交线。绘制组合体投影图时，应掌握这些交线的基本画法。

1. 平齐

在图5-83a中，可将该组合体看成由上、下两个长方体叠加而成。叠加后，前后表面均平齐，没有产生交线。因此，正面投影不应用线隔开。其正误画法如图5-83b、c所示。

2. 不平齐

在图5-84a中，叠加后的组合体前表面平齐，后表面不平齐，因此后表面产生交线，其在正面投影中为不可见，应画成虚线。其正误画法如图5-84b、c所示。

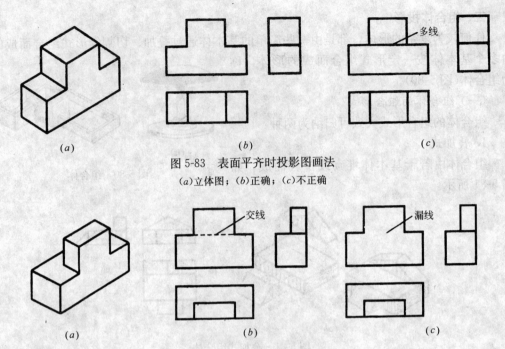

图 5-83　表面平齐时投影图画法
(a)立体图；(b)正确；(c)不正确

图 5-84　表面不平齐时投影图画法(1)
(a)立体图；(b)正确；(c)不正确

在图 5-85a 中，叠加后的组合体前后表面均不平齐，这时应画出交线的正面投影。其正误画法如图 5-85b、c 所示。

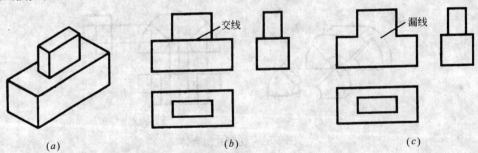

图 5-85　表面不平齐时投影图画法(2)
(a)立体图；(b)正确；(c)不正确

在图 5-86a 中，叠加后的组合体前表面不平齐，后表面平齐，应画出前表面交线的正面投影。其正误画法如图 5-86b、c 所示。

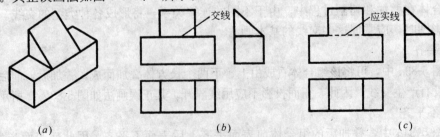

图 5-86　表面不平齐时投影图画法(3)
(a)立体图；(b)正确；(c)不正确

3. 相切

在图 5-87a 和图 5-88a 中，组合体表面相切说明两表面圆滑过渡成为同一表面，没有交线，正面投影相切处不应画线隔开，而且左侧形体的上表面，应只画至切点。其正误画法如图 5-87b、c 和图 5-88b、c 所示。

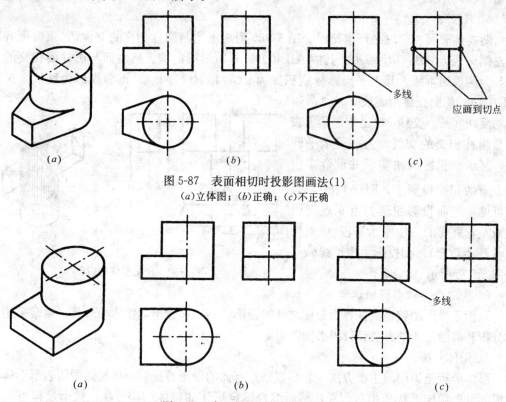

图 5-87　表面相切时投影图画法(1)
(a)立体图；(b)正确；(c)不正确

图 5-88　表面相切时投影图画法(2)
(a)立体图；(b)正确；(c)不正确

4. 切割

当物体被某一截平面切断后，物体表面则产生交线，如图 5-89a 所示的半球形薄壳。

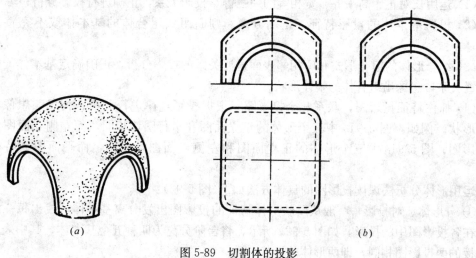

图 5-89　切割体的投影

从水平投影中可见，前、后、左、右分别被与球心等距的正平面和侧平面切割，其切面均积聚为直线，前、后切面的正面投影为反映实形的半圆，左、右切面的正面投影均积聚为直线；左、右切面的侧面投影为反映实形的半圆，前、后切面的侧面投影均积聚为直线，如图 5-89b 所示。

5. 相交

两物体表面相交时必产生交线。图 5-90b 为矩形梁与圆柱相交的立体图（顶面平齐），其左侧交线为 AB、BC、DC。其中 AB 和 DC 是矩形梁的前、后表面与圆柱面相交的交线，为两段铅垂线。其水平投影分别积聚为 $a(b)$ 和 $d(c)$ 两点；正面投影为线段 $a'b'$ 和 $(d')(c')$；侧面投影为线段 $a''b''$ 和 $d''c''$，且均反映实长。交线 BC 是矩形梁下表面与圆柱相交的交线，为一段水平圆弧，其水平投影反映实形并重合在圆柱表面的积聚投影上，即 $(\hat{b})(\hat{c})$，为不可见；正面投影积聚为由 b' 点至圆柱最左轮廓线的一小段水平段（C 点投影与 B 点重合）；侧投影为水平线 $b''c''$，如图 5-90a 所示。

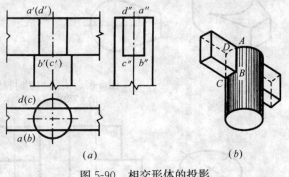

图 5-90 相交形体的投影

（三）组合体投影图的识读

识读正投影图就是根据各投影图之间的投影关系，想像出该物体的形状。通常采用形体分析和线面分析的方法识读投影图。

1. 形体分析

形体分析是识图的主要方法，它是根据基本体的投影特征，分析投影图所表示形体各组成部分的结构形状和相对位置，然后综合确定形体的整体结构形状。整个过程可归纳为：分形体、对投影，明形体、定位置，综合想、得整体（从反映形体形状特征的投影图出发，联系其他投影图）。

为了正确地进行形体分析，必须掌握：

（1）运用长对正、高平齐、宽相等的"三等"投影关系，正确进行投影分析；

（2）根据基本体的投影特征，正确分离、判断组成组合体的基本体或不完整的基本体；

（3）结合形体的组合形式和两相邻表面过渡关系的投影分析，正确确定基本体间的相对位置关系，想像出组合体的整体形状；

（4）抓住特征投影图，联系几个投影图，根据投影规律进行分析、构思，想像出形体的形状。例如，图 5-91a 中三个形体的正立面图和平行图均相同，而左侧立面图为特征投影图；图 5-91b 中三个形体的正立面图和左侧立面图均相同，而平面图为特征投影图。

运用形体分析法识读投影图的具体方法如下（图 5-92）：

① 分形体、对投影 一般从反映形体特征的投影图出发分离基本体，找出每一简单形体在各投影图中的投影。如图 5-92a 所示，将台阶分离为四种五个基本体，其中表示台阶栏板的两投影图相同，即两形体的形状一致。

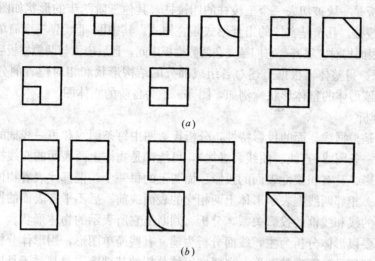

图 5-91 抓住特征投影图对应识图

② 明形体、定位置 根据投影图,将各基本体的形状逐一分析清楚。然后根据投影图表示的组合形式和两表面过渡处的投影分析,弄清楚各基本体的相对位置关系。图5-92b

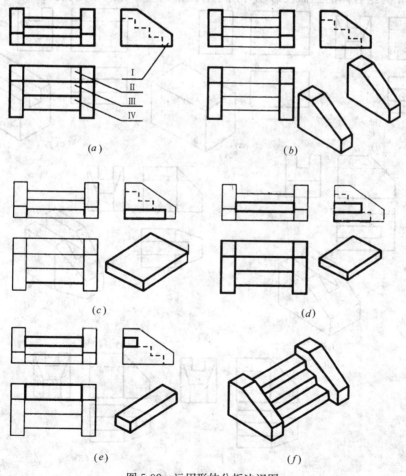

图 5-92 运用形体分析法识图

中，台阶的栏板是一块被切去一个三棱柱的四棱柱；其他三阶踏步的形状如图 5-92c、d、e 所示，均为四棱柱。几个基本体的组合形式是叠加式。其中Ⅱ、Ⅲ、Ⅳ三个简单形体间的后表面和左、右表面均对应靠齐，它们被夹在两侧栏板中间，且后表面与两侧栏板后表面靠齐。

③ 综合想、得整体　根据上述对各组成部分的结构形状和相对位置的分析，综合归纳即可想像出该形体的整体形状。例如，图 5-92f 为台阶的立体图。

2. 线面分析

线面分析是根据线、面的投影特性，分析投影图中每条图线和每一线框的含义，这是因为图上的每一条图线（直线、曲线、虚线），可能都是物体上两表面的交线投影、曲面转向轮廓线的投影、具有积聚性表面的投影。而图上的每一个线框都代表着物体上某一平面或曲面的投影。相邻两线框表示形体上两相交的表面或前、后不平齐表面的投影。所以可根据投影图中的线和线框的投影关系，分析、判断出它所表示的物体形状。

看图时，要以形体分析为主，线面分析为辅。有些简单图形，用形体分析就可以看懂物体的形状。即便是较复杂的图形，也要在形体分析的基础上，对某些不易搞清楚的局部再进行线面分析。

【例 4】 识读 5-93a 所示组合体的三面投影图。

图 5-93a 为组合体的三面投影图，由于各图形的基本轮廓都是长方形（只缺几个角和

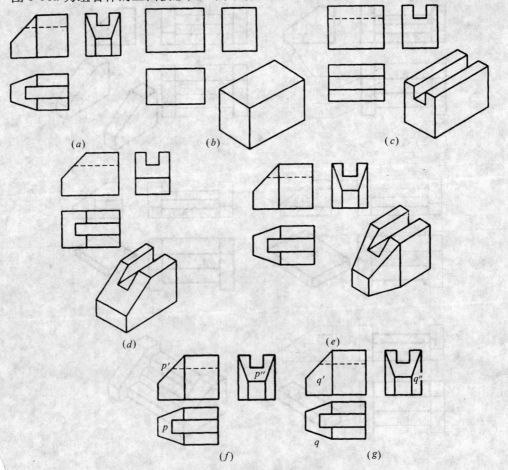

图 5-93　组合体投影图识读

一个方口），可以想像它的原始形状是一个长方形，如图 5-93b 所示。

图 5-93a 中侧面投影的缺口，按投影关系，找正面投影和水平投影中的对应投影，可知它被从左至右切去了一个四棱柱体，如图 5-93c 所示。

图 5-93a 中正面投影的缺角，按投影关系，找水平投影和侧面投影中的对应投影，可知长方体被一平面切去了左上角，如图 5-93d 所示。

图 5-93a 中水平投影左端前、后缺两角，按投影关系，找正面投影和侧面投影中的对应投影，可知长方体的左端被平面切去了两个角，如图 5-93e 所示。

在上述形体分析的基础上，再进行线面分析，以验证是否正确。图 5-93f 中水平投影的八边形线框 p，按投影关系，在正面投影中找不到与它对应的类似形（八边形），而与它对应的只能是斜线 p'，在侧面投影中与它对应的投影是八边形线框 p''。根据平面的投影特性可知 p 是一个正垂面，长方体的左上角就是被这样一个正垂面切去的。

图 5-93g 中正面投影的梯形线框 q'，在侧面投影中对应的投影是线框 q''，在水平投影中与它相对应的没有类似的梯形，而是斜线 q，因此 q 是一个铅垂面，长方体左端的前、后两个角就是被这样两个前后对称的铅垂面切去的。

（四）由两投影图补画第三投影图

由已知两投影图补画第三投影图是培养识图能力的常用方法。其过程是先分析形体的两面投影图，确定该形体的形状，然后按绘图方法补绘第三投影图。

【例 5】 图 5-94a 为一形体的正立面图和侧立面图。试补绘其平面图。

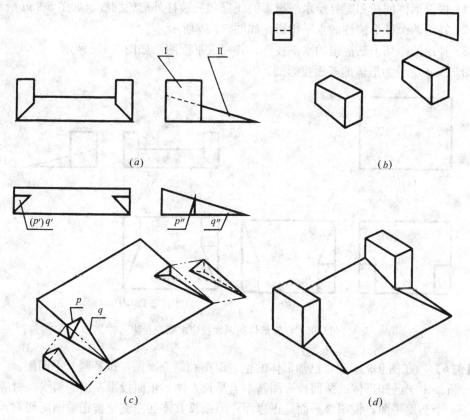

图 5-94 运用线面分析帮助识图

1. 形体分析

根据形体正立面图和侧立面图的轮廓线分析，先将形体分离为三块两种简单形体，即两块如图 5-94b 中 I 所示的梯形棱柱；一块为 II 所示的形体，其有局部投影还待分析，但可先概括分析该形体为一个三棱柱。

2. 线面分析

在图 5-94c 的 "II" 形体中，还有局部投影需进行线面分析后才能确定。图 5-94c 的正面投影中有两个形状大小相同，且处于三棱柱投影图左右对称位置的三角形面 p 面。侧面投影也有一个三角形面 q 面。这两个投影表示的应是一个怎样的形体呢？先分析图示 p 平面，p 面的正面投影为三角形，而侧面投影为一竖直线段。据此可知 p 面为正平面，是一个三角形平面。其水平投影也应积聚为一水平直线段；再看 q 面，q 面的正面投影是一个三角形，侧面投影也是一个三角形，故 q 为一般位置平面，也是一个三角形面。其水平投影为类似形，即应为三角形。由此可知，该两形体的底面 p 和侧棱面 q 均为三角形面，也就是说该两形体是三棱锥体，其水平投影是三角形。

综上所述，可以想像出整个形体应该是由两个梯形棱柱左右对称叠加于一个三棱柱上，且两个梯形棱柱的后表面与左、右侧面分别与三棱柱的后表面与左、右侧表面对应靠齐；而三棱柱前半部的左右侧又各被挖切去一个三棱锥。三棱锥的底面与梯形棱柱前表面靠齐。因此，可得图 5-94d 所示的形体形状。

3. 补绘投影图

(1) 根据形体的长和宽补绘水平投影的线框和三棱柱外形轮廓线，如图 5-95a 所示。
(2) 补绘两个梯形棱柱的水平投影，如图 5-95b 所示。
(3) 补绘两个切去三棱锥的水平投影，并完成平面图，如图 5-95c 所示。

图 5-95d 所示为形体的三面投影图。

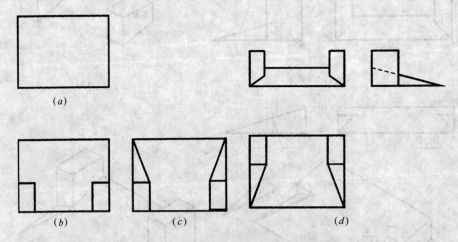

图 5-95 已知形体的两面投影求第三投影

【例 6】 在图 5-96a 中，已知形体的正立面图和侧立面图，试补画其平面图。

分析：由于已知形体的两面投影图基本上是长方体，正面投影左侧的斜线，对应侧面是一个凸形平面，说明该平面是正垂面；那么长方体的左侧是被正垂面所切割，因此所对应的水平投影也应是凸形平面。已知条件中侧面投影前、后各有一直角缺口，缺口的垂直边对应正面投影为一梯形，说明是正平面，那么它的水平投影应是一水平直线段。缺口的水平边及凸台顶面，对应正面投影均是一水平线段，说明它们都是水平面，水平投影应是反映平面实形的线框。

作图方法：
① 补画长方体的水平投影，如图5-96b。
② 补画左侧凸形正垂面的水平投影，如图5-96c。
③ 补画右侧平台的水平投影，完成平面图，如图5-96d所示。

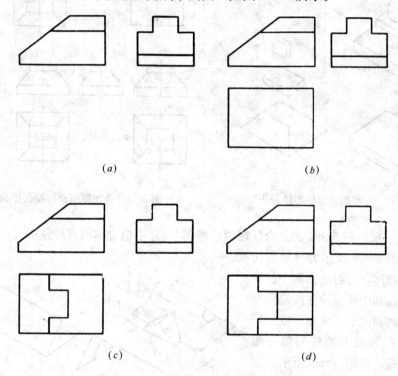

图 5-96 补平面投影图

（五）组合体投影图画法

在绘制组合体投影图时，首先要分析所绘组合体是由哪些基本体组成的，并弄清它们之间的相互位置、连接关系及投影特征，这样可将组合体化繁为简，便于作图。然后根据形体特征，确定组合体放置位置（正面投影应最能反映形体的形状特征）和投影图数量。投影位置一经确定，就不得变动。再根据投影规律，按叠加或切割顺序逐个绘出基本体的投影，最后完成全部作图。

【例7】 根据图5-97a组合体图画投影图（尺寸由组合体图直接量取）。

分析：图5-97a所示组合体可分解为三个四棱柱和一个四棱台，叠加顺序如图5-98b所示。最适放置位置是将形体较宽的一面平行于水平面，然后按叠加顺序逐个绘出三面投影图。

作图方法：
① 先画出对称形体中心线和轴线，再画出组合体下部四棱柱的三面投影，如图5-98a所示。

② 画四棱台的三面投影，如图 5-98b 所示。
③ 画四棱台上面的四棱柱投影，如图 5-98c 所示。
④ 最后画出顶部四棱柱的投影即完成作图，如图 5-98d 所示。

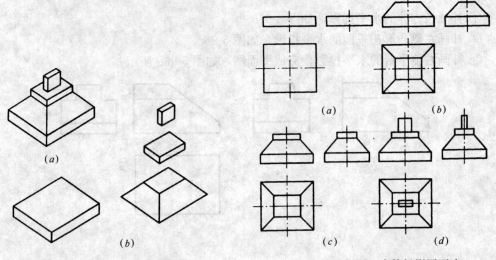

图 5-97 叠加型组合体形体分析　　　　图 5-98 叠加型组合体投影图画法

【例 8】 根据图 5-99a 的组合体图画投影图（尺寸由组合体图直接量取）。

分析：图 5-99a 所示为叠加和切割综合的组合体，可看成由两个三棱柱相交而成，其中长三棱柱两端同时被两个侧平面和两个正垂面所截。短三棱柱的后部被长三棱柱的侧表面（侧垂面）所截，如图 5-99b 所示。放置位置是将长三棱柱的侧棱平行于正投影面，并使短三棱柱置于前部。

作图方法：

① 根据长三棱柱的外围尺寸，画出截前轮廓的投影，如图 5-100b 所示。

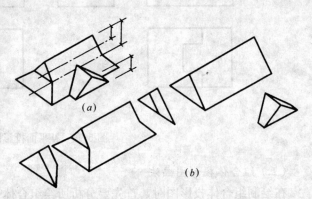

图 5-99 综合型组合体形体分析

② 画出长三棱柱被两侧平面和两正垂面截割后的交线的投影。其中，两侧平面的侧面投影为反映实形的三角形，正面和水平投影积聚成线段。正垂面的正面投影积聚成线段，水平和侧面投影为类似的四边形，如图 5-100c 所示。

③ 根据短三棱柱的位置和尺寸，先画出正面投影，再画侧面投影，然后根据正面、侧面投影画水平投影即完成作图，如图 5-100d 所示。

四、组合体的尺寸标注

在工程图样中，投影图表示形体的形状结构，形体的大小由标注的尺寸确定。标注尺寸应按照国家制图标准的有关规定准确、完整、清晰地进行。

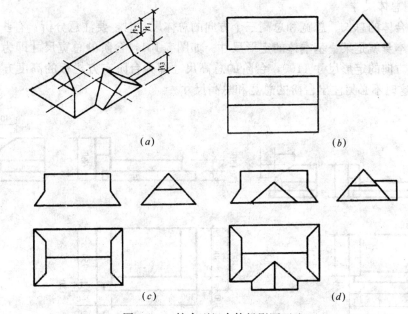

图 5-100　综合型组合体投影图画法

(一) 组合体的尺寸组成

组合体的尺寸包括定形尺寸、定位尺寸和总体尺寸三类。

1. 定形尺寸

确定组成组合体的各基本体大小的尺寸。

2. 定位尺寸

确定各基本体之间相对位置的尺寸。两基本体间一般有长、宽、高三个度量方向的定位尺寸。

3. 总体尺寸

确定组合体外形的总长、总宽、总高的尺寸。

(二) 组合体的尺寸标注步骤

首先运用形体分析法分析形体的尺寸，然后标注定形尺寸，再标注定位尺寸，最后标注总体尺寸。

1. 分析组合体的尺寸

运用形体分析法透彻分析组合体的结构形状，明确组成组合体的基本体的形状及其相互位置，进而分析组合体的尺寸，确定各基本体的定形尺寸及它们之间相互位置的定位尺寸和组合体的总体尺寸。

2. 标注定形尺寸

逐一标出组合体的各基本体的定形尺寸，以避免混标和余、漏。

3. 标注定位尺寸

根据基本体间的位置关系，从长、宽、高三个方向分析标注出定位尺寸。标注时先选择一个或几个标注尺寸的起点(尺寸基准)：长度方向和宽度方向可选择基本体的侧面，若为对称形体，也可选择中心线；高度方向可选择基本体的底面或顶面。

4. 标注总体尺寸

标注组合体的总长、总宽和总高三个方向的总体尺寸时，要注意分析：有些需直接标注出，有些本身就是某一基本体的定形尺寸。如图 5-101，台阶的总宽尺寸即为台阶底层踏步的宽度方向的定形尺寸 1100，台阶的总高尺寸即为台阶右方栏板的高度方向的定形尺寸 600。这时不必另注出台阶的总宽和总高尺寸。

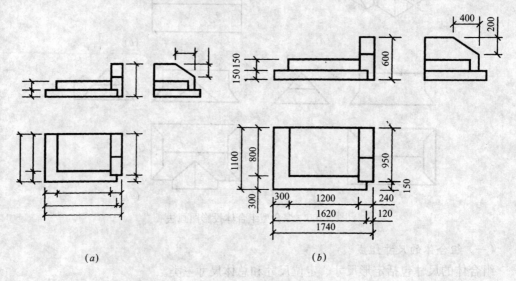

图 5-101 台阶的尺寸标注

图 5-102 为景墙的尺寸标注示例。

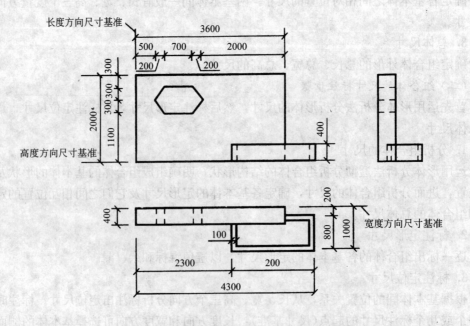

图 5-102 景墙的尺寸标注

第六节 轴测投影

多面投影图能较完整、准确地表达出形体各部分的形状和大小,而且作图简便,度量性好,因而是工程上常用的图样。但是这种图缺乏立体感,必须有一定读图能力的人才能看懂。因此,工程上还常采用轴测投影即轴测图作为辅助图样,轴测图能同时反映与坐标面平行的三个方向的形状,立体感强、直观性好,但因度量性较差,一般用于帮助设计构思、读图及进行外观设计等。

一、概述

1. 轴测图的形成

轴测图是将空间物体和确定其位置的直角坐标系,按平行投影法(正投影或斜投影均可)投影在一个适当的平面上所得到的投影图。按照平行投影的平行比例不变性规律,轴测图可测定物体的形状、大小(图 5-103)。

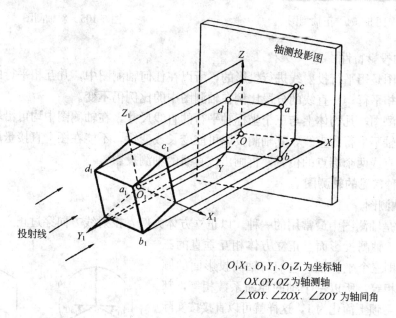

O_1X_1、O_1Y_1、O_1Z_1为坐标轴
$OX、OY、OZ$为轴测轴
$\angle XOY、\angle ZOX、\angle ZOY$为轴间角

图 5-103 轴测图的形成

对物体相互垂直的三个面在一个投影面上进行平行投影有两种方法。第一种方法是将物体三个方向的面及其三个坐标轴都与投影面倾斜,投射线垂直投影面。用这种方法得到的图形称为正轴测投影,简称正轴测图(图 5-104)。第二种方法是将物体一个方向的面及其两个坐标轴都与投影面平行,投射线与投影面斜交。用这种方法得到的图形称为斜轴测投影,简称斜轴测图(图 5-105)。

这两种方法都只用一个投影面,这个投影面称为轴测投影面。三个坐标轴在轴测投影面上的投影称为轴测轴(简称轴),三个轴测轴之间的夹角称为轴间角。

平行于坐标轴的直线,其轴测图仍平行于相应的轴,并将该直线的投影长度与其实长之比称为轴向伸缩系数,简称伸缩系数。如果三个坐标轴与轴测投影面倾斜角度不同,则三个轴测轴的伸缩系数也不相同。在实际应用中,为方便作图,通常将伸缩系数简化,即按简化伸缩系数作图。X、Y、Z 轴的伸缩系数分别用 p、q、r 表示。

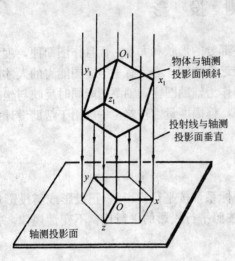

图 5-104 正轴测图

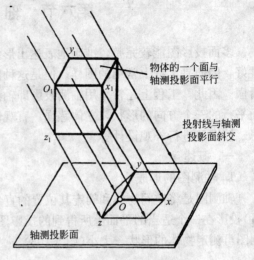

图 5-105 斜轴测图

2. 轴测图的投影特性

因轴测图是用平行投射线进行投影的,所以在任何轴测图中,凡互相平行的直线其轴测投影仍互相平行;一直线的分段比例在轴测图中的比例仍不变。

任何轴测图,凡物体上与三个坐标轴平行的直线尺寸,在轴测图中均可沿轴的方向量取;与坐标轴不平行的直线,其轴测投影可能变长或变短,不能在图上直接量取尺寸,而要先定出该直线两个端点的位置,再画出该直线的轴测投影。

二、几种常见的轴测图

1. 正轴测图

正等测是轴测图中最常用的一种。以正立方体为例,投射线方向穿过正立方体的对顶角,并垂直于轴测投影面。正立方体相互垂直的三条棱线,亦即三个坐标轴,它们与轴测投影面的倾斜角度完全相等,所以三个轴的伸缩系数相等,都等于 0.82,习惯上简化为 1,这样就可以直接按实际尺寸作图。不过,画出来的图形比实际的轴测图要大些,各轴向长度的放大比例都是 1∶22∶1。三个轴间角也相等(均为 120°)。作图时,经常将其中 X、Y 轴与水平线各成 30°夹角,Z 轴则为铅垂线(图 5-106),可以直接利用丁字尺和 30°三角板作图。

2. 斜轴测图

在斜轴测图中,投射线与轴测投影面斜交,使物体的一个面与轴测投影面平行,这个面在图中反映实形。在正轴测图中,物体的任何一个面的投影均不能反映其实形。所以凡物体有一个面形状复杂,或曲线较多时,画斜轴测图比较简便。

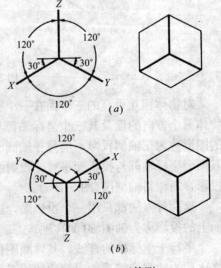

图 5-106 正等测
(a)仰视;(b)俯视

(1) 水平斜轴测图　水平斜轴测图的特点是：物体的水平面平行于轴测投影面，其投影反映实形；X、Y 轴平行于轴测投影面，均不变形并为原长，其轴间角为 90°，它们与水平线的夹角常为 45°，也可自定。Z 轴为铅垂线，其伸缩系数可不考虑，也可定为 3/4、1/3 或 1/2（图 5-107）。

(2) 正面斜轴测图　正面斜轴测图的特点是：物体的正立面平行于轴测投影面，其投影反映实形，所以 X、Z 两轴平行于轴测投影面，均不变形，为原长，它们之间的轴间角为 90°。Z 轴常为铅垂线，X 轴常为水平线，Y 轴为斜线，它与水平线夹角常用 30°、45° 或 60°，也可自定。斜等测的伸缩系数为 $p=q=r=1$，斜二侧的伸缩系数 $p=r=1$，$q=1/2$。如图 5-108 所示。

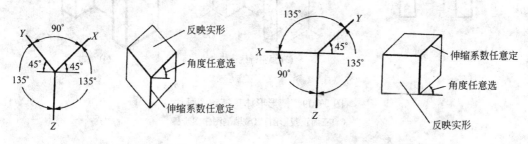

图 5-107　水平斜轴测图　　　　　　　图 5-108　正面斜轴测图

三、轴测图的画法

凡结构较为简单的平面立体，可以直接选轴并沿轴量尺寸作图。对以叠加形式组合的形体，先用形体分析法将形体分成若干个简单的组成部分，然后逐一将各部分的轴测图按相对位置叠加起来，最后得到形体的轴测图。其基本作图步骤如下：

(1) 作轴测图之前，首先应了解清楚所画物体的三面投影图或实物的形状和特点；

(2) 选择观看的角度，研究从哪个角度才能把物体表现清楚；

(3) 选择合适的轴测轴（轴测图类型），确定物体的方位；

(4) 选择合适的比例，沿轴按比例量取物体的尺寸；

(5) 根据空间平行线的轴测投影仍平行的规律，作平行线连接起来；

(6) 加深图形线，完成轴测图。

【例 9】　用正等测图画槽形形体（图 5-109）。

【例 10】　已知某建筑形体的投影图，如图 5-110a 所示，求作正等测图。

根据投影图可知，该形体由两个长方体（Ⅰ、Ⅱ）和一个四棱锥（Ⅲ）叠加而成，作图时依据它们的位置关系逐一画出各自正等测图叠加起来即可。其作图步骤如下：

①在投影图上确定坐标轴的位置，因是对称形体，为了度量方便，可把原点定在对称中心上，如图 5-110a 所示。

②画轴测轴，作长方体的正等测图，先按其长和宽画出底面，再在四个角竖起其高度并连线，如图 5-110b 所示。

③在已画好的长方体上表面，按对称关系及长、宽尺寸确定长方体底面的位置，然后在 OZ 轴方向上，截取长方体的高度并连线，画出其正等测图，如图 5-110c 所示。

④在 OZ 轴上，自长方体的上表面起按四棱锥的高度确定锥顶位置，并连接锥顶与

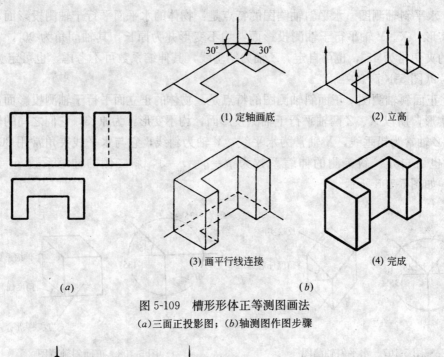

图 5-109 槽形形体正等测图画法
(a)三面正投影图;(b)轴测图作图步骤

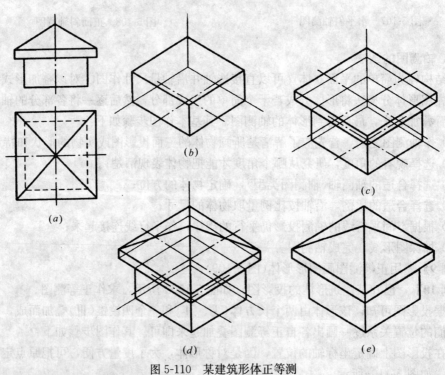

图 5-110 某建筑形体正等测

长方体四个角,如图 5-110d 所示。

⑤ 擦去不可见轮廓线,完成作图,如图 5-110e 所示。

【例 11】 根据圆的正投影图(图 5-111a)作正等测图。

当圆处于正平面、水平面、侧平面位置时,圆的正等测图为椭圆。其作图方法如下:

① 在正投影图中画出圆的外切正方形,如图 5-111a 所示。

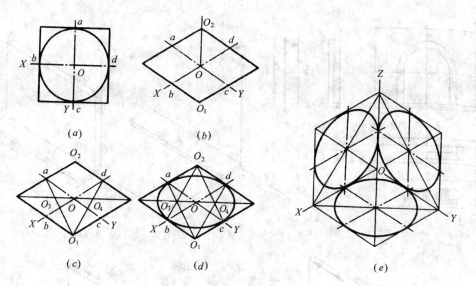

图 5-111 圆的正等测图画法

② 作外切正方形的正等测图,得一菱形,如图 5-111b 所示。

③ 菱形两钝角顶点为 O_1 和 O_2,连接 O_1a、O_1d(O_2b、O_2c)与两锐角顶点的连线交于 O_3 和 O_4,O_1、O_2、O_3、O_4 分别为椭圆的四个圆心,如图 5-111c 表示。

④ 以 O_1 为圆心、O_1a(或 O_1d)为半径画弧 $\overset{\frown}{ad}$;以 O_2 为圆心、O_2b(或 O_2c)为半径画弧 $\overset{\frown}{bc}$;以 O_3 为圆心、O_3a(或 O_3b)为半径画弧 $\overset{\frown}{ab}$;以 O_4 为圆心、O_4c 或(O_4d)为半径画弧 $\overset{\frown}{cd}$,连接各段圆弧,即为所求椭圆,其中 a、b、c、d 为连接点,如图 5-111d 所示。

处于正平面和侧平面位置的圆轴测图画法与上述方法相同,但要注意椭圆长轴、短轴的方向,如图 5-111e 所示。

【例 12】 根据拱门的正投影图(图 5-112a)作正等测图。

从投影图可知,该形体由矩形底板、矩形墙体和圆形拱门叠加而成。画轴测图时,采用叠加的方法较为方便。具体作图步骤如下:

① 在投影图上确定坐标轴的位置,将原点定在矩形底板左下端,如图 5-112a 所示。

② 画轴测轴,作矩形底板的正等测图。先按底板的长 l 和宽 b 画出上表面,再按厚度 h 画出底板的正等测图,如图 5-112b 所示。

③ 在底板的上表面,先按矩形墙体的宽 b_1 确定其底面位置,再按高度 h_1 作出其正等测图,如图 5-112c 所示。

④ 在底板和矩形墙体上按拱门的相关尺寸 l_1、l_2、l_3、b_2、h_2、h_3、h_4 确定其位置,并作出其正等测图,如图 5-112d 所示。

⑤ 在矩形底板下表面按台阶的长 l_4、宽 b_3 定出台阶的位置,再按其高度 h_5 画出正等测图,最后擦去多余图线完成作图,如图 5-112e 所示。

【例 13】 用正面斜轴测图画垫块(图 5-113)。

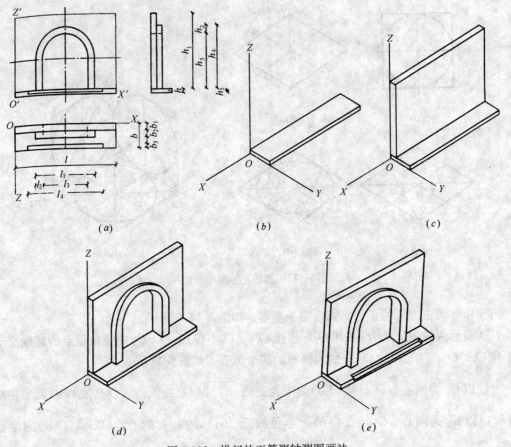

图 5-112　拱门的正等测轴测图画法

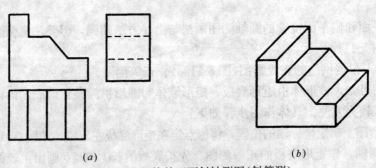

图 5-113　垫块的正面斜轴测图（斜等测）

【例 14】　已知花窗的正投影图（图 5-114a），求作斜二侧图。

作图方法：先画出与正面投影完全相同的图形，然后将可见部分沿 Y 轴方向作平行线，并截取花窗宽度的 1/2，再画后面可见部分，完成作图，如图 5-114b 所示。

【例 15】　已知围栏的正投影图（图 5-115a），求作斜二测图。

作图步骤：

① 画出与正面投影完全相同的图形。

② 将底板的可见部分沿 Y 轴方向作平行线，并截取宽度的 1/2。同时将各圆心也沿 Y

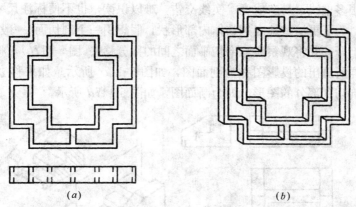

图 5-114 斜二测图

轴方向平行移动围栏宽度的 1/2,确定后面各圆心位置,再按同样半径画圆弧。

③ 连接可见轮廓线,完成作图,如图 5-115b 所示。

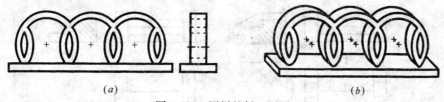

图 5-115 围栏的斜二测图

【例 16】 根据总平面图,作总平面的水平斜轴测图,即建筑群的鸟瞰图(图 5-116)。

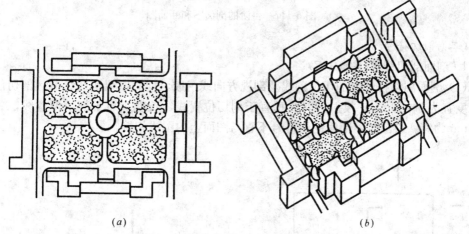

图 5-116 总平面图的水平斜轴测图
(a)总平面图;(b)将总平面图旋转 30°后,按各房屋等的实际尺寸竖高度

第七节 剖面图和断面图

一、概述

(一)剖面图与断面图的形成

投影图中实线表示可见轮廓,虚线表示不可见轮廓。对于内部形状复杂的物体,其投

影图将会出现很多虚线，易造成虚、实线交错，难以识读，也不便标注尺寸，如图5-117a中的侧立面图。为了更清楚地表达物体内部形状，假想用一个剖切面（一般用平面），在适当部位将物体剖开，并将观察者与剖切平面之间的部分移去（图5-117b），将剩余部分向投影面投影，这样所画出的投影图称为剖面图，如图5-117c 所示。如果移去前部分后，只画出被剖切面剖切到部分的图形，即为断面图，如图5-117d 所示。

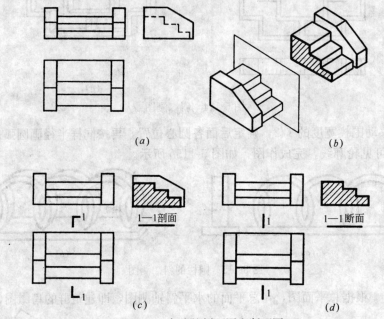

图5-117 台阶的剖面图和断面图

（二）剖切符号

1. 剖面剖切符号（图5-118）

（1）剖面剖切符号由剖切位置线及剖视方向线组成，均应以粗实线绘制。剖切位置线的长度宜为6～10mm；投射方向线垂直于剖切位置线，长度应短于剖切位置线，一般取4～6mm为宜。绘图时，剖面剖切符号不宜与图面上的图线相接触。

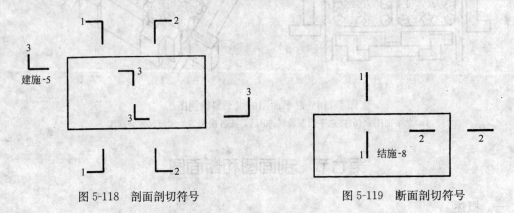

图5-118 剖面剖切符号　　图5-119 断面剖切符号

（2）剖面剖切符号的编号，一般采用阿拉伯数字，按顺序由左向右、自下而上连续编排，并应注写在剖视方向线的端部。

(3) 需要转折的剖切位置线，在转折处如与其他图线发生混淆，应在转角的外侧加注与该符号相同的编号。

2. 断面剖切符号（图 5-119）

(1) 断面剖切符号只用剖切位置线表示，并应以粗实线绘制，长度宜为 6～10mm。

(2) 断面剖切符号的编号宜采用阿拉伯数字，按顺序连续编排，并应注写在剖切位置线的一侧；编号所在的一侧应为该断面的剖视方向。

3. 剖面图或断面图如与被剖切图样不在同一张图样内，可在剖切位置线的另一侧注明其所在图样的图样号，如图 5-118 的 3—3 剖面图就是绘在建施第 5 号图样上，图 5-119 的 1—1 断面图是绘在结施第 8 号图样上，也可在图上集中说明。

（三）剖切平面的设置

所设置的剖切平面，需根据物体的具体形状，使剖（断）面图能充分表示出物体内部特征，且数量最少，并应平行于某一投影面，以便能反映剖（断）面的实形。例如，图 5-120 中的 1—1 剖面，是采用侧平面过前、后花窗处剖切的，它可反映出房屋内部的高度、分隔、墙体厚度和门窗位置等。

应注意的是，所设剖切平面不得与图形轮廓线重合。

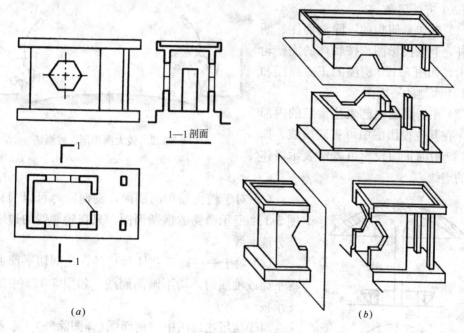

图 5-120 房屋的剖面图

（四）线型

在剖（断）面图中，剖切平面切着的断面轮廓，为明显起见要用粗实线绘制，剖面图中没剖切到的可见轮廓用中实线绘制，参阅图 5-117c、d。如需表明不同建筑材料时，断面部分应按制图标准规定的材料图例画出，如图 5-121 的水池断面部分即是按制图标准规定的钢筋混凝土材料图例画出的。如不需指明材料时，可用等间距、同方向的 45°细实线画出剖面线（参阅图 5-117c、d）。

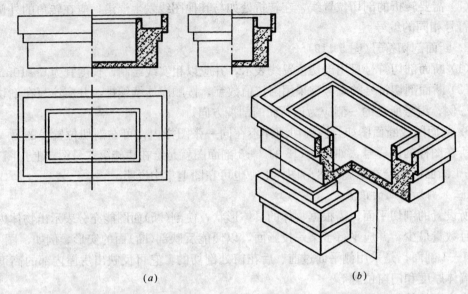

图 5-121 水池半剖面图

(五) 有关问题

(1) 剖切是假想的,除剖面图、断面图外,其余投影图均按物体的完整轮廓画出,如图 5-120 房屋的正立面图和图 5-121 水池的平面图。

(2) 在剖面图中已表达清楚的内部形状,在其他投影图中可省略虚线。如图 5-120 中的正面投影可省略表示墙体厚度的虚线。

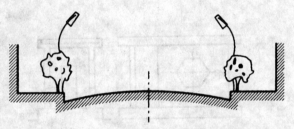

图 5-122 较大面积剖面线画法

(3) 对于较大面积的剖面,剖面符号可以简化。如图 5-122 所示道路的横断面图,只在轮廓线的边缘画一部分剖面线。

(4) 对于一些薄板及柱状构件,凡剖切平面通过对称平面或轴线时,均不画剖面线,如图 5-123 中的柱和支承板。

对于房屋建筑图中的剖面图(详图除外)一般不画材料图例,而且水平剖面图,习惯上是沿门窗洞位置剖切的,可不标注剖切位置线,如图 5-120 所示。

(5) 表示不同材料的构件时,应在剖(断)面上画出材料分界线,如图 5-124 所示。

(6) 当剖(断)面图中有部分轮廓线为 45° 倾斜线时,剖面线可画成 30° 或 60°,以便区别,如图 5-125 所示。对相邻两个或两个以上不同构件的剖面,剖面线应画成

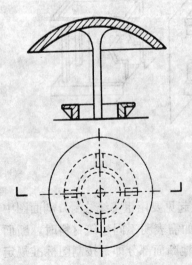

图 5-123 剖切平面通过板、柱的对称平面和轴线时的画法

不同倾斜方向或不同间隔，如图 5-126 所示。

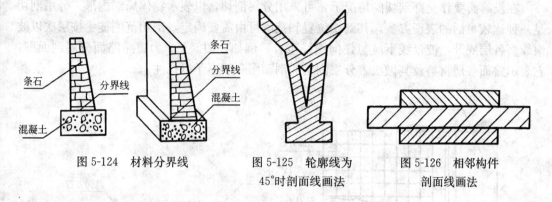

图 5-124　材料分界线　　　图 5-125　轮廓线为　　　图 5-126　相邻构件
　　　　　　　　　　　　　　　　45°时剖面线画法　　　　　　剖面线画法

二、剖面图与断面图的类型

（一）剖面图的类型

1. 用一个剖切面剖切

采用一个剖切平面将物体全部剖开画出的剖面图（见图 5-120 的水平剖面和 1—1 剖面），一般都要标注剖切位置线并编号（房屋建筑水平剖面图除外）。对称形体也可以中心线为界，剖开一半，画出一半外形图，一半剖面图，这样可同时反映物体内、外形状，如图 5-121 所示。外形图与半剖面图的分界线应画成单点长画线，正面投影、侧面投影中的半剖面图一般画在点画线右方，如图 5-121a 所示。水平投影中的半剖面图一般画在点画线的下方，如图 5-127 所示。半剖面图如按投影关系配置时，习惯上不予以标注。

2. 用两个或两个以上平行的剖切面剖切

当采用一个剖切平面不能把物体内部形状全部表示清楚时，可采用两个或两个以上相互平行的剖切平面来剖切。例如，图 5-128 就是采用两个平行于正面的剖切平面，其中一平面剖开左侧花台和中间花台的左侧，然后转折到另一个平面，剖开中间花台的右侧花台，剖开后向正面投影，画出其剖面图。由于剖切平面是假想的，不应画出剖切平面转折处交线的投影。

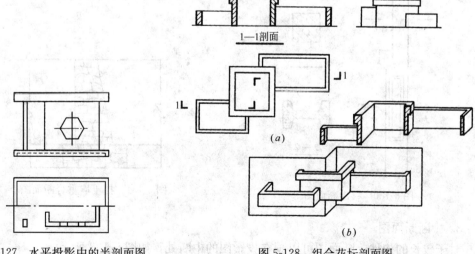

图 5-127　水平投影中的半剖面图　　　　图 5-128　组合花坛剖面图

3. 分层剖切

在没有必要作全部剖切的情况下，可采用分层剖切，以表示物体局部内形。分层剖切是一种比较灵活的表现方法，其剖切位置和范围可由需要确定，剖切范围徒手按层次以波浪线将各层隔开，波浪线不应与任何图线重合。例如，图 5-129 为道路路面分层剖面图，它表示路面各层材料及其做法。分层剖切的剖面图一般不予以标注。

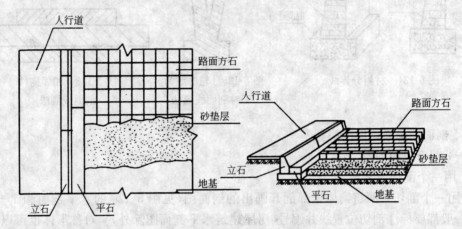

图 5-129 路面分层局部剖面图

（二）断面图的类型

断面图根据布置位置的不同，分为移出断面图、重合断面图和中断断面图。

1. 移出断面图

移出断面图是将断面图画在投影图之外，如有多个移出断面图时，宜按顺序依次排列，如图 5-130 所示。

2. 重合断面图

重合断面图是将断面图直接画在投影图轮廓内，如图 5-131 所示的挡土墙重合断面图。重合断面的轮廓线不闭合时，应在断面轮廓线的内侧边缘图画剖面线，如图 5-132 所示。

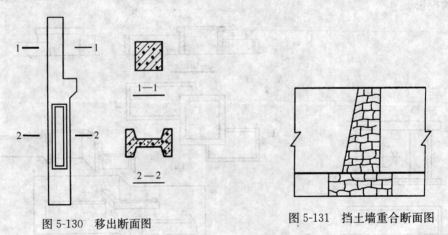

图 5-130 移出断面图　　　　　图 5-131 挡土墙重合断面图

3. 中断断面图

对于较长的构件，断面图可以画在投影图的中断处，如图 5-133 所示。

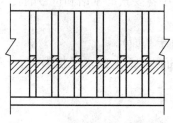
图 5-132 墙壁装饰重合断面图

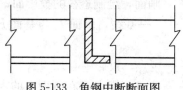
图 5-133 角钢中断断面图

重合断面图和中断断面不标注剖切位置及编号。

透视投影与轴测投影均属单面投影,不同的是轴测投影为平行投影,而透视投影为中心投影。物体的透视投影图简称为透视图,它相当于在一定距离内看到的物体形状,比轴测图更形象逼真,具有较好的视觉效果。因此,在建筑设计和园林设计中,常需要绘制透视图(设计方案预览),用以比较、修改、审定设计方案或直观形象地表达设计效果。

第八节　透视投影的基本知识

一、透视的形成

如图 5-134 所示,在人与建筑物之间设立一个透明的铅垂面 P 作为画面(投影面),人的视线穿过画面投向建筑物并与画面有一系列的交点。图中的 SA、SB 和 SC 等称为视线,各视线与画面的交点 $A°$、$B°$、$C°$……,就是建筑物上点 A、B、C……的透视投影,简称透视。依次连接这些交点,即得建筑物的透视图。

二、透视投影体系的建立

图 5-135 表明了透视投影体系的空间

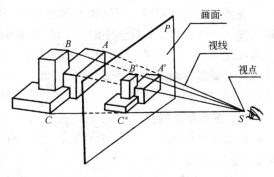
图 5-134 透视图的形成

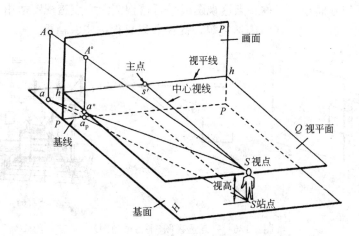
图 5-135 透视投影体系的建立

情况。为便于今后绘制透视图，须弄清透视投影体系中各要素的术语和符号的含义：

H——基面，为水平面。

P——画面，绘制透视的投影面，为铅垂面（垂直于基面）。

$P-P$——基线，画面 P 与基面 H 的交线。画面在基面上的水平投影 P_H-P_H 与其重合。

S——视点，投影中心。

s'——主点，视点 S 在画面上的水平投影。

s——站点，观察者的站立位置，视点 S 在基面上的水平投影。

Ss'——主视线，垂直于画面的视线，也称中心视线。

Q——视平面，过视点 S 所作的水平面。

$h-h$——视平线，平行于基面的视平面与画面的交线，或过主点所作的水平线，与基线平行。

Ss——视高，视点 S 与站点 s 之间的距离。

SA——视线，过视点 S 与空间点 A 的连线。

$A°$——空间点 A 的透视，视线与画面的交点。

$a°$——基透视，空间点 A 的水平投影 a 的透视。

$A°a°$——空间点 A 的透视高度。

为便于作图，习惯上把画面 P 和基面 H 拆开来上下排列。画面在上、基面在下，这样基线 $p-p$（相当于正投影中的 OX 轴）在基面（与画面的水平投影 P_H-P_H 重合）和画面上各出现一次。作图时 H 面和 P 面在铅垂方向应对齐。也可把 H 面置于 P 面上方。在作图时，通常不画出 H 面和 P 面的边框。

实际应用时，常将基面 H 等同于正投影中的水平面 H。

三、透视图的种类

在直角坐标系中，根据物体的长、宽、高三个方向的主要轮廓线相对画面的位置，可将透视图分为以下三种：

（一）一点透视图

如图 5-136 所示，画面与基面垂直，物体的一个立面与画面平行，即 X、Z 坐标与画面平行，Y 坐标与画面相交，称一点透视图或平行透视图。一点透视图适用于表现较大且对称的景物，如门廊、入口或室内透视等，透视效果显得端庄、稳重。

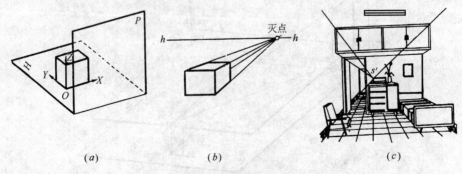

图 5-136　一点透视图（平行透视图）
(a)直观图；(b)透视图；(c)实例

（二）两点透视图

画面与基面垂直，物体相邻两个立面与画面相交，即 Z 坐标与画面平行，X、Y 坐标与画面相交，称两点透视图或成角透视图，如图 5-137 所示。两点透视图适用于画外景。

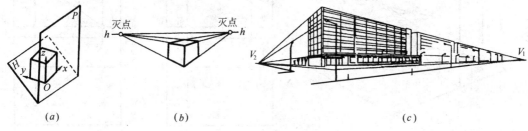

图 5-137　两点透视图（成角透视图）
(a)直观图；(b)透视图；(c)实例

（三）三点透视图

画面与物体的 X、Y、Z 三个坐标方向均与画面倾斜，称三点透视图或倾斜透视图。三点透视图适用于表现高大、雄伟的建筑物及视野较大的透视鸟瞰，如图 5-138 所示。

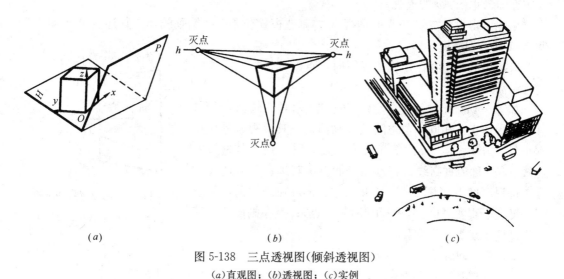

图 5-138　三点透视图（倾斜透视图）
(a)直观图；(b)透视图；(c)实例

本书只介绍一点透视图和两点透视图的画法。

第九节　透视图的基本画法

一、点的透视

点的透视即过该点的视线与画面的交点。

如图 5-139a 所示，已知画面、站点的位置和视距，空间点 A 距地面的高度 L 及其在水平面和正面上的正投影 a、a'，求作 A 点的透视。

作图步骤如图 5-139b、c 所示：

① 作视线 SA，即在 P 面上连 $s'a'$、$s'a_p$（视线 SA、Sa 在 P 面上的投影）。

② 在 H 面上连 sa（视线 Sa 在 H 面上的投影）与 $p-p$ 相交于 a_p。

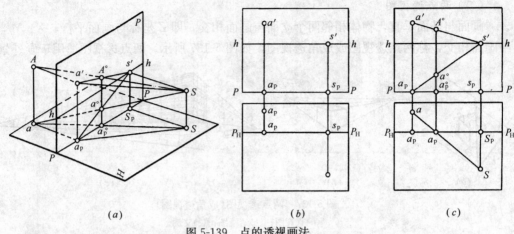

图 5-139 点的透视画法
(a)空间分析；(b)已知条件；(c)作图过程

③ 过 a_p 作铅垂线，与 $s'a'$、$s'a_p$ 的交点 $A°$、$a°$ 即分别为 A 点的透视和基透视。同时 $A°a°$ 亦即铅垂线 Aa 的透视。

由此可得出：空间点 A 的透视 $A°$ 与基透视 $a°$ 位于一条铅垂线上，其连线 $A°a°$ 即为空间点 A 的透视高度。

应指出的是，在作建筑透视图时，点的基透视只在作图过程中需要时才求出。

如图 5-140 所示，点在空间的位置（相对于画面）不同，其透视规律也不相同：若空间点在画面上，其透视就是该点本身（$B°≌B$），透视高度等于真实高度，其透视与基透视的连线（$B°b°$）称为真高线；若点在基面上，其透视与基透视重合，透视高度为 0（图 5-140 中的 C 点）；点在画面前，其透视高度大于真实高度（图 5-140 中的 D 点）；点在画面后，其透视高度小于真实高度。

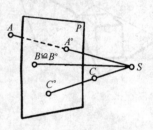

图 5-140 不同位置点的透视

二、直线的透视

直线的透视一般仍为直线；当直线在画面上时，其透视为直线本身。

空间直线的透视，可先求出直线两个端点的透视，然后把它们连接起来即可。直线相对于画面的位置，可分成两类：一是与画面相交的直线，称为画面相交线；二是与画面平行的直线，称为画面平行线。

1. 画面相交线的透视

画面相交线包括水平线、画面垂直线和一般位置相交线。求画面相交线的透视，一般要先求出直线与画面交点的透视（称为迹点）和与画面无穷远点的透视（称为灭点或消失点）。

(1) 水平线的透视

① 迹点 如图 5-141 所示，水平线 AB（设其高度为 L）与画面斜交，延长 AB 与画面的交点 T 即为该直线的迹点。因迹点在画面上，故其透视为其本身。作图时，延长 ba 交 p_H－p_H 于 t，过 t 引铅垂线并自 p－p 起截取直线 AB 的高度，即 $Tt=L$，T 即为所求。

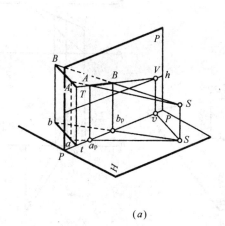 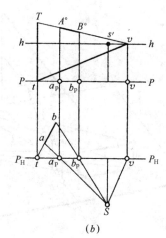

图 5-141 水平线的透视
(a)空间分析;(b)透视图

② 灭点 图 5-141 中 ab 为空间水平线 AB 的水平投影,将 AB、ab 分别向距画面 P 愈来愈远的方向延长以至无穷远处的点 V_∞、v_∞。从几何学原理可知,空间两平行直线相交于无穷远点,因而通过一直线上无穷远点的视线,必与该直线平行。故由视点 S 连接 V_∞ 的视线 SV_∞ 必然平行于直线 AB 且与画面 P 相交于点 V,V 即为直线 AB 无穷远点 V_∞ 的透视,亦即直线的灭点。在该图中,由 S 作 SV_∞ 平行于 AB 并交画面 P 于点 V,由 s 作 sv_∞ 平行于 ab(实际上 sv_∞ 是 SV_∞ 的正投影)并交画面 P_H-P_H 于点 v,V、v 即分别是 AB 和 ab 的灭点,Vv 为一铅垂线。因为视线 SV_∞ 也是水平线,所以 V_∞ 的透视 V 必在视平线 $h-h$ 上。由此可知,一切与画面相交的空间水平线,其灭点均在视平线上。

实际作图时(图 5-141b),由 s 作 sv 平行于 ab 并交画面 P_H-P_H 于点 v,过 v 引铅垂线交视平线 $h-h$ 于点 V,即得水平线 AB 的灭点。连 TV 得 AB 的全透视,再过站点 s 分别向 a、b 作视线交 P_H-P_H 于 a_p、b_p,过 a_p、b_p 作铅垂线与 TV 相交,交点 $A°$、$B°$ 即为水平线 AB 两个端点的透视。

若在图 5-142 中再加一条与 AB 平行的直线,由作图过程可知,平行于该直线的视线仍为平行于 AB 的那一条,因此该直线的灭点与 AB 的相同。由此得出结论:空间相互平行的直线,其透视必相汇于共同的灭点。

(2) 画面垂直线的透视。画面垂直线(正垂线)的灭点就是主点。如图 5-143 所示,画面垂直线 AB 的高度为 L,水平投影为 ab,其透视作图方法是:先求出迹点 T,连 $s'T$ 得 AB 的全透视,再由 s 向 a、b 作视线分别交 P_H-P_H 于 a_p 和 b_p,过 a_p 和 b_p 引铅垂线与全透视相交即得 AB 的透视 $A°B°$。

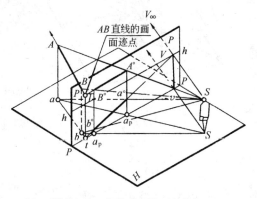

图 5-142 直线的灭点(消失点)

(3) 一般位置相交线的透视。一般位置相交线的透视求法,可按图 5-139 的方法分别求出其两个端点的透视,再连接起来即得。

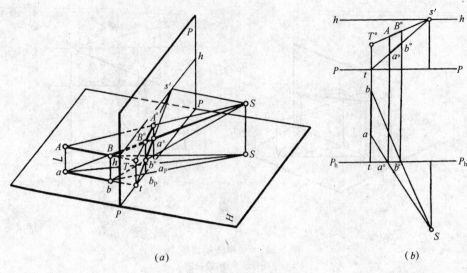

图 5-143 画面垂直线的透视
(a)空间分析；(b)透视图

2. 画面平行线的透视

所有画面平行线均无迹点和灭点，求其透视时，只需求出两端点的透视，然后连接起来即可。

(1) 一般位置画面平行线的透视　已知画面平行线 AB 的正面投影和水平面投影，其透视图做法如图 5-144b 所示。由作图可知，画面平行线的透视与直线本身平行，即 $AB/\!/A°B°$。不难推知：互相平行的画面平行线，其透视仍互相平行。

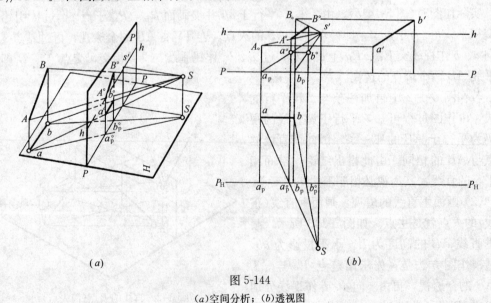

图 5-144
(a)空间分析；(b)透视图

(2) 侧垂线的透视　侧垂线的透视不仅平行于画面，同时平行于视平线和基线，这是画面平行线的特殊情况，其透视作图方法同图 5-144。

(3) 铅垂线的透视　铅垂线是一种特殊位置的画面平行线，其透视仍为铅垂线。

如图 5-145a 所示，设基面上有一组等高等距的铅垂线 AB 和 1、2、3、4、5 等，其中 AB 在画面 P 上，即 AB 的透视 $A°B°$ 为其本身。其透视图如图 5-145b 所示，作辅助线 A5（平行于基面）并求出其灭点 V（本例 A5 垂直于画面，因而其灭点即为主点），在 $p-p$ 上作 $A°B°=AB$，$A°B°$ 称为真高线。连 $A°V$、$B°V$ 得 A5 的全透视和基透视，再过 $1p$、$2p$、…、$5p$ 引垂线与 $A°V$、$B°V$ 相交，即得各铅垂线的透视。

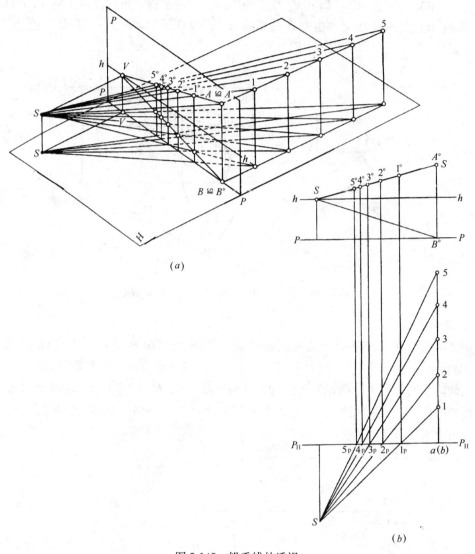

图 5-145 铅垂线的透视
(a)空间分析；(b)透视图

由作图过程可知，等高等距的一组铅垂线，其透视随着远离画面，长度逐渐缩短，间距愈远愈窄，充分体现物体透视"近大远小"的特点。

三、平面的透视

一般情况下平面的透视仍为平面。求平面图形的透视，可分解为求该平面各轮廓线的透视。平面透视通常采用以下两种作图方法：

1. 视线迹点法（建筑师法）

视线迹点法是透视图的基本做法，其作图原理是：过空间物体上各点作视线，求出视线与画面的交点，然后连接交点即得物体的透视。

已知平行四边形 $ABCD$ 的水平投影，选定站点、视高和画面位置（A 点在面画上），其透视作图方法如图 5-146 所示。先过站点 s 作与 ab、ad 平行的视线，求出两组平行线的灭点 V_1 和 V_2，连接 $A°V_1$ 和 $A°V_2$ 得该相邻两边的全透视；再过站点 s 向 d、b 作投射线 ds 和 bs 分别与画面相交，由交点引垂线交 $A°V_2$ 于 $D°$，交 $A°V_1$ 于 $B°$，连 $B°V_2$ 和 $B°V_1$ 得交点 $C°$，$A°B°C°D°$ 即为所求。

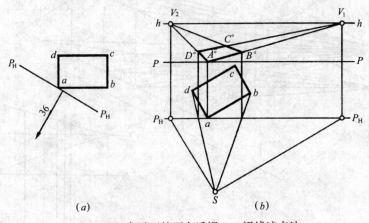

图 5-146　求平面的两点透视——视线迹点法

2. 量点法

量点法就是利用辅助线的透视度量线段。如图 5-147a 所示，延长直线 ab 与画面 P_H-P_H 相求，求出迹点 T、灭点 V 和全透视 TV。过 a 点和 b 点作辅助线 aa_1、bb_1，使辅助线截取画面的距离分别等于 x_1、x_2。然后求出 aa_1、bb_1 的灭点 M（称量点）并分别与辅助线的迹点（A_1、B_1）相连求得其全透视 MA_1 和 MB_1。MA_1、MB_1 与 TV 的交点 $A°$、$B°$ 即为所求直线端点的透视。

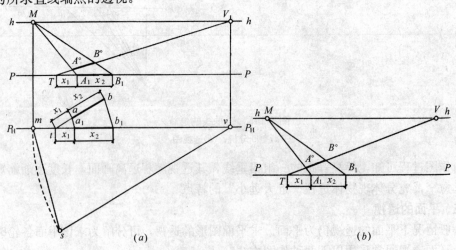

图 5-147　用量点法度量线段

由作图可知，$\triangle tbb_1$ 为等腰三角形，根据几何学原理，$\triangle smv \backsim \triangle tbb_1$，即 $\triangle smv$ 也是等腰三角形，$sv=mv$。因此，实际作图时，站点确定后，可先求出灭点 V，再在视平线上根据 V 直接求得辅助线的灭点 $M(MV=mv=sv)$，如图 5-147b 所示。

如图 5-148 所示为用量点法求平面图形透视的作图过程。

已知平面图形的水平投影，选定站点、视高和画面位置后，先在平面图形上求出与画面相交的两组平行线的 v_1、v_2 以及对应辅助线的 m_1、m_2。具体方法是：以 V_1 为圆心，$v_1 s$ 为半径画弧得 m_1，同理得 m_2，如图 5-148a 所示。

然后根据平面图中画面 P_H-P_H 上各点之间的相对位置关系，将 v_1、v_2 和 m_1、m_2 截取到视平线 hh 上，求出灭点 V_1、V_2 和量点 M_1、M_2，并将平面图形在画面上的点截取到基线 p_1-p_1 上（注意其位置的准确性）。由此量取实际尺寸 x_1、x_2、x_3 和 y_1、y_2，分别连接 V_1、V_2 和 M_1、M_2，求出平图形的透视，如图 5-148b 所示。

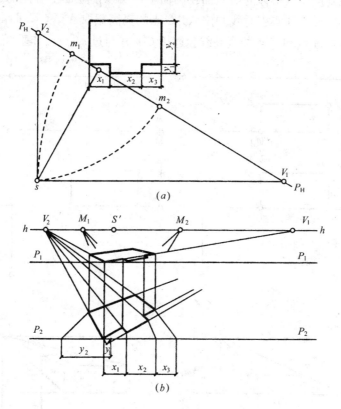

图 5-148 平面的两点透视——量点法

如果视高较小，为保证作图清晰，可适当降低基线，如图 5-148b 中的 p_2-p_2，找出各点的透视位置后，再转投到所需的视高透视中。

四、透视高度的确定

根据水平投影绘制形体或群体景物的透视图时，准确求出形体或群体景物各点的透视高度是非常重要的。

1. 利用真高线求透视高度

当空间点在画面 P 上时，其透视高度等于真实高度，将该点的透视与基透视的连线

(亦即透视到基线的垂直距离)称为真高线。作图时，通常利用这一特性来确定形体的透视高度。

【例 17】 按图 5-149a 的已知条件，用视线迹点法作形体的一点透视图。

① 求灭点 由图可知，形体的前立面与画面平行且位于画面上，它只有一组相互平行的棱线 AE、BF、CM 和 DN 垂直于画面，因此具有一个共同的灭点，且灭点即为主点 s′，如图 5-149b 所示。

② 画基透视 按画面上点的透视规律，直接在基线 P-P 上确定 B、D 的透视 B°、D°，连接 B°s′、D°s′得棱线 BF、DN 的全透视。由 s 向 n 作视线与 P_H-P_H 相交，过交点引垂线与 D°s 相交，得 N 点的透视 N°。根据画面平行线的透视规律，过 N°作画面平行线与 B°s′相交得 F 点的透视 F°，B°D°N°F°即为物体底面的透视，如图 5-149c 所示。

③ 确定透视高度 因形体的前立面在画面上，所以前立面上各点的透视高度等于真实高度(真高)，过 B°、D°点引垂线并按 A、C 点的真高截取 A°、C°，即得前立面的透视，A°B°、C°D°分别为 A 点和 C 点的真高线。连接 C°s′并与过 N°点所作垂线交于 M°，M°N°

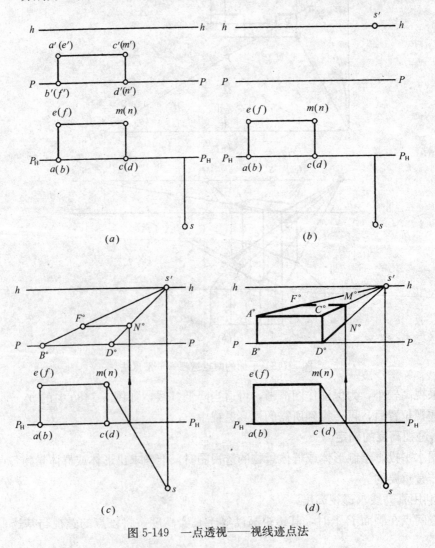

图 5-149 一点透视——视线迹点法

为形体后立面的透视高度。最后，过 $M°$ 作画面平行线交 $A°s'$ 于 $E°$，即得形体的透视，如图 5-149d 所示。

【例 18】 按图 5-150a 的已知条件，用视线迹点法作形体的两点透视图。

① 求灭点 由已知条件可知，物体有两组棱线与画面相交，在平面图上由站点 s 分别向 P_H-P_H 作 $sv_1/\!/ac$、$sv_2/\!/ad$。因 AC、AD 均为水平线，其透视消失于视平线 hh，即其灭点必在 $h-h$ 上。过 v_1、v_2 引垂线至 $h-h$ 得两个方向棱线的灭点 V_1 和 V_2，如图 5-150b 所示。

② 画基透视 因 A 点既在画面上，又在基面上，可直接在基线 $p-p$ 上确定其透视 $A°$，连 $A°V_1$、$A°V_2$ 求出 AC、AD 的全透视。过站点 s 作视线 sc、sd 与 p_H-p_H 相交，过交点引垂线交 $A°V_1$、$A°V_2$ 于 $C°$ 和 $D°$。再连 $D°V_1$、$C°V_2$ 相交于 $E°$，$A°C°E°D°$ 即为所求，如图 5-150c 所示。

③ 确定透视高度 由于 AB 在画面上，其透视高度等于真高，可直接过 $A°$ 作垂线截取真高得 $A°B°$，然后连 $B°V_2$ 和 $B°V_1$，再根据铅垂线的透视规律，过 $C°$、$D°$ 画垂线分别与 $B°V_1$、$B°V_2$ 相交，得 CF、DG 的透视高度 $C°F°$ 和 $D°G°$，最后过 $G°$、$F°$ 分别连 V_1 和 V_2，即得形体的透视图，如图 5-150d 的所示。

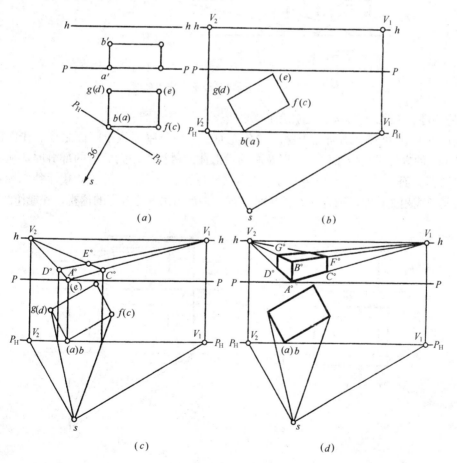

图 5-150 两点透视——视线迹点法

【例 19】 按图 5-151a 的已知条件，用量点法作形体的两点透视图。

作图时，先按图 5-148 的方法求出灭点和量点，画出基透视。确定透视高度时，因该形体大部分高度不在画面上，可先将远离画面的棱线用辅助水平线引至画面，再在画面上量取真高 a_1，得 T 点，然后连 TV_1，求得右后侧的透视高度，如图 5-151b 所示。

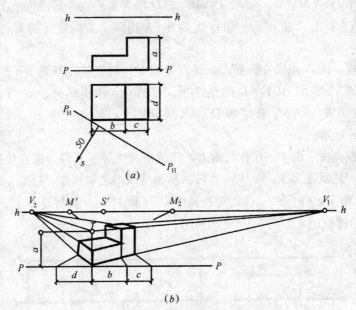

图 5-151 用辅助水平线确定透视高度

【例 20】 按图 5-151a 的已知条件作房屋的一点透视图。

由图 5-151a 可知，画面位于房屋的前立面上，部分屋顶位于画面之前。作图时，先按图 5-149 的方法求出位于画面上以及画面后形体的透视。作画面前的部分时，应将所连视线延长至画面上，如图 5-152b 所示。连 $sa(b)$ 并延长至 $P_H - P_H$ 上，引垂线与相应棱线全透视延长线相交，即可确定其透视高度 $A°B°$。最后求出其他各点的透视，完成作图。

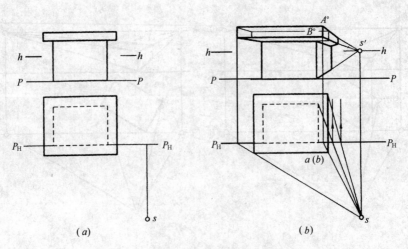

图 5-152 画面切入形体的透视高度求法

2. 利用集中量高线确定透视高度

空间等高的各点，若与画面的水平距离相等，则其透视高度也相等。依据此原理，可以集中利用一条真高线来确定图中任意位置的透视高度，并将此真高线称为集中量高线。

图 5-153 中，已知基透视 $a°$、$b°$ 的真实高度为 L_1，$c°$ 的真实高度为 L_2，其透视高度求法如下：

先求出灭点 V，并在画面上适当位置画出集中量高线 tT，再在 tT 上分别截取 $a°$、$b°$ 和 $c°$ 的真高点 T_1、T_2，连 Vt、VT_1、VT_2 分别高度为 0、L_1 和 L_2 的水平线的全透视。过 $a°$ 引水平线交 Vt 于点 l，再过点 l，作垂线交 VT_1 于 $1°$，此即空间点 A 的透视高度，然后由此水平左移透视高度与 $a°$ 的铅垂线相交，即得 $A°$。同法可求出 $B°$、$C°$。

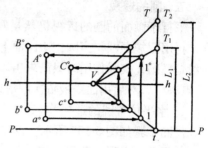

图 5-153 集中量高线的应用

如图 5-154a 所示，按已知条件作透视图。该形体的竖向尺寸较多，又大多不在画面上，宜通过集中量高线确定各点的透视高度。作图时，先求出形体的基透视，然后在画面适当位置竖起真高线，并在真高线上量取真高 h_1、h_2、h_3。过各真高点连接灭点 V_1，再过基透视 $a°$、$b°$、$c°$、$d°$ 分别引水平线交 V_1O_2 于 $2°$、

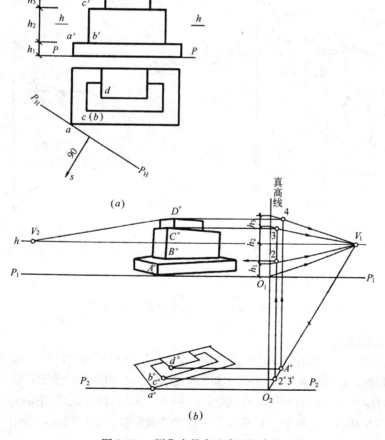

图 5-154 用集中量高法求透视高度

$3°$、$4°$,由此引铅垂线交各真高点与灭点的连线得 2、3、4 点的透视高度,最后水平左移与过 $a°b°c°d°$ 的铅垂线相交即得 $A°$、$B°$、$C°$、$D°$ 各点,其中 $A°$ 在画面上,其透视高度等于真高 h_1。同法可求出形体其他各点的透视高度,如图 5-154b 所示。

五、圆的透视

平行于画面的圆的透视仍然是圆。作图时应先确定圆心的透视位置和半径的透视长度,再用圆规画圆。当圆位于画面上时,其透视为圆本身。当圆不平行于画面时,其透视一般是椭圆。实际作图时只需求出属于圆周上具有明显几何特征的若干个点的透视(常用"八点法"),然后用曲线板依次圆滑连成即可。

1. 水平位置圆的透视

作图步骤如图 5-155 所示。首先,在平面图上画出圆的外切正方形 $abcd$ 得切点 1、2、3、4,再画正方形对角线,该对角线与圆周的四个交点加上两条特殊位置直径的端点,一共八个点。其次,作外切正方形及其对角线的透视,得四个切点的透视 $1°$、$3°$、$5°$、$7°$,然后在基面上分别过 2、4、6、8 点作画面垂直线,并求出其透视 t_1s'、t_2s',它们必与对角线的透视 $a°c°$、$b°d°$ 相交于 $2°$、$4°$、$6°$、$8°$ 四点。最后用曲线板依次圆滑连接八点,所得椭圆即为所求,如图 5-155a 所示。

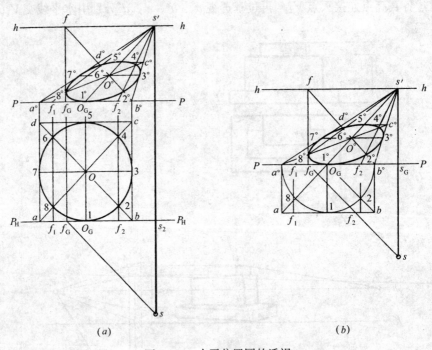

图 5-155 水平位置圆的透视

2. 铅垂圆的透视

当铅垂圆平行于画面时,其透视仍为圆。现以图 5-156 所示拱门的一点透视为例,说明平行于画面的铅垂圆透视作图方法。作图时先求出圆心和半径的透视,然后用圆规画圆即可。作图时应注意前、后圆的圆心(如图中的 O_1、O_2)和切点(如图中的 a、b)的透视不等高,前圆因在画面上,可依据其真高直接定出透视位置;作后圆时,要用量点法找到圆心和切点,然后用圆规直接画出。

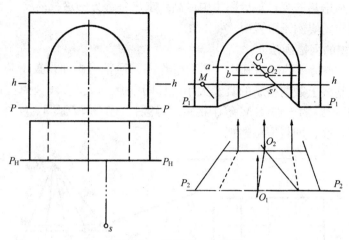

图 5-156 拱门的一点透视

图 5-157 所示为拱门的两点透视图做法。因拱圆与画面成一定角度，因此其透视为椭圆。作图时，应在真高线上作辅助圆用前述方法找出 a 点，作 $ab/\!/p-p$，连 bV_1 与外切四边形对角线交于 1、2 两点，再圆滑连接两点即得前椭圆。同理可作出后面的椭圆。

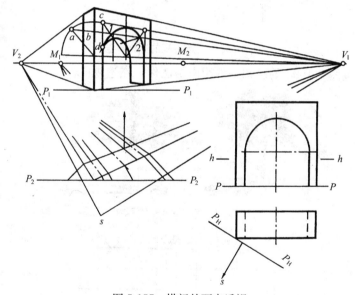

图 5-157 拱门的两点透视

第十节　群体景物的透视图画法

园林设计要素包括园林植物、园林建筑构筑物、山石水体和道路广场等，工程图样表达的内容非常丰富，因此其透视图已不仅仅是表现单个形体的设计，而往往是对诸要素设计意图的综合体现。对这类群体景物的透视作图，采用网格法比较方便。

用网格法画透视图的大致步骤为：先将景物的平面图放在一个坐标网格中，然后画出网格的透视；再按平面图中景物各点在网格线上的位置，在相应的透视网格线上定出各物象的透视位置，画出基透视；最后用集中最高线求出各部分的透视高度。下面分别以一点透视和两点透视作图实例予以说明。

一、一点透视的网格画法

图 5-158 为一点透视的网格画法。为便于作图，通常将画面设置于某一条网格线上，作图时可直接在基线上截取格子的真实大小，如图中 0、1、2、3、4 点，再求出量点 M，即 45°辅助线（对角线）的灭点（$S'M$ 等于视距）。然后，连 OM 交 $S'1$、$S'2$……于各点，过各交点作基线平行线，即得网格透视。

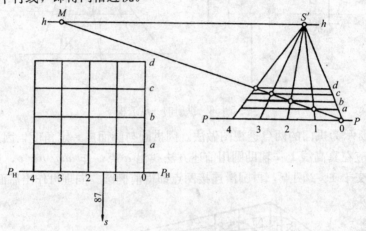

图 5-158 一点透视的网格画法

【例 21】 按图 5-159a 的已知条件用网格法作一点透视图。

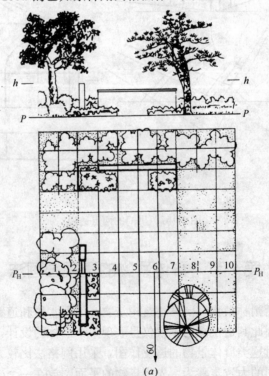

图 5-159 用网格法画一点透视图（一）
(a)平、立面图

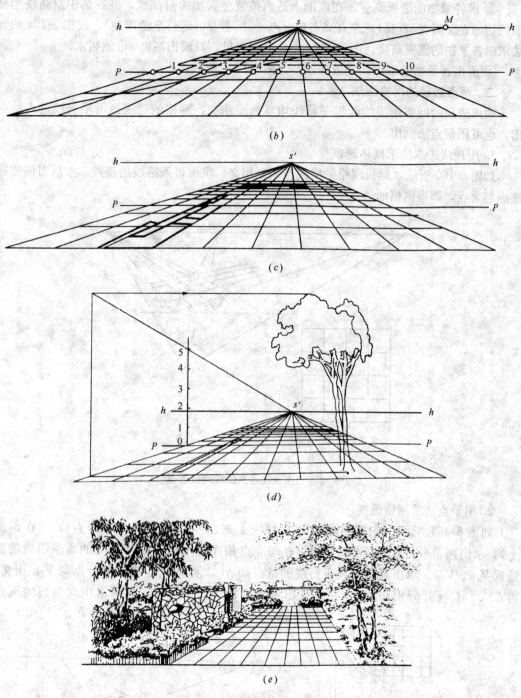

图 5-159 用网格法画一点透视图(二)
(b)求网格透视;(c)画景物的基透视;(d)集中量高;(e)画细部

作图步骤如下:
① 求灭点 s' 和量点 M,按图 5-158 的方法画出网格透视,如图 5-159b 所示。
② 将平面图中各景物的位置,相应地画在网格透视上(图 5-159c),得各景物的基透视。

③ 求各景物的透视高度。在画面上适当位置竖起集中量高线，并在集中量高线上截取景物的立面高度（真高），连真高点与灭点 s'（视需要可延长至画面前），按图 5-154 的方法求出各景物的透视高度。图 5-159d 中为清晰起见，只画出高度 5m 的树木。

④ 画出各景物的细部，完成作图，如图 5-159e 所示。

二、两点透视的网格画法

两点透视的网格画法的两组平行线均与画面相交，网格的透视既可用视线迹点法画出，也可用量点法画出。

1. 用视线迹点法求网格透视

如图 5-160 所示，延长网格的格线与画面相交，求出每条格线的迹点，然后对应连接迹点与灭点，即得网格的透视。

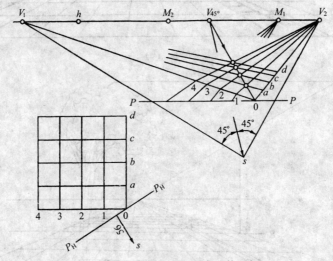

图 5-160 用视线迹点法求网格透视

2. 用量点法求网格透视

如图 5-161 所示，先按格子尺寸在基线上定出网格边线的各等分点（a 点在画面上），求出两组平行线的灭点 V_1、V_2 并与 a 点相连得网格与画面相交的两条邻边的全透视 V_1a、V_2a。求出其中一组平行线的量点如 M_1，再依次连接各等分点与 V_2a 相交，得 b、c、d、e 并分别与 V_1 连接，求出该组平行线的全透视。然后求出对角线的灭点

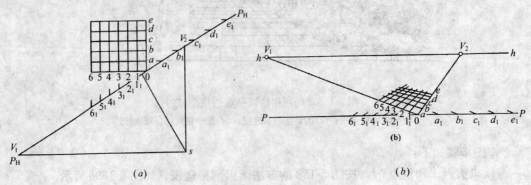

图 5-161 用量点法求网格透视

V_3,连 V_3a 与相交,过各交点连 V_2,得到另一组平行线的透视 V_21、V_22 等,即完成网格的两点透视作图。

【例 22】 按图 5-162a 的已知条件,用网格法画两点透视图。

作图步骤如下:

① 画出网格透视,如图 5-162b 所示。

② 按平面图中景物与网格的相对位置,画出各景物的基透视,如图 5-162c 所示。

③ 用集中量高法求出各景物的透视高度,如图 5-162c 所示。

④ 画细部,完成作图,如图 5-162d 所示。

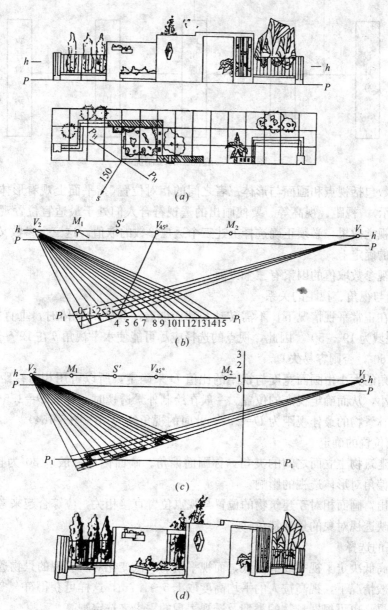

图 5-162 用网格法画两点透视图

(a)平、立面图;(b)求网格透视;(c)画景物的基透视和透视高度;(d)画细部

第十一节　透视作图中的几个具体问题

一、透视参数的选择

透视图是对设计对象的设计效果进行预览，为了充分表达设计意图，通常按图 5-163 所示的步骤绘制透视图。

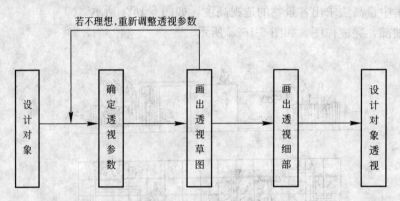

图 5-163　透视图的绘制流程

透视参数包括视点和画面与形体三者之间的相对位置（指平面上观看形体的方向，用方位角 θ 表示）、视距、视高等。要使画出的透视符合人们处于最适宜位置观察形体所获得的最佳的视觉效果，必须正确选择上述三个透视参数的取值。这三个参数又综合地体现在视点位置的确定上。

影响透视参数取值的因素有三个方面。

1. 视点与视角、视距的关系

通常人在正常平视情况下，不需转动头部而能看清景物的整体时，垂直视域为 26°～30°，水平视域为 19°～50°。因此，视点的选择应尽可能使水平视角 θ 在 19°～50°之间，一般不宜超过 60°，否则容易失真。

水平视角的大小由画面宽度与视距的比值 D 来确定，所以可用相对视距的数值来表示视角的大小，从而确定视点的位置。一般在绘制外景透视时，宜选 $D=1.5\sim2.0$；通常情况下，园林景物的最佳视距为 $D=1.2$，此时的视角约为 45°（图 5-164）。

2. 画面位置的确定

画面与建筑物主立面之间的夹角，称画面偏角。画面偏角一般以 30°为宜。图 5-165 为不同画面偏角对形体透视的影响。

应当指出，画面相对于建筑物的位置与视点位置直接相关，应综合起来考虑，使透视图能充分反映透视对象的景观特色。

3. 视高的选择

视点的高低决定了视平线的高低，而视平线的高低变化对所表现的景物透视效果影响非常大。一般情况下，视高按人的平均高度取 1.5～1.7m，这样可获得符合多数人视觉印象的透视效果。也可根据景物的类型及透视表现的需求来选定视高。

图 5-166 以作一个长方形房屋的透视为例，说明不同视高下透视图的变化情况。

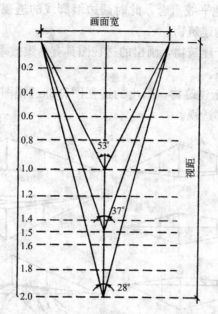

图 5-164　视点与视距、视角的关系

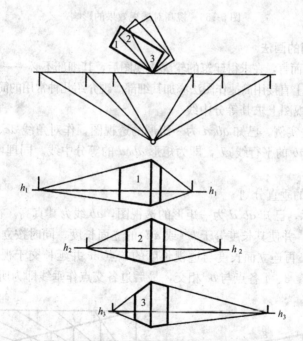

图 5-165　不同画面偏角对形体透视的影响

图 5-166*a*：视平线接近墙脚线，房屋前立面和右侧立面的墙脚线向灭点消失较缓，屋檐消失得较快，透视较陡斜，适宜于画平房。

图 5-166*b*：视平线位于房屋的中间，墙脚线和屋檐透视消失的程度相同，透视图显得较呆板，一般不采用。

图 5-166*c*：视平线接近屋檐，上下消失的情形与图 5-166*a* 相反，同样适宜于画平房。

图 5-166d：视平线与地平线重合，此时两边墙脚线的透视与地平线重合，屋檐的透视更陡斜，适宜于画雄伟的建筑物。

图 5-166e：视平线高于建筑物，画出的透视图具有鸟瞰效果，称鸟瞰图，能较好地表现群体景物之间的相互关系。

图 5-166f：视平线低于建筑物，画出的透视图称仰透视图，适用于画山体上的建筑透视和高层建筑檐口的局部透视。

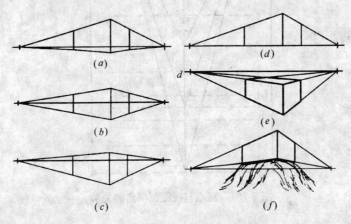

图 5-166 视高对透视效果的影响

二、简捷透视图的画法

对建筑透视作图而言，在求得建筑的轮廓透视图后，其细部不必一一用平面投影去求作，可在建筑轮廓透视图上直接用简捷作图法添加其细部。现介绍几种常用的简捷作图方法。

1. 在矩形的透视图上求其等分中线

图 5-167 为做法实例。已知 $abcd$ 为一矩形的透视图，作对角线 ac、bd，其交点 m 为矩形中点，过 m 作 ab 的平行线 gh，即为矩形 $abcd$ 的等分中线。同理可作 $abfe$、$abgh$ 的等分中线。

2. 矩形透视图的垂直分划

如图 5-168 所示，已知 $abcd$ 为一矩形的透视图，ab 线为其真高。在 ab 两端点的任一点上作水平线如 $b5$，并使其长度等于 bc（或 ad）的立面长度，同时按立面图上的实际垂直分划截取在此线上，再连立面长度与透视长度的端点 $5c$ 并延长交于视平线上得点 V，然后自 V 分别连 1、2、3、4 各点与 bc 相交，最后过各交点作垂线即为所求。

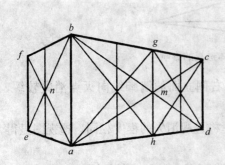
图 5-167 矩形透视图的等分中线

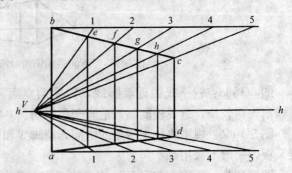
图 5-168 矩形透视图的垂直分划

图 5-169 中，已知建筑外轮廓线的透视（$A°B°$ 为其真高），要求按立面图的门窗大小和位置，画出门窗的透视。

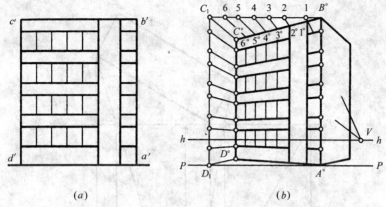

图 5-169 确定门窗的透视位置

作图方法：首先过 $B°$ 作水平线，并截取立面图上各部分宽度，得 1、2、3……C_1 各点，连接 C_1 和 $C°$ 并延长交视平线于点 V。再连 $V1$、$V2$、$V3$……直线，与 $B°C°$ 相交得 $1°$、$2°$、$3°$……各点，由此作铅垂线，即为门窗竖向分割的透视。然后在真高线 $A°B°$ 上截取各层门窗的高度，并向主向灭点（即门窗上、下边线的灭点）引直线，即可得到门窗上、下边线的透视。若主向灭点在图板外（如本例），不方便作图，可通过 C_1 作铅垂线 C_1D_1，在其上定出门窗的高度，然后向 V 引直线与 $C°$、$B°$ 相交得各点，再分别与 $A°B°$ 上各高度点相连，即可求出门窗上、下边线的透视。

三、灭点在图板外的透视作图方法

实际绘制两点透视图时，常遇到灭点位置超出图板的情形，按前述方法作图较困难，在此情况下，可采用以下办法作图：

1. 利用一个灭点作两点透视

如图 5-170 所示，灭点 V_1 远在图板外，可利用现有灭点 V_2 作出两点透视图。

① 求出 ab 方向直线的灭点 V_2。

② 在平面图上延长 bc 作平行于 ab 的辅助线，交画 P_H 面 $P_H—P_H$ 于 f，该辅助线的灭点同为 V_2。

③ 过 f 点引铅垂线交基线 $P—P$ 于 $F_1°$，再过 $F_1°$ 竖真高线 $F_1°F°$（$F_1°F°=A_1°A°$），连 $F_1°V_2°$ 和 $F°V_2$。

④ 用视线迹点法求出 $C_1°$、$C°$ 和 $B_1°$、$B°$，完成作图。

2. 利用主点为辅助灭点作两点透视

如图 5-171 所示，V_1 为左侧立面的主向灭

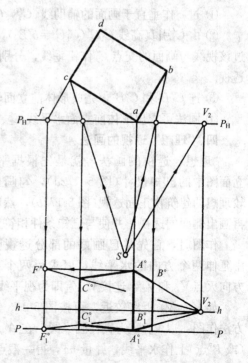

图 5-170 利用一个灭点作两点透视

点，因而其透视可直接用视线迹点法求得；前立面的灭点 V_2 在图板外，可利用主点求出其透视，作图过程如下：

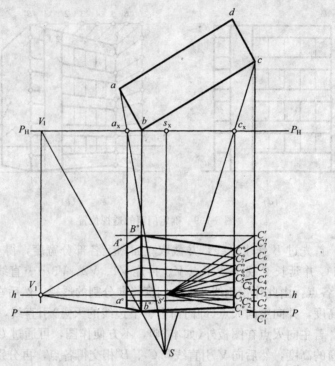

图 5-171　利用主点为辅助灭点作两点透视

① 过 c 作垂直于画面的辅助线 cC_1'，C_1' 为其迹点，该辅助线的灭点即是主点 s'。

② 由 C_1' 引真高线 $C_1'C'$（$C_1'C' = b°B°$），并连 $C_1's'$ 和 $C's'$。在平面图上由 s 向 C 作视线，过该视线与画面的交点 $C_1°$ 作铅垂线，分别交 $C_1's'$ 和 $C's'$ 于 $C_1°$、$C°$，$C_1°C°$ 即为棱线 C_1C 的透视。

③ 连 $C_1°B_1°$ 和 $C°B°$，完成形体前立面轮廓的透视。

④ 同法可求出形体前立面水平线 $C_2°$、$C_3°$、$C_4°$……各分点的透视。

四、"理想"透视的画法

"理想"透视的画法，就是先根据平、立面图中的已知尺寸（图 5-172a），勾画出较理想的建筑物正面透视（图 5-172b），然后再画出侧面的透视，并使与已知条件相符。

作图时，首先从已画好的部分透视图中延伸两个方向的水平线，以求得两个主方向灭点 V_1 和 V_2，连接 V_1V_2 即为视平线。

如 V_1、V_2 距离较近，可按图 5-173 的方法作图：以 V_1V_2 为直径画半圆，在 $A°$ 点

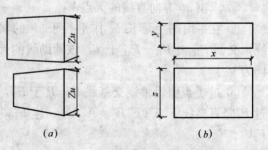

图 5-172　"理想"角度作图已知条件

（或 $B°$ 点）上作水平线，并量 nx，得一截点 E，连 E 和 $C°$ 并延长交视平线于 M_1 点（V_1 方向的量点），然后以 V_1 为圆心、V_1M_1 为半径画弧交半圆周于 S 点（即为视点）。再以 V_2

为圆心、V_2S 为半径画弧交视平线于 M_2（V_2 方向的量点）。最后，在过 $A°$ 的水平线中量 ny，得截点 F，连 F 和 M_2 与 $A°V_2$ 交于 $D°$，过 $D°$ 作垂线，完成作图。

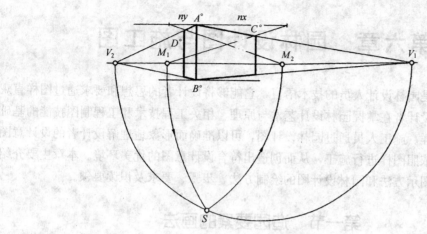

图 5-173 灭点较近时作图方法

若 V_1、V_2 距离较远，可按图 5-174 的方法作图：在适当高度画一水平线，交 $A°V_1$、$A°V_2$ 于 V_{11}、V_{22} 两点，以 $V_{11}V_{22}$ 长度为直径画半圆，再过 $B°$ 作水平线，量取 nx 得一截点 E，连 E 和 $C°$ 并延长交视平线于 M_1，连 $A°M_1$ 交 $V_{11}V_{22}$ 线于 M_{11}，以 V_{11} 为圆心、$V_{11}M_{11}$ 为半径画弧交半圆周于 S_{11}，以 V_{22} 为圆心，$V_{22}S_{11}$ 为半径画弧可求出 M_{22}，连 $A°M_{22}$ 并延长交视平线 M_2，即为 V_2 方向的量点，最后由 ny 截点 F 连 M_2 与 $B°V_2$ 相交，过交点作垂线，即可求出侧面透视。

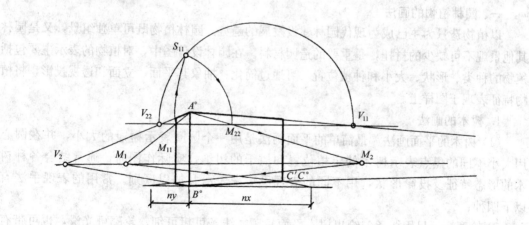

图 5-174 灭点较远时作图方法

第六章 园林设计图与施工图

园林设计图是园林设计人员的技术语言,它能够将设计者的思想和要求通过图样直观地表达出来,是设计者在掌握园林设计艺术与原理、相关工程技术和工程制图技能的基础上绘制的专业图样。施工人员通过园林设计图,可以准确而形象地理解设计者的设计意图和艺术效果,并依照图样进行施工,从而创造出符合设计意图的优美环境。本章主要介绍各类造园要素的图示方法和园林设计图的绘制方法、步骤、要求及识读要领。

第一节 造园要素的画法

园林绿地有大有小、类型繁多、功能各异,但它们都是由园林植物、园林建筑、园林小品、园路、园石、水景等造园要素组成的。由于工程图样的绘制比例较小,设计者不可能将构思中的各种造园要素按其真实形状和大小表达于图样上,而只能采用经国家统一制定的图例(参见表 6-1、表 6-3 和表 6-4)或"约定俗成"的既简单又形象的图例来概括表达其设计意图。因此,了解和掌握这些造园要素的特性、分类及图示方法,是绘制园林设计图不可或缺的基础。

一、园林植物的画法

以植物造景为主已成为现代园林建设发展的趋势。园林植物既可单独组景,又是园林其他景观不可缺少的衬托,是重要的造园材料。在园林设计图中,对植物的表示主要包括植物的种类、形状、大小和种植位置,可通过简化、抽象其平面、立面和透视投影,将植物特征表现于图样上。

1. 树木的画法

(1) 树木的平面画法 最简单的平面画法是用一个圆圈表示树冠的大小,并在圆心用大小不同的黑点表示树木的定植位置和树干的粗细。实际作图时,通常结合各种树木的形态特征及投影形状,用不同的表现手法来表示并加以区别。常用的表现手法有以下四种:

① 轮廓法 只用线条勾绘出树木平面轮廓,线条可粗可细,轮廓可光滑,也可带有缺口或尖凸,如图 6-1 所示。

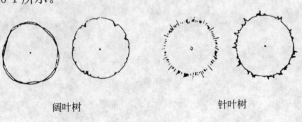

阔叶树　　　　针叶树

图 6-1 树木的平面画法——轮廓法

② 分枝法 根据树木的分枝特点用线条表示树枝或枝干的分叉,如图 6-2 所示。
③ 质感法 用线条的组合或排列表示树冠的质感,如图 6-3 所示。

　阔叶树　　　　　针叶树　　　　　　　　阔叶树　　　　　针叶树

图 6-2　树木的平面画法——分枝法　　　图 6-3　树木的平面画法——质感法

④ 枝叶法 既表示分枝又表示冠叶,树冠可用轮廓法表示,也可用质感法画出,如图 6-4 所示。

在勾勒树木的平面投影时,通常画出树木的落影,以增加图面的对比效果,使图面更加明快、富有生气。树木的地面落影与树冠形状、光线的角度和地面条件有关,绘图实例如图 6-5 所示。

 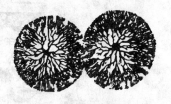

图 6-4　树木的平面画法——枝叶法

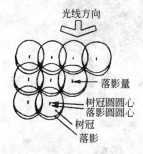 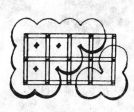 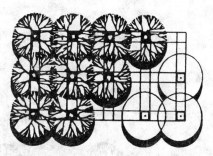

图 6-5　树木落影作图实例

表示数株相连树木的平面时,可只勾勒林缘线,以强调树冠的整体平面轮廓,或按树木高矮大小连成一片,使平面图富于层次感(图 6-6)。如树冠下有花台、花坛或水面、景石和灌木等较低矮的设计内容时,树木平面图例不宜过于复杂,应注意避让,以便表现树冠下的设计内容(图 6-7)。

(2) 树木的立面画法　树木立面可单独或综合运用轮廓法、分枝法、枝叶法或质感法来表示(图 6-8),也可用高度概括的图案式画法(图 6-9)。需注意的是,树木立面的表现手法应与其平面及整个图画一致(图 6-10)。

(3) 树木的透视画法　绘树木的透视图时,不必一枝一叶地刻画,应主要把握树木的整体轮廓、枝干前后穿插的体积感和光线下树冠上下、内外明暗关系的表现。

部分树木透视画法示例如图 6-11 所示。

2. 灌木(丛)和地被植物的画法

灌木没有明显的主干,平面形状有曲有直。单株灌木的平面画法与乔木相似,立面画法和透视画法则应体现其分枝多且分枝点低的特点,如图 6-12 所示。

图 6-6 相连树木的平面画法

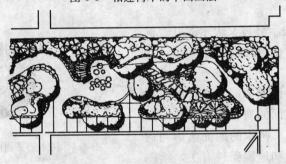

图 6-7 树冠避让画法实例

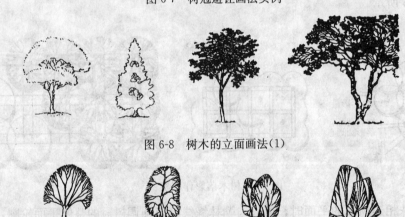

图 6-8 树木的立面画法（1）

图 6-9 树木的立面画法（2）

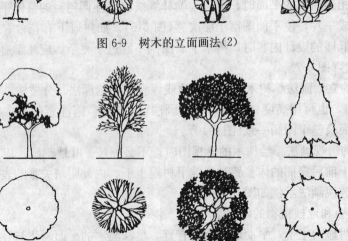

图 6-10 树木立面与平面的表现手法一致

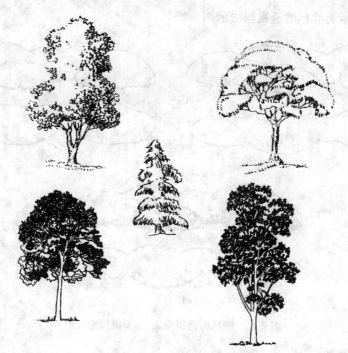

图 6-11 树木的透视画法

灌木在园林中多以丛植和群植为主。通常自然式的灌木(丛)和地被植物平面宜用轮廓法和质感法表示，修剪的规整灌木(如绿篱)和地被植物平面可用轮廓法、分枝法或枝叶法表示，绘图时应以栽植范围为准，如图 6-13 所示。

图 6-14 所示为绿篱的立面画法示例。

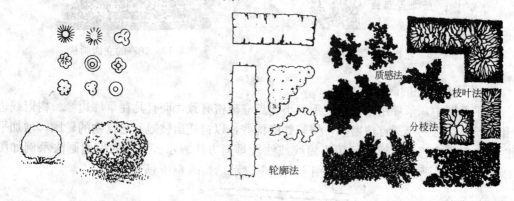

图 6-12 单株灌木的表示方法　　图 6-13 灌木和地被植物的平面画法

图 6-14 绿篱的立面画法

图 6-15 所示为灌丛的透视画法示例。

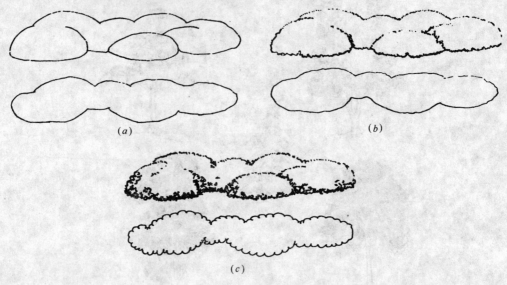

图 6-15　灌丛的透视画法（与平面投影对照）

3. 花卉的画法

花卉的平面画法示例如图 6-16 所示。花卉的立面画法以象形为主，讲究直观效果，画法示例如图 6-17 所示。

图 6-16　花卉的平面画法

图 6-17　花卉的立面画法

4. 草坪和草地的画法

在平面图中，草坪用小圆点表示。小圆点应疏密有致，而且凡在草坪边缘、树冠线边缘和建筑物边缘的小圆点应密些，空旷处应稀些，以衬托出枝冠和建筑物的轮廓，增加平面图的空间层次感。草坪也可用小短线或线段排列方法表示。草坪的平面画法示例如图 6-18 所示。立面画法和透视画法则用小线点来表示，如图 6-19 所示。

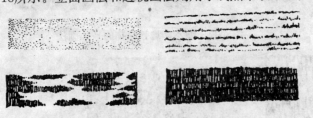

图 6-18　草坪的平面画法

图 6-19　草坪的透视画法

5. 攀援植物的画法

攀援植物在园林中常用作垂直绿化材料，被广泛用来装饰墙、柱、台阶及花架等。为便于表达，在作图时，攀援植物往往连同被装饰物体一起画出来，如图 6-20、图 6-21 所示。其平面画法以简化抽象为主，立面和透视画法则以象形为宜。

6. 竹子的画法

竹子素来是广受欢迎的园林绿化植物，其种类虽然众多，但其有明显区别于其他木本被子植物的形态特征，小枝上的叶子排列酷似"个"字，因而在设计图中可充分利用这一特点来表示竹子，如图 6-22 所示。

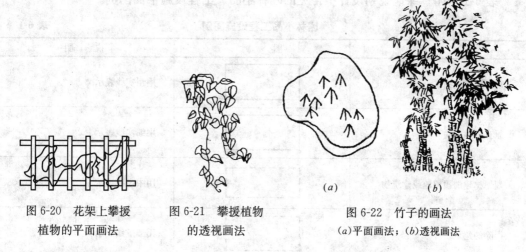

图 6-20 花架上攀援 　　图 6-21 攀援植物　　图 6-22 竹子的画法
　植物的平面画法　　　　　的透视画法　　　　(a)平面画法；(b)透视画法

7. 棕榈科植物的画法

棕榈科植物体态潇洒优美，可根据其独特的形态特征以较为形象、直观的方法画出，如图 6-23、图 6-24 所示。

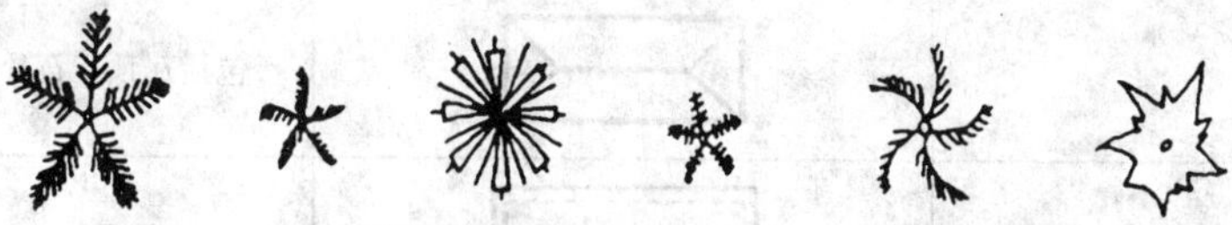

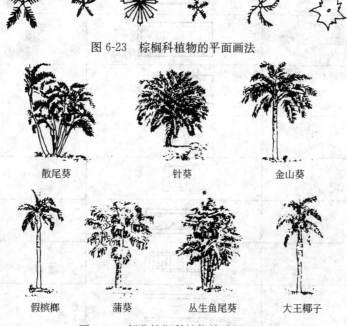

图 6-23 棕榈科植物的平面画法

散尾葵　　　　针葵　　　　金山葵

假槟榔　　蒲葵　　丛生鱼尾葵　　大王椰子

图 6-24 部分棕榈科植物的透视画法

二、园林小品的画法

园林建筑是园林布局和景观构图的重要组成部分，是建筑与园林地有机结合。常见的园林建筑有亭、廊、榭、舫、厅、堂、花架等，本节只介绍亭和花架的画法。

园林小品（即园林建筑小品）可起到点缀风景、烘托气氛、加深意境的作用，常见的有景门、景墙、景窗、花坛、组合式花坛座椅、栏杆、园桌、园凳、园灯、标志牌等，具有内容丰富多彩、造型精巧美观的特点，已成为园林中不可缺少的一个组成部分。

表 6-1 为园林绿地规划设计中常见的园林小品、工程设施平面图例。

园林小品工程设施图例　　　　　　　　　　　　表 6-1

名　称	图　例	说　明
规划的建筑物		用粗实线表示
原有的建筑物		用细实线表示
规划扩建的预留地或建筑物		用中虚线表示
拆除的建筑物		用细虚线表示
地下建筑物		用粗虚线表示
坡屋顶建筑		包括瓦顶、石片顶、饰面砖顶等
草顶建筑或简易建筑		
温室建筑		
喷泉		
雕塑		
花台		
花架		
围墙		

续表

名　称	图　例	说　明
栏杆	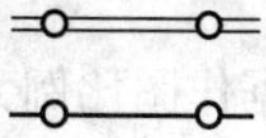	
园灯		
饮水台		
护坡	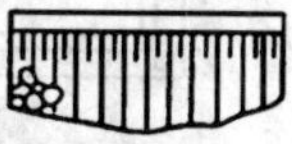	
挡土墙	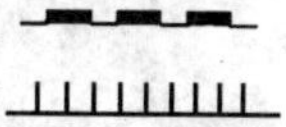	凸出的一侧表示被挡土的一方
排水明沟	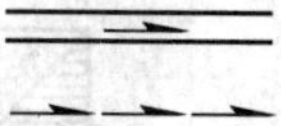	上图用于比例较大的图面 下图用于比例较小的图面
有盖的排水沟	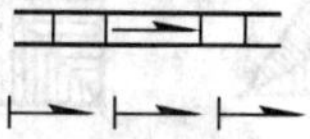	上图用于比例较大的图面 下图用于比例较小的图面
雨水井		
喷灌点		
铺装路面		
台阶	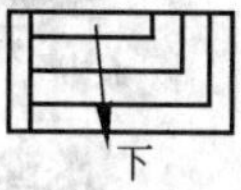	箭头指向表示向上或向下
铺砌场地	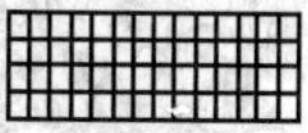	也可依据设计形态表示
车行桥	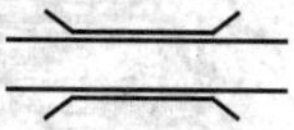	
人行桥	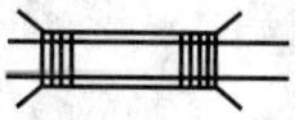	也可依据设计形态表示
亭桥	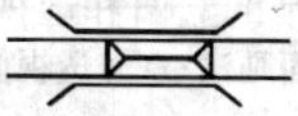	
铁索桥	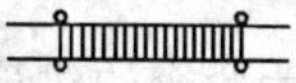	
涵洞	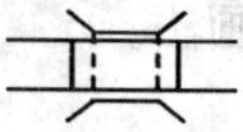	

摘录自《风景园林图例图示标准》（CJJ 67—95）

1. 亭的画法

亭是我国园林的象征之一，其造型极为丰富，有圆亭、方亭、三角亭、六角亭、八角亭、扇面亭、半亭等。

在设计平面图中表示亭子时，应根据作图比例大小确定亭子细部投影的简化程度。比例尺较小时，细部投影作图难度较大，只画出亭子的外轮廓投影即可。比例尺较大时，可画出较多的细部投影线或用水平剖面图表示。亭的平面画法示例如图6-25所示。

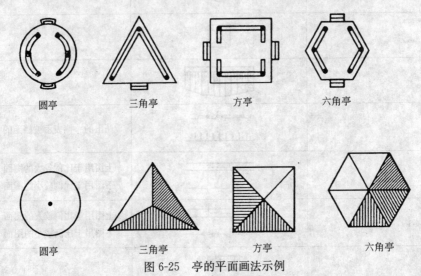

图6-25 亭的平面画法示例

亭的立面画法和透视画法较平面画法要复杂得多。图6-26所示为方亭的立面和透视画法示例。

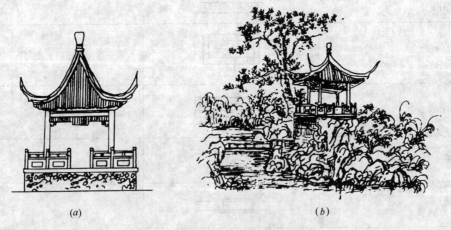

图6-26 方亭的立面和透视画法示例
(a)立面画法；(b)透视画法

2. 花架的画法

花架可以说是与植物造景结合得最为紧密的建筑物。从造型来看，相当于用植物材料做顶的廊。图6-27所示为直廊式花架的画法。

3. 园桥的画法

园林中的桥形式繁多，可归类为汀步、梁桥、亭桥和廊桥等，其中亭桥和廊桥是梁桥

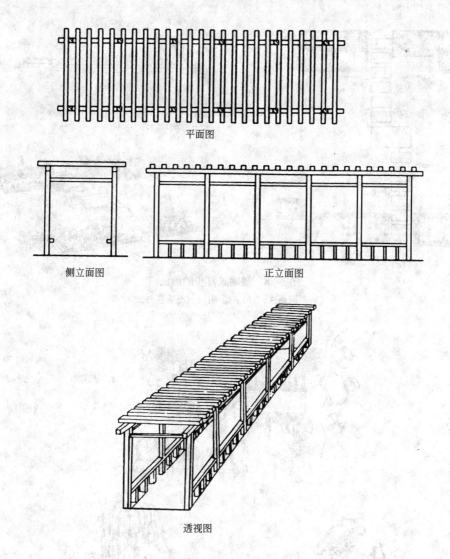

平面图

侧立面图　　　　　正立面图

透视图

图 6-27　直廊式花架的画法

与亭、廊组合而成的。

（1）汀步的画法　汀步一般紧贴水面，用石墩或钢筋混凝土制成。图 6-28 所示为规则式汀步的平面画法、立面画法和透视画法。

（2）梁桥的画法　梁桥依其造型可分为平桥、曲桥和拱桥等，各种桥的形式千变万化，如拱桥中有单孔桥、多孔桥等。曲桥的画法示例如图 6-29 所示。

三、园路的画法

园路（园林绿地中的道路）按其性质和功能的不同分为主路（主要园路）、次路（次要园路）及小路（游憩小路），其中以后者的变化最多。本节主要介绍小路的画法。

园路的平面画法较简单，若路面为某种图案的铺装（如冰裂纹铺装、嵌草铺装等），应画出图案形状和规格（图 6-30）。

园路的立面图常常画成剖视图（图 6-31a）或结合其剖面结构绘制。园路（特别是较为平直的道路）的透视通常需结合道路两侧的景物透视，才能画出园路的纵深感（图 6-31b）。

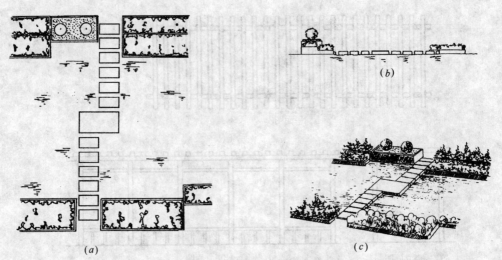

图 6-28 规则式汀步的画法
(a)平面画法;(b)立面画法;(c)透视画法

图 6-29 曲桥的画法
(a)平面画法;(b)立面画法;(c)透视画法

图 6-30　园路的平面画法实例

(a)冰裂纹铺装；(b)嵌草铺装；(c)预制水泥块铺装

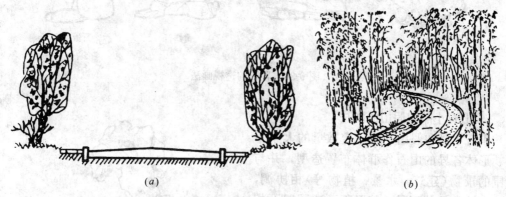

图 6-31　园路的剖视图、透视图画法实例

(a)剖视图；(b)透视图

四、景石的画法

景石的应用是我国园林的一个重要特征之一。园林中的景石可以分为三种形式：一是点缀式置石；二是山石小品；三是堆叠的假山。

1. 置石的画法

置石多采用天然石材，其品种繁多、有大有小、形状各异，点置于绿地时或立或卧，常置于土山、水畔、庭院、墙角、路边、草坪及树下等。常用的置石有太湖石、黄石、英石、青石、黄蜡石、卵石等，也可用水泥和其他材料仿造(称塑石)。画图时应注意表现不同种类置石的形态特点，一般外轮廓用粗实线画出，次轮廓用中或细实线画出。

置石的画法示例如图 6-32～图 6-34 所示。

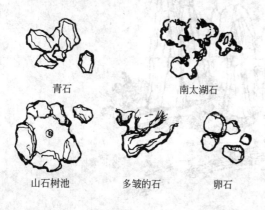 

图 6-32　置石的平面画法　　　　　图 6-33　置石的立面画法

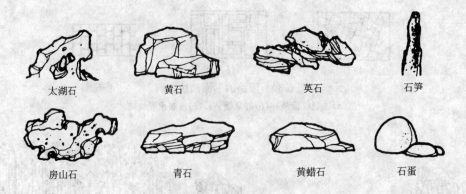

图 6-34 置石的透视画法

2. 山石小品和假山的画法

山石小品和假山是以一定数量的大小不等、形体各异的山石作群体布置造型，并与周围的景物（建筑、水景、植物等）相协调，形成生动自然的石景。其平面画法同置石相似，立面画法示例如图 6-35 所示。

作山石小品和假山的透视图时，应特别注意刻画山石表面的纹理和因凹凸不平而形成的阴影，如图 6-36 所示。

掌握假山制作中山石结体基本形式的画法对学习假山的整体画法是非常必要的。

图 6-35 山石小品的立面画法

常见山石结体的形式有安、接、斗、卡、连、垂、挎、拼、剑、悬、挑等，如图 6-37 所示。

图 6-36 假山的透视画法

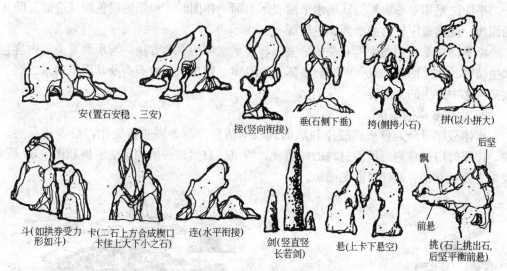

图 6-37　假山制作基本形式的画法

五、水景的画法

水在中外园林中均有广泛的应用,是重要的造园要素,与其他景物配合,既可创造出气势磅礴的景观,又能表现"小桥、流水、人家"的诗情画意。在园林中,水的基本表现形式有静水、流水、落水和喷泉等。

1. 水面的画法

水面可用线条法、等深线法、平涂法和添景物法表示,前三种为直接表示法,最后一种为间接表示法,如图 6-38 所示。

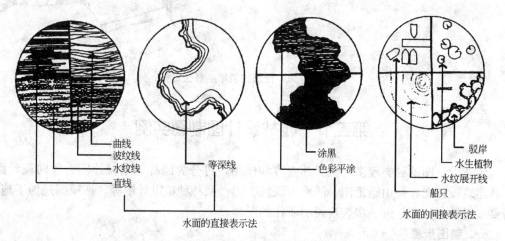

图 6-38　水面的表示方法

所谓线条法,就是借助工具或徒手画出平行排列的线条来表示水面,线条既可均匀地布满整个水面,也可以局部留有空白或只在局部画线条。较平静的水面通常用直线、水纹线和波纹线表示,波动感较强的水面可用曲线来表示。

等深线法是在靠近驳岸线的水面中,沿驳岸线画出类似等高线的闭合曲线(称等深线),等深线的数量视池底标高设计需要而定。通常不规则的水面用等深线法表示。

平涂法是用水彩、彩铅或墨水平涂表示水面。作图时，渲染的颜色浓淡应能反映出水的深浅，使离驳岸较远的水面颜色较深些。

添景物法是利用与水面有关的一些内容表示水面的一种方法。与水面有关的内容包括水生植物、水上活动工具(如船只)、码头和驳岸、露出水面的石头及其周围的水纹线、石块落入水中产生的水圈等。

2. 水体驳岸的画法

水体驳岸可分为自然式驳岸和规则式驳岸两种。前者多曲折变化，后者较平直、规整，作图时应注意刻画所用材料的种类及其特点。自然式驳岸的画法示例如图6-39所示。驳岸立面通常结合剖(断)面图画出。

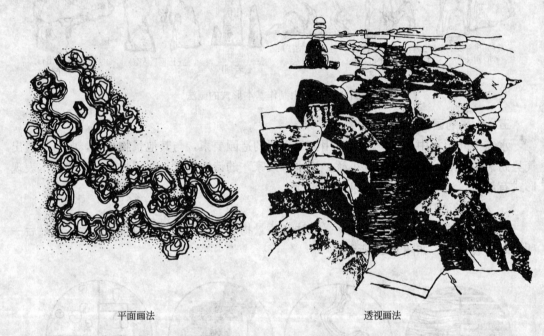

平面画法　　　　　　　　透视画法

图6-39　自然式驳岸的画法

第二节　园林设计图制图实例

园林设计图的种类较多，根据其内容和作用，可分为园林规划设计图、竖向设计图、园林建筑设计图、假山施工图、园路工程施工图、园林种植设计图等。透视图是为了施工需要或对设计方案作进一步表现说明所作的图样。

一、制图步骤

为保证图面质量，工程图样的绘制必须先画底稿，再上墨线，必要时还需进行色彩渲染，以增强设计方案的表现力。

1. 画底稿

这是园林设计制图的第一步。画底稿应使用较硬的铅笔，以使画出的稿线比较轻细，便于墨线覆盖。铅笔稿线正确与否、精度如何，直接影响到图样的质量，因此必须认真细致、一丝不苟地完成好这一步。

具体绘制步骤如下：

(1) 根据绘图内容的多少及比例尺大小选定图纸幅面。

(2) 画图框线、标题栏和会签栏（视需要而定），合理安排图纸内容的布局，使各部分内容布置合理、疏密有致，图面美观大方。

(3) 绘出直角坐标网格，确定定位轴线。

(4) 按建筑—道路广场—水体—植物的顺序，先画轮廓，再画细部。

(5) 标注尺寸，绘制指北针或风玫瑰图等。

(6) 检查并完成全图。

2. 上墨线

图样上墨线后，可长期保存和使用。对上墨线的总要求是：严格控制线型，做到线型正确、粗细分明、图线均匀、连接光滑、字体端正、图面整洁。

上墨线时，应将铅笔稿线作为墨线的中轴线来上墨，以确保图形准确。为提高绘线效率，避免出错，应注意以下几点：

(1) 先画细线，后画粗线；先画曲线，后画直线。

(2) 水平线自上而下、垂直线由左向右绘出。

(3) 同类型的墨线一次画完。

(4) 先画图，后标注尺寸和注写文字说明，最后画图框线，填写图签标题栏。

(5) 为避免墨水渗入尺板下弄脏图纸，应使用有斜面的尺边或将尺边均匀垫起少许。

3. 色彩渲染

色彩渲染简称上色，主要是借助绘画技法，用水彩、水粉颜料或彩色铅笔等比较真实、细致地表现各种造园要素的色彩和质感，常用于园林设计方案的最后表现图。

二、园林设计图制图实例

1. 园林规划设计图

简称平面图，是表现总体设计布局的图样。用于表明设计区域范围内园林总体规划设计的内容，反映组成园林各部分的长宽尺寸和相互之间的平面关系，是绘制其他图样的依据。

(1) 绘制内容

图 6-40 为某小游园平面图。平面图的具体内容包括：

① 表明用地区域现状及规划的范围。

② 表明对原有地形、地貌等自然状况的改造和新的规划。

③ 以详细尺寸或坐标网格标明园林植物的种植位置和建筑物、道路广场、水体水面以及地下设施外轮廓线。

(2) 绘图方法与步骤

① 根据用地范围和总体布局的内容，选定绘图比例。若用地面积大，总体布置内容较多，可考虑选用较小的绘图比例。若用地面积较小而总体布置内容较复杂，为使图面清晰，应考虑采用较大的绘图比例。如小游园、庭院、屋顶花园等由于面积较小，可选用 1∶200 或更大的绘图比例作图。

② 确定图幅、布置图面。确定绘图比例后，就可根据图形的大小确定图纸幅面，并进行图面布置。

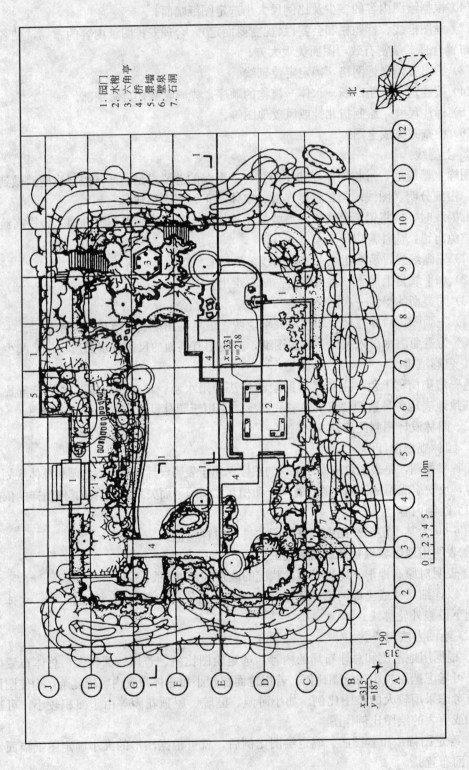

图 6-40 某小游园平面图

③ 确定定位轴线，或画出直角坐标网格。对整形式平面（如园林建筑设计图）要注明轴线与现状的关系。对自然式道路、园林植物种植应以直角坐标网格为控制依据。坐标网格以(2m×2m)～(10m×10m)为宜，其方向应尽量与测量坐标网格一致。

采用直角坐标网格法标定各设计要素的平面位置时，可将坐标网格线延长作定位轴线，并在其一端绘出直径8mm的圆圈进行编号。定位轴线的编号应标注于图样的下方与左侧，横向用阿拉伯数字由左向右顺序编号，纵向用除 I、O、Z 外（以免误解为数字1、0、2）的大写拉丁字母自下而上顺序编号，并注明基准轴线的位置。

④ 绘出现有地形和将保留的原有地物。

⑤ 按前述平面画法绘出新设计的各造园要素。

⑥ 检查底稿，加深图线。

⑦ 标注尺寸和标高。平面图上的坐标、标高和距离均以米（m）为单位（需注明），并应取小数点后三位数字，不足的以"0"补齐。

⑧ 注写图例说明和设计说明。

⑨ 绘出指北针或风玫瑰图，注写比例尺，填写图签标题栏。

⑩ 最后检查并完成全图。

为了更形象地表达设计意图，往往在设计平面图的基础上，根据设计者的构思再绘制出立面图、剖面图和鸟瞰图，如图6-41～图6-43所示。

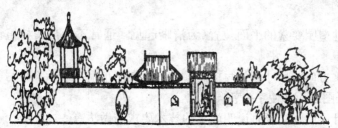

图6-41 小游园北立面图

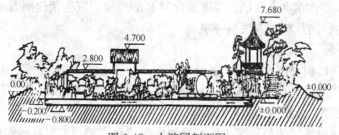

图6-42 小游园剖面图

(3) 平面图识读要领

① 看图名、图样比例，阅读设计说明，了解工程性质、设计意图和设计范围等。

② 看指北针或风玫瑰图，熟悉图例，了解新造景物的平面位置和朝向，明确总体布局情况。

③ 看等高线和水位线，了解图中

图6-43 小游园鸟瞰图

各处位置的标高并根据绿地四周环境的标高、规划设计内容和景观要求，检查竖向设计、地面坡度和排水方向。

④ 看坐标或尺寸，明确施工放线的基准依据。

2. 竖向设计图

又称地形设计图，属总体设计的范畴，是造园工程土方调配预算和地形改造施工的主要依据。在实际工作中，园林总体规划设计应与竖向设计和地形景观规划同时进行，以利于创造技术经济合理、景观和谐、富有生机的园林作品。

(1) 绘制内容

竖向设计图主要表达地形地貌、建筑、园林植物和园路系统等各造园要素的坡度与高程等内容，如园路主要折点、交叉点和变坡点的标高和纵坡坡度，各景点的控制标高，建筑室内控制标高，水体、山石、道路及出入口的设计高程，地形现状及设计高程等。

图 6-44 所示为某小游园竖向设计图。

(2) 绘图方法与步骤

① 根据用地范围和图样复杂程度，选择比例、确定图幅并布置图面。对某一工程而言，常采用与平面图相同的比例和图幅。

② 画直角坐标网，确定定位轴线。

③ 根据地形设计选定等高距，用细实线画出设计地形等高线，用细虚线画出原地形等高线。

④ 画出其他造园要素的平面位置(为清晰起见，通常不画出园林植物)。对建筑物只画出其外轮廓线。

⑤ 标注排水方向、尺寸和注写标高。排水方向用单箭头表示。注写等高线的高程时，应在数字处断开图线，并使字头朝向山顶。

⑥ 注写设计说明，主要是说明施工的技术要求与做法等。

⑦ 画指北针或风玫瑰图，注写图签标题栏。

根据表达需要，在重点区域、坡度变化复杂的地段还应绘制出剖面图或断面图，以表示各关键部位的标高及施工方法与要求。

(3) 读图要领

① 看图名、比例、指北针和文字说明。

② 看等高线及其高程标注和各点标高，了解新设计的地形特点及原地形标高，结合景观总体规划设计，分析竖向设计的合理性。

③ 根据新、旧地形的高程变化，了解地形改造施工的基本要求和做法。

④ 了解地面排水系统。

3. 园林种植设计图

园林种植设计图是表示设计植物的种类、数量和规格，种植位置、类型及要求的平面图样，是组织种植施工、编制预算和养护管理的重要依据。

(1) 绘制内容

用相应的平面图例在图样上表示设计植物的种类、数量、种植位置和规格。

根据图样比例和植物种类的多少，在图例内用阿拉伯数字对植物进行编号，或直接用文字予以说明。通常在图幅上适当位置，用列表方式具体统计并详细说明设计植物的编

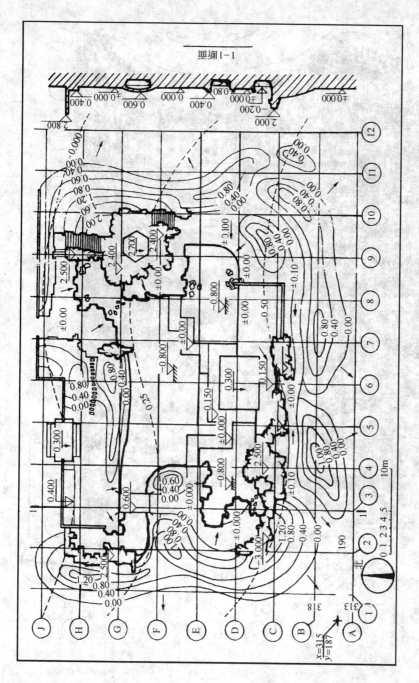

图 6-44 小游园竖向设计图

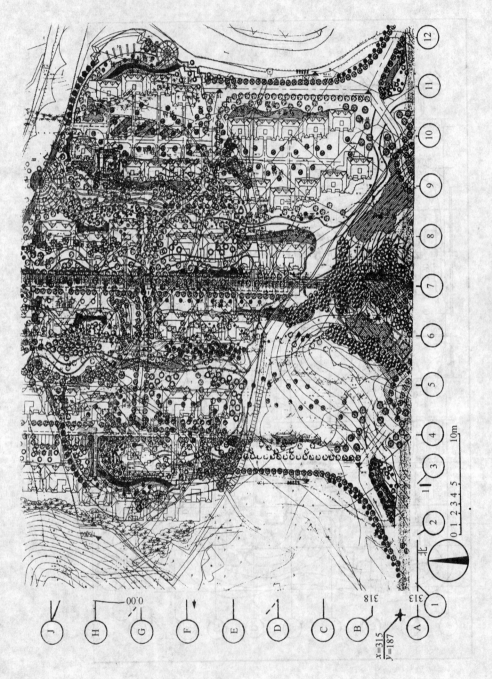

图 6-45 小游园的园林种植设计图

号、图例、规格(包括树干直径、树高或冠幅)和数量。

种植位置可直接在图上以具体尺寸标出,如规则式种植设计图;或用坐标网格进行控制,如自然式种植设计图。下面以自然式种植设计图为例,说明园林种植设计图的绘制方法。

(2) 绘图方法与步骤

图 6-45 所示为上例小游园的园林种植设计图,其主要绘图步骤如下:

① 选择绘图比例和图幅,画出坐标网格,确定定位轴线。

② 将总平面图中的建筑、道路广场、山石水体及其他园林设施和市政管线等的平面位置按绘图比例(一般采用 1∶100～1∶500)绘在图上。

③ 先标明需保留的现有树木,再绘出种植设计内容。

④ 编制苗木统计表(表 6-2),编写设计施工说明。

苗木统计表　　　　　　　　表 6-2

编号	树种	单位	数量	规格		备注
				干径/cm	高度/m	
1	垂柳	株	4		5	
2	白皮松	株	8		8	
3	油松	株	14		8	
4	五角枫	株	9		4	
5	黄栌	株	9		4	
6	悬铃木	株	4		4	
7	红皮云杉	株	4		8	
8	冷杉	株	4		10	
9	紫杉	株	8		6	
10	铺地柏	株	100		1	每丛10株
11	卫矛	株	5		1	
12	银杏	株	11		5	
13	紫丁香	株	100		1	每丛10株
14	暴马丁香	株	60		1	每丛10株
15	黄刺玫	株	56		1	每丛8株
16	连翘	株	35		1	每丛7株
17	黄杨	株	11	3		
18	水蜡	株	7		1	
19	珍珠花	株	84		1	每丛12株
20	五叶地锦	株	122		3	
21	花卉	株	60			
22	结缕草	m²	200			

⑤ 绘出指北针或风玫瑰图,注写比例和标题栏。

⑥ 检查后进行色彩渲染,完成全图。

(3) 园林种植设计图识读要领

① 看标题栏、比例、风玫瑰图及设计说明,了解当地的主导风向,明确绿化工程的目的、性质与范围,了解绿化施工后应达到的效果。

② 根据植物图例及注写说明、代号和苗木统计表,了解植物的种类、名称、规格和数量,并结合施工做法与技术要求,验核或编制种植工程预算。

③ 看植物种植位置及配置方法，分析设计方案是否合理，植物栽植位置与各种建筑构筑物和市政管线之间的距离（需另用图文表示）是否符合有关设计规范的规定。

④ 看植物的种植规格和定位尺寸，明确定点放线的基准。

4. 园林建筑设计图

园林建筑设计图是表达建筑设计构思和意图的工程图样，必须严格按照制图国家标准详细、准确地表示建筑物的内外形状和大小，以及各部分的结构、构造、装饰、设备的做法和施工要求。为此，应熟悉国家标准中规定的常用建筑图例(表6-3)和常用建筑材料图例(表6-4)。

建 筑 图 例　　　　　表6-3

图 例	说 明	图 例	说 明
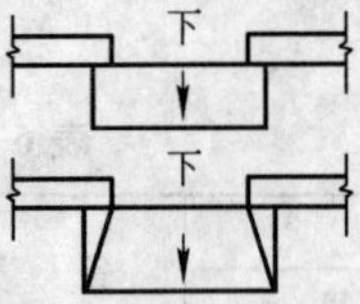	门口坡道	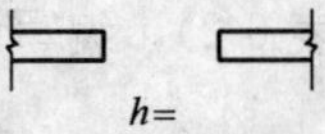	空门洞（h 为门洞高度）
		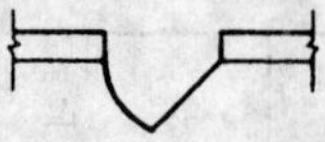	单扇门
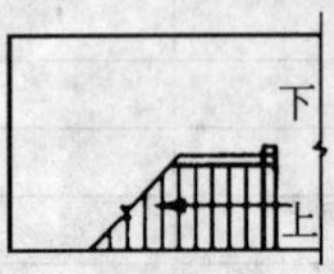	底层楼梯	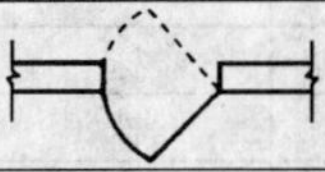	单扇双面弹簧门
			双扇门
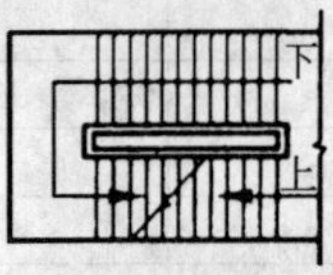	中间层楼梯	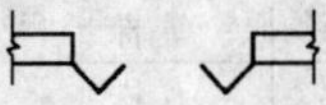	对开折叠门
		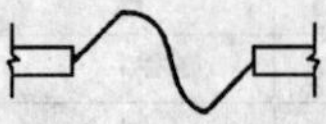	双扇双面弹簧门
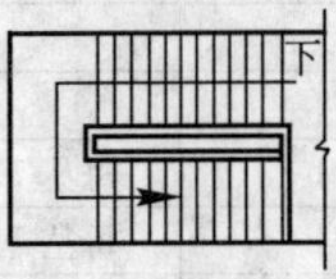	顶层楼梯	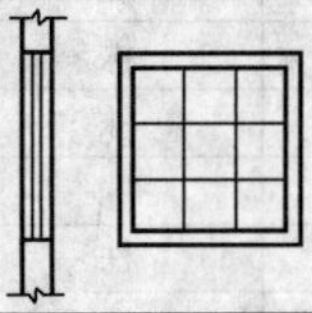	单层固定窗
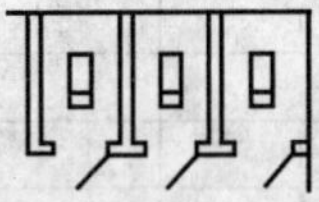	卫生间	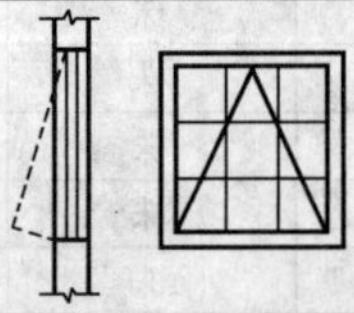	单层外开上悬窗
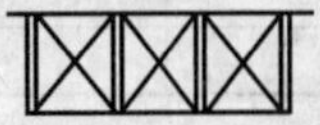	淋浴间	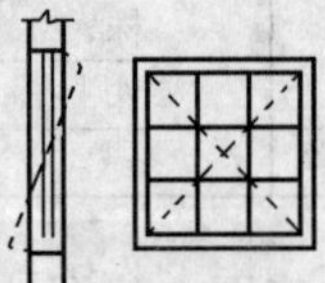	单层中悬窗
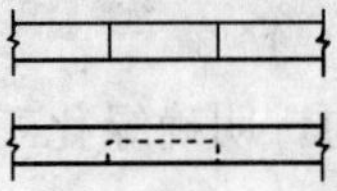	墙上预留洞口 墙上预留槽	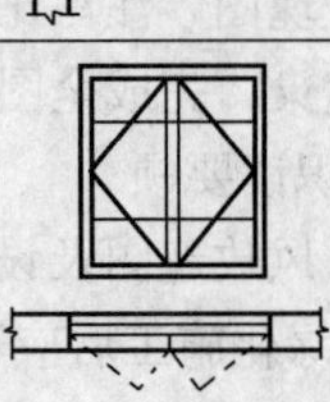	单层外开平开窗

注：立面图上的斜线表示窗扇开关方式。虚线表示内开，实线表示外开。斜线相交的一侧表示安装铰链的一侧。平、剖面图的虚线在设计图中可不画出。

常用建筑材料图例 表 6-4

序号	名称	图例	说明
1	自然土壤	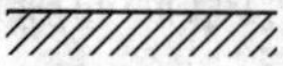	包括各种自然土壤
2	夯实土壤	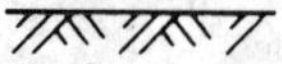	
3	砂、灰土	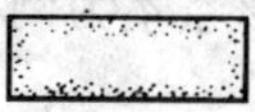	靠近轮廓线点较密的点
4	砂砾石、碎砖三合土	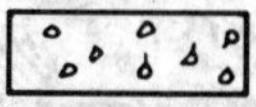	
5	石材		
6	毛石		
7	普通砖	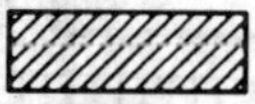	包括实心砖、多孔砖、砌块等砌体；断面较窄不易绘出图例线时可涂红
8	混凝土		1. 适用于能承重的混凝土和钢筋混凝土 2. 包括各种强度等级、骨料、添加剂的混凝土 3. 在剖面图上画出钢筋时，不画图例线 4. 断面较窄不易画图例线时，可涂黑
9	钢筋混凝土		
10	木材		上图为横断面，左上图为垫木、木砖、木龙骨，下图为纵断面
11	金属		包括各种金属，图形小时可涂黑
12	玻璃		包括各种玻璃
13	塑料		包括各种软、硬塑料及有机玻璃等
14	防水材料		构造层次多或比例较大时用上图
15	粉刷		本图例点以较稀的点

  一套完整的建筑设计图一般包括：

  建筑施工图(简称建施)：主要表达建筑设计的内容，包括建筑物的总体布局、内部空间布置、外部形状以及细部构造、装修、设备和施工要求等。基本图样包括建筑总平面图、建筑平面图、建筑立面图、建筑剖面图、构造详图和建筑透视图等。

  结构施工图(简称结施)：主要表达结构设计的内容，包括建筑物各承重结构的形状、大小、布置、内部构造和使用材料的详图。基本图样包括结构布置平面图、各构件结构详图等。

设备施工图(简称设施):主要表达设备设计的内容,包括各专业的管道和设备的布置及构造。基本图样包括给排水(水施)、采暖通风(暖通施)、电气照明(电施)等设备的布置平面图、系统轴测图和详图。

本节主要介绍建筑施工图的绘制方法。

图6-46为某公园茶室总平面图。下面以该茶室为例,说明建筑施工图的绘制方法。

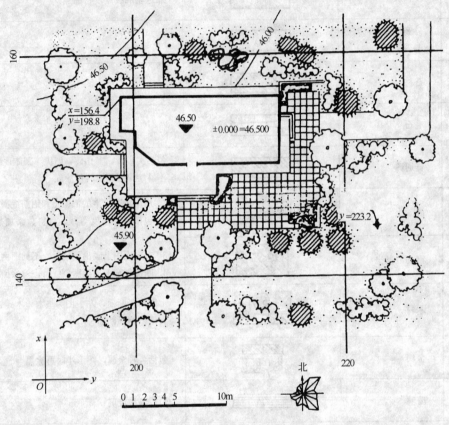

图6-46 建筑总平面图

(1) 建筑总平面图

建筑总平面图是表示新建建筑物总体布置的水平投影图,是用来确定建筑与环境关系的图样,为下一步的设计和施工提供依据。因此图样中要表示出建筑的位置、朝向以及室外场地、道路、地形地貌和绿化情况等。

绘制方法与要求:

① 按建筑总平面图的图例和植物图例,用粗实线绘出建筑物的水平投影外轮廓,对建筑的附属部分,如散水、台阶、花池、景墙等,用细实线绘制(也可不画出)。

② 标注建筑的底层地面的标高、室外地坪和道路的标高以及等高线的高程。本例中所注标高和高程均为绝对高程。

③ 绘出坐标方格网(以m为单位),根据测量坐标确定建筑及其他构筑物的位置;也可根据原有房屋、道路或其他永久性建筑构筑物对新建建筑进行定位。

④ 如有地下管线或构筑物，图中应用细虚线画出其位置，以便作为平面布置的参考。
⑤ 绘制比例及风玫瑰图，注写标题栏，完成全图。

(2) 建筑平面图

建筑平面图是假想用一水平剖切平面沿门窗洞的位置将房屋剖切后，将剖切平面以下部分向水平面投影得到的水平剖面图，简称平面图。建筑平面图除应表明建筑物的平面形状、房间布置以及墙、柱、门、窗、楼梯、台阶、花池等位置外，还应标注必要的尺寸、标高及有关说明。

建筑平面图是建筑施工图中最基本的图样之一，是进行后续设计和施工放线、砌墙、门窗安装、室内装修以及编制预算等的重要依据。

绘图方法与步骤：

① 选择绘图比例、布置图面。一般选用 1：100 或 1：200 的比例绘制建筑平面图。
② 画定位轴线。

凡承重墙、柱子、大梁或屋架等主要承重构件均应画上轴线以确定位置，并编上轴线编号。轴线用细点划线表示，轴号一般注写在图形的下方及左侧，必要时，如较复杂或不对称的房屋图形上方和右侧也可标注。

对于非承重的隔墙以及其他次要承重构件等，一般不设轴线，但必要时可在轴线之间增设附加轴线。附加轴线的编号以分数表示，分母表示前一轴线的编号，分子表示该轴线后附加轴线的编号，如图 6-47 所示。

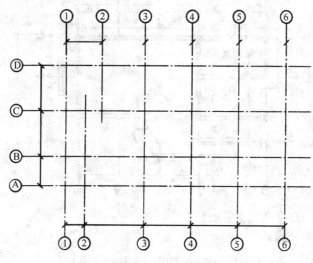

图 6-47 建筑平面图绘图方法与步骤(1)

③ 画出墙、柱轮廓线。根据墙身厚度和柱的大小及其与轴线的有关位置，画出墙身、墙墩及柱子的轮廓线，如图 6-48 所示。
④ 画出细部。画出门窗和其他细部，如门窗洞、台阶、平台、花池、散水等。
⑤ 检查并加深图线。在对全图检查无误后，擦去多余的图线，按制图标准中关于图线的规定加深图线。对剖切到的墙、柱等断面轮廓使用粗实线；对未被剖切到的结构可见轮廓线使用中实线，如平台、花池、台阶等；轴线、尺寸线使用细实线。
⑥ 标注尺寸。初步设计阶段的建筑平面图，一般只标注轴线尺寸和总体尺寸。

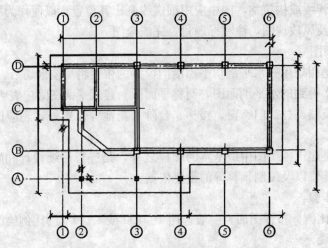

图 6-48　建筑平面图绘图方法与步骤(2)

⑦ 注写标高。建筑平面图中，一般将室内地坪标高注写作±0.000，然后注写出室内外地坪、室外台阶顶面等的相对标高。若标注绝对标高，需加以说明。

⑧ 标注图名、比例、指北针、剖面图的剖切符号，注写必要的文字说明，完成全图，如图 6-49 所示。

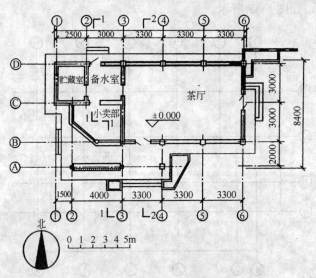

图 6-49　建筑平面图绘图方法与步骤(3)

(3) 建筑立面图

建筑立面图是将建筑物的立面向与其平行的投影面作正投影所得的投影图，是以反映建筑的外貌、标高和立面装修做法为主要内容的图样。

建筑物的立面图可以有多个，通常把反映主要出入口或比较显著地反映建筑物外貌特征的那一立面图称为"正立面图"，以此相应确定"背立面图"和"侧立面图"；或按房屋的朝向来命名，如"南立面图"、"北立面图"、"西立面图"等。有时也可按照外墙轴线的编号来命名，如"①～⑥立面图"。

立面图一般采用与平面图相同的比例作图，其绘图方法也与平面图相似。绘制要求为（图6-50～图6-52）：

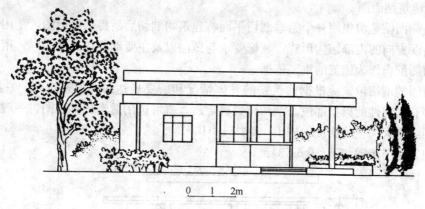

图6-50　茶室西立面图

图6-51　茶室南立面图

图6-52　茶室北立面图

① 线型　屋面和外墙等最外轮廓线用粗实线，勒脚、门窗洞、窗台、檐口、雨篷、柱、台阶、花池等主要部位轮廓线用中实线，次要轮廓线如门窗扇线、栏杆、墙面分格线等用细实线，地坪线用特粗实线。

② 尺寸标注　立面图可不标注尺寸，但应标注主要部位的标高，如出入口地面、室外地坪、檐口、屋顶等处。标高注在引出线上，一般注在图形外左侧，若房屋立面左右不对称，则两侧均应标注，并做到符号排列整齐、大小一致。若需标注尺寸，可标注房屋的总高度、门窗高度和门窗间墙的高度。

③ 绘制配景 在初步设计阶段，为了衬托建筑物的设计艺术效果，还可根据平面图绘出建筑物两侧和后部的配景，如植物、山石等。

(4) 建筑剖面图

建筑剖面图是假想用一个铅垂剖切平面将建筑物剖切后所得的投影图，是用来表示建筑物沿高度方向的内部结构形式、装修要求与做法以及主要部位标高的图样，用其与平面图、立面图配合作为施工的重要依据。

剖面图的剖切位置应根据建筑物的具体情况和所要表达的内容来选定，一般应通过门、窗等有代表性的典型部位。剖切位置确定后，就可选用适当比例绘图，一般选用与平面图相同或稍大一些的比例，如 1∶50 或 1∶100 等。

绘图方法与步骤如下(图 6-53)：

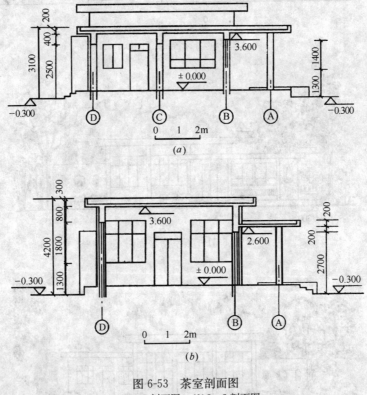

图 6-53 茶室剖面图
(a)1—1 剖面图；(b)2—2 剖面图

① 画出地坪线、定位轴线、屋面线等图形控制线。轴线的位置及编号应与平面图相一致。
② 画出门窗及其他细部结构。
③ 检查底图，加深图线，画出材料图例。被剖切的断面轮廓线用粗实线表示，未被剖切的可见轮廓线用中实线表示，室内外地坪线用特粗实线表示，其余用细实线表示。
④ 注写尺寸、标高、图名、比例和文字说明。剖面图中应标注建筑物主要部位的标高，如室外地坪、室内地面、窗台、门窗洞顶部、檐口、屋顶等部位的标高。所注尺寸应与平面图、立面图相吻合。最后检查并完成全图。

(5) 建筑透视图

建筑透视图(图 6-54)主要表现建筑物及配景的空间透视效果，是形象、直观地表达设计意图的图样。该图样所表达的内容应以建筑为主、配景为辅，而且配景应以建筑总平面图的环境为依据。实际作图时，为避免遮挡建筑物，配景可有所取舍。建筑透视图的视点宜设于游人集中处或主要观赏方向。

图 6-54 茶室透视图

（6）建筑设计图识读要领

识读建筑设计图时，应将建筑总平面图、建筑平面图、建筑立面图、建筑剖面图等相互对照，从整体到局部按设计顺序逐渐深入。下面以上例茶室为例，说明建筑设计图的识读要领。

① 建筑总平面图　主要了解建筑物的位置、朝向和室内外地坪标高，建筑物与周围环境如地形、道路、植物等的关系等。

② 建筑平面图　了解建筑物的平面布局及各部分尺寸，如房间的布置、分隔、进深及其用途；墙、柱的断面形状和大小，门窗布置、型号和数量，室外台阶、散水坡、踏步等的布置及朝向，其他设施（花池、座椅、景墙等）和室内固定设备的布置，以及剖面图的剖切位置及其编号，详图索引符号及编号等。

③ 建筑立面图　了解建筑物的整个外貌形状及立面构成，如门窗、雨篷、台阶、花池及勒脚等细部的形式和位置；建筑物的总标高和主要部位的标高及配景效果；从图上的图例、文字说明或所列表格，了解建筑物外墙面装饰的材料及做法。

④ 建筑剖面图　对照图名、轴线编号与平面图上的剖切位置和轴线编号，确定剖面图的位置和投影关系；从图示建筑物的结构形式和构造内容，了解建筑物的构造和组合，如建筑物各部分的位置、组成、构造、用料及做法等情况；了解建筑物的内部空间的垂直尺寸和主要部位的标高。

5. 假山施工图

根据所用材料的不同，可将假山分为土山和石山。本例为石山（图 6-55）。

假山施工图主要包括平面图、立面图、剖（断）面图和基础平面图，对于要求较高的细部，还应画出详图说明。

平面图主要表示假山的平面布局、各部分的平面形状、周围地形地貌和假山所在建筑总平面图中的位置并标注主要部位的标高。具体包括：假山、山石的平面位置和尺寸；山

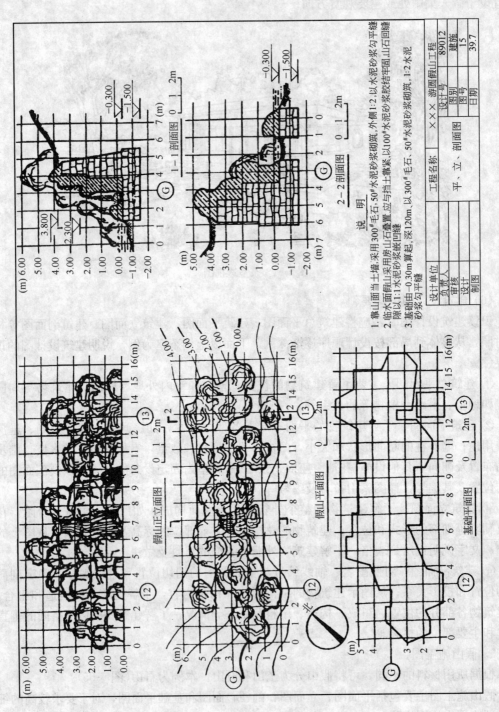

图6-55 假山工程施工图

峰制高点，山谷、山洞的平面位置、尺寸及各处高程；假山周围的地形、地貌，如构筑物、地下管道、植物和其他造园设施的位置、大小及山石之间的距离。

立面图是表达假山的造型及气势最好的建筑施工图，主要表示假山的整体形状特征、气势和质感，表示假山的峰、峦、洞、壑等各种组合单元变化和相互位置关系及高程尺度。具体包括山石的层次及配置的形式、用石的形状和大小等。限于篇幅，本例只画出正立面图。

剖面图主要表示：假山的断面外形轮廓及大小；假山内部及基础的结构和构造形式、位置关系及造型尺度；有关管线的位置和直径大小；假山的材料、做法和施工要求等。剖切位置一般设于有内部结构（如山石洞）需要表达的部位；山石造型形状较复杂，对断面造型尺寸有特殊要求的部位；断面外形较典型的部位（如瀑布或跌水所在部位等），需要表示内部分层材料做法的部位（如堆石手法、接缝处理、基础做法等）。

假山施工图中，由于山石素材形态奇特，施工中难以完全符合设计尺寸要求，因此没有必要也不可能将各部尺寸一一标出，一般采用坐标方格网法控制。网格的大小根据所需精细程度确定，而且其比例应与图中比例一致。

具体绘图方法与步骤如下（图 6-55）：

① 画出定位轴线和直角坐标网，为绘制假山各部分的形状和大小提供绘图控制基准。
② 绘出平面或立面整体形状轮廓线，并按山石的图示方法加深图线。
③ 注写直角坐标网格的尺寸数字、轴线编号、剖切位置线、图名、比例尺和指北针以及其他有关文字说明，检查并完成全图。

假山施工图的识读要领是：了解假山的平面位置、占地面积和尺寸及假山与周围地形地貌的关系，假山的层次、山峰、制高点、山谷、山洞的平面位置和尺寸及控制高程，山石的配置形式，假山的基础结构与做法，管线及其他设备的位置、尺寸等。

6. 园路工程施工图

园路施工图主要包括平面图和横断面图（图 6-56）。

平面图主要表示园路的平面布置情况，包括园路所在范围内的地形及建筑设施、路面宽度与高程等。对于结构不同的路段，应以细虚线分界，且细虚线应垂直于园路的纵向轴线，并在各路段标注横断面详图索引符号。

为了便于施工，园路平面图采用坐标方格网控制园路的平面形状，其轴线编号应与总平面图相符，以表示它在平面图中的位置。

横断面是假设用一铅垂面沿园路中心轴线剖切所形成的断面图，一般与局部平面图配合、用以说明园路的断面形状、尺寸、各层材料、做法和施工要求等。

园路工程施工图的识读方法与假山施工图相似。

7. 驳岸工程施工图

驳岸工程施工图包括驳岸平面图和断面详图（图 6-57）。

驳岸平面图表示驳岸线的位置和形状。对构造不同的驳岸线用垂直于驳岸的细实线进行分段，并逐段标出详图索引符号。

平面形状为自然曲线的驳岸，为了便于施工，一般用方格网控制其尺寸，且方格网的轴线编号应与建筑总平面图相符。

断面详图表示某一区段驳岸的构造、尺寸、材料、做法要求及主要部位（如岸顶、常水位、最高水位、最低水位、基础底面等）标高。

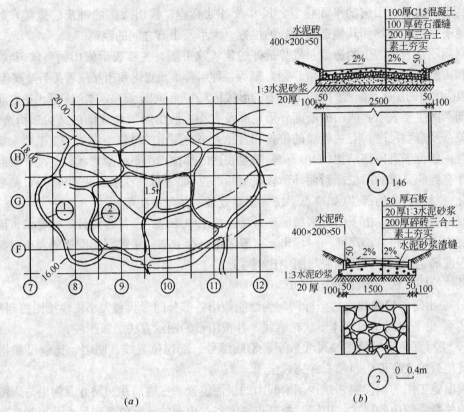

图 6-56 园路工程施工图
(a)平面图；(b)断面图

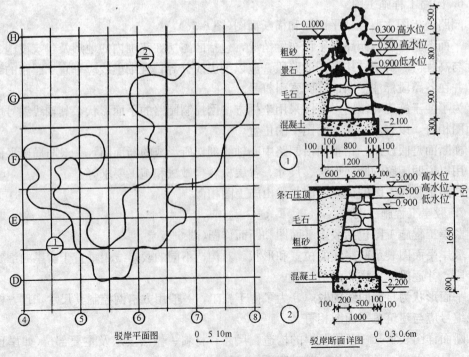

图 6-57 驳岸工程施工图

识读方法同假山工程施工图和园路工程施工图。

第三节 园林施工图的概念

一、什么是园林施工图

人们生活中所见到的公园、景观大道、小区绿化、广场等，都是随着社会经济发展而兴建起来的。我们在施工建造这些作品时，事先都要有从事设计的工程技术人员进行设计，通过设计形成一套园林施工图。这些图纸外观为蓝色，所以也称为"蓝图"。目前随着科技的发展，采用电子计算机绘图技术之后，图纸将由过去的蓝色，变为白纸黑色线条的图纸了。蓝色图纸将逐渐成为过去。在这些图纸上运用各种线条绘成各种形状的图样，园林施工时就根据这些图样来建成园林的。如同做衣服一样，裁剪时需要先划成一片片样子，最后裁拼成整件衣服。不同的是园林建筑不像做衣服那么简单，而是要按照图纸上所定的建筑材料，制成各类不同的构件，按照一定的构造原理组合而成的。

概括地说："园林施工图就是在建筑工程上所用的，一种能够十分准确地表达出建筑物的外形轮廓、大小尺寸、结构构造和材料做法的图样。"

园林施工图是园林建筑施工时的依据，施工人员必须按图施工，不得任意变更图纸或无规则施工。因此作为园林施工人员（包括工程技术人员和技术工人）必须看懂图纸，记住图纸的内容和要求，这是搞好施工必须具备的先决条件。同时，学好图纸、审核图纸也是施工准备阶段的一项重要工作。

二、图纸的形成

园林施工图是按照一定原理绘制而成的。为了给看图纸作一些技术准备，我们在这里谈谈投影的概念与视图如何形成。一是从实物通过投影变为图形的原理说明物与图之间的关系；二是从利用投影原理见到的视图说明形成图纸的道理。

（一）什么叫投影

在日常生活中我们常常看到影子这种自然现象。如在阳光照射下的人影、树影、房屋或景物的影子。在图 6-58（本图引自《建筑制图》一书）上我们就可以看出，这是栏杆在阳光照射下的影子。

我们知道，物体产生影子需要两个条件，一要有光线，其次要有承受影子的平面，缺一不行。而影子一般只能大致反映出物体的形状，如果要准确地反映出物体的形状和大小，就要对影子进行"科学的改造"，使光线对物体的照射按一定的规律进行。这时光线在承影面上产生的影子就能够准确反映物体的形状和大小。那么要什么样的光线呢？我们说这种光线要互相平行，并且垂直照射物体和投影平面，由此产生的该物体某一面的"影子"，这种影子就称为

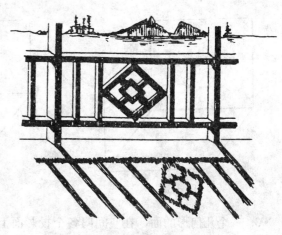

图 6-58 栏杆在阳光下的影子

物体这一面的投影。图6-59是一块三角板的投影。这里要说明图上几个图形：图上的箭头表示投影方向，虚线为投影线；A—A平面称为投影平面；三角板就是投影的物体。我们给这种投影方法称为正投影。正投影是建筑图中常用的投影方法。

一个物体一般都可以在空间六个竖直面上投影（以后讲投影时都指正投影），如一块砖它可以向上、下、左、右、前、后的六个平面上投影，反映出它的大小和形状。由于砖也是一块平行六面体，它的各两个面是相同的，所以只要取它向下、后、右三个平面上的投影图形，就可以知道这块砖的形状和大小了。图6-60就是一块砖的大面、条面、顶面在下、后、右三个平面上的投影。

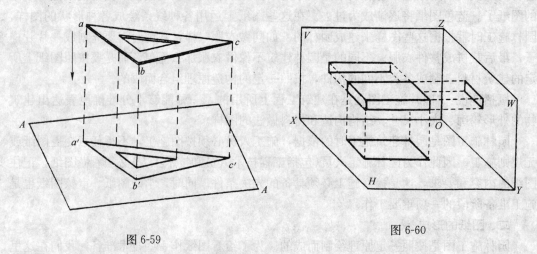

图6-59　　　　　　　　　　　　　　图6-60

建筑和机械图纸的绘制，就是按照这种方法绘出来的。我们只要学会看懂这种图形，可以在头脑中想像出一个物体的立体形象。

（二）点、线、面的正投影

1. 一个点在空间各个投影面上的投影，总是一个点，如图6-61所示。

2. 一条线在空间时，它在各投影面上的正投影，是由点和线来反映的。如图6-62(a)、(b)，是一条竖直向下和一条水平的线的正投影。

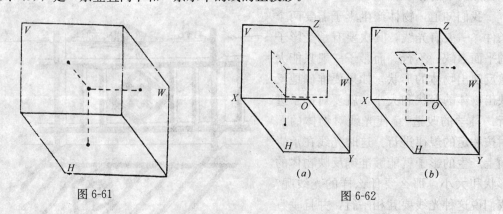

图6-61　　　　　　　　　　　图6-62

3. 一个几何形的面，在空间向各个投影面上的正投影，是由面和线来反映的。如图6-63是一个平行于底下投影面的平行四边形平面，在三个投影面上的投影。

(三) 物体的投影

物体的投影比较复杂，它在空间各投影面上的投影，都是以面的形式反映出来的。图 6-64 就是一个台阶外形的正投影。

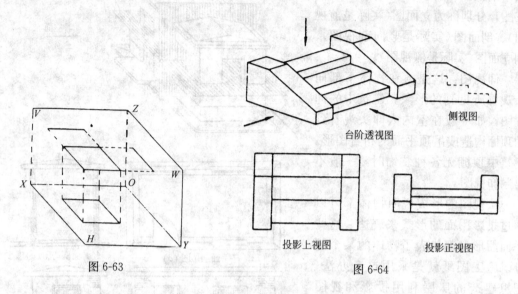

图 6-63

图 6-64

对于一个空心的物体，如一个关闭的木箱，仅从它外表的投影，是反映不出它的构造的，为此人们想出一个办法，用一个平面从中间切开它，让它的内部在这个面上投影，得到它内部的形状和大小，从而才能反映这个物体的真实。建筑物也类似这样的物体，仅外部的投影（在建筑图上叫立面图）不能完全反映建筑物的构造，所以要有平面图和剖面图等来反映内部的构造。图 6-65 是一个箱子剖切后的内部投影图，水平切面的投影相似于建筑平面图，垂直切面的投影相似于建筑剖面图。

（四）视图

视图就是人从不同的位置所看到的一个物体在投影平面上投影后所绘成的图纸。一般分为：

上视图：即人在这个物体的上部往下看，物体在下面投影平面上所投影出的形象。

前、后、侧视图：是人在物体的前、后、侧面看到的这个物体的形象。

剖视图：这是人们假想一个平面把物体某处剖切开后，移走一部分，未移走的那部分物体剖切面前所看到的物体在剖切平面上的投影的形象。

如图 6-66(a)中即为用水平面 H 剖切后，移走上部，从上往下看的上

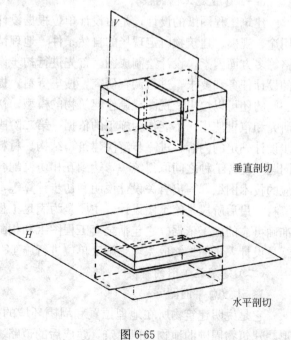

图 6-65

视图。为了符合建筑图纸和习惯称谓，这种上视图称为平面图（实际是水平剖视图）。另外(b)、(c)、(d)三图，分别称为立面图（实际是前视图）、剖面图（实际是竖向剖视图）、侧立面图（实际是侧视图）。

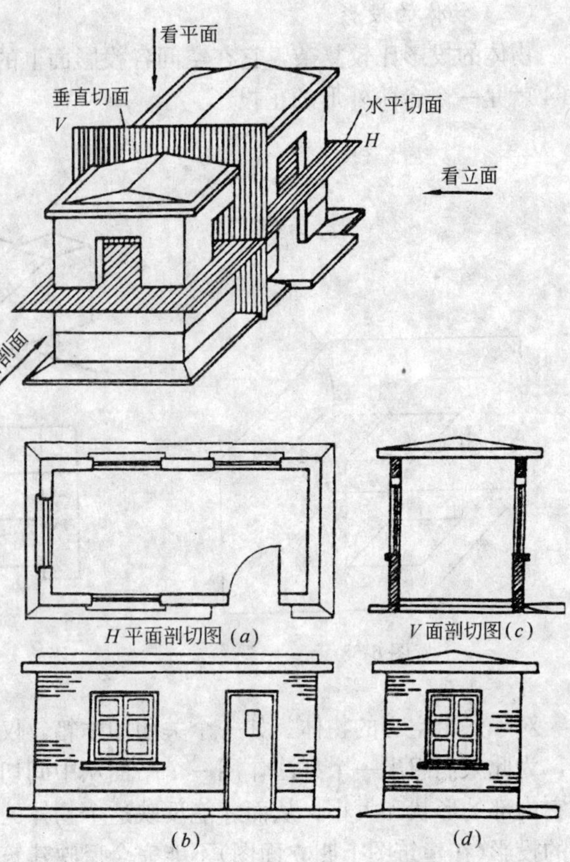

仰视图：这是人在物体下部向上观看所见到的形象。建筑中的仰视图，如一般在室内人仰头观看到的顶棚构造或吊顶平面的布置图形。建筑中顶棚无各种装饰时，一般不绘制仰视图。

从视图的形成说明物体都可以通过投影用面的形式来表达。这些平面图形又都代表了物体的某个部分。施工图纸就是采用这个办法，把想建造的房屋利用投影和视图的原理，绘制成立面图、平面图、剖面图等，使人们想像出该房屋的形象，并按照它进行施工变成实物。

图 6-66

三、建筑施工图的内容

（一）建筑施工图的设计

建筑工程图纸的设计，是由设计单位根据设计任务书的要求及有关设计资料如房屋的用途、规模、建筑物所定现场的自然条件、地理情况等，以及计算用的数据、建筑艺术风格等多方面因素，设计绘制成图。首先进行初步设计，这一阶段主要是根据建设单位提出的设计任务和要求，进行调查研究，搜集资料，提出设计方案，然后初步绘出草图。复杂一些的还可以绘出透视图或制作建筑物的模型。初步设计的图纸和有关文件只能作为提供研究和审批使用，不能作为施工的依据。第二阶段是技术设计阶段，这一阶段主要根据初步设计确定的内容，进一步解决建筑、结构、材料、设备（水、暖、电、通风等）上的技术问题，使各工种之间取得统一，达到互相协调配合。在技术设计阶段各工种均需绘制出相应的技术图纸，写出有关设计说明和初步计算等，为第三阶段施工图设计提供比较详细的资料。最后阶段是施工图设计，主要是为满足工程施工中的各项具体技术要求，提供一切准确可靠的施工依据。它包括全套工程图纸和相配套的有关说明和工程概算。整套施工图纸是设计人员的最终成果，是施工单位进行施工的依据。

（二）建筑施工图的种类

1. 建筑总平面图

它是说明建筑物所在地理位置和周围环境的平面图。一般在图上标出新建筑物的外形，建筑物周围的地物或旧建筑，建成后的道路、水源、电源、下水道干线的位置，如在山区还标有等高线。有的总平面图，设计人员还根据测量人员定的坐标图，绘制出需建房屋的方格网和标出水准标点。为了表示建筑物的朝向和方位，在总平面图中，还绘有指北针和表示风向的风玫瑰图等。

2. 建筑施工图

建筑施工图是说明房屋建造的规模、尺寸、细部构造的图纸。这类图纸的图标上的图号区内常写为建施×号图。建筑施工图包括建筑平面图、立面图、剖面图以及施工详图、材料做法说明等。

3. 结构施工图

结构施工图是说明一栋房屋骨架构造的类型、尺寸、使用材料要求和构件的详细构造图纸。这类图纸图标上的图号区内常写为结施×号图。它包括结构平面布置图、构件详图必要时还有剖面图。此外基础图纸也归入结构施工图中。

4. 暖卫施工图

这类图纸说明一栋房屋中卫生设备，上、下水管道，暖气管道，以及有煤气或通风设备的构造情况。它分为平面图、透视图、详图等。

5. 电气设备施工图

这类图纸说明所建房屋内部电气设备、线路走向等构造。它亦分为平面图、系统图、详图等。

（三）图纸的规格

所谓图纸的规格就是图纸幅面大小的尺寸。为了做到建筑工程制图基本统一，清晰简明，提高制图效率，满足设计、施工、存档的要求，国家制订了全国统一的标准：《房屋建筑制图统一标准》（GBJ 1～86）。该标准规定，图纸幅面的基本尺寸为五种，其代号分别为 A0、A1、A2、A3、A4，各类尺寸大小参见表 5-1。

为了适应建筑物的具体情况，平面尺寸有时要适当放大，所以《标准》中又规定了图纸长边可以加长的尺寸，其加长的规定参见表 5-2。

（四）图标与图签

图标和图签是设计图框的组成部分。图标是说明设计单位、图名、编号的表格，如图 5-2 所示。该图是某设计院图纸上图标的具体例子，供读者参考。

图标的位置一般在图纸的右下角，图标的尺寸在国家标准中也有规定，其长边的长度应为 180mm；短边的长度宜采用 40、30、50mm 三种尺寸。凡是为对外工程设计的，图标的设计单位名称前应加"中华人民共和国"的字样，并在各项主要内容的中文下方应附有译文。

图签是供需要会签的图纸用的。一个会签栏不够用时，可另加一个，两个会签栏应并列；不需要会签的图纸，可不设会签栏。

图签位于图纸的左上角，其尺寸应为 75mm×20mm，栏内应填写会签人员所代表的专业、姓名、日期(年、月、日)，具体形式如图 5-3 所示。

（五）施工图的编排顺序

一套房屋建筑的施工图按其建筑的复杂程度不同，可以由几张图或几十张图组成。大型复杂的建筑工程的图纸可以多到上百张、几百张。因此设计人员应按照图纸内容的主次关系，系统地编排顺序。例如基本图在前，详图在后；总体图在前，局部图在后；主要部分在前，次要部分在后；布置图在前，构件图在后等方式编排。

一般一套建筑施工图的排列顺序是：图纸目录、设计总说明、建筑总平面图、建筑施工图、结构施工图、给水排水施工图、采暖通风施工图、电气工程施工图、煤气管道施工图等。

表 6-5 为图纸目录的例子，供读者参考。

×××设计院图纸目录 表 6-5

建设单位	××纺织厂	建筑造价	810 元/m²
工程名称	住 宅	设计号	90-6-21
面 积	3280m²	设计日期	1990年×月×日
顺 序	图 号	图 名	采用标准图名	备 注
1	总 施	建筑总平面图		
2	建施 1/10	施工总说明	本院	
3	建施 2/10	首层平面图	90J21 标准图集	
11	结施 1/8	基础平面图		
12	结施 2/8	基础剖面大样图	本院	
			90G31~40 标准图集	
18	设施 1/6	首层上水平面图		
19	设施 2/6	上水透视图		
26	电施 1/7	首层电气平面图		
27	电施 2/7	标准层电气平面图		

图纸目录便于查阅图纸，通常放在全套图纸的最前面，图纸目录上图号的编排顺序应与图纸一致。一般单张图纸在图标中图号用"建施3/12"或"结施4/10"的办法来表示，分子代表建施或结施的第几张图，分母代表建施或结施图纸的总张数。那么目录表上的编号必须有该种图纸的号，这样才能前后一致。

四、建筑施工图上的一些名称

前面介绍了图纸的内容、种类，这里要讲的是为了看懂图纸必须懂得图上的一些图形、符号，作为看图的准备，下面我们从基本的线条开始介绍。

（一）图线

在建筑施工图中，为了表示不同的意思，并达到图形的主次分明，必须采用不同的线型和不同宽度的图线来表达。

1. 线型的分类

线型分为实线、虚线、点划线、双点划线、折断线、波浪线等，参见表5-4。

前四类线型分为粗、中、细三种，后两种一般为细线。线的宽度用 b 作单位，b 的宽度按国家标准取值(参见表 5-3)。

要部分在后，布置图在前，构件图在后等方式编排。

2. 线条的各类和用途

线条的种类有定位轴线、剖面的剖切线、中心线、尺寸线、引出线、折断线、虚线、波浪线、图框线等多种，现分别说明如下：

定位轴线：采用细点划线表示，它是表示建筑物的主要结构或墙体的位置，亦可作为标志尺寸的基线。定位轴线一般应编号，在水平方向的编号，采用阿拉伯数字，由左向右依次注写；在竖直方向的编号，采用大写汉语拼音字母，由下而上顺序注写。轴线编号一般标志在图面的下方及左侧，如图 6-67 所示。

国标还规定轴线编号中不得采用 I、O、Z 三个字母。此外一个详图如适用于几个轴线时，应将各有关轴线的编号注明，注法如图 6-68 所示。其中左边的 1、3 轴图形是用于两个轴线时；中间的 1、3、6 等的图形是用于三个或三个以上轴线时；右边的 1 至 15 轴图形是用于三个以上连续编号的轴线时。

通用详图的轴线号，只用"圆圈"，不注写编号，画法如图 6-69 所示。

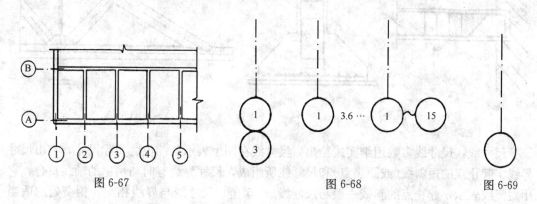

图 6-67　　　　　　　　图 6-68　　　　　　　　图 6-69

两个轴线之间，如有附加轴线时，图线上的编号就采用分数表示，分母表示前一轴线的编号，分子表示附加的第几道轴线，分子用阿拉伯数字顺序注写，表示方法见图 6-70。

剖面的剖切线：一般采用粗实线，图线上的剖切线是表示剖面的剖切位置和剖视方向。编号是根据剖视方向注写于剖切线的一侧，如图 6-71 所示。其中"6-2"剖切线就是表示人站在图右面向左方向(即向标志 2 的方向)视图。

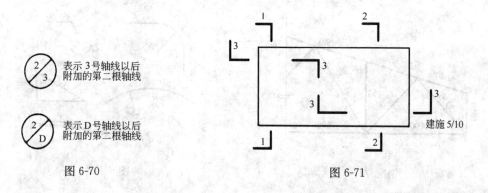

图 6-70　　　　　　　　　　　图 6-71

图标还规定剖面编号采用阿拉伯数字，按顺序连续编排，此外转折的剖切线（如图6-71中"3—3"剖切线）的转折次数一般以一次为限。当我们看图时，被剖切的图面与剖面图不在同一张图纸上时，在剖切线下会有注明剖面图所在图纸的图号。

再有，如构件的截面采用剖切线时，编号亦用阿拉伯数字，编号应根据剖视方向注写于剖切线的一侧，例如向左剖视的数字就写在左侧，向下剖视的，就写在剖切线下方（图6-72）。

中心线：中心线用细点划线或中粗点划线绘制，是表示建筑物或构件、墙身的中心位置。如图6-73是一座屋架中心线的表示，此外在图上为了省略对称部分的图面，在图上用点划线和两条平行线，这个符号绘在图上，称为对称符号，这个中心对称符号是表示该线的另一边的图面与已绘出的图面，相对位置是完全相同的。

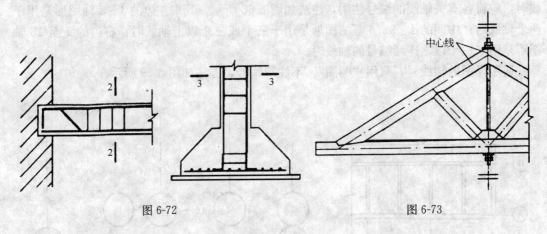

图6-72　　　　　　　　　　　　图6-73

尺寸线：尺寸线多数用细实线绘出，尺寸线在图上表示各部位的实际尺寸，它由尺寸界线、起止点的短斜线（或圆黑点）和尺寸线所组成，尺寸界线有时与房屋的轴线重合，它用短竖线表示，起止点的斜线一般与尺寸线成45°角，尺寸线与界线相交，相交处应适当延长一些，便于绘短斜线后使人看时清晰，尺寸大小的数字应填写在尺寸线上方的中间位置。

此外桁架结构类的单线图，其尺寸在图上都标在构件的一侧，如图6-74所示，单线一般用粗实线绘制。

标志半径、直径及坡度的尺寸，其标注方法如图6-75。半径以 R 表示，直径以 ϕ 表示，坡度用三角形或百分比表示。

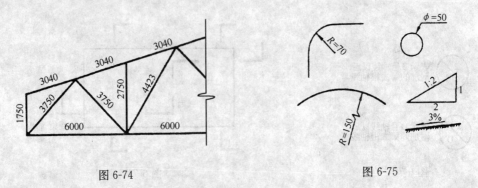

图6-74　　　　　　　　　　　　图6-75

引出线：引出线用细实线绘制。引出线是为了注释图纸上某一部分的标高、尺寸、做法等文字说明时，因为图面上书写部位尺寸有限，而用引出线将文字引到适当部位加以注解。引出线的形式如图6-76所示。

折断线：一般采用细实线绘制，折断线是绘图时为了少占图纸而把不必要的部分省略不画的表示，如图6-77所示。

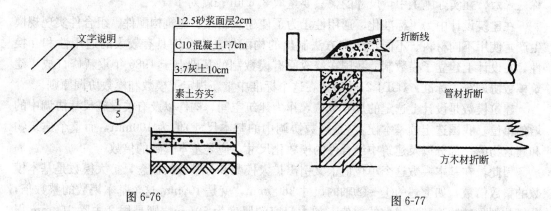

图 6-76　　　　　　　　　　　　　图 6-77

虚线：虚线是线段及间距应保持长短一致的断续短线，它在图上有中粗、细线两类，它表示：①建筑物看不见的背面和内部的轮廓或界线；②设备所在位置的轮廓。如图6-78，是表示一个基础杯口的位置和一个房屋内锅炉安放的位置。

波浪线：可用中粗或细实线徒手绘制，它表示构件等局部构造的层次，用波浪线勾出以表示构件内部构造。如图6-79为用波浪线勾出柱基的配筋构造。

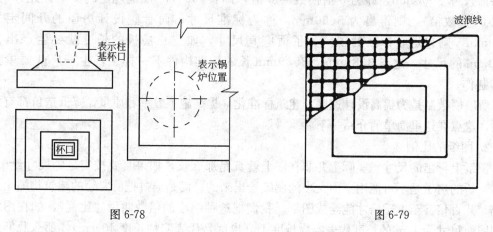

图 6-78　　　　　　　　　　　　　图 6-79

图框线：它用粗实线绘制，是表示每张图纸的外框，外框线应符合国际规定的图纸规格尺寸绘制。

其他的线：图纸本身图面用的线条，一般由设计人员自行选用中粗或细实线绘制，还有像剖面详图上的阴影线，可用细实线绘制，以表示剖切的断面。

（二）尺寸和比例

1. 图纸的尺寸

一栋建筑物，一个建筑构件，都有长度、宽度、高度，它们需要用尺寸来表明它们的大小。平面图上的尺寸线所示的数字即为图面某处的长、宽尺寸，按照国家标准规定，图纸上除标高的高度及总平面图上尺寸用米为单位标志外，其他尺寸一律用毫米为单位，为了统一起见所有以毫米为单位的尺寸在图纸上就只写数字不再注单位了。如果数字的单位不是毫米，那么必须注写清楚，如前面图 6-77 中的 3600 是①～②轴间的尺寸，按照我国采用的长度计算单位规定，1m＝100cm＝1000mm，那么 3600 不注单位即为 3.60m，俗称三米六，在实际施工中量尺寸的，只要量取 3.60m 长就对了。

在建筑设计中为了标准化、通用性，为了使建筑制品、建筑构配件、组合件实现规模生产，使用不同材料、不同形式和方法制出的构配件、组合件具有较大的通用性和互换性，在设计上建立了模数制。我国在修改原有模数制的基础上于 1986 年重新修订成《建筑模数协调统一标准》(GBJ 2—86)，在这个标准中重新规定了模数和模数协调原则。

建筑模数是设计上选定的尺寸单位，作为建筑空间、构件以及有关设施尺寸协调中的增值单位，我国选定的基本模数(是模数协调中的基本尺寸)值为 100mm，而整个建筑物和建筑物的一部分以及建筑中组合件的模数化尺寸，应是基本模数的倍数。

因此，在基本模数这个单位值上又引出扩大模数和分模数的概念，扩大模数是基本模数的整数倍数，如上述的①～②轴的尺寸 3600mm，就是 100mm 这个基本模数的整数倍，分模数则是整数除基本模数的数值，如木门窗的厚度为 50mm，则是用 2 去除 100mm 得到的分模数。

但国家对模数的扩大及缩小有一定的规定：如扩大模数的扩大倍数为 3、6、12、15、30、60；分模数为 1/10、1/5、1/2。凡符合扩大模数的倍数（整数）或分模数的倍数，则其尺寸为符合国家统一模数的尺寸，否则为非模数尺寸，则为非标准尺寸。如平面尺寸 3600mm，即为 6 倍模数的 6 倍，即：100×6（规范规定的 6 倍，允许）再乘以 6（整数倍），则得出为 3600mm，称为标准尺寸；而有些设计房屋的开间定为 3400mm，则它是非标准的了。为了适应其尺寸，如空心楼板的长度就要生产出长 3380mm 的尺寸，这与 3280mm、3580mm 长的标准构件不一样了，生产厂就要单独为其制作。

所以模数制是为提高设计速度，建筑标准化，提高施工效率和质量，降低造价都有好处的，这点在这里简单的介绍一下。

2. 图纸的比例

图纸上标出的尺寸，实际上并非在图上就真是那么长，如果真要按实足的尺寸绘图，几十米长的房子是不可能用桌面大小的图纸绘出来的。而是通过把所要绘的建筑物缩小几十倍、几百倍甚至上千倍才能绘成图纸。我们把这种缩小的倍数叫做"比例"，如在图纸上用图面尺寸为 1cm 的长度代表实物长度 1m（也就是代表实物长度 100cm），那么我们就称用这种缩小的尺寸绘成的图的比例叫 1∶100。反之，一栋 60m 长的房屋用 1∶100 的比例描绘下来，在图纸上就只有 60cm 长了，这样的图纸上也就可以画得下了，所以我们知道了图纸的比例之后，只要量得图上的实际长度再乘上比例倍数，就可以知道该建筑物的实际大小了。

国标还规定了比例必须采用阿拉伯数字表示，例如 1∶1、1∶2、1∶50、1∶100 等，不得用文字如"足尺"或"半足尺"等方法表示。

图名一般在图形下面写明，并在图名下绘一粗实线来显示，一般比例注写在图名的右侧。如下：

平面图 1：200

当一张图纸上只用一种比例时，也可以只标在图标内图名的下面。标注详图的比例，一般都写在详图索引标志的右下角，如图 6-80 所示。一般图纸采用的比例可见表 6-6。

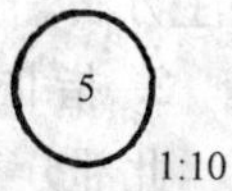

图纸常用比例表　　　　　　　　表 6-6

图　名	常　用　比　例	必要时可增加的比例
总平面图	1：500、1：1000、1：2000	1：2500、1：5000、1：10000
总图专业的断面图	1：100、1：200、1：1000、1：2000	1：500、1：5000
平面图、立面图、剖面图	1：50、1：100、1：200	1：150、1：300
次要平面图	1：300、1：400	1：500
详图	1：1、1：2、1：5、1：10、1：20、1：25、1：50	1：3、1：4、1：30、1：40

图 6-80

我们看图纸时懂得比例这个道理后，就可以用比例尺去量取图上未标尺寸的部分，从而知道它的实际尺寸。懂得比例，会用比例这也是我们学习识图所需要的。

（三）标高及其他

1. 标高

标高是表示建筑物的地面或某一部位的高度。在图纸上标高尺寸的注法都是以 m 为单位的，一般注写到小数点后三位，在总平面图上只要注写到小数点后二位就可以了，总平面图上的标高用全部涂黑的三角表示，例如▼75.50。在其他图纸上都用如图 6-81 所示的方法表示。

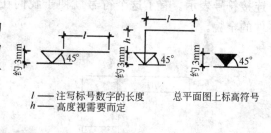

l —— 注写标号数字的长度　　总平面图上标高符号
h —— 高度视需要而定

图 6-81

在建筑施工图纸上用绝对标高和建筑标高两种方法表示不同的相对高度。

绝对标高：它是以海平面高度为 0 点（我国是以青岛黄海海平面为基准），图纸上某处所注的绝对标高高度，就是说明该图面上某处的高度比海平面高出多少，绝对标高一般只用在总平面图上，以标志新建筑处地的高度，有时在建筑施工图的首层平面上也有注写，它的标注方法是如±0.000＝▼50.00，表示该建筑的首层地面比黄海海面高出 50m，绝对标高的图式是黑色三角形。

建筑标高：除总平面图外，其他施工图上用来表示建筑物各部位的高度，都是以该建筑物的首层（即底层）室内地面高度作为 0 点（写作±0.000）来计算的，比 0 点高的部位我们称为正标高，如比 0 点高出 3m 的地方，我们标成 $\underline{3.000}\!\triangle$，而数字前面不加（＋）号。反之比 0 点低的地方，如室外散水低 45cm，我们标成 $\underline{-0.450}\!\triangle$，在数字前面加上（一）号。建筑施工图上表示标高的方法如图 6-82 所示，图中(6.000)、(9.000)是表示在一个详图中，同时表示几个不同的标高时的

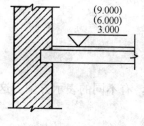

图 6-82

标注方法。

2. 指北针与风玫瑰图

此部分参见第五章第一节的相关内容。

3. 索引标志

此部分参见第五章第一节的相关内容。

4. 符号

图纸上的符号是很多的。有用图示标志的符号，有用文字标的符号，还有用符号标志说明某种含意的符号等。现分别叙述于下：

对称符号：在前面提到中心线时已讲了对称符号。这个符号的含意是当绘制一个完全对称的图形时，为了节省图纸篇幅，在对称中心线上，绘上对称符号，则其对称中心的另一边可以省略不画。对称符号的表示方法，如图6-83屋架中心线处的对称符号。

连接符号：它是用在连接切断的结构构件图形上的符号。如当一个构件的这一部分和需要相接的另一部分连接时就采用这个符号来表示。它有两种情形：第一，所绘制的构件图形与另一构件的图形仅部分不相同时，可只画另一构件不同的部分，并用连接符号表示相连，两个连接符号应对准在同一线上，如图6-84所示。第二，当同一个构件在绘制时图纸有限制，那时在图纸上就将它分为两部分绘制，在相连的地方再用连接符号表示。有了这个符号就便于我们在看图时找到两个相连部分，从而了解该构件的全貌。

图6-83　　　　　　　　　图6-84

各种单位的代号：在图纸上为了书写简便，如长度、面积、重量等单位，往往采用计量单位符号注法代表。其表示方法为：

长度单位：

公里——km，米——m，厘米——cm，毫米——mm。

面积单位：

平方公里——km^2，平方米——m^2，平方厘米——cm^2，平方毫米——mm^2。

体积单位：

立方米——m^3，立方厘米——cm^3。

重量单位：

克——g，千克(公斤)——kg，吨——t。

钢筋符号：在施工图上，采用不同型号、不同等级的钢筋时，有不同的表示方法。这里我们列表说明，见表6-7。

钢 筋 分 类 表   表 6-7

钢筋种类	曾用符号	强度设计值 (N/mm²)	钢筋种类	曾用符号	强度设计值 (N/mm²)
Ⅰ级（A3、AY3）	φ	210	冷拉Ⅱ级钢 $d≤25$ $d=28～40$	$Φ^i$	380 360
Ⅱ级（20MnSi） $d≤25$ $d=28-40$	Φ	310 290	冷拉Ⅲ级钢	$Φ^i$	420
Ⅲ级（25MnSi）	Φ	340	冷拉Ⅳ级钢	$Φ^i$	580
Ⅳ级（40MnSiV）	Φ	500	钢 $d=9.0$ 绞 $d=12.0$ 线 $d=15.0$	$Φ^i$	1130 1070 1000
冷拉Ⅰ级钢	$Φ^i$	250			

混凝土强度的标志方法：图纸上为了说明设计上需要的混凝土强度，现在采用强度等级来表示。目前分为 C7.5、C10、C15、C20、C25、C30、C35、C40、C45、C50、C55、C60 等 12 个等级。它的含义是表示混凝土立方体上每平方毫米面积上可以承受多少牛顿的压力。例如 C20，则表示每平方毫米上可承受 20 牛顿的压力，以此类推。

砂浆强度的标志方法和混凝土相似。但其标志符号不同，是用 M 表示。它们的等级分为 M2.5、M5、M7.5、M10、M15 等。它的含义是表示 70×70×70 砂浆试块立方体上每平方毫米面积上可以承受多少牛顿的压力。

砖的强度则采用 MU 表示。强度等级分为 MU5、MU7.5、MU10、MU15 等。

型钢的符号：图纸上为了说明使用型钢的种类、型号也可用符号表示，我们下面简单的介绍一些：

工字钢：用"工"表示，如果它的高度为 30cm，那么就表示成 I30；

槽钢：用"["表示，如果它的高度为 24cm，那么就写成 [24；

角钢：分为等边和不等边两种。其表示方法为"L"及"L"，等边的书写时其两边各为 50mm 长时写成 L50，不等边的要将两边的长都写上如 L75×50，同时由于其翼缘厚度不同还得标上厚度，如 L50×5、L75×50×6 等；

钢板和扁钢：钢板和扁钢用"——"表示，要说明尺寸时，在"——"后注明数字，比如用 20cm 宽、8mm 厚的钢板或扁钢，其表示方法是——200×8。

构件的符号：结构施工图中，构件中的梁、柱、板等，为了书写简便一般用汉语拼音字母代表构件名称，常用的构件代号见表 6-8。

建筑构件代号表   表 6-8

序号	名称	代号	序号	名称	代号
1	板	B	9	檐口板	YB
2	屋面板	WB	10	吊车安全走道板	DB
3	空心板	KB	11	墙板	QB
4	槽形板	CB	12	天沟板	TGB
5	折板	ZB	13	梁	L
6	密肋板	MB	14	屋面梁	WL
7	楼梯板	TB	15	吊车梁	DL
8	盖板、沟盖板	GB	16	圈梁	QL

续表

序号	名称	代号	序号	名称	代号
17	过梁	GL	29	基础	J
18	连系梁	LL	30	设备基础	SJ
19	基础梁	JL	31	桩	ZH
20	楼梯梁	TL	32	柱间支撑	ZC
21	檩条	LT	33	垂直支撑	CC
22	屋架	WJ	34	水平支撑	SC
23	托架	TJ	35	梯	T
24	天窗架	GJ	36	雨篷	YP
25	钢架	GJ	37	阳台	YT
26	框架	KJ	38	梁垫	LD
27	支架	ZJ	39	预埋件	M
28	柱	Z			

注：1. 以上代号适合预制钢筋混凝土、现浇钢筋混凝土构件、钢构件和木构件。只是材料不同时图上应加以说明
2. 预应力钢筋混凝土构件代号，在以上代号前加一个"Y-"字，如预应力钢筋混凝土吊车梁则表示为："Y-DL"

门窗的代号：建筑施工图上门窗除了在图上表示出其位置外，还要用符号表示门、窗的型号。因为门、窗的图纸基本上采用设计好的标准图集。门、窗又分为钢质、木质等不同材料组成，因此表示木门时用"M××"的符号，表示木窗时用"C××"符号；表示钢门用"GM××"符号，表示钢窗用"GC××"符号。为了具体说明这些符号的用法，我们借用某市设计院编制的木门窗标准图作为说明，见表6-9、表6-10。

常用木门代号及类别　　　　表6-9

代号	门类别	代号	门类别
M1	纤维板面板门	M9	推拉木大门
M2	玻璃门	M10	变电室门
M3	玻璃门带纱	M11	隔音门
M4	弹簧门	M12	冷藏门
M5	中小学专用镶板门	M13	机房门
M6	拼板门	M14	浴、厕隔断门
M7	壁橱门	M15	围墙大门
M8	平开木大门	Y	表示阳台处门联窗符号

常用木窗代号及类别　　　　表6-10

代号	窗类别	代号	窗类别
C	代表外开窗，一玻一纱	C7	立转窗带纱窗
NC	代表内开窗一玻一纱	C8	推拉窗
C1	1号代表仅一玻无纱	C9	提升窗
C5	代表固定窗	C10	橱窗
C6	代表立转窗		

注：右下角代号表示类别，各地有所不同

门的代号除右边用数字表明类别外，为了看图人便于了解它的尺寸，在M符号前面还标出数字说明该门应留的洞口尺寸。其标法如下：

$$\underset{\text{门代号}}{洞口宽度} \times \underset{\text{门类别}}{\overset{洞口高度}{M}} \times$$

其洞口高度以 300 及 900 为模数的缩写数字表示，只要将该数字乘以 3 即为所选用的洞口宽或高的尺寸。例如 39M$_2$，即为 3×300＝900 为宽，9×300＝2700 为高的玻璃门。如果个别洞口不符合 3 的模式，则用其他数字作代号表示，而不乘 300，这只要在标准图中加以说明就行了。

总之木门的表示各地区由于设计部门不同，加工单位不同，采用不同的表示方法，上面所介绍的只是某市设计院的木门表示法，但在施工图上都用"M"这个字母表示门，这点是一致的。

前面表 6-10 是常用木窗表示法。

窗的代号和门一样，在"C"代号前亦有数字表示尺寸（表示方法同门），此处不再赘述。

门、窗的种类不只是上面两张表所包括的，还有其他的特殊类型，如翻门、翻窗，在材质上还有钢门窗、玻璃钢门窗等，这只有在生产实践和不断看图学习中才能全面了解。

其他的代号：在施工图上除了上述介绍的这些符号代号外，还有如螺栓用"M"表示，如用直径 25mm 的螺栓，图上用 M25 表示。在结构图上为了表示梁、板的跨度往往用"L"表示，此外用"H"表示层高或柱高；用"@"表示相等中心的距离；用 ϕ 表示圆的物体，以上是在结构图中常见的代号。有时设计人员会在图上将代号加以说明的，只要我们掌握了大量常用的习惯表示方法后，就可以顺利看图了。

五、建筑施工图上常用的图例

图例是建筑施工图纸上用图形来表示一定含意的一种符号。它具有一定的形象性，使人看了就能体会它代表的东西。下面将一般常见的建筑和结构图上用的图例分类绘制成表。

1. 建筑总平面图上常用的图例（表 6-11）
2. 表示常用建筑材料的图例（表 6-12）

总 平 面 图 例　　　　　　　　　　　　　表 6-11

名 称	图 例	说 明
新建的建筑物	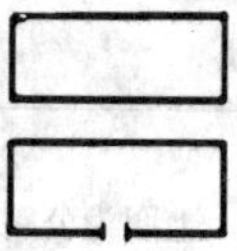	1. 上图为不画出入口图例，下图为画出入口图例 2. 需要时，可在图形内右上角以点数或数字（高层宜用数字）表示层数 3. 用粗实线表示
原有的建筑物		1. 应注明拟利用者 2. 用细实线表示
计划扩建的预留地或建筑物		用中虚线表示
拆除的建筑物		用细实线表示
新建的地下建筑物或构筑物		用粗虚线表示
漏斗式贮仓		左、右图为底卸式，中图为侧卸式

续表

名　称	图　例	说　明
散状材料露天堆场		需要时可注明材料名称
铺砌场地	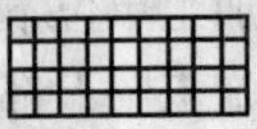	
水塔、贮藏	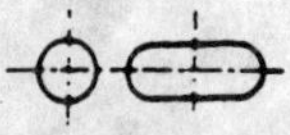	左图为水塔或立式贮罐，右图为卧式贮藏
烟囱		实线为烟囱下部直径，虚线为基础，必要时可注写烟囱高度和上、下口直径
围墙及大门	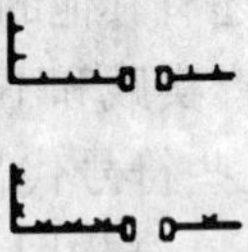	上图为砖石、混凝土或金属材料的围墙 下图为镀锌钢丝网、篱笆等围墙 如仅表示围墙时不画大门
坐标	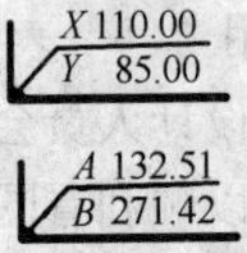 X 110.00 Y 85.00 A 132.51 B 271.42	上图表示测量坐标 下图表示施工坐标
雨水井		
消火栓井		
室内标高	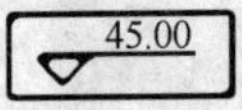 45.00	
室外标高	 ▼80.00	
原有道路		
计划扩建道路	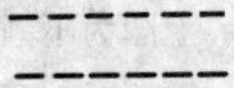	
桥梁		1. 上图为公路桥，下图为铁路桥 2. 用于旱桥时应说明

表 6-12

名　称	图　例	说　明
自然土壤	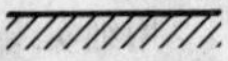	包括各种自然土壤
夯实土壤		
砂、灰土	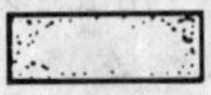	靠近轮廓线点较密的点
天然石材		包括岩层、砌体、铺地、贴面等材料

续表

名　称	图　例	说　明
混凝土		1. 本图例仅适用于能承重的混凝土及钢筋混凝土 2. 包括各种强度等级、骨料、添加剂的混凝土 3. 在剖面图上画出钢筋时，不画图例线 4. 断面较窄，不易画出图例线时，可涂黑
钢筋混凝土		
多孔材料		包括水泥珍珠岩、沥青珍珠岩、泡沫混凝土、非承重加气混凝土、泡沫塑料、软木等
石膏板		
金属	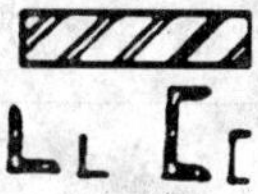	1. 包括各种金属 2. 图形小时，可涂黑
玻璃		包括平板玻璃、磨砂玻璃、夹丝玻璃、钢化玻璃等
防水材料		构造层次多或比例较大时，采用上面图例
粉刷		本图例点以较小的点
毛石		
普通砖		1. 包括砌体、砌块 2. 断面较窄，不易画出图例线时，可涂红
耐火砖		包括耐酸砖等
空心砖		包括各种多孔砖
饰面砖		包括铺地砖、陶瓷锦砖、人造大理石等

3. 表示建筑构造及配件的图例(表6-13)

表6-13

名　称	图　例	说　明
土　壤		包括土筑墙、土坯墙、三合土墙等
隔　断		1. 包括板条抹灰、木制、石膏板、金属材料等隔断 2. 适用于到顶与不到顶隔断
栏　杆		上图为非金属扶手 下图为金属扶手

续表

名　称	图　例	说　明
楼　梯	 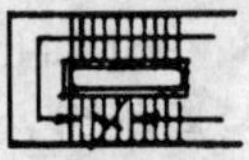 	1. 上图为底层楼梯平面，中图为中间层楼梯平面，下图为顶层楼梯平面 2. 楼梯的形式及步数应按实际情况绘制
检查孔	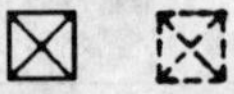	左图为可见检查孔 右图为不可见检查孔
孔　洞	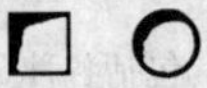	
墙预留洞	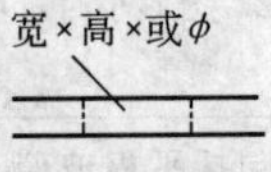 宽×高×或ϕ	
墙预留槽	 宽×高×深或ϕ	
空门洞	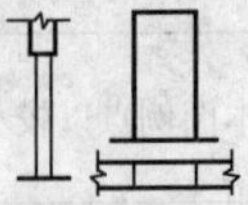	
单扇门 （包括平开或单面弹簧）	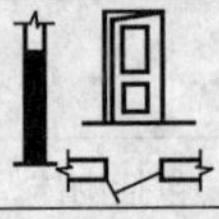	1. 门的名称代号用 M 表示 2. 剖面图上左为外、右为内，平面图上下为外、上为内 3. 立面图上开启方向线交角的一侧为安装合页的一侧，实线为外开，虚线为内开 4. 平面图上的开启弧线及立面图上的开启方向线，在一般设计图上不需表示，仅在制作图上表示 5. 立面形式应按实际情况绘制
双扇门 （包括平开或单面弹簧）		
烟　道	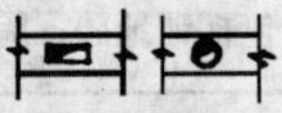	
通风道	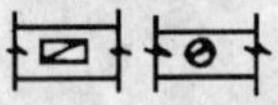	
单层固定窗	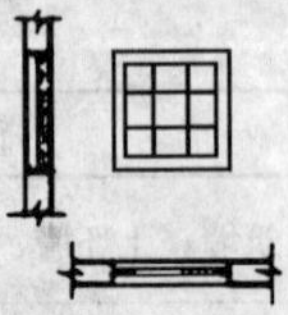	1. 窗的名称代号用 C 表示 2. 立面图中的斜线表示窗的开关方向，实线为外开，虚线为内开；开启方向线交角的一侧为安装合页的一侧，一般设计图中可不表示 3. 剖面图上左为外，右为内，平面图上下为外，上为内 4. 平、剖面图上的虚线仅说明开关方式，在设计图中不需表示 5. 窗的立面形式应按实际情况绘制
单层外开平开窗	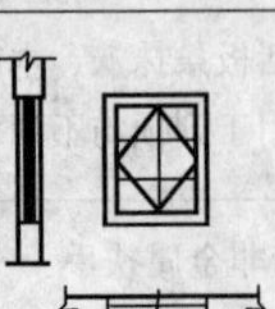	

4. 表示水平及垂直运输装置的图例(表 6-14)

表 6-14

名 称	图 例	说 明
铁 路	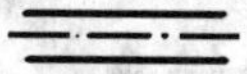	本图例适用标准轨距，使用时注明轨距
起重机轨道		
电动葫芦	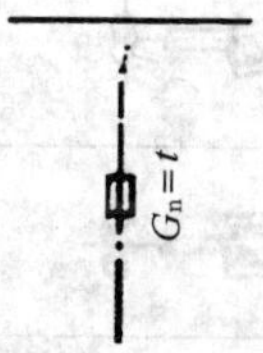 $G_n = t$	上图表示立面 下图表示平面 G_n 表示起重量
桥式起重机	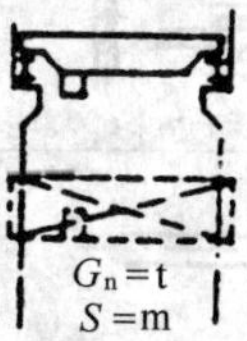 $G_n = t$ $S = m$	S 表示跨度
电 梯	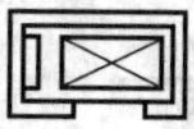	电梯应注明类型 门和平衡锤的位置应按实际情况绘制

5. 表示卫生器具及水池的图例(表 6-15)

表 6-15

名 称	图 例	说 明	名 称	图 例	说 明
水盆水池		用于一张图内只有一种水盆或水池	坐式大便器	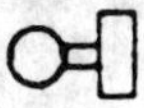	
洗脸盆			小便槽		
浴 盆			淋浴喷头	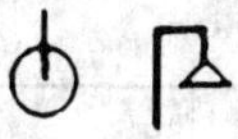	
化验盆洗涤盆	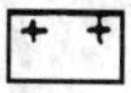		圆形地漏		
盥洗槽	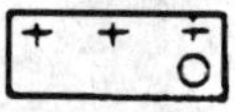		水落口		
污水池			阀门井、检查井	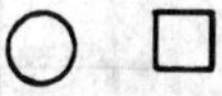	
立式小便器			水表井		
蹲式大便器			矩形化粪池	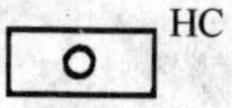 HC	HC 为化粪池代号

311

6. 钢筋焊接接头标志的图例(表 6-16)

钢筋焊接接头标注方法　　　　　表 6-16

名　称	接头型式	标注方法
单面焊接的钢筋接头		
双面焊接的钢筋接头		
用帮条单面焊接的钢筋接头		
用帮条双面焊接的钢筋接头		
接触对焊(闪光焊)的钢筋接头		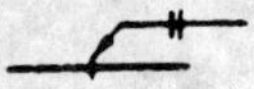
坡口平焊的钢筋接头	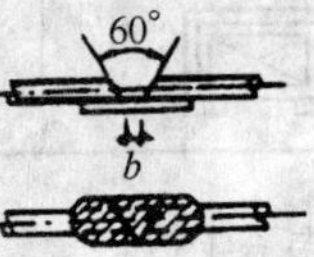	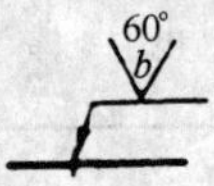
坡口立焊的钢筋接头	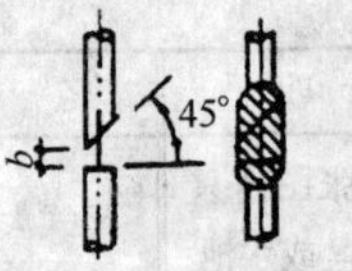	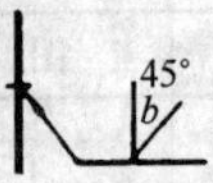

7. 钢结构上使用的有关图例(表 6-17~表 6-20)

孔、螺栓、铆钉图例　　　　　表 6-17

名　称	图　例	说　明
永久螺栓	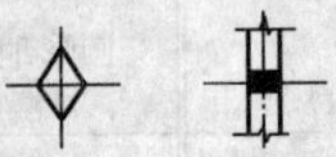	
高强螺栓	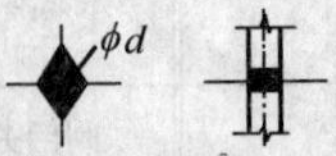	1. 细"—"线表示定位线 2. 必须标注孔、螺栓、铆钉的直径
安装螺栓	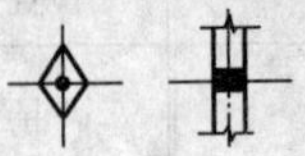	
螺栓、铆钉的圆孔	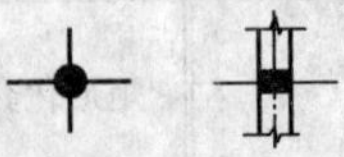	

钢结构焊缝图形符号

表 6-18

焊缝名称	焊缝型式	图形符号
V 形		 ∨
V 形（带根）		 Y
不对称 V 形（带根）	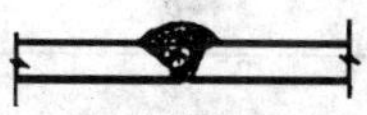	↳Y
单边 V 形		∨
单边 V 形（带根）		∨
I 形		‖
贴角焊	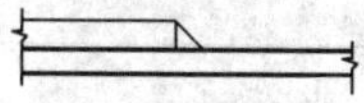	△
塞焊		▽

焊缝的辅助符号

表 6-19

符号名称	辅助符号	标志方法	焊缝型式
相同焊缝	○	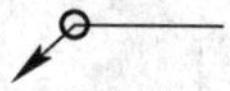	
安装焊缝	ㅋ	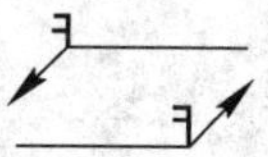	
三面焊缝	⊏ / ⊓	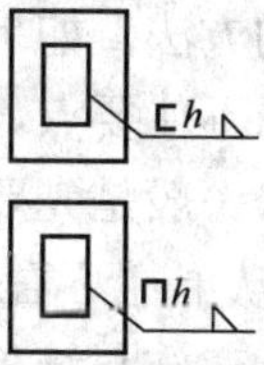 ⊏h	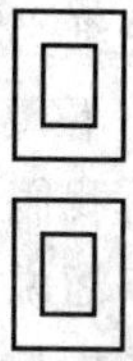
周围焊缝	▫	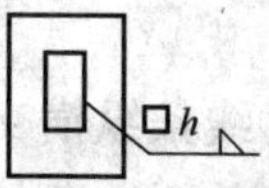 ⊓h	
断续焊缝	｜	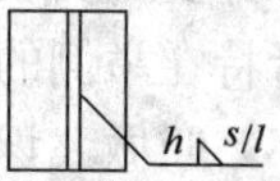 h s/l	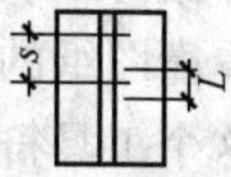 s l

常用焊缝接头的焊缝代号标志方法　　　　表 6-20

名　称	焊缝型式	标志方法
对接 I 型焊缝	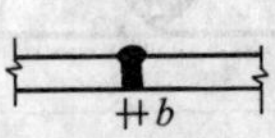	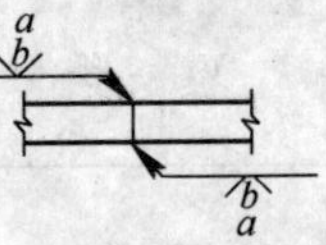
对接 I 型双面焊		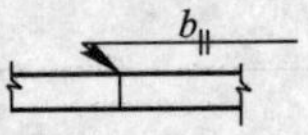
对接 V 形焊缝	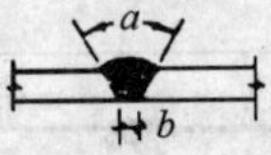	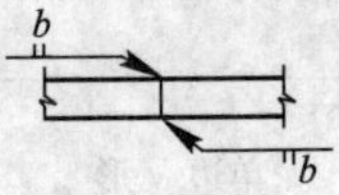
对接单边 V 形焊缝	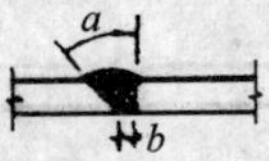	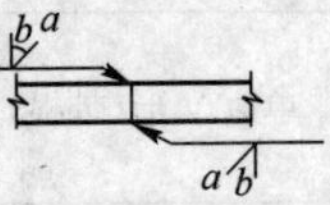
对接 V 形带根焊缝	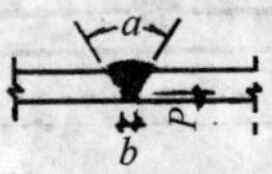	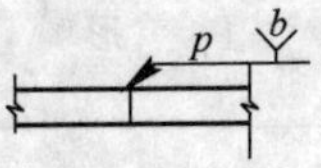
搭接周边焊缝	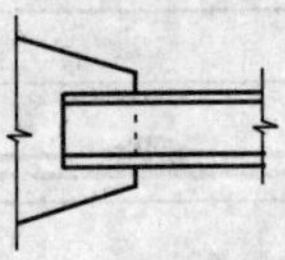	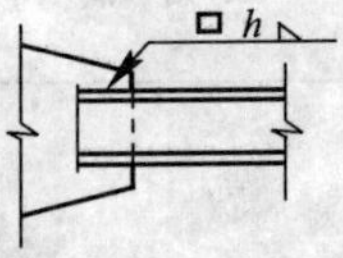
贴角焊接		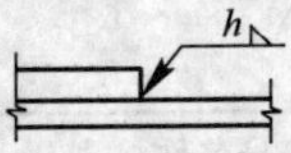
T 形接头	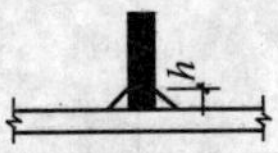	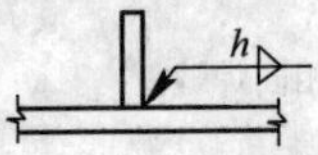

六、看图的方法和步骤

1. 看图的方法

看图纸必须学会看图的方法。如果我们把一叠图纸展开后，在未掌握看图方法时，往往东看一下，西看一下，抓不住要点，分不清主次，其结果必然是收效甚微。看图的实践经验告诉我们，看图的方法一般是先要弄清是什么图纸，根据图纸的特点来看。从看图经验的顺口溜说，看图应："从上往下看，从左向右看、由外向里看、由大到小看、由粗到细看，图样与说明对照看，建施与结施结合看"。必要时还要把设备图拿来参照看，这样看图才能收到较好的效果。

但是由于图面上的各种线条纵横交错，各种图例、符号密密麻麻，对初学的看图者来说，开始时必须仔细认真，并要花费较长的时间，才能把图看懂。本书为了使读者能较快获得看懂图纸的效果，笔者特在举例的图上绘制成一种帮助读者看懂图意的工具符号，我们给这个工具符号起个名字，叫做"识图箭"，它由箭头和箭杆两部分组成，箭头是涂黑的带鱼尾状的等腰三角形，箭杆是由直线组成，箭头所指的图位，即是箭杆上文字说明所要解释的部位，起到说明图意内容的作用。这个"识图箭"所起的作用，就是为帮助初学识图者，迅速看懂图纸的一种辅助措施。

本书自第三章起，各章的插图，笔者均绘有"识图箭"，现将本书插图中所采用的三种"识图箭"的形式绘出如图 6-85 所示，供读者在看图时加以识别。这里附带说明一下，"识图箭"与图纸上的引出线是有区别的。"识图箭"所指处端头均绘有黑色箭头，是笔者增绘在图纸上的一个工具符号；而"引出线"的直线端头点无箭头，是原有图纸中的一个制图符号。

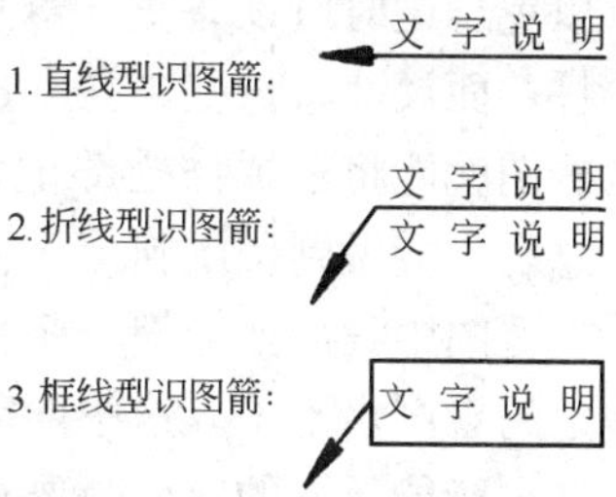

图 6-85 识图箭

2. 看图的步骤

一般的看图步骤如下：

(1) 图纸拿来之后，应先把目录看一遍。了解是什么类型的建筑，是工业厂房还是民用建筑，建筑面积多大，是单层、多层还是高层，是哪个建设单位，哪个设计单位，图纸共有多少张等。这样对这份图纸的建筑类型有了初步的了解。

(2) 按照图纸目录检查各类图纸是否齐全，图纸编号与图名是否符合；如采用相配的标准图则要了解标准图是哪一类的，图集的编号和编制的单位，要把它们准备存放在手边以便到时可以查看。图纸齐全后就可以按图纸顺序看图了。

(3) 看图程序是先看设计总说明，了解建筑概况，技术要求等，然后看图。一般按目录的排列往下逐张看图，如先看建筑总平面图，了解建筑物的地理位置、高程、坐标、朝向，以及与建筑有关的一些情况。如果是一个施工技术人员，那么他看了建筑总平面之后，就得进一步考虑施工时如何进行平面布置等设想。

(4) 看完建筑总平面图之后，则先看建筑施工图中的建筑平面图，了解房屋的长度、宽度、轴线尺寸、开间大小、一般布局等。再看立面图和剖面图，从而达到对这栋建筑物有一个总体的了解。最好是通过看这三种图之后，能在脑子中形成这栋房屋的立体形象，能想像出它的规模和轮廓。这就需要运用自己的生产实践经历和想像能力了。

(5) 在对建筑图有了总体了解之后，我们可以从基础图一步步地深入看图了。从基础的类型、挖土的深度、基础尺寸、构造、轴线位置等开始仔细地阅读。按基础—结构—建筑(包括详图)这个施工顺序看图，遇到问题还要记下来，以便在继续看图中得到解决，或到设计交底时提出。在看基础图时，还可以结合看地质勘探图，了解土质情况以便施工时核对土质构造。

(6) 在图纸全部看完之后，可按不同工种有关的施工部分，将图纸再细读，如砌砖工序要了解墙厚度、高度、门、窗口大小，清水墙还是混水墙，窗口有没有出檐，用什么过梁等。木工工序就关心哪儿要支模板，如现浇钢筋混凝土梁、柱就要了解梁、柱断面尺寸、标高、长度、高度等；除结构之外木工工序还要了解门窗的编号、数量、类型和建筑上有关的木装修图纸。钢筋工序则凡是有钢筋的地方，都要看细，经过翻样才能配料和绑扎。其他工序都可以从图纸中看到施工需要的部分。除了会看图之外，有经验的人还要考虑按图纸的技术要求，如何保证各工序的衔接以及工程质量和安全作业等。

(7) 随着生产实践经验的增长和看图知识的积累，在看图中间还应该对照建筑图与结构图看看有无矛盾，构造上能否施工，支模时标高与砌砖高度能不能对口(俗称能不能交圈)等。

通过看图纸，详细了解要施工的建筑物，在必要时边看图边做笔记，记下关键的内容，以免忘记时可以备查。这些关键的东西是轴线尺寸、开间尺寸、层高、楼高、主要梁、柱截面尺寸、长度、高度；混凝土强度等级，砂浆强度等级等。当然在施工中不可能一次看图就能将建筑物全部记住，还要再结合每个工序再仔细看与施工时有关的部分图纸。总之，能做到按图施工无差错，才算把图纸看懂了。

在看图中我们如能把一张平面上的图形，看成为一栋带有立体感的建筑形，那就具有了一定的看图水平了。这中间需要经验，也需要我们具有空间概念和想像力。当然这不是一朝一夕所能具备的，而是要通过积累、实践、总结，才能取得的。只要我们具备了看图的初步知识，又能虚心求教，循序渐进，最后达到会看图纸，看懂图纸。

第四节　怎样看建筑总平面图

一、什么是建筑总平面图

建筑总平面图是表明需建设的建筑物所在位置的平面状况的布置图。其中有的布置一个建筑群，有的仅是几栋建筑物，有的或许只有一、两座要建的房屋。这些建筑物可以在一个广阔的区域中，也可以在已建成的建筑群之中；有的在平地，有的在城市，有的在乡村，有的在山陵地段，情形各不相同。因此，建筑总平面图根据具体条件、情况的不同其布置亦各异。近几年来，各地的开发区，其所绘制的建筑总平面图，往往要用很多张图纸拼起来才行。

建筑群的总平面图的绘制，建筑群位置的确定，是由城市规划部门先把用地范围规定下来后，设计部门才能在他们规定的区域内布置建筑总平面。当在城市中布置需建房屋的总平面图时，一般以城市道路中心线为基准，再由它向需建设房屋的一面定出一条该建筑物或建筑群的"红线"（所谓"红线"就是限制建筑物的界限线），从而确定建筑物的边界位置，然后设计人员再以它为基准，设计布置这群建筑的相对位置，绘制出建筑总平面布置图。

若单独一栋房屋，又在城市交通干道附近，那么它一定要受"红线"的控制。如果它在原有建筑群中建造，那么它要受原有房屋的限制，如两栋房屋在同一朝向时，要考虑光照，那么其前后间相隔的距离，应为前面房屋高度的 1.1～1.5 倍，楼房与楼房之间的侧向距离应不小于通道、小路的宽度和防火安全要求的距离，一般为 4～6m。

图 6-86 是几栋需建造的房屋的总平面布置图的例子，作为学看建筑总平面的练习。

二、怎样看建筑总平面图

1. 总平面图的内容

从图 6-86 中我们可以看到总平面图的基本组成有房屋的方位，河流、道路、桥梁、绿化、风玫瑰和指北针，原有建筑、围墙等。

2. 怎样看图

我们怎样看图和应记住些什么，在这里我们以图 6-86 为例来进行"解剖"。

(1) 先看新建的房屋的具体位置，外围尺寸，从图中可看到共有五栋房屋是用粗实线画的，表示这五栋房屋是新设计的建筑物，其中四栋宿舍，一栋食堂，房屋长度均为

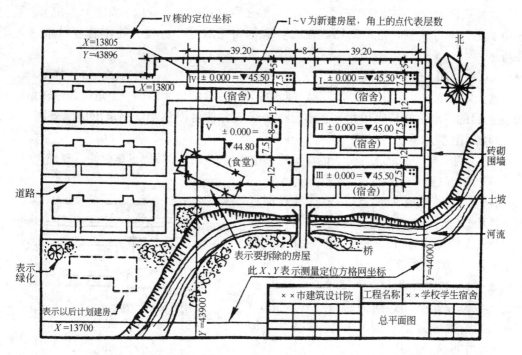

图 6-86 建筑总平面图

39.20m（国家标准规定总平面图上的尺寸单位为"m"），相隔间距 8m，前后相隔 12.00m，住宅宽度 7.50m，食堂是工字形，一宽 8m，一宽 12.00m。因此得出全部需占地范围为 86.40m 长，46.5m 宽，如果包括围墙道路及考虑施工等因素占地范围还要大，可以估计出约为 120.00m 长，80.00m 宽。

（2）再看这些房屋首层室内地面的±0.000 标高是相当于多少绝对标高。从图上可看出北面高，南面低，北面两栋，±0.000=▼45.50m，前面两栋住宅分别为：▼45.00m 和▼44.50m，食堂为▼44.80m 等。这就给我们测量水平标高，引进水准点时有了具体数值。

（3）看房屋的朝向，从图上可以看出新建房屋均为坐北朝南的方位。并从风玫瑰图上看得知该地区全年风量以西北风最多，这样可以给我们施工人员在安排施工时考虑到这一因素。

（4）看房屋的具体定位，从图上可以看出，规划上已根据坐标方格网，将北边Ⅳ号房的西北角纵横轴线交点中心位置用 X=13805，Y=43896 定了下来。这样使我们施工放线定位有了依据。

（5）看与房屋建筑有关的事项。如建成后房屋周围的道路，现有市内水源干线，下水管道干线，电源可引入的电杆位置等（该图上除道路外均没有标出，这里是泛指）。如现在图上还有河流、桥梁、绿化、需拆除的房屋等的标志，因此这些都是在看总平面图后应有所了解的内容。

（6）最后如果从施工安排角度出发，还应看旧建筑相距是否太近，在施工时对居民的安全是否有保证，河流是否太近，土坡牢固否等，如何划出施工区域等。作为施工技术人员应该构思出一张施工总平面布置图的轮廓。

如果从以上六点能把总平面图看明白，那么也就基本上会看总平面图了。在图上我们还用了箭头进行注释，帮助看图，以后各章也将采取这个办法，使读者容易掌握看图技巧。

3. "三、四、五"定位法

这个定位方法实际是利用勾股弦定律，按3：4：5的尺寸制作一个角尺，使转角达到90°角的目的。定位时只要用角尺、钢尺、小线三者就可以初步草测定出房屋外围尺寸、外框形状和位置。

"三、四、五"定位法，是工地常用的一种简易定位法，其优点是简便、准确。

(1) 定位（图6-87）。

我们将仪器先放在 A 点（一般这种点都有桩点桩位），前视 C 点，后倒镜看 A_1 点，并量取 A_1 到 A 的尺寸为5m，固定 A_1 点。5m这值是根据Ⅳ号房屋已给定的坐标 $X=13805$。而 A 点的 $X=13800$，所以 $13805-13800=5$(m)（总平面上尺寸单位为米，前面已讲过）。再由 A 点用仪器前视看 B 点，倒镜再看 A_2 点，并量取4m尺寸将 A_2 点固定。

(2) 将仪器移至 A_1 点，前视 A 或 C 点（其中一点可作检验）后转90°看得 P 点并量出4m将 P 点固定，这 P 点也就是规划给定的坐标定位点。

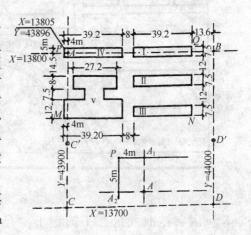

图6-87 定位

(3) 将仪器移至 P 点，前视 A_2 点可延伸到 M 点，前视 A_1 点可延伸到 Q 点，并用量尺的方法将 Q、M 点固定，再将仪器移到 Q 或 M 将 N 点固定后，这五栋房屋的大概位置均已定了。由于是粗略草测定位，用仪器定位只要确定几个控制点就可以了。其中每栋房屋的草测可以用"三、四、五"放线方法粗略定位。

以上讲的用总平面图来定房屋大致位置的方法是粗略的，真正的施工放线是一项专门的工作，这里不作详细的叙述了。

第七章 文明施工与环境保护

文明施工有广义和狭义两种理解。广义的文明施工，简单地说就是科学地组织施工。本章所讲的文明施工是从狭义上理解的。它是指在施工现场管理中，要按现代施工的客观要求，使施工现场保持良好的施工环境和施工秩序。它是施工现场管理的一项重要的基础工作。

环境保护是我国的一项基本国策。本章所介绍的环境保护是指保护和改善施工现场的环境。具体地说，就是按照国家、地方法规和行业、企业要求，采取措施控制施工现场的各种粉尘、废水、废气、固体废弃物以及噪声、振动等对环境的污染和危害。它是文明施工的重要组成部分，是现场管理的重要内容之一。

第一节 文 明 施 工

一、文明施工的意义

文明施工，是现代化施工的一个重要标志，是施工企业一项基础性的管理工作，坚持文明施工有重要意义。

(一) 文明施工是施工企业各项管理水平的综合反映

建筑工程体积庞大，结构复杂，工种工序繁多，立体交叉作业，平行流水施工，生产周期长，需用原材料多，工程能否顺利进行受环境影响很大。文明施工就是要通过对施工现场中的质量、安全防护、安全用电、机械设备、技术、消防保卫、场容、卫生、环保、材料等各个方面的管理，创造良好的施工环境和施工秩序，促进安全生产，加快施工进度，保证工程质量，降低工程成本，提高企业经济和社会效益。文明施工涉及人、财、物各个方面，贯穿于施工全过程之中，是企业各项管理在施工现场的综合反映。

(二) 文明施工是现代化施工本身的客观要求

现代化施工采用先进的技术、工艺、材料和设备，需要严密的组织，严格的要求，标准化的管理，科学的施工方案和职工较高的素质等。如果现场管理混乱，不坚持文明施工，先进的设备，新的工艺与新的技术就不能充分发挥其作用，科技成果也不能很快转化为生产力。例如：现场塔式起重机是主要垂直运输设备，如果材料进场无计划，乱码乱放，施工平面布置不合理，指挥信号不科学，再好的塔吊也不能充分发挥其作用。所以说，文明施工是现代化施工的客观要求。遵照文明施工的要求去做，就能实现现代化大生产的优质、高效、低耗的目的，企业才能有良好经济效益和社会效益。

(三) 文明施工是企业管理的对外窗口

改革开放把企业推向了市场，建筑市场竞争变得日趋激烈。市场与现场的关系更加密切，施工现场的地位和作用就更加突出了。企业进入市场，就要拿出像样的产品，而建筑产品是在现场生产的，施工现场成了企业的对外窗口。众多建设单位，在每项工程投标之前，在压价的同时，他们总要考察现场，往往以貌取人，文明施工给人以第一印象。如果施工现场脏、乱、差，到处"跑、冒、滴、漏"，甚至"野蛮施工"，建设单位就不会选择这样的队伍施工。实践证明，良好的施工环境与施工秩序，不但可以得到建设单位的支持和信赖，提高企业的知名度和市场竞争能力，而且还可能争取到一些"回头工程"。

（四）文明施工有利于培养一支懂科学，善管理，讲文明的施工队伍

目前我国建筑施工企业职工队伍成分变化大，农民工已占了很大的比例，在不少企业已成为施工的主力军。农民合同工和季节工总体来看，施工技术素质偏低，文明施工意识淡薄，如何加强农民工管理和教育，提高他们施工技术素质，是搞好文明施工的一项基础工作。另一方面，少数施工企业，对文明施工认识不足，管理不规范，标准不明确，要求不严格，形成"习惯就是标准"的做法，这种粗放型的管理同现代化大生产的要求极不适应。

文明施工是一项科学的管理工作，也是现场管理中一项综合性基础管理工作。坚持文明施工，必然能促进、带动、完善企业整体管理，增强企业"内功"，提高整体素质。文明施工的实践，不仅改善了生产环境和生产秩序，而且提高了职工队伍文化、技术、思想素质，培养了尊重科学，遵守纪律，团结协作的大生产意识，从而促进了精神文明建设。

二、文明施工的措施

文明施工的措施是落实文明施工标准，实现科学管理。以下就文明施工组织管理措施和文明施工现场管理措施分别加以阐述。

（一）组织管理措施

1. 健全管理组织

施工现场应成立以项目经理为组长，主管生产副经理、主任工程师、技术负责人（或承包队长），生产、技术、质量、安全、消防、保卫、材料、环保、行政卫生等管理人员为成员的施工现场文明施工管理组织。

施工现场分包单位应服从总包单位的统一管理，接受总包单位的监督检查，并负责本单位的文明施工工作。

2. 健全管理制度

（1）个人岗位责任制。文明施工管理应按专业、岗位、区片、栋号等分片包干，分别建立岗位责任制度。

项目经理是文明施工的第一责任人，全面负责整个施工现场的文明施工管理工作。栋号负责人、承包队长、分包单位负责人、劳务队长、工班长等负责本单位的文明施工管理工作。施工现场其他人员一律责任分工，实行个人岗位责任制。

（2）经济责任制。把文明施工列入单位经济承包责任制中，一同"包"、"保"、检查与考核。

（3）检查制度。工地每月至少组织两次综合检查，要按专业、标准全面检查，按规定填写表格，算出结果，制表张榜公布。

施工现场文明施工检查是一项经常性的管理工作，可采取综合检查与专业检查相结合，定期检查与随时抽查相结合，集体检查与个人检查相结合等方法。

班、组实行自检、互检、交接检制度。要做到自产自清、日产日清、工完场清、标准管理。

(4) 奖惩制度。文明施工管理实行奖惩制度。要制定奖、罚细则，坚持奖、惩兑现。

(5) 持证上岗制度。施工现场实行持证上岗制度。进入现场作业的所有机械司机、信号工、架子工、司炉工、起重工、爆破工、电工、焊工等特殊工种施工人员，都必须持证上岗。

工地食堂应有食品卫生许可证，炊事员有健康证，民工有做工证，焊工等明火作业应有当日用火证。

(6) 会议制度。施工现场应坚持文明施工会议制度，定期分析文明施工情况，针对实际制定措施，协调解决文明施工问题。

(7) 各项专业管理制度。文明施工是一项综合性的管理工作。因此，除文明施工综合管理制度外，还应建立健全质量、安全、消防、保卫、机械、场容、卫生、料具、环保、民工管理等制度。这些专业管理制度中，都应有文明施工内容。例如，仓库五项管理制度；保管员岗位责任制；库存物资盘点检查制度；仓库收发料制度；库存物资维护保养制度和安全保卫防火制度等。

3. 健全管理资料

(1) 上级关于文明施工的标准、规定、法律法规等资料应齐全。

(2) 施工组织设计（方案）中应有质量、安全、保卫、消防、环境保护技术措施和对文明施工、环境卫生、材料节约等管理要求，并有施工各阶段现场的平面布置图和季节性施工方案。

施工组织设计方案应有编制人、审批人签字及审批意见。补充、变更施工组织设计应按规定办好有关手续。

(3) 施工现场应有施工日志。施工日志中应有文明施工内容。

(4) 文明施工自检资料应完整，填写内容符合要求，签字手续齐全。

(5) 文明施工教育、培训、考核记录均应有计划、资料。

(6) 文明施工活动记录，如会议记录、检查记录等。

(7) 施工管理各方面专业资料。

4. 开展竞赛

公司之间、项目经理部之间、现场各个方面专业管理之间应开展文明施工竞赛活动。竞赛形式多样，并与检查、考评、奖惩相结合，竞赛评比结果张榜公布于众。

5. 加强教育培训工作

在坚持岗位练兵基础上，要采取派出去、请进来、短期培训、上技术课、登黑板报、广播、看录像、看电视等方法狠抓教育工作。要特别注意对民工的岗前教育工作。专业管理人员要熟悉掌握文明施工标准。

6. 积极推广应用新技术、新工艺、新设备和现代化管理方法，提高机械化作业程度。

文明施工是现代工业生产本身的客观要求，广泛应用新技术、新设备、新材料是实现现代化施工的必由之路，它为文明施工创造了条件，打下了基础。

在有条件的地方应尽量集中设置现代化搅拌站，或采用商品混凝土、混凝土构件、钢木加工等，尽量采用工厂化生产；广泛应用新的装饰、防水等材料；改革施工工艺，减少现场湿作业、手工作业和劳动强度；并应用电子计算机和闭路电视监控系统提高机械化水平和工厂化生产的比重；努力实现施工现代化，使文明施工达到新的更高水平。

(二) 现场管理措施

1. 开展"5S"活动

"5S"活动是指对施工现场各生产要素(主要是物的要素)所处状态不断地进行整理、整顿、清扫、清洁和素养。由于这五个词日语中罗马拼音的第一个字母都是"S",所以简称为"5S"。

"5S"活动,在日本和西方国家企业中广泛实行。它是符合现代化大生产特点的一种科学的管理方法,是提高职工素质,实现文明施工的一项有效措施与手段。

(1) 整理:所谓整理,就是对施工现场现实存在的人、事、物进行调查分析,按照有关要求区分需要和不需要,合理和不合理,把施工现场不需要和不合理的人、事、物及时处理。

① 按照有关规定、计划和工程实际进展情况,区分施工现场现实存在的人、事、物需要还是不需要,不需要的要坚决清理出现场。如:已经不需要的劳动力应及时调整到其他需要的工地去,一时调不走的,可以组织学习、培训;现场禁止住职工家属和小孩,非施工人员未经批准不准进入施工现场,非法用工(如童工)要及时清查;施工现场的垃圾渣土、各种多余的周转工具、报废和多余的材料、机械设备和构件、职工个人生活用品等要及时清理,按指定地点存放,经分捡利用后把施工现场不需要的东西坚决清理出现场。

② 把作业面暂时不需要的人、事、物及时进行清理,调整到合适位置。例如,把现场作业面暂时不需要的人,调走干其他工作;把作业面多余的和暂时不用的模板、钢筋、支架、木料、钢脚手板等及时清理并按指定地点堆放。

③ 对施工现场的人、机、物使用不合理,安排不合理或物品摆放位置存放方法不合理的,一经发现就要及时调整。比如:钢材大材小用,钢模板垫道,隔夜砂浆未按规定再加工就砌筑使用,技工岗位用非技术工人,本专业技工干非本专业的工作;厕浴间排水竖管(干管)未安装就作防水层和地面;吊顶内的各种管线未试水、试压就先封吊顶;料具混堆、材料、构件超高码放,构件、模板堆码不在塔臂回转半径内,明火作业位置至易燃、易爆物品距离不符合安全规定,楼梯、阳台、雨罩、休息平台板上堆放模板以及块材和杂物等,应按规定、标准或要求及时进行整理。

整理的范围是建筑物内外,上至作业面下至地下室、地下管沟内,每个工位、食堂、仓库、办公室、更衣室、加工场、堆料场、机械操作室等场区的各个角落,达到现场无不用之物,道路和通道畅通,人尽其才,物尽其用,地尽其租,工序安排合理,这样既改善和增大了作业与使用面积,搞好了成品保护,制止了违章作业,消除了安全隐患,保证了质量,减少了返工损失;又在保证施工的情况下实现了库存最少,节约了资金,创造了最佳施工环境,培养了良好作风,提高了工作效率。

(2) 整顿:所谓整顿,就是合理定置。通过上一步整理后,把施工现场所需要的人、机、物、料等按照施工现场平面布置图规定的位置,并根据有关法规、标准以及企业规定,科学合理地安排布置和堆码,使人才合理使用,物品合理定置,实现人、物、场所在空间上的最佳结合,从而达到科学施工,文明安全生产,培养人才,提高效率和质量的目的。在整顿过程中,应注意以下问题:

① 要根据施工现场实际情况按调查研究后确定的方案及时调整施工现场平面布置图,使其真正科学合理。

② 物品摆放要按图固定地点和区域。做到无论谁去看，都能一目了然，知道该物在某处，是什么，有多少，马上知道有还是没有。

③ 物品摆放地点要科学合理。根据物品使用的频率，经常使用的东西尽量靠近作业区，不经常使用的东西可放得远些；要根据垂直运输设备的位置，确定模板、构件、材料、搅拌机等的相对位置，力求运距最短，减少二次搬运。

④ 整顿过程中，要按有关要求一次定点到位。物品的摆放不仅平面位置合理，还要同时考虑符合安全、质量以及上级规定的要求。例如：大模板的存放位置不仅要按设计区域存放而且还必须满足以下要求：

A. 堆放场地必须平整坚实（或夯实），不得存放在松土、冻土和坑洼不平的地方，堆放场地排水良好，不应雨季积水。

B. 必须将地脚螺栓提上去，使自稳角成为 70°～80°，下部应垫通长方木。长期存放的大模板，应用拉杆连接绑牢。存放在楼层时，须在大模板横梁上挂钢丝绳或花篮螺栓，钩在楼板吊钩或墙体钢筋上。

C. 没有支撑或自稳角的大模板，要存放在专用的堆放架内，或卧倒平放，不应靠在其他模板或构件上。

D. 大模板应集中区域堆放，距铁路至少 1.5m，并与其他物料堆放区隔开一定距离。大模板应对面放置，支撑牢固，两板中间保持不少于 60cm 的走道。

E. 大模板放置时，下面不得压有电线和气焊管线。

(3) 清扫：就是要对施工现场的设备、场地、物品勤加维护打扫，保持现场环境卫生，干净整齐，无垃圾，无污物，并使设备运转正常。清扫活动的要点是：

① 要对施工现场进行彻底检查清扫，不留死角。施工现场所有场地，物品、设备、建筑物内外、食堂、仓库、厕所、办公室、加工场、站等都是检查清扫对象。

② 要做到自产自清，日产日清，工完料净脚下清。在清扫过程中，要注意对建筑垃圾分拣过筛综合利用。建筑垃圾与生活垃圾分开按指定地点存放，并及时清出现场，送到规定的垃圾消纳场。

③ 对设备的清扫，要定期对设备进行点验、清扫和维护保养。设备异常马上修理，使之恢复正常。

④ 清扫也是为了改善。例如，当清扫时发现食堂操作间门窗无防蝇措施，生熟食品未分开，炊事员无健康证、工作证等问题后，应立即查明原因采取措施加以纠正，并制定、修改、完善管理办法，保证今后不再发生类似问题。

清扫的目的就是通过清扫活动，创造一个明快、舒畅的工作、生活环境，以保证安全、质量和高效率地工作。

(4) 清洁：就是维持整理、整顿、清扫，是前三项活动的继续和深入。从而预防疾病和食物中毒，消除发生安全事故的根源，使施工现场保持良好的施工与生活环境和施工秩序，并始终处于最佳状态。清洁活动的要点是：

① 清洁首先从人开始。炊事员工作服要清洁。职工要注意个人卫生，及时理发、剪指甲、刮须、洗衣服。职工不仅做到形体上的清洁，而且要注意精神文明，礼貌待人，在现场不大声喧哗，不聚众打架、斗殴、酗酒、赌博，不看黄色书刊杂志和录像，不随地大小便，不凌空抛洒垃圾与物品等。

② 清洁是指现场所有场所和空间上的清洁。要进一步消除施工现场空气、粉尘、噪声、水源污染，达到规定要求，保证工人身体健康，增加工人劳动热情，心情愉快地工作与生活。

（5）素养：就是努力提高施工现场全体职工的素质，养成遵章守纪和文明施工习惯。它是开展"5S"活动的核心和精髓。

开展"5S"活动，要特别注意调动全体职工的积极性，自觉管理，自我实施，自我控制，贯穿施工全过程。由现场职工自己动手，创造一个整齐、清洁、方便、安全和标准化的施工环境，使全体职工养成遵守规章制度和操作规程的良好风尚。

开展"5S"活动，必须领导重视，加强组织，严格管理。要将"5S"活动纳入岗位责任制。并按照文明施工标准检查、评比与考核。坚持 PDCR 循环，不断提高施工现场的"5S"水平。

2. 合理定置

合理定置是指把全工地施工期间所需要的物在空间上合理布置：实现人与物、人与场所、物与场所、物与物之间的最佳结合，使施工现场秩序化、标准化、规范化，体现文明施工水平。它是现场管理的一项重要内容，是实现文明施工的一项重要措施，是谋求改善施工现场环境的一个科学的管理办法。

（1）合理定置的依据

① 国家、行业、地方和企业关于施工现场管理的法规、法律、标准、规定、管理办法、设计要求等。

② 施工组织设计（施工方案）。

③ 自然条件资料，如地形、水文、地质及气象资料。

④ 区域规划图。现场周围道路、建筑物、铁路、码头和区域电源、物资资源、生产和生活基地状况等。

⑤ 土方平衡调配图。

⑥ 材料设备等需用量及进场计划和运输方式。

（2）合理定置的原则

① 在保证施工顺利进行的前提下，尽量减少施工用地，利用荒地，不占或少占农田。

② 要尽量减少临时设施的工程量，充分利用原有建筑物及给排水、暖卫管线、道路等，节省临设费用。

③ 要降低运输费用。合理地布置施工现场的运输道路，及各种材料堆放、加工场、仓库位置，尽量使场内运输距离最短和减少二次搬运。

④ 施工现场定置过程中，一定要按照上级和企业关于劳动保护、质量、安全、消防、保卫、场容、料具、环境保护、环境卫生等施工管理标准、规定等要求，一次定置到位。

⑤ 施工现场各物的布置方案要有比较，从优选择，做到有利生产，方便生活，降低费用，使人、物、场所相互之间形成最佳结合，创造良好的施工环境。

（3）合理定置的内容

① 一切拟建的永久性建筑物、构筑物、建筑坐标网、测量放线标桩，弃土、取土场地。

② 垂直运输设备的位置。

③ 生产、生活用临时设施。
④ 各种材料、加工半成品、构件和各类机具的存放位置。
⑤ 安全防火设施。
(4) 合理定置的实施方法

① 垂直运输设备的布置：施工现场垂直运输设备的布置关系到仓库，料场，搅拌站，场内道路、水、电、暖等管网的布置，因此，要首先确定其位置。

A. 固定式垂直运输设备(如井架，门架)的布置：应根据建筑物的平面形状，高度及材料、构件的重量，合理确定机械的负荷能力和服务范围；同时还要考虑地下和空中各楼层水平运距最短，做到便于分层分段流水施工。例如，井架的位置布置在高低分界线处，可使一层上的水平运输互不干扰。如果把井架的位置设在窗口处，运输也比较方便，减少了砌墙留槎和井架拆除后的修补工作。

固定垂直运输设备的卷扬机的位置不应距设备过近，以便卷扬机司机的视线能看到整个升降过程。卷扬机必须搭设防砸、防雨的专用操作棚，固定机身必须设牢固地锚，传动部分必须安装防护罩，导向轮不得用井口拉板式滑轮。

B. 塔式起重机的轨道布置方式主要取决于建筑物的平面形状、尺寸、四周场地的条件，吊装工艺及施工工期的要求。是在建筑物的一侧布置还是在两侧布置，是否需要转弯设施，每侧布置几台，轨道多长，是固定式还是行走式等，要进行综合分析，使起重机能有最大的服务半径，使材料、构件、模具获得最大的堆放场地并直接运至任何地点，避免出现"死角"。

C. 布置轮胎式、履带式吊车等自行式起重机行驶路线时，须考虑建筑物的平面形状、高度，构件大小、重量、堆放位置以及施工顺序和吊装方法。

② 运输道路的布置：采用铁路运输时，要考虑其转弯半径和坡度的限制，并根据建筑物总平面图中永久性铁路专用线布置主要运输干线，而且应提前修筑以便为施工服务。

采用水路运输时，应考虑码头的吞吐能力，卸货码头不应少于两个，宽度应大于2.5m，江河距工地较近时，可在码头附近布置主要加工厂和仓库。

采用公路运输时，应注意以下问题：

A. 场区道路应与仓库、加工厂、堆料场、垂直运输机械的位置结合布置，并与场外道路连接。场区道路规划修筑时，先地下后地上，应先规划铺设过路管线和先考虑布置场内仓库和附属加工场等，后布置场区道路。

B. 尽量利用永久性道路，提前修筑永久性路基和简单路面作为临时道路使用，以节约费用。

C. 场区道路要平整、坚实、畅通，边坡整齐，排水良好，应有完好的照明设施，并且既要满足施工运输要求，又要符合消防规定。

③ 施工现场临时供水：施工现场临时供水线路布置时，应尽量利用或接上永久性给水系统，力求临时供水管路最短。

工地上临时供水包括三个方面：施工用水，生活用水和消防用水。施工用水的龙头位置除搅拌站、淋灰池等专用水龙头外，其他龙头应布置在靠近建筑物处方便使用。施工用水也可利用消防水，在消防干管上单独接出施工用水支管，以节约管线。生活用水可直接布置在生活区、食堂、厕所等使用地点。消防给水网应沿主要干道布置成环状或枝状，室外消防给水管道的最小直径一般不小于100mm。

室外消火栓应沿道路设置，消火栓距路边不应超过2m，距建筑物外墙不宜小于5m，亦不大于40m。室外消火栓的间距不应超过120m。消火栓处昼夜要有明显的标志，配备足够的水龙带，周围3m以内不准堆放任何物品。

高度超过24m的施工项目，应设置消防竖管，消防泵房应用非燃材料建造，设在安全位置，消防泵的专用配电线路，应安在工地总闸的上端，保证连续供电。

临时水管最好埋设在地面以下，这样既不易损坏又不妨碍交通。布置时要考虑与土方平整统一规划，埋设深度应考虑防止汽车及其他机械在上面行走时压坏，在严寒地区要埋设在冰冻线以下。临时水管明管铺设，寒冷地区应做保温处理。临时管线不要布置在拟建建筑物或管沟处，以免影响将来施工。

④ 施工现场场区排水：施工现场应平整、密实、排水良好。应尽量利用自然地形排水。利用原有沟槽、排水管道排水。雨期施工时，应对施工现场原有排水系统进行检查、疏浚或加固，必要时应增加排水设施。在山区建设时，还需考虑防洪设施。在现场道路两侧、塔吊下、架子下、堆料场、建筑物四周等部位应设置排水沟，上述部位不得积水。特殊工程也可埋排水管道排水。基坑等排水措施应按施工方案和雨季施工措施执行。

⑤ 临时供电：施工现场临时供电应尽量利用施工现场附近已有的高压线路或发电站及变电所。也可考虑提前修建永久性线路供施工使用。如果必须设置临时线路时，应取最短线路，同时应注意以下几点：

A. 临时总变电站应设在高压线进入工地处，避免高压线穿过工地。

B. 临时自备发电设备应在现场中心或靠近主要用电区域。

C. 为了维修方便，施工现场一般采用架空配电线路，只在特殊情况下才采用地下电缆。

供电线路采用架空配电线路时，现场架空线的边线与施工建筑物（含脚手架）的外侧边缘之间的水平距离不小于下表所列数字：

架空配电线路电压	1kV以下	1~10kV	35~110kV	154~220kV	330~500kV
最小安全操作距离(m)	4	6	8	10	15

施工现场的机动车道与架空线路交叉时，架空线路的最低点与路面的垂直距离应不少于下表所列数值：

外线电路电压	1kV以下	1~10kV	35kV
最小垂直距离(m)	6	7	7

架空线路跨越建筑物或临时设施时，垂直距离一般不小于2.5m。

架空线路距建筑物、距路面的距离达不到上述最小距离要求时，必须采取防护措施，增设屏障、遮栏、围栏式保护网，并悬挂醒目的警告标志牌。

架空高低压线路下方，不得搭设作业棚、建造生活设施或堆放构件、架具、材料及其他杂物等。

D. 工地室外灯具距地面不得低于3m。室外照明应有防雨罩。使用碘钨灯、高压汞灯等高温灯具要远离易燃物，最短1m以上，距离易爆物不少于3m。

　　E. 配电箱要设置在便于操作的地方，并应有防雨措施。所有配电箱应有标明其名称、编号、用途、分路标记。各种施工用电动工具须单机单闸，刀闸的容量根据最高负荷选用。开关箱中必须装设漏电保护器。

　　F. 施工现场内的起重机、井字架、龙门架、烟囱、水塔、钢管脚手架及高于15m（雷电特别严重地区为12m）的各种钢架应设置避雷装置。

　　G. 施工现场的旋转臂式起重机的任何部位或被吊物边缘与10kV以下架空线路边线的最小水平距离不得小于2m。

　　⑥ 临时行政、生活福利房屋的布置：临时房屋的布置应尽量利用已有的和拟建的永久性房屋，生活区与生产区应分开，尽量缩短工人上、下班的路程，并应符合劳保卫生消防等要求。

　　⑦ 临时仓库的布置：临时仓库的合理定置就是要在满足施工需要的前提下，使材料储备量最小，储备期最短，运距最短，装卸及转运费最省。

　　材料堆场既要考虑靠近加工地点，又要靠近施工区域和使用地点。当起重设备位置确定后，再布置材料、构件、模板堆场及搅拌站等的位置，最大限度地减少场内运输和尽可能做到搬运路线最短，二次搬运最少。

　　材料等各种堆放场地必须平整、坚实，有良好的排水措施。各种材料堆放位置应有标牌或标志线显示。库房应门窗齐全，封闭严密，能满足防雨、防火、防风雪、防盗等要求。库棚应能防雨、雪、阳光、风直接侵蚀和符合防火要求。

　　⑧ 加工厂（场）的布置：加工厂（场）主要是指混凝土、砂浆搅拌站，钢筋、木加工场等。加工场、站在布置时要考虑工作条件最好，加工生产和建筑施工互不干扰，从场外运来的原材料和加工后的成品、半成品运往使用地点的总运输费用最少，以及铺设到加工厂、站、棚的铺设道路、动力管线和给排水管道的费用最小。同时，还应考虑到今后的扩建与发展，在加工生产过程中产生的噪声、粉尘对现场及周围环境污染干扰最少。

　　(5) 合理定置的日常管理程序

　　① 认真调查研究，查找问题。

　　② 通过施工运行实践分析，提出改善现场定置的方案。

　　分析方法：工序分析，生产过程分析，流程分析，工艺路线分析，人—机联合作业分析，作业分析，生产线平衡分析，单个产品生产（加工）所必需的标准时间分析，动作分析等。

　　③ 合理定置的设计或修改设计：施工组织设计中的施工现场平面布置图一般是在开工前设计的。施工现场千变万化，有很多不可预见的因素，工程大，工期长的工程，原施工现场平面布置图必须根据实际情况及时修改、补充、调整，确保科学合理。同时，施工现场电气平面布置，环境卫生责任区平面布置等也应根据现场调整后提出的改善方案进行适当修改调整，使之更加合理。定置设计，实质是现场空间布置的细化、具体化。

　　④ 合理定置方案的实施和考核：合理定置方案的实施，即按照设计和上级各项规定、标准的要求，对现场的各种材料、机具设备、预制构配件、各种临时设施、操作者、操作方法等进行科学的整理、整顿，将所有的物品定置。并要做到有物必有区，有区必有牌，按区按图定置，按标准、规定存放，图物相符。定置管理要依靠群众，自觉管理，吸收操

作者参加，要对操作者进行教育培训。定置管理要贯穿施工全过程，并在整个现场实施（含在建工程内的物品摆放也应符合标准要求）。

为了不断完善定置管理，并实现合理定置，应推行 PDCR 循环和考核工作。考核的基本指标是合理定置率或把合理定置纳入到施工现场管理中一起考核。合理定置率的计算公式是：

$$合理定置率 = \frac{实际合理（合格）定置的物品个数（种类）}{定置图规定的定置物品个数（种类）} \times 100\%$$

例如，抽查某工地四个定置区域，构件堆放区共 10 垛，其中有 2 垛不符合要求（不合格）；模板堆放区三类模板，两种堆码不合理；钢筋堆放区一共 8 堆，其中有 2 堆不合格；块材堆放区共 13 丁（堆），其中有 4 堆不合格。那么该工地的合格定置率：

$$合格定置率 = \frac{[(10+3+8+13) - (2+2+2+4)]}{10+3+8+13} \times 100\% = 70.59\%$$

3. 目视管理

目视管理是一种符合建筑业现代化施工要求和生理及心理需要的科学管理方式，它是现场管理的一项内容，是搞好文明施工、安全生产的一项重要措施。

(1) 什么是目视管理

目视管理就是用眼睛看的管理，亦可称之为"看得见的管理"。它是利用形象直观，色彩适宜的各种视觉感知信息来组织现场施工生产活动，达到提高劳动生产率，保证工程质量，降低工程成本的目的。

目视管理，有两个特征：

第一个是以视觉显示为基本手段，大家一看就知道是正常还是不正常，并且对不正常情况采取临时性的或永久性的措施。

第二个是以公开化为基本原则，尽可能地向全体职工全面提供所需要的信息，让大家都能看得见，并形成一种大家都自觉参与完成单位目标的管理系统。

(2) 为什么需要目视管理

目视管理是一种形象直观，简便适用，透明度高，便于职工自主管理，自我控制，科学组织生产的一种有效的管理方式。这种管理方式可以贯穿于施工现场管理的各个领域之中，具有其他方式不可替代的作用。

① 目视管理简单、明了，问题发现早、纠正快、效率高。

目视管理充分发挥了视觉显示信号的特长，瓦工只要用眼一看控制线就可迅速操作。塔吊信号工只要正确地打个手势信号或旗语信号，就能迅速准确地传递信息，就能和塔吊司机密切配合，又快又好地完成吊运任务。现代化搅拌站的工人坐在操作室，只要根据仪表不同色彩的信号灯传递的信息，即可按动电钮，规范化操作，就可以进行混凝土生产。钢筋工只要一看钢筋加工图，即可加工出合格的钢筋成品、半成品。诸如上述的控制线、手势信号、旗语信号、信号灯、仪表、施工图纸以及电视、标示牌、图表、安全色、看板等一系列可以发出视觉信号的显示手段，非常的形象直观、简单方便、一目了然，具有其他方式难于代替的作用。在有成百上千工人的施工现场，在有条件的岗位，充分利用这些视觉信号显示手段，可以迅速而准确地传递信息，无需管理人员现场指挥，即可有效地组织生产。这样，既可以减少管理层次和管理手续，又可以提高管理效率。

② 能使操作者通过目测，自我控制调整施工作业存在问题。实行目视管理，对生产作业的各种要求可以做到公开化，干什么、怎样干、干多少、什么时间干、在何处干等问题一目了然，让一线工人熟练掌握本工种质量标准，自觉地主动地参与施工管理，充分发挥技术骨干、能工巧匠的聪明才智，实现自主管理、自我控制。通过目测，随时调整解决施工作业存在问题，齐心协力，紧张而有秩序地完成任务。

③ 目视管理能够科学地改善施工环境，有利于职工的身心健康。目视管理就是用眼睛看的管理。只要用眼一看就知道哪个部位脏、乱、差；哪是文明施工，哪是违章作业。对发现的问题，对不正常的情况，采取临时性的或者永久性的措施来改善施工条件和环境，使职工产生良好的生理和心理效应。如当工人一进现场，看到常见警句告示标牌，如带好安全帽、工地禁止吸烟等，即自照办，就可改善施工环境，减少污染和意外伤亡。工人看到施工现场平面布置图后，就可知道某物在某处。按图合理定置可以使施工现场井井有条，工作忙而不乱。

(3) 目视管理有哪些内容和形式。目视管理以施工现场的人、物及其环境为对象，贯穿于施工的全过程，存在于施工现场管理的各项专业管理之中，并且还要覆盖作业者、作业环境和作业手段，这样目视管理的内容才是完整的。其主要内容与形式如下：

① 施工任务和完成情况要制成图表，公布于众，使每个工人都知道自行完成任务，按劳分配知多少。

工地项目经理部、分公司或队应按工点、栋号编制施工进度计划，大力推广应用网络计划，并按月提出旬、日作业计划，以施工任务书的形式，定人、定时、定项、定质、定量，把计划分解下达到施工班组。施工进度计划和网络计划图表以及任务完成情况要公布于众，使大家看出各项计划指标完成中的问题和发展趋势，以及解决问题的方法和措施，促使全体职工都能按要求完成各自的任务，人人知道我完成的定额任务分配是多少，以此调动生产积极性。

② 施工现场各项管理制度、操作规程、工作标准、施工现场管理实施细则、布告等应该用看板、挂板或写后张贴墙上公布，展示清楚。

为了使职工自觉遵守施工现场各项规章制度和操作规程，应将与现场职工密切相关的规章制度、工艺规程、标准等，一一公布于众。与岗位工人有直接关系的部分，应分别展示在岗位上。如施工现场管理各项制度板和施工现场平面布置图板竖立在工地入口处；管理人员名单、岗位责任制展示在工地办公室；各种仓库、食堂、工地临时宿舍、厕所、自行车棚、配电室等制度板挂在相应的墙上；所有机械操作规程等板悬挂于相应的操作室、棚、站内，并要始终保持内容齐全、完整、正确与洁净。

③ 在定置过程中，以清晰的、标准化的视觉显示信息落实定置设计，实现合理定置。

在定置过程中，为了确定大小型临时设施、拟建工程和各种物品的摆放位置，必须有完善而准确的视觉信号显示手段，诸如标志线、标志牌、标志色等。将上述位置鲜明地标示出来，以防误置和物品混放。在这里目视管理自然而然地与定置管理融为一体，并为合理定置创造了客观条件。

在定置过程中，一定要坚持标准化，并发挥目视管理的长处，以便过目知数，实现一次到位，合理定置。例如：砖200块一丁，码放袋装水泥每垛10袋，预制圆孔板每堆10

块,装饰用各种面砖、油漆、涂料、电气设备、水暖配件等均应按规定的标准数量盛装,这样,操作、搬运和检查人员点数时,既方便又准确。

④ 施工现场管理岗位责任人标牌显示,简单易行。为了更好地落实岗位责任制,激发岗位人员的责任心,并有利于群众监督,将施工现场分区、片或栋号管理,责任人名单用标牌显示,简单易行。如工地大门口设置标牌,注明工程名称、建设单位、设计单位、项目经理和施工现场总代表人的姓名,开、竣工日期等。施工现场主要管理人员在施工现场应配戴证明其身份的证卡。施工现场责任区负责人,各种加工场、站、堆料场、仓库、食堂、机械设备操作室、棚、电气设备、厕所、垃圾站等以及部分作业区责任人名单标牌显示。标牌的制作规格、材质、颜色字体以及放置位置都要标准化。

⑤ 施工现场作业控制手段要形象直观,适用方便。为了加快施工进度,保证工程质量,减少返工浪费,提高一次成活率,并做到文明施工,安全生产,就要采用与现场工作状况相适应的简便适用的信息传导手段来有效地进行施工作业控制。目前,我国建筑业最常用的施工作业控制手段有点、线控制,施工图控制,通知书控制,看板控制,旗语、手势等信息传导信号控制等。

⑥ 现场合理利用各种色彩、安全色、安全标志等有利于生产,有利于职工安全与身心健康。施工现场科学、合理、巧妙地运用色彩,正确使用安全色、安全、消防、交通等标志,并实行标准化管理,对创造良好的施工秩序,预防发生事故,有利职工身心健康,具有其他方式难于替代的作用。

施工现场职工戴的安全帽有红、黄、白、蓝、绿等几种颜色。如果按施工现场不同单位,不同工种和职务之间的区别,分别戴不同颜色的安全帽,不仅能起到劳动保护的作用,还可以体现职工队伍的优良素质,显示企业内部不同单位、工种和职务之间的区别,使人产生责任感,对于组织施工生产,改善施工秩序、施工环境也可创造一定的方便条件。

安全色、安全标志、防火和交通标志是清晰、标准化的视觉显示信息,形象直观,使用方便。正确地运用可以引起人们对不安全因素的警惕,增强自我防护意识,可以预防发生事故。例如:需要夜间工作的塔式起重机,应设置正对工作面的投光灯;塔身高于30m时,应在塔项和臂架端部装设防撞红色信号灯。施工现场基坑、沟、槽、井、便桥等危险处用红白相间的护围围挡,夜间设红色标志灯,悬挂明显警示标志牌;场区便桥还应加设通行吨位标志牌等。在易燃易爆,化学危险品库区应设明显的"严禁烟火"标志牌和"禁止吸烟"等警告标志;场区道路应设交通标志牌。对配电箱,开关箱进行检查、维修时,必须将其前一级相应的电源开关分闸断电,并悬挂停电标志牌。在工地入口醒目位置悬挂进入现场必须戴安全帽标志等。

⑦ 施工现场管理各项检查结果张榜公布。根据企业管理规定,工地每月都要组织几次施工现场管理综合检查或质量、安全、文明施工、环境卫生等单项检查,每次检查评比结果都要绘成图表张榜公布或在黑板、专栏上公布,有的单位在图表上挂不同色彩的牌、旗,以鼓励先进,曝光落后,并且将现场管理综合检查和进度、质量、安全等专业检查结果与单位和职工个人工资奖金挂钩,奖罚严明,推动文明施工水平向高起点迈进。

⑧ 信息显示手段科学化。应广泛应用电视机、广播、仪表、信号等现代化传递信息手段,宣传教育动员全体职工做好文明施工的同时,搞好企业职工精神文明建设。

(4) 推行目视管理应注意的问题

① 推行目视管理,一定要从施工现场实际情况出发,做深入细致的调查研究,有重点、有计划地逐步展开,不摆花架子,不盲目一轰而上或搞形式主义。

② 推行目视管理,一定要实行标准化,消除五花八门的杂乱现象。

③ 推行目视管理,一定注意现场各种视觉信息显示手段,要做到形象直观,一目了然;清晰、鲜明、位置适宜,现场人员都能看得见,看得清,要适用,少花钱,多办事,讲究实效。

④ 要严格管理,严格要求。现场所有人员都必须严格遵守和执行有关规定,有错必纠,奖罚合理,坚持兑现。

第二节 施工现场环境保护

一、环境保护的意义

(一)保护和改善施工环境是保证人们身体健康的需要

工人是企业的主人,是施工生产的主力军。防止粉尘、噪声和水源污染,搞好施工现场环境卫生,改善作业环境,就能保证职工身体健康,积极投入施工生产。若环境污染严重,工人和周围居民均将直接受害。例如:粉尘如果污染严重,作业人员若长期吸入水泥粉尘,就可能患职业性矽肺病;噪声,使人听之生厌,干扰睡眠,引起人体紧张的反应,如果长期连续在强噪声环境中作业,会损害人的听觉系统,造成暂时性的或持久性的听力损伤(职业性耳聋),严重者,造成脱发、秃顶,甚至神经系统及植物神经功能紊乱,肠胃功能紊乱等。搞好环境保护是利民利国的大事,是保障人们身体健康的一项重要任务。

(二)保护和改善施工现场环境是消除外部干扰保证施工顺利进行的需要

随着人们的法制观念和自我保护意识的增强,人们对施工扰民问题反映强烈,向政府主管部门的施工扰民投诉增多。有的工地时常同周围居民发生冲突,影响施工生产。问题严重的工地,被环保部门罚款,停工整治。如果及时采取防治措施,就能防止污染环境,消除外部干扰,使施工生产顺利进行。再则,企业的根本宗旨是为人民服务,保护和改善施工环境事关国计民生,责无旁贷。

(三)保护和改善施工环境是现代化大生产的客观要求

现代化施工广泛应用新设备、新技术、新的生产工艺,对环境质量要求很高,如果粉尘、振动超标就可能损坏设备、影响功能发挥,再好的设备,再先进的技术也难于发挥作用。例如:现代化搅拌站各种自动化设备、计算机、监视屏、精密仪器仪表等都对环境质量有很严格的要求。

(四)环境保护是国家和政府的要求,是企业行为准则

我国宪法第 11 条规定"国家保护环境和自然资源,防治污染和其他公害。"

《中华人民共和国环境保护法》第 18 条规定"积极试验和采用无污染或少污染环境的新工艺、新技术、新产品。"

"加强企业管理,实行文明生产,对于污染环境的废气、废水、废渣,要实行综合利用,化害为利;需要排放的,必须遵守国家规定的标准;一时达不到国家标准的要限期治理;逾期达不到国家标准的,要限制企业的生产规模。"

第19条规定"一切排烟装置,工业窑炉,机动车辆,船舶等,都要采取有效的消烟除尘措施,有害气体的排放,必须符合国家规定的标准"。

第22条规定"加强对城市和工业噪声、振动的管理。各种噪声大、振动大的机械设备,机动车辆,航空器等,都应装置消声、防振设施"。

第23条规定"散发有害气体、粉尘的单位,要积极采用密闭的生产设备和生产工艺,并安装通风、吸尘和净化、回收设施。劳动环境的有害气体和粉尘含量,必须符合国家工业卫生标准的规定。"

建设部令第15号发布的《建设工程施工现场管理规定》第四章对环境管理提出了具体要求。各省市政府都对保护环境作了具体的规定。所以说,加强环境保护是国家和政府的要求,是符合人民根本利益和造福子孙后代的一件大事,是一项基本国策。

二、环境保护的措施

(一)实行环保目标责任制

把环保指标以责任书的形式层层分解到有关单位和个人,列入承包合同和岗位责任制,建立一支懂行善管的环保自我监控体系。

项目经理是环保工作的第一责任人,是施工现场环境保护自我监控体系的领导者和责任者。要把环保政绩作为考核项目经理的一项重要内容。

(二)加强检查和监控工作

要加强检查,加强对施工现场粉尘、噪声、废气的监测和监控工作。要与文明施工现场管理一起检查、考核、奖罚。及时采取措施消除粉尘、废气和污水的污染。

(三)保护和改善施工现场的环境,要进行综合治理

一方面施工单位要采取有效措施控制人为噪声、粉尘的污染和采取技术措施控制烟尘、污水、噪声污染。另一方面,建设单位应该负责协调外部关系,同当地居委会、村委会、办事处、派出所、居民、施工单位、环保部门加强联系。

要做好宣传教育工作,认真对待来信来访,凡能解决的问题,立即解决,一时不能解决的扰民问题,也要说明情况,求得谅解并限期解决。

(四)要有技术措施,严格执行国家的法律、法规

在编制施工组织设计时,必须有环境保护的技术措施。在施工现场平面布置和组织施工过程中都要执行国家、地区、行业和企业有关防治空气污染、水源污染、噪声污染等环境保护的法律、法规和规章制度。

(五)采取措施防止大气污染

(1)施工现场垃圾渣土要及时清理出现场。高层建筑物和多层建筑物清理施工垃圾时,要搭设封闭式专用垃圾道,采用容器吊运或将永久性垃圾道随结构安装好以供施工使用,严禁凌空随意抛撒。

(2)施工现场道路采用焦渣级配砂石、粉煤灰级配砂石、沥青混凝土或水泥混凝土等,有条件的可利用永久性道路,并指定专人定期洒水清扫,形成制度,防止道路扬尘。

(3)袋装水泥、白灰、粉煤灰等易飞扬的细颗散体材料,应库内存放。室外临时露天存放时,必须下垫上盖,严密遮盖防止扬尘。

散装水泥、粉煤灰、白灰等细颗粉状材料,应存放在固定容器(散灰罐)内,没有固定容器时,应设封闭式专库存放,并具备可靠的防扬尘措施。

运输水泥、粉煤灰、白灰等细颗粒状材料时，要采取遮盖措施，防止沿途遗洒、扬尘。卸运时，应采取措施，以减少扬尘。

(4) 车辆不带泥砂出现场措施。可在大门口铺一段石子，定期过筛清理；做一段水沟冲刷车轮；人工拍土，清扫车轮、车帮；挖土装车不超装；车辆行驶不猛拐，不急刹车，防止洒土，卸土后注意关好车箱门；场区和场外安排人清扫洒水，基本做到不洒土、不扬尘，减少对周围环境污染。

(5) 除设有符合规定的装置外，禁止在施工现场焚烧油毡、橡胶、塑料、皮革、树叶、枯草、各种包皮等以及其他会产生有毒，有害烟尘和恶臭气体的物质。

(6) 机动车都要安装废气 PCV 阀，对那些尾气排放超标的车辆要安装净化消声器，确保不冒黑烟。

(7) 工地茶炉、大灶、锅炉，尽量采用消烟除尘型茶炉，锅炉和消烟节能回风灶，烟尘降至允许排放为止。

(8) 工地搅拌站除尘是治理的重点。有条件要修建集中搅拌站，由计算机控制进料、搅拌、输送全过程，在进料仓上方安装除尘器，可使水泥、砂、石中的粉尘降至 99% 以上。采用现代化先进设备是解决工地粉尘污染的根本途径。

工地采用普通搅拌站，先将搅拌站封闭严密，尽量不使粉尘外泄，扬尘污染环境。并在搅拌机拌筒出料口安装活动胶皮罩，通过高压静电除尘器或旋风滤尘器等除尘装置将风尘分开净化达到除尘目的。最简单易行的是将搅拌站封闭后，在拌筒进出料口上方和地上料斗侧面装几组喷雾器喷头，利用水雾除尘。

(9) 拆除旧有建筑物时，应适当洒水，防止扬尘。

(六) 防止水源污染措施

(1) 禁止将有毒有害废弃物作土方回填。

(2) 施工现场搅拌站废水，现制水磨石的污水，电石(碳化钙)的污水须经沉淀池沉淀后再排入城市污水管道或河流。最好将沉淀水用于工地洒水降尘或采取措施回收利用。上述污水未经处理不得直接排入城市污水管道或河流中去。

(3) 现场存放油料，必须对库房地面进行防渗处理，如采用防渗混凝土地面，铺油毡等。使用时，要采取措施，防止油料跑、冒、滴、漏，污染水体。

(4) 施工现场 100 人以上的临时食堂，污水排放时可设置简易有效的隔油池，定期掏油和杂物，防止污染。

(5) 工地临时厕所，化粪池应采取防渗漏措施。中心城市施工现场的临时厕所可采取水冲式厕所，蹲坑上加盖，并有防蝇、灭蛆措施，防止污染水体和环境。

(6) 化学药品、外加剂等要妥善保管，库内存放，防止污染环境。

(七) 防止噪声污染措施

(1) 严格控制人为噪声，进入施工现场不得高声喊叫、无故甩打模板、乱吹哨，限制高音喇叭的使用，最大限度地减少噪声扰民。

(2) 凡在人口稠密区进行强噪声作业时，须严格控制作业时间，一般晚 10 点到次日早 6 点之间停止强噪声作业。确系特殊情况必须昼夜施工时，尽量采取降低噪声措施，并会同建设单位找当地居委会、村委会或当地居民协调，出安民告示，求得群众谅解。

(3) 从声源上降低噪声。这是防止噪声污染的最根本的措施。

① 尽量选用低噪声设备和工艺代替高噪声设备与加工工艺。如低噪声振捣器、风机、电动空压机、电锯等。

② 在声源处安装消声器消声。即在通风机、鼓风机、压缩机燃气轮机、内燃机及各类排气放空装置等进出风管的适当位置设置消声器。常用的消声器有阻性消声器、抗性消声器、阻抗复合消声器、微穿孔板消声器等。具体选用哪种消声器,应根据所需消声量,噪声源频率特性和消声器的声学性能及空气动力特性等因素而定。

(4) 在传播途径上控制噪声。采取吸声、隔声、隔振和阻尼等声学处理的方法来降低噪声。

① 吸声是利用吸声材料(如玻璃棉,矿渣棉,毛毡,泡沫塑料,吸声砖,木丝板,甘蔗板等)和吸声结构(如穿孔共振吸声结构,微穿孔板吸声结构,薄板共振吸声结构等)吸收通过的声音,减少室内噪声的反射来降低噪声。

② 隔声是把发声的物体、场所用隔声材料(如砖、钢筋混凝土、钢板、厚木板、矿棉被等)封闭起来与周围隔绝。常用的隔声结构有隔声间、隔声机罩、隔声屏等。有单层隔声和双层隔声结构两种。

③ 隔振是防止振动能量从振源传递出去。隔振装置主要包括金属弹簧,隔振器,隔振垫(如剪切橡皮、气垫)等。常用的材料还有软木、矿渣棉、玻璃纤维等。

④ 阻尼是用内摩擦损耗大的一些材料来消耗金属板的振动能量并变成热能散失掉,从而抑制金属板的弯曲振动,使辐射噪声大幅度地削减。常用的阻尼材料有沥青、软橡胶和其他高分子涂料等。

建筑工程施工由于受技术、经济条件限制(如建筑机械本身噪声超标,现在一时又无好办法解决,或因资金问题一时不能解决),对环境的污染不能控制在规定范围内的,建设单位应当会同施工单位事先报请当地人民政府建设行政主管部门和环境行政主管部门批准。

参 考 文 献

1. 浙江省建设厅编制. 园林绿化施工员岗位培训教材
2. 浙江省建设厅编制. 项目经理培训教材
3. 浙江省建设厅编制. 土建五大员岗位培训教材
4. 浙江省建设厅编制. 园林工人上岗培训教材
5. 浙江省建设厅编制. 城市园林绿化法规规范和文件汇编
6. 园林建设工程. 中国城市出版社
7. 中国建筑艺术史. 中国文物出版社
8. 刘致平. 中国居住建筑简史——城市、住宅、园林(第二版). 北京：中国建筑工业出版社，2000
9. 全国建筑施工企业项目经理培训教材. 中国建筑工业出版社
10. 本书编委会施工项目管理概论修订版. 北京：中国建筑工业出版社，2001
11. 徐一骐. 工程建设标准化、计量、质量管理基础理论. 北京：中国建筑工业出版社，2000
12. 潘金祥等编. 施工现场十大员技术管理手册(第二版). 北京：中国建筑工业出版社，2004
13. 朱维益，杨生福市政与园林工程预决算. 北京：中国建材工业出版社，2004
14. 园林专业系列教材. 中国高等教育出版社
15. 城市绿地喷灌. 中国林业出版社
16. 刘燕. 园林花卉. 北京：中国林业出版社，2000
17. 孟兆祯. 园林工程. 北京：中国林业出版社，2001
18. 北京市园林局，北京市园林教育中心编制. 传统园林建筑
19. 浙江省标准设计站编制. 园林绿化技术规程